ИЗДАНІЕ
ФИЗИКО-МАТЕМАТИЧЕСКАГО ФАКУЛЬТЕТА
ИМПЕРАТОРСКАГО
С.-ПЕТЕРБУРГСКАГО УНИВЕРСИТЕТА.

СОЧИНЕНІЯ

А. Н. КОРКИНА,

изданныя подъ редакціей
Проф. **В. А. Стеклова** и Акад. **А. А. Маркова**,
при содѣйствіи
Проф. **К. А. Поссе**, Акад. **А. М. Ляпунова**
и Проф. **А. Н. Крылова**.

Томъ I.

(Съ портретами А. Н. Коркина и Е. И. Золотарева).

С.-ПЕТЕРБУРГЪ.
ТИПОГРАФІЯ ИМПЕРАТОРСКОЙ АКАДЕМІИ НАУКЪ.
Вас. Остр., 9 лин., № 12.
1911.

ОГЛАВЛЕНІЕ.

стр.

1. Разсужденіе объ опредѣленіи произвольныхъ функцій въ интегралахъ уравненій съ частными производными 1

2. О совокупныхъ уравненіяхъ съ частными производными перваго порядка и нѣкоторыхъ вопросахъ механики. 127

3. Sur les équations simultanées aux différences partielles du premier ordre. 227

4. Sur les intégrales des équations du mouvement d'un point matériel . . 235

5. Sur le théorème de Poisson et son réciproque. 275

6. Sur les formes quadratiques positives quaternaires. 283

7. Sur les formes quadratiques. 289

8. Sur un certain minimum. 329

9. Sur les formes quadratiques positives 351

10. О частныхъ дифференціальныхъ уравненіяхъ второго порядка. . . 427

А. Коркинъ

1.

РАЗСУЖДЕНІЕ

ОБЪ ОПРЕДѢЛЕНІИ ПРОИЗВОЛЬНЫХЪ ФУНКЦІЙ

ВЪ ИНТЕГРАЛАХЪ УРАВНЕНІЙ

СЪ ЧАСТНЫМИ ПРОИЗВОДНЫМИ.

(ДИССЕРТАЦІЯ НА СТЕПЕНЬ МАГИСТРА ЧИСТОЙ И ПРИКЛАДНОЙ МАТЕМАТИКИ, С.-ПЕТЕРБУРГЪ, 1860, ЛИТОГР.).

ПРЕДИСЛОВІЕ.

Предметъ настоящаго разсужденія составляетъ математическую часть различныхъ физическихъ теорій какъ то: теоріи теплоты, теоріи упругости твердыхъ тѣлъ и другихъ. Въ задачахъ, встрѣчающихся въ этихъ теоріяхъ предлагается найти интегралъ даннаго уравненія съ частными производными подъ различными условіями, зависящими отъ предмета, разсматриваемаго въ задачѣ. Вопросъ этотъ рѣшенъ для большей части случаевъ, которые встрѣчаются въ упомянутыхъ теоріяхъ, тѣмъ не менѣе едва ли возможно рѣшить его въ общемъ видѣ.

Первый рѣшившій вопросъ подобнаго рода былъ Лагранжъ. Разсматривая задачу о колебаніи струны, онъ представилъ интегралъ уравненія отъ котораго эта задача зависитъ, въ видѣ ряда, расположеннаго по синусамъ и косинусамъ кратныхъ дугъ, и показалъ какимъ образомъ опредѣлить коэффиціенты этого ряда по начальнымъ перемѣщеніямъ частицъ струны и по начальнымъ скоростямъ. Эти коэффиціенты выводятся изъ особенной формулы интерполированія, данной Лагранжомъ. Анализъ Лагранжа легко уже было послѣ этого, приложить къ простѣйшимъ вопросамъ теоріи теплоты, какъ напримѣръ къ распространенію теплоты въ прутѣ, съ малыми поперечными измѣреніями, и къ другимъ; но теорія теплоты въ видѣ особой науки не существовала еще, до тѣхъ поръ, пока Фурье представившій нѣсколько записокъ по этой теоріи и потомъ написавшій отдѣльное сочиненіе подъ заглавіемъ: «Théorie analytique de la chaleur», не поставилъ ее на эту степень. Здѣсь Фурье рѣшилъ многіе вопросы, посредствомъ анализа, подобнаго анализу Лагранжа, и далъ одну очень важную формулу, выражающую произвольную функцію, которая извѣстна подъ именемъ теоремы Фурье. Эта теорема легко выводится изъ формулъ Лагранжа, если положимъ, что струна, имъ разсматриваемая имѣетъ безконечную длину.

Лапласъ, рѣшая вопросъ о приливахъ и отливахъ моря, употребилъ анализъ особенный, который хотя имѣетъ нѣкоторое сходство съ анализомъ Лагранжа, въ томъ отношеніи, что общій интегралъ даннаго уравненія разлагается въ рядъ, различные члены котораго суть частные интегралы этого уравненія, но функціи, по которымъ расположенъ рядъ, уже не суть синусы и косинусы, а болѣе сложныя выраженія, зависящія отъ двухъ угловъ.

Послѣ Фурье и Лапласа занимался этимъ предметомъ Пуассонъ, который написалъ двѣ записки по теоріи теплоты въ 19-й тетради журнала Политехнической школы. Здѣсь онъ даетъ два способа интегрировать линейныя уравненія съ частными производными. Одинъ способъ, который Пуассонъ постоянно употребляетъ въ сочиненіи: Théorie mathématique de la chaleur, заключается въ томъ, что, разсматривая интегралъ даннаго уравненія въ видѣ ряда, расположеннаго по синусамъ и косинусамъ, можно удовлетворить условіямъ, относительно крайнихъ точекъ тѣла, которое разсматривается въ задачѣ. Потомъ посредствомъ особеннаго пріема, можно выразить остальные коэффиціенты ряда, посредствомъ начальныхъ перемѣщеній точекъ упомянутаго тѣла и ихъ начальныхъ скоростей. Этотъ способъ требуетъ доказательства дѣйствительности корней трансцедентныхъ уравненій, отъ которыхъ вопросъ зависитъ. Пуассонъ предлагаетъ особенный способъ для этого доказательства, основанный на замѣчательномъ свойствѣ функцій по которымъ располагаются ряды, рѣшающіе вопросъ. Но несмотря на простоту способа интегрированія, его нельзя употребить при интегрированіи уравненій данныхъ a priori и при условіяхъ для интеграловъ этихъ уравненій, такъ же данныхъ a priori; потому что онъ основывается на возможности рѣшенія задачи, что очевидно въ задачахъ физическихъ, и что трудно видѣть въ задачахъ аналитическихъ.

Другой способъ предложенный Пуассономъ не имѣетъ такой общности, какъ способъ сейчасъ разсмотрѣнный. Здѣсь каждая задача требуетъ нѣкоторыхъ особенныхъ преобразованій интеграла даннаго уравненія, для того чтобы привести его къ виду удобному для приложенія способа. Этотъ послѣдній способъ основывается на простомъ преобразованіи предѣловъ интеграла, такъ что вмѣсто интеграла получается рядъ, удовлетворяющій предложеннымъ условіямъ. Вся трудность состоитъ въ приведеніи интеграла даннаго уравненія, къ такому виду, чтобы этотъ интегралъ выражался въ опредѣленныхъ интегралахъ, подъ знаки которыхъ входили бы произвольныя функціи, умноженныя на синусы и косинусы линейныхъ функцій отъ перемѣнныхъ независимыхъ. Но несмотря на то, что этотъ способъ труднѣе перваго способа, его можно всегда употребить для уравненій данныхъ a priori. Притомъ онъ не требуетъ доказательства дѣйствительности корней трансцедентныхъ уравненій, рѣшающихъ вопросъ. Въ первой запискѣ о теоріи теплоты и отчасти во второй (Журналъ Политехн. школы тетрадь 19) Пуассонъ прилагаетъ этотъ способъ къ рѣшенію простѣйшихъ вопросовъ теоріи теплоты. Въ той же 19-й тетради Политехнической школы помѣщена записка Коши объ интегрированіи линейныхъ уравненій съ постоянными коэффиціентами въ частныхъ производныхъ, безъ условій относительно крайнихъ точекъ тѣла, которое разсматривается въ вопросѣ. Анализъ сюда относящійся, не представляетъ ничего существенно-важнаго, кромѣ упрощенія и симметричности формулъ. Коши здѣсь даетъ способъ рѣшать въ общемъ видѣ вопросы, коихъ всѣ частные случаи можно было рѣшить безъ особенныхъ затрудненій основываясь на теоремѣ Фурье.

Замѣтимъ, что часто форма интеграловъ происходящая отъ употребленія теоремы Фурье, не можетъ быть примѣнима, потому что эти интегралы дѣлаются безконечными или неопредѣленными.

Кромѣ упомянутыхъ писателей многіе рѣшали частные вопросы изъ различныхъ физическихъ теорій, но способы ими употребляемые не представляютъ общности.

Одни изъ самыхъ важныхъ изысканій по предмету, насъ занимающему, были сдѣланы Дирихле относительно сходимости рядовъ, употребляемыхъ въ математической физикѣ.

Въ 4-мъ томѣ журнала Крелля онъ доказываетъ сходимость рядовъ, расположенныхъ по синусамъ и косинусамъ кратныхъ эръ, а въ 17-мъ томѣ того же журнала, онъ разсматриваетъ сходимость рядовъ, зависящихъ отъ двухъ угловъ. Анализъ его имѣетъ всю желаемую строгость, потому что Дирихле разсматриваетъ сумму ряда, какъ предѣлъ суммы первыхъ его n членовъ.

Въ настоящемъ разсужденіи я старался преимущественно развить общіе способы интегрированія линейныхъ уравненій съ частными производными, въ опредѣленномъ видѣ; то есть способы, посредствомъ которыхъ можно удовлетворить различнымъ условіямъ, предлагаемымъ въ задачахъ. Разсужденіе раздѣлено на двѣ главы: въ первой я разсматриваю различныя формулы, способныя выразить произвольную функцію; во второй прилагаю ихъ къ различнымъ вопросамъ. Сначала я разсмотрѣлъ задачу о выраженіи произвольной функціи одной перемѣнной, посредствомъ опредѣленнаго двойного интеграла и показалъ что кромѣ теоремы Фурье, существуетъ еще безчисленное множество подобныхъ ей опредѣленныхъ интеграловъ, выражающихъ произвольную функцію. Потомъ я приложилъ способъ Пуассона, къ выводу различныхъ рядовъ, выражающихъ произвольныя функціи, которыя удовлетворяютъ даннымъ условіямъ. Всѣ эти ряды я вывелъ изъ теоремы Фурье; далѣе я разсмотрѣлъ способъ Дирихле для доказательства сходимости рядовъ, расположенныхъ какъ по синусамъ и косинусамъ кратныхъ дугъ, такъ и по функціямъ двухъ угловъ.

Во второй главѣ я излагаю общій способъ Коши для интегрированія, безъ условій относительно крайнихъ точекъ; потомъ прилагаю два способа Пуассона къ уравненію распространенія теплоты въ прутѣ, и къ уравненію отъ котораго отчасти зависитъ распространеніе теплоты въ шарѣ. Наконецъ рѣшаю посредствомъ обоихъ способовъ задачу о движеніи круглой упругой пластинки съ двумя неподвижными круговыми контурами. Въ настоящемъ разсужденіи я преимущественно старался развить способы общіе и потому не помѣстилъ изслѣдованій Ламе, относительно рядовъ представляющихъ произвольныя Функціи въ эллипсоидѣ кромѣ того при изложеніи ихъ необходимо было бы дать понятіе объ эллиптическихъ координатахъ, предметѣ совершенно постороннемъ.

Такъ же я оставилъ безъ приложеній ряды, зависящіе отъ двухъ угловъ, потому что они прилагаются къ уравненіямъ частныхъ видовъ.

Надѣюсь, что настоящее разсужденіе, принесетъ пользу любителямъ высшаго анализа, въ томъ отношеніи, что объ изложенномъ въ немъ предметѣ весьма мало писано на Русскомъ языкѣ.

Е. Золотарев

ГЛАВА I.

Различныя формулы, выражающія произвольныя функціи.

1. Разсмотримъ сначала задачу о нахожденіи двойного интеграла, который выражалъ бы въ данныхъ предѣлахъ произвольную функцію fx перемѣнной x.

Положимъ, что подъинтегральная функція состоитъ изъ двухъ множителей $P = \psi(x, x', \alpha)$ и $Q = fx'$; требуется найти видъ функціи P, подъ тѣмъ условіемъ, чтобы интегралъ

$$V = \int_{-\infty}^{+\infty}\int_{a}^{b} PQ\,\partial x'\,\partial\alpha \tag{1}$$

выражалъ функцію fx.

Означимъ черезъ U_n интегралъ

$$\int_{-n}^{+n} P\partial\alpha.$$

Этотъ интегралъ при положеніи въ немъ $n = \infty$ можетъ обратиться или въ нуль, или въ безконечность, или въ опредѣленную функцію x и x', или наконецъ быть совершенно неопредѣленнымъ. Первые два случая не доставляютъ рѣшенія предложенной задачи. Въ третьемъ случаѣ интегралъ U_∞ долженъ измѣнять видъ свой съ измѣненіемъ вида функціи fx для того, чтобы интегралъ V былъ ей равенъ. Итакъ, если мы хотимъ опредѣлить P такъ, чтобы оно было неизмѣняемымъ для всѣхъ возможныхъ произвольныхъ функцій $Q=fx'$, то должны будемъ разсмотрѣть четвертый случай, то есть тотъ, когда U_n при $n=\infty$ дѣлается совершенно неопредѣленнымъ.

Это послѣднее обстоятельство есть первое условіе, которое должна выполнить функція P.

Пусть будетъ

$$P=\psi\left[\alpha(x-x')\right] \tag{2}$$

въ такомъ случаѣ, означая черезъ φx интегралъ

$$\int_{-x}^{+x}\psi x dx,$$

мы будемъ имѣть

$$U_n=\int_{-n}^{+n}\psi\left[\alpha(x-x')\right]d\alpha=\int_{-n(x-x')}^{+n(x-x')}\psi z\frac{dz}{x-x'}=\frac{\varphi\left[n(x-x')\right]}{x-x'}. \tag{3}$$

Подставивъ U_n въ интегралъ (1) вмѣсто величины

$$\int_{-\infty}^{+\infty}P d\alpha,$$

мы можемъ разсматривать V какъ предѣлъ, къ которому стремится выраженіе

$$\int_a^b U_n fx' dx'$$

по мѣрѣ увеличенія n. Положимъ $n(x-x')=z$; тогда мы будемъ имѣть

$$V=-\lim.\int\frac{\varphi z}{z}f\left(x-\frac{z}{n}\right)dz.$$

Замѣтимъ, что перемѣнная z для всѣхъ конечныхъ значеній разности $x-x'$ будетъ безконечною, ибо величина n предполагается также безконечною. Съ другой стороны, перемѣнная x'

измѣняется отъ a до b; слѣдовательно, если мы положимъ, что x заключается между a и b, то $x-a$ будетъ величиною положительною и $x-b$ отрицательною. Отсюда слѣдуетъ, что интегрированіе по z нужно распространить отъ $z=+\infty$ до $z=-\infty$. Сверхъ того подъинтегральная функція уничтожается при безконечныхъ значеніяхъ z, предполагая, что функція fx не обращается въ безконечность. Поэтому, такъ какъ для всѣхъ конечныхъ значеній z мы имѣемъ

$$f\left(x-\frac{z}{n}\right)=fx,$$

то можемъ написать

$$V=-fx\int_{+\infty}^{-\infty}\frac{\varphi z}{z}\,dz=fx\int_{-\infty}^{+\infty}\frac{\varphi z}{z}\,dz.$$

Для того, чтобы V было равно функціи fx, необходимо должно быть

$$\int_{-\infty}^{+\infty}\frac{\varphi z}{z}\,dz=1. \tag{4}$$

Это обстоятельство есть второе необходимое условіе, для того чтобы V выражало функцію fx.

Замѣтимъ, что если x равно одному изъ предѣловъ a или b, то въ этомъ случаѣ V будетъ равно половинѣ соотвѣтствующей величины функціи fx, предполагая φz нечетною функціею.

Дѣйствительно, если имѣемъ $x=a$, то интегрированіе по z нужно распространить отъ $z=0$ до $z=-\infty$, и при $x=b$ отъ $z=+\infty$ до $z=0$, слѣдовательно, въ обоихъ этихъ случаяхъ нужно взять только половину интеграла (4), въ сдѣланномъ предположеніи относительно функціи φz, которое дѣйствительно выполняется, если мы замѣтимъ, что

$$\varphi z=\int_{-z}^{+z}\psi z\,dz.$$

Въ предыдущемъ доказательствѣ предѣлы a и b можно сдѣлать безконечными, то-есть, взять $a = -\infty$ и $b = +\infty$; тогда формула

$$(5) \qquad fx = \int_{-\infty}^{+\infty}\int_{-\infty}^{+\infty} \psi\,[\alpha(x - x')]\, fx'\, dx'\, d\alpha$$

будетъ справедлива для всѣхъ величинъ x отъ $x = -\infty$ до $x = +\infty$.

2. Формулы, проистекающія изъ предыдущаго доказательства, могутъ быть весьма различны. Различіе ихъ происходитъ отъ выбора функціи ψx, которая, кромѣ двухъ необходимыхъ условій, никакимъ другимъ условіямъ можетъ не удовлетворять.

Относительно перваго условія, то-есть, того, по которому интегралъ

$$\int_{-n}^{+n} \psi x dx = \varphi(n)$$

при $n = \infty$ дѣлается существенно неопредѣленнымъ, можно замѣтить, что мы ему удовлетворимъ, выбравъ вмѣсто φx какую угодно періодическую функцію x, которая удовлетворяла бы уравненію

$$(6) \qquad \varphi x + \varphi(-x) = 0$$

для какого угодно x. Съ другой стороны, нѣтъ необходимости, чтобы перемѣнная x входила въ функцію φx подъ знаками синусовъ и косинусовъ. Дѣйствительно, если мы къ условію (6) прибавимъ другое, напримѣръ слѣдующее

$$(6_1) \qquad \varphi(l + x) + \varphi(l - x) = 0$$

которое такъ же какъ и условіе (6) выполнялось бы для какихъ угодно дѣйствительныхъ значеній x, то мы получимъ нѣкоторую произвольную функцію φx въ предѣлахъ отъ $x = 0$ до $x = l$, значенія же этой функціи отъ $l = x$ до $x = \infty$ и отъ $x = 0$ до $x = -\infty$ выводятся, вслѣдствіе предыдущихъ условій, по извѣстнымъ значеніямъ ея даннымъ отъ $x = 0$ до $x = l$. При этомъ, очевидно, величина $\varphi(\infty)$ дѣлается существенно неопредѣленною.

Относительно второго условія, по которому интегралъ

$$\int_{-\infty}^{+\infty} \frac{\varphi z}{z}\, \partial z = 1,$$

замѣтимъ, что если мы найдемъ такую функцію φz, при которой предыдущій интегралъ обращается въ нѣкоторую опредѣленную величину N, то легко видѣть, что функція φz, удовлетворяющая предыдущему вопросу, будетъ $\frac{1}{N} \cdot \varphi z$. Съ другой стороны, мы имѣемъ

$$\int_{-\infty}^{+\infty} \frac{\varphi z}{z}\, \partial z = 2\int_{0}^{\infty} \frac{\varphi z}{z}\, \partial z = 2\left\{\int_{0}^{l} \frac{\varphi z}{z}\, \partial z + \int_{l}^{2l} \frac{\varphi z}{z}\, \partial z + \int_{2l}^{3l} \frac{\varphi z}{z}\, \partial z + \int_{3l}^{4l} \frac{\varphi z}{z}\, \partial z + \ldots\right\};$$

поэтому, если функція φz удовлетворяетъ условіямъ (6) и (6_1), то мы получимъ

$$\int_{l}^{2l} \frac{\varphi z}{z}\, \partial z = \int_{0}^{l} \frac{\varphi(l+z)}{l+z}\, \partial z = -\int_{0}^{l} \frac{\varphi(l-z)}{l+z}\, \partial z = -\int_{0}^{l} \frac{\varphi z}{2l-z}\, \partial z,$$

$$\int_{2l}^{3l} \frac{\varphi z}{z}\, \partial z = \int_{0}^{l} \frac{\varphi(2l+z)}{2l+z}\, \partial z = \int_{0}^{l} \frac{\varphi z}{2l+z}\, \partial z,$$

$$\int_{3l}^{4l} \frac{\varphi z}{z}\, \partial z = \int_{0}^{l} \frac{\varphi(3l+z)}{3l+z}\, \partial z = -\int_{0}^{l} \frac{\varphi(l-z)}{3l+z}\, \partial z = -\int_{l}^{l} \frac{\varphi z}{4l-z}\, \partial z,$$

. . . .

Вообще, такъ какъ по условіямъ (6) и (6_1) имѣемъ

$$\varphi(2il + z) = \varphi z,$$
$$\varphi[(2i+1)l + z] = -\varphi(l - z)$$

для какого угодно цѣлаго и положительнаго числа i, то интегралы

$$\int_{2il}^{(2i+1)l} \frac{\varphi z}{z} \partial z = \int_0^l \frac{\varphi z}{2il+z} \partial z; \quad \int_{(2i+1)l}^{(2i+2)l} \frac{\varphi z}{z} \partial z = -\int_0^l \frac{\varphi z}{(2i+2)l-z} \partial z$$

будутъ такимъ образомъ найдены. Итакъ мы получимъ

$$\int_0^\infty \frac{\varphi z}{z} \partial z = \int_0^l \frac{\varphi z}{z} \partial z - \int_0^l \frac{\varphi z}{2l-z} \partial z$$

$$+ \int_0^l \frac{\varphi z}{2l+z} \partial z - \int_0^l \frac{\varphi z}{4l-z} \partial z + \int_0^l \frac{\varphi z}{4l+z} \partial z - \ldots .$$

Если мы предположимъ, что значенія функціи φz отъ $z=0$ по $z=l$ суть положительныя и что отношеніе $\frac{\varphi z}{z}$ при $z=0$ принимаетъ одну опредѣленную конечную величину, то предыдущій рядъ будетъ имѣть сумму опредѣленную, по причинѣ убыванія его членовъ. Поэтому, давъ для функціи φz значенія отъ $z=0$ до $z=l$ совершенно произвольно, но съ условіемъ, чтобы они были положительными и чтобы отношеніе $\frac{\varphi z}{z}$ для $z=0$ было опредѣленное, мы получимъ для интеграла (4) нѣкоторую также опредѣленную величину N. Такимъ образомъ для функціи ψx мы можемъ выбрать величину $\frac{1}{2N}\ \frac{\partial \varphi x}{\partial x}$, и она, будучи подставлена въ формулу (5), рѣшитъ задачу о нахожденіи двойного интеграла, равнаго данной функціи fx.

Замѣтимъ, что условіе (6_1) можетъ быть замѣняемо другими условіями подобнаго рода.

Самая замѣчательная изъ формулъ, которыя заключаются въ формулѣ (5) какъ частные случаи, соотвѣтствуетъ положенію $\varphi z = \frac{1}{\pi} \sin z$. Эта послѣдняя функція удовлетворяетъ двумъ вышесказаннымъ условіямъ, ибо $\frac{1}{\pi}\sin(\infty)$ есть величина совершенно неопредѣленная, и интегралъ

$$\frac{1}{\pi}\int_{-\infty}^{+\infty}\frac{\sin z}{z}\,\partial z$$

равенъ единицѣ. Функція ψx получаетъ величину $\frac{1}{2\pi}\cos x$ или же $\frac{1}{2\pi}e^{x\sqrt{-1}}$, слѣдовательно, формула (5) обратится въ слѣдующую

$$(7)\qquad fx=\frac{1}{2\pi}\int_{-\infty}^{+\infty}\int_{-\infty}^{+\infty}\cos\alpha(x-x')\,fx'\partial x'\,\partial\alpha,$$

или же

$$(8)\qquad fx=\frac{1}{2\pi}\int_{-\infty}^{+\infty}\int_{-\infty}^{+\infty}e^{\alpha(x-x')\sqrt{-1}}\,fx'\,\partial x'\,\partial\alpha.$$

Формулы (8) и (7) легко выводятся одна изъ другой, и обѣ извѣстны подъ названіемъ теоремы Фурье, по имени геометра, ихъ предложившаго. Фурье въ журналѣ Annales de physique et de chimie (tome III) предложилъ свою теорему въ видѣ двухъ формулъ

$$(9)\qquad \varphi x=\frac{2}{\pi}\int_{0}^{\infty}\int_{0}^{\infty}\cos\alpha x\cos\alpha x'\,\varphi x'\,\partial x'\,\partial\alpha,$$

$$(10)\qquad \psi x=\frac{2}{\pi}\int_{0}^{\infty}\int_{0}^{\infty}\sin\alpha x\sin\alpha x'\,\psi x'\,\partial x'\,\partial\alpha,$$

изъ коихъ первая относится къ функціямъ четнымъ, а вторая къ нечетнымъ.

Обѣ онѣ даютъ формулу (7) для какихъ угодно функцій.

Дѣйствительно, такъ какъ мы имѣемъ

$$\varphi x=\varphi(-x)\quad\text{и}\quad\psi(x)=-\psi(-x),$$

то интегралы

$$\frac{1}{\pi}\int_{0}^{\infty}\int_{-\infty}^{+\infty}\cos\alpha x\cos\alpha x'\,\psi x'\,\partial x'\,\partial\alpha\quad\text{и}\quad\frac{1}{\pi}\int_{0}^{\infty}\int_{-\infty}^{+\infty}\sin\alpha x\sin\alpha x'\,\varphi x'\,\partial x'\,\partial\alpha$$

равны нулю. Вслѣдствіе этого и двухъ формулъ (9) и (10), которыя напишемъ въ такомъ видѣ

$$(11)\qquad \varphi x = \frac{1}{\pi}\int_0^{\infty}\int_{-\infty}^{+\infty} \cos \alpha x \cos \alpha x' \varphi x' \, dx' \, d\alpha,$$

$$(12)\qquad \psi x = \frac{1}{\pi}\int_0^{\infty}\int_{-\infty}^{+\infty} \sin \alpha x \sin \alpha x' \psi x' \, dx' \, d\alpha,$$

мы будемъ имѣть

$$\varphi x + \psi x = \frac{1}{\pi}\int_0^{\infty}\int_{-\infty}^{+\infty} \cos \alpha x \cos \alpha x' (\varphi x' + \psi x') \, dx' \, d\alpha$$
$$+ \frac{1}{\pi}\int_0^{\infty}\int_{-\infty}^{+\infty} \sin \alpha x \sin \alpha x' (\varphi x' + \psi x') \, dx' \, d\alpha.$$

Но такъ какъ всякая функція можетъ быть приведена къ виду $\varphi x + \psi x$, то предыдущее уравненіе можетъ быть замѣнено уравненіемъ (7).

Формулы (9) и (10) справедливы и для какихъ угодно функцій, если мы предположимъ, что значенія этихъ функцій отъ $x = -\infty$ до $x = 0$ равны нулю.

Уравненія (9) и (10) или (11) и (12) выводятся изъ формулы (7), предполагая сначала fx четною функціею, потомъ нечетною, и разлагая $\cos \alpha (x - x')$ подъ знакомъ интеграла.

3. Теорему Фурье иногда можно бываетъ повѣрить для частныхъ видовъ данной функціи fx. Возьмемъ для примѣра $fx = e^x$, и найдемъ величину интеграла

$$2\pi X = \int_{-\infty}^{+\infty}\int_{\lambda}^{\lambda'} e^{x'} \cos \alpha (x - x') \, dx' \, d\alpha.$$

Интегрируя относительно x', мы очевидно будемъ имѣть

$$\int\limits_{\lambda}^{\lambda'} e^{x'} \cos\alpha(x-x')\,dx' = e^{\lambda'}\frac{\alpha\sin(\lambda'-x)\alpha+\cos(\lambda'-x)\alpha}{1+\alpha^2}$$

$$-e^{\lambda}\frac{\alpha\sin(\lambda-x)\alpha+\cos(\lambda-x)\alpha}{1+\alpha^2}.$$

При интегрированіи относительно α нужно различать три случая: 1) когда x заключается между предѣлами λ и λ'; 2) когда x болѣе какъ λ, такъ и λ'; 3) когда x менѣе λ и менѣе λ'. Въ первомъ случаѣ разность $\lambda - x$ есть отрицательная, а $\lambda' - x$ положительная; во второмъ обѣ разности отрицательныя и наконецъ въ третьемъ обѣ положительныя.

При интегрированіи по α мы будемъ имѣть интегралы вида

$$\int\limits_{-\infty}^{+\infty}\frac{\alpha\sin\mu\alpha\,d\alpha}{1+\alpha^2},\quad \int\limits_{-\infty}^{+\infty}\frac{\cos\mu\alpha\,d\alpha}{1+\alpha^2};$$

но при μ положительномъ

$$\int\limits_{-\infty}^{+\infty}\frac{\alpha\sin\mu\alpha\,d\alpha}{1+\alpha^2}=\int\limits_{-\infty}^{+\infty}\frac{\cos\mu\alpha\,d\alpha}{1+\alpha^2}=\pi e^{-\mu},$$

а при μ отрицательномъ

$$\int\limits_{-\infty}^{+\infty}\frac{\alpha\sin\mu\alpha\,d\alpha}{1+\alpha^2}=-\int\limits_{-\infty}^{+\infty}\frac{\cos\mu\alpha\,d\alpha}{1+\alpha^2}=-\pi e^{\mu}.$$

Слѣдовательно, если $\lambda < x < \lambda'$, то мы будемъ имѣть

$$2\pi X = 2\pi e^{\lambda'} e^{-\lambda'+x} + \pi e^{\lambda} e^{\lambda-x} - \pi e^{\lambda} e^{\lambda-x} = 2\pi e^{x}$$

или просто $X = e^x$. Во второмъ случаѣ, когда $x > \lambda' > \lambda$, мы получимъ

$$2\pi X = e^{\lambda'}\left(-\pi e^{\lambda'-x} + \pi e^{\lambda'-x}\right) - e^{\lambda}\left(-\pi e^{\lambda-x} + \pi e^{\lambda-x}\right) = 0.$$

Въ третьемъ случаѣ будетъ также $X = 0$.

Если же $x = \lambda$, то интегралъ относительно x' будетъ слѣдующій

$$\int\limits_{\lambda}^{\lambda'} e^{x'} \cos\alpha(\lambda - x')\,dx' = e^{\lambda'}\frac{\alpha\sin(\lambda'-\lambda)\,\alpha + \cos(\lambda'-\lambda)\,\alpha}{1+\alpha^2} - \frac{e^{\lambda}}{1+\alpha^2},$$

поэтому, умножая предыдущее уравненіе на $d\alpha$ и интегрируя относительно α отъ $\alpha = -\infty$ до $\alpha = +\infty$, мы будемъ имѣть

$$X = \frac{1}{2}e^{\lambda}.$$

Если бы мы положили $x = \lambda'$, то получили бы $X = \frac{1}{2}e^{\lambda'}$.

Такимъ же образомъ можно повѣрить теорему Фурье для функціи e^{-x}, $ax + b$ и другихъ.

Теорема Фурье даетъ также величины нѣкоторыхъ опредѣленныхъ интеграловъ. Напримѣръ, положимъ въ формулѣ

$$fx = \frac{1}{\pi}\int\limits_0^{\infty}\int\limits_0^{\infty}\cos\alpha(x - x')\,fx'\,dx'\,d\alpha$$

функцію fx равною e^{-x}. Тогда получимъ

$$e^{-x} = \frac{1}{\pi}\int\limits_0^{\infty}\int\limits_0^{\infty} e^{-x'}\cos\alpha(x - x')\,dx'\,d\alpha.$$

Разлагая же $\cos\alpha(x - x')$ подъ знакомъ интеграла, мы будемъ имѣть

$$\pi e^{-x} = \int\limits_0^{\infty}\cos\alpha x\,d\alpha\int\limits_0^{\infty}\cos\alpha x'\,e^{-x'}\,dx' + \int\limits_0^{\infty}\sin\alpha x\,d\alpha\int\limits_0^{\infty}\sin\alpha x'\,e^{-x'}\,dx'$$

или иначе

$$\pi e^{-x} = \int\limits_0^{\infty}\frac{\cos\alpha x\,d\alpha}{1+\alpha^2} + \int\limits_0^{\infty}\frac{\alpha\sin\alpha x\,d\alpha}{1+\alpha^2}.$$

Пусть теперь будетъ

$$\int\limits_0^{\infty}\frac{\cos\alpha x\,d\alpha}{1+\alpha^2} = u$$

и слѣдовательно

$$\int_0^\infty \frac{\alpha \sin \alpha x \, d\alpha}{1+\alpha^2} = -\frac{du}{d\alpha};$$

тогда мы получимъ слѣдующее дифференціальное уравненіе для опредѣленія u:

$$\frac{du}{dx} - u = -\pi e^{-x},$$

общій интегралъ котораго будетъ

$$u = Ae^x + \frac{\pi}{2} e^{-x},$$

гдѣ A означаетъ постоянную произвольную величину. Чтобы опредѣлить эту послѣднюю, полагаемъ $x=0$; тогда будетъ $u=\frac{\pi}{2}$ и слѣдовательно $A=0$. Поэтому мы имѣемъ

$$u = -\frac{du}{dx} = \int_0^\infty \frac{\cos \alpha x \, d\alpha}{1+\alpha^2} = \int_0^\infty \frac{\alpha \sin \alpha x \, d\alpha}{1+\alpha^2} = \frac{\pi}{2} e^{-x}.$$

Уравненіе это справедливо для всѣхъ положительныхъ значеній x. Для отрицательныхъ же значеній мы должны взять формулу

$$e^x = \frac{1}{\pi} \int_0^\infty \int_{-\infty}^0 e^{x'} \cos \alpha (x - x') \, dx' \, d\alpha$$

и тогда совершенно подобнымъ образомъ найдемъ для опредѣленія u такое дифференціальное уравненіе

$$\frac{du}{dx} + u = \pi e^x,$$

общій интегралъ котораго есть

$$u = Ae^{-x} + \frac{\pi}{2} e^x,$$

въ которомъ также слѣдуетъ положить $A=0$. Такимъ образомъ мы получимъ

$$u = \int_0^\infty \frac{\cos \alpha x \, d\alpha}{1 + \alpha^2} = \frac{\pi}{2} e^x \text{ и } -\frac{du}{dx} = \int_0^\infty \frac{\alpha \sin \alpha x \, d\alpha}{1 + \alpha^2} = -\frac{\pi}{2} e^x,$$

для отрицательныхъ величинъ x.

Вообще изъ теоремы Фурье не получено никакихъ новыхъ опредѣленныхъ интеграловъ, а даетъ она тѣ интегралы, которые выведены другими путями.

4. Посмотримъ теперь, будетъ ли справедливо уравненіе

$$fx = \frac{1}{\pi} \int_0^\infty \int_{-\infty}^{+\infty} \cos \alpha (x - x') fx' \, dx' \, d\alpha,$$

если мы вмѣсто x подставимъ величину $x + y\sqrt{-1}$ и потомъ $x - y\sqrt{-1}$, въ которыхъ будемъ полагать y величиною положительною. Пусть будетъ

$$X = f(x + y\sqrt{-1}) + f(x - y\sqrt{-1}),$$

$$X' = \frac{f(x + y\sqrt{-1}) - f(x - y\sqrt{-1})}{\sqrt{-1}};$$

но такъ какъ мы имѣемъ

$$\cos \alpha (x + y\sqrt{-1} - x') = \frac{1}{2} \cos \alpha (x - x') (e^{\alpha y} + e^{-\alpha y})$$
$$+ \frac{1}{2\sqrt{-1}} \sin \alpha (x - x') (e^{\alpha y} - e^{-\alpha y}),$$

$$\cos \alpha (x - y\sqrt{-1} - x') = \frac{1}{2} \cos \alpha (x - x') (e^{\alpha y} + e^{-\alpha y})$$
$$- \frac{1}{2\sqrt{-1}} \sin \alpha (x - x') (e^{\alpha y} - e^{-\alpha y}),$$

то легко получимъ

$$X = \frac{1}{\pi} \int_0^\infty \int_{-\infty}^{+\infty} (e^{\alpha y} + e^{-\alpha y}) \cos \alpha (x - x') fx' \, dx' \, d\alpha,$$

$$X' = \frac{1}{\pi} \int_0^\infty \int_{-\infty}^{+\infty} (e^{-\alpha y} - e^{\alpha y}) \sin \alpha (x - x') fx' \, dx' \, d\alpha.$$

Но интегрируя отъ $\alpha = 0$ до $\alpha = n$, мы будемъ имѣть

$$\int_0^n (e^{\alpha y} + e^{-\alpha y}) \cos \alpha (x - x')\, d\alpha$$

$$= \frac{y(e^{ny} - e^{-ny}) \cos n(x-x') + (x-x')(e^{ny} + e^{-ny}) \sin n(x-x')}{(x-x')^2 + y^2},$$

$$\int_0^n (e^{-\alpha y} - e^{\alpha y}) \sin \alpha (x - x')\, d\alpha$$

$$= \frac{(x-x')(e^{ny} - e^{-ny}) \cos n(x-x') - y(e^{ny} + e^{-ny}) \sin n(x-x')}{(x-x')^2 + y^2}.$$

Поэтому величины X и X' можно принимать какъ предѣлы выраженій

$$X_n = \frac{1}{\pi}\, y\left(e^{ny} - e^{-ny}\right) \int_{-\infty}^{+\infty} \frac{\cos n(x-x') fx'\, dx'}{(x-x')^2 + y^2}$$

$$+ \frac{1}{\pi}\left(e^{ny} + e^{-ny}\right) \int_{-\infty}^{+\infty} \frac{(x-x') \sin n(x-x') fx'\, dx'}{(x-x')^2 + y^2},$$

$$X'_n = \frac{1}{\pi}\left(e^{ny} - e^{-ny}\right) \int_{-\infty}^{+\infty} \frac{(x-x') \cos n(x-x') fx'\, dx'}{(x-x')^2 + y^2}$$

$$- \frac{1}{\pi}\, y\left(e^{ny} + e^{-ny}\right) \int_{-\infty}^{+\infty} \frac{\sin n(x-x') fx'\, dx'}{(x-x')^2 + y^2},$$

при $n = \infty$.

Такимъ образомъ мы привели двойные интегралы къ простымъ.

Полагая въ предыдущихъ формулахъ $fx' = \sin hx'$, гдѣ h нѣкоторая дѣйствительная величина, и подставляя вмѣсто x' величину $x + z$, мы легко найдемъ

$$X_n = \frac{\sin hx}{\pi}\, y\left(e^{ny} - e^{-ny}\right) \int_{-\infty}^{+\infty} \frac{\cos nz \cos hz\, dz}{y^2 + z^2}$$

$$+ \frac{\sin hx}{\pi}\left(e^{ny} + e^{-ny}\right) \int_{-\infty}^{+\infty} \frac{z \sin nz \cos hz\, dz}{y^2 + z^2},$$

$$X'_n = -\frac{\cos hx}{\pi}\left(e^{ny} - e^{-ny}\right)\int\limits_{-\infty}^{+\infty}\frac{z\cos nz\sin hz\,\partial z}{y^2+z^2}$$

$$+\frac{\cos hx}{\pi}\cdot y\left(e^{ny}+e^{-ny}\right)\int\limits_{-\infty}^{+\infty}\frac{\sin nz\sin hz\,\partial z}{y^2+z^2},$$

гдѣ интегралы нечетныхъ функцій по z отъ $z=-\infty$ до $z=+\infty$ сдѣланы равными нулю. Но замѣчая, что

$$2\cos nz\cos hz = \cos(n+h)z + \cos(n-h)z,$$
$$2\sin nz\cos hz = \sin(n+h)z + \sin(n-h)z,$$
$$2\cos nz\sin hz = \sin(n+h)z - \sin(n-h)z,$$
$$2\sin nz\sin hz = -\cos(n+h)z + \cos(n-h)z,$$

и что интегралы

$$\int\limits_{-\infty}^{+\infty}\frac{\cos\alpha x\,\partial x}{\beta^2+x^2} = \frac{\pi}{\beta}e^{-\alpha\beta} \quad \text{и} \quad \int\limits_{-\infty}^{+\infty}\frac{x\sin\alpha x\,\partial x}{\beta^2+x^2} = \pi e^{-\alpha\beta}$$

извѣстны, мы получаемъ, по легкомъ приведеніи,

$$X_n = \sin hx\left(e^{hy}+e^{-hy}\right), \quad X'_n = \cos hx\left(e^{hy}-e^{-hy}\right).$$

Такъ какъ X_n и X'_n не зависятъ отъ n, то будетъ

$$X_n = X \quad \text{и} \quad X'_n = X'.$$

Величины, такимъ образомъ полученныя для X и X', суть тѣ, которыя мы получимъ непосредственно, дѣлая

$$X = \frac{\sin h(x+y\sqrt{-1}) + \sin h(x-y\sqrt{-1})}{1},$$

$$X' = \frac{\sin h(x+y\sqrt{-1}) - \sin h(x-y\sqrt{-1})}{\sqrt{-1}}.$$

Слѣдовательно, въ этомъ случаѣ оправдывается теорема Фурье. То же самое будетъ, если мы положимъ $fx' = \cos hx'$; но если мы сдѣлаемъ $fx' = \frac{1}{1+x'^2}$, то увидимъ, что въ уравненіи теоремы Фурье можно подставить вмѣсто x величину

$x + y\sqrt{-1}$, или $x - y\sqrt{-1}$, но только въ такомъ случаѣ, когда $y < 1$.

Въ самомъ дѣлѣ, если мы, производя двойное интегрированіе для того, чтобы получить величины X и X', будемъ сначала интегрировать по x', то, очевидно, получимъ

$$\int_{-\infty}^{+\infty} \frac{\cos\alpha(x - x')\,dx'}{1 + x'^2} = \cos\alpha x \int_{-\infty}^{+\infty} \frac{\cos\alpha x'\,dx'}{1 + x'^2} = \pi e^{-\alpha}\cos\alpha x,$$

$$\int_{-\infty}^{+\infty} \frac{\sin\alpha(x - x')\,dx'}{1 + x'^2} = \sin\alpha x \int_{-\infty}^{+\infty} \frac{\cos\alpha x'\,dx'}{1 + x'^2} = \pi e^{-\alpha}\sin\alpha x;$$

поэтому мы будемъ имѣть

$$X = \int_0^{\infty} \left(e^{-\alpha(1+y)} + e^{-\alpha(1-y)}\right)\cos\alpha x\,d\alpha,$$

$$X' = \int_0^{\infty} \left(e^{-\alpha(1+y)} - e^{-\alpha(1-y)}\right)\sin\alpha x\,d\alpha.$$

Если мы вмѣсто безконечности въ предѣлахъ предыдущихъ интеграловъ подставимъ n и будемъ X и X' разсматривать какъ предѣлы выраженій

$$X_n = \int_0^{n} \left(e^{-\alpha(1+y)} + e^{-\alpha(1-y)}\right)\cos\alpha x\,d\alpha,$$

$$X'_n = \int_0^{n} \left(e^{-\alpha(1+y)} - e^{-\alpha(1-y)}\right)\sin\alpha x\,d\alpha$$

при $n = \infty$, мы для величинъ X_n и X'_n получимъ слѣдующія выраженія:

$$X_n = \frac{e^{-n(1+y)}\left[x\sin nx - (1+y)\cos nx\right] + 1 + y}{x^2 + (1+y)^2}$$

$$+ \frac{e^{-n(1-y)}\left[x\sin nx - (1-y)\cos nx\right] + 1 - y}{x^2 + (1-y)^2},$$

$$X'_n = \frac{e^{-n(1+y)}\,[x\cos nx + (1-y)\sin nx] - x}{x^2 + (1-y)^2}$$
$$- \frac{e^{-n(1-y)}\,[x\cos nx + (1+y)\sin nx] - x}{x^2 + (1+y)^2}.$$

Откуда видимъ, что при $y < 1$ величины X и X', будутъ тѣ самыя, которыя получатся, если мы сдѣлаемъ

$$X = \frac{1}{1 + (x + y\sqrt{-1})^2} + \frac{1}{1 + (x - y\sqrt{-1})^2},$$

$$X' = -\sqrt{-1}\left[\frac{1}{1 + (x + y\sqrt{-1})^2} - \frac{1}{1 + (x - y\sqrt{-1})^2}\right].$$

Если же $y > 1$, то величины X и X', получаемыя изъ предыдущихъ выраженій, полагая въ нихъ $n = \infty$, будутъ совершенно неопредѣленныя.

Такимъ образомъ теорема Фурье вообще несправедлива, если вмѣсто перемѣнной, функцію которой она изображаетъ, мы подставимъ другую перемѣнную, которая принимаетъ мнимыя значенія.

То же замѣчаніе должно относиться и къ другимъ формуламъ, которыя заключаются въ уравненіи

$$fx = \int_{-\infty}^{+\infty}\int_{-\infty}^{+\infty} \psi\,[\alpha(x - x')]\, fx'\, dx'\, d\alpha,$$

какъ частные случаи, но доказать вообще, что подобныя уравненія несправедливы, когда будемъ давать перемѣнной x мнимыя значенія, весьма трудно, по причинѣ произвольности функціи fx и разнообразія функцій ψx.

5. Чтобы показать примѣръ нахожденія опредѣленныхъ интеграловъ, изображающихъ данную произвольную функцію $\varphi(x)$, мы возьмемъ

$$\varphi x = \frac{\sin x}{b^2 N \sqrt{a^2 \sin^2 x + b^2 \cos^2 x}}.$$

Тогда въ формулѣ (5) вмѣсто функціи ψx можно взять

слѣдующую

$$\psi x = \frac{1}{2}\frac{d\varphi x}{dx} = \frac{\cos x}{2N\left[a^2\sin^2 x + b^2\cos^2 x\right]^{\frac{3}{2}}}.$$

Функція φx при $x = \infty$ дѣлается совершенно неопредѣленною, могущею принять всѣ возможныя значенія отъ $-\frac{1}{ab^2 N}$ до $+\frac{1}{ab^2 N}$. Съ другой стороны, интегралъ

$$\int_{-\infty}^{+\infty}\frac{\varphi z}{z}\,dx = \frac{1}{b^2 N}\int_{-\infty}^{+\infty}\frac{\sin x\,dx}{x\sqrt{a^2\sin^2 x + b^2\cos^2 x}}$$

очевидно имѣетъ величину опредѣленную и конечную, ибо величины a, b и N суть не нули и не безконечности. Для того, чтобы предыдущій интегралъ былъ равенъ единицѣ, необходимо сдѣлать

$$N = \frac{1}{b^2}\int_{-\infty}^{+\infty}\frac{\sin x\,dx}{x\sqrt{a^2\sin^2 x + b^2\cos^2 x}}.$$

Такимъ образомъ выбранная функція ψx удовлетворяетъ требуемымъ условіямъ, и потому для всякой произвольной функціи fx мы имѣемъ

$$(13)\qquad fx = \frac{1}{2N}\int_{-\infty}^{+\infty}\int_{-\infty}^{+\infty}\frac{\cos\alpha(x-x')fx'\,dx'\,d\alpha}{\left(a^2\sin^2\alpha(x-x') + b^2\cos^2\alpha(x-x')\right)^{\frac{3}{2}}}$$

или иначе

$$(14)\qquad fx = \frac{1}{2a^3 N}\int_{-\infty}^{+\infty}\int_{-\infty}^{+\infty}\frac{\cos\alpha(x-x')fx'\,dx'\,d\alpha}{\left(1 - e^2\cos^2\alpha(x-x')\right)^{\frac{3}{2}}},$$

гдѣ e означаетъ величину $\frac{\sqrt{a^2-b^2}}{a}$.

Формулы (13) и (14) имѣютъ мѣсто въ тѣхъ же случаяхъ, въ которыхъ имѣетъ мѣсто и теорема Фурье. Эта послѣдняя выводится изъ нихъ, полагая $a = b$, или $e = 0$. Для этихъ величинъ значеніе N будетъ равно величинѣ $\frac{\pi}{a^3}$, откуда видимъ, что обѣ формулы (14) и (13) обращаются въ слѣдующую

$$fx = \frac{1}{2\pi}\int_{-\infty}^{+\infty}\int_{-\infty}^{+\infty}\cos\alpha\,(x - x')\,fx'\,dx'\,d\alpha,$$

которая есть ничто иное, какъ теорема Фурье.

6. Опредѣленные двойные интегралы, которые выражаютъ произвольныя функціи, даютъ величины ихъ для всѣхъ значеній перемѣнной независимой, отъ значенія ея равнаго $-\infty$ до значенія равнаго $+\infty$, предполагая ихъ дѣйствительными. Такимъ образомъ, всѣ соотвѣтствующія величины самой функціи предполагаются извѣстными, хотя совершенно произвольными. Допускается только слѣдующее ограниченіе: необходимо, чтобы произвольная функція fx не обращалась въ безконечность, и чтобы каждая изъ разностей $f(x + \varepsilon) - fx$, $fx - f(x - \varepsilon)$ (гдѣ ε есть безконечно малая величина) была безконечно малою для данной величины x. Послѣднее необходимо для того, чтобы опредѣленные интегралы имѣли смыслъ.

Въ вопросахъ, гдѣ приходится опредѣлять произвольныя функціи, весьма часто случается, что произвольная функція дается только въ опредѣленныхъ предѣлахъ перемѣнной независимой; остальныя же значенія выводятся изъ данныхъ величинъ функціи. Въ этомъ случаѣ выше разсмотрѣнные интегралы часто можно бываетъ преобразовать такъ, что въ формулу, изображающую произвольную функцію, войдутъ только извѣстныя величины этой послѣдней.

Пусть будетъ дана функція fx, произвольная между предѣлами $x = 0$ и $x = l$. Требуется найти формулу, выражающую эту функцію въ упомянутыхъ предѣлахъ перемѣнной независимой, если имѣемъ условіе, по которому $f(l)$ и $f(0)$ равны нулю.

Какова бы ни была функція fx, мы имѣемъ

$$fx = \frac{1}{2\pi}\int_{-\infty}^{+\infty}\int_{-\infty}^{+\infty}\cos\alpha(x - x')\,fx'\,\partial x'\,\partial\alpha$$

или, сдѣлавъ $x' = x + z$, черезъ что предѣлы относительно z будутъ также $-\infty$ и $+\infty$, и интегрируя по α отъ $\alpha = 0$ до $\alpha = \infty$, мы будемъ имѣть

$$fx = \frac{1}{\pi}\int_{0}^{\infty}\int_{-\infty}^{+\infty}\cos\alpha z\,f(x + z)\,\partial z\,\partial\alpha.$$

Такъ какъ $f(l) = 0$ и $f(0) = 0$, то мы имѣемъ два условія

(15) $$\int_{0}^{\infty}\int_{-\infty}^{+\infty}\cos\alpha z\,f(l + z)\,\partial z\,\partial\alpha = 0,$$

(16) $$\int_{0}^{\infty}\int_{-\infty}^{+\infty}\cos\alpha z\,fz\,\partial z\,\partial\alpha = 0.$$

Условія эти могутъ быть представлены въ слѣдующемъ видѣ:

$$\int_{0}^{\infty}\int_{0}^{\infty}\cos\alpha z\,[f(l + z) + f(l - z)]\,\partial z\,\partial\alpha = 0,$$

$$\int_{0}^{\infty}\int_{0}^{\infty}\cos\alpha z\,[fz + f(-z)]\,\partial z\,\partial\alpha = 0.$$

Этимъ условіямъ мы удовлетворимъ, если положимъ

(17) $$f(l + z) + f(l - z) = 0,\quad f(z) + f(-z) = 0;$$

уравненія, которыя должны быть выполнены при всякомъ значеніи дѣйствительномъ и положительномъ перемѣнной z.

Положимъ теперь

$$\int_{0}^{\infty} e^{-hz} fz\,\partial z = p,\quad \int_{0}^{-\infty} e^{hz} fz\,\partial z = q,$$

гдѣ h означаетъ дѣйствительную и положительную величину, или же мнимую, у которой дѣйствительная часть есть положительная.

Умножимъ уравненія (17) на $e^{-hz}\partial z$ и будемъ интегрировать ихъ отъ $z=0$ до $z=\infty$. Тогда, очевидно, получимъ

$$\int_0^\infty e^{-hz} f(l+z)\,\partial z + \int_0^\infty e^{-hz} f(l-z)\,\partial z = 0,$$

$$\int_0^\infty e^{-hz} fz\,\partial z \qquad + \int_0^\infty e^{-hz} f(-z)\,\partial z = 0.$$

Но мы имѣемъ

$$\int_0^\infty e^{-hz} f(l+z)\,\partial z = e^{hl}\left(p - \int_0^l e^{-hz} fz\,\partial z\right),$$

$$\int_0^\infty e^{-hz} f(l-z)\,\partial z = -e^{-hl}\left(q - \int_0^l e^{hz} fz\,\partial z\right),$$

$$\int_0^\infty e^{-hz} fz\,\partial z = p, \quad \int_0^\infty e^{-hz} f(-z)\,\partial z = -q.$$

Поэтому предыдущія два условія обращаются въ слѣдующія:

$$(18) \qquad \begin{cases} pe^{hl} - qe^{-hl} = e^{hl}\int_0^l e^{-hz} fz\,\partial z - e^{-hl}\int_0^l e^{hz} fz\,\partial z, \\ p - q = 0. \end{cases}$$

Изъ послѣднихъ двухъ уравненій получаемъ слѣдующія величины для p и q:

$$(19) \qquad p = q = \frac{e^{hl}\int_0^l e^{-hz} fz\,\partial z - e^{-hl}\int_0^l e^{hz} fz\,\partial z}{e^{hl} - e^{-hl}}.$$

Пусть будетъ теперь ε положительная безконечно малая величина и α какое либо дѣйствительное количество; положимъ притомъ

$$e^{hl}\int_0^l e^{-hz} fz\,\partial z - e^{-hl}\int_0^l e^{hz} fz\,\partial z = \lambda(h),$$

$$e^{hl} - e^{-hl} = \mu(h);$$

тогда, если въ выраженіи p положимъ $h = \varepsilon + \alpha\sqrt{-1}$ и въ выраженіи q положимъ $h = \varepsilon - \alpha\sqrt{-1}$, то разность

$$p - q = \int_0^{\infty} e^{-(\varepsilon+\alpha\sqrt{-1})} fz\,\partial z - \int_0^{-\infty} e^{(\varepsilon-\alpha\sqrt{-1})z} fz\,\partial z$$

съ приближеніемъ ε къ нулю будетъ стремиться къ предѣлу

$$\int_{-\infty}^{+\infty} e^{-\alpha z\sqrt{-1}} fz\,\partial z.$$

Такимъ образомъ, соображаясь съ предыдущими положеніями, мы будемъ имѣть

$$\int_{-\infty}^{+\infty} e^{-\alpha z\sqrt{-1}} fz\,\partial z = \text{пред.}\left\{\frac{\lambda(\varepsilon+\alpha\sqrt{-1})}{\mu(\varepsilon+\alpha\sqrt{-1})} - \frac{\lambda(\varepsilon-\alpha\sqrt{-1})}{\mu(\varepsilon-\alpha\sqrt{-1})}\right\},$$

или, такъ какъ $\lambda(-h) = -\lambda(h)$ и $\mu(-h) = -\mu(h)$, иначе будетъ

$$\int_{-\infty}^{+\infty} e^{-\alpha z\sqrt{-1}} fz\,\partial z = \text{пред.}\left\{\frac{\lambda(\varepsilon+\alpha\sqrt{-1})}{\mu(\varepsilon+\alpha\sqrt{-1})} - \frac{\lambda(-\varepsilon+\alpha\sqrt{-1})}{\mu(-\varepsilon+\alpha\sqrt{-1})}\right\}.$$

Откуда можно видѣть, что для всѣхъ величинъ α, при которыхъ $\mu(\alpha\sqrt{-1})$ не есть нуль, предыдущій интегралъ уничтожается. Пусть будетъ β одинъ изъ корней уравненія

$$\mu(\beta\sqrt{-1}) = 0$$

или, что все равно, слѣдующаго

$$\sin\beta l = 0;$$

тогда, положивъ $\alpha = \beta + \alpha'$, гдѣ α' безконечно малая положительная или отрицательная величина, мы будемъ имѣть

$$\lambda(\beta\sqrt{-1} + \alpha'\sqrt{-1} \pm \varepsilon) = \lambda(\beta\sqrt{-1}),$$

$$\mu(\beta\sqrt{-1} + \alpha'\sqrt{-1} \pm \varepsilon) = (\alpha'\sqrt{-1} \pm \varepsilon)\,\mu'(\beta\sqrt{-1}).$$

Отсюда заключаемъ, что интегралъ

$$\int_{-\infty}^{+\infty} e^{-\alpha z\sqrt{-1}} fz\, dz$$

имѣетъ слѣдующую величину:

$$\int_{-\infty}^{+\infty} e^{-\alpha z\sqrt{-1}} fz\, dz = \text{пред.}\, \frac{\lambda(\beta\sqrt{-1})}{\mu'(\beta\sqrt{-1})}\, \frac{2\varepsilon}{\varepsilon^2 + \alpha'^2}.$$

Черезъ $\mu' x$ мы означаемъ производную $\frac{d\mu x}{dx}$.

Перемѣняя знакъ у $\sqrt{-1}$ и замѣчая, что $\lambda(h)$ и $\mu(h)$ суть функціи нечетныя, мы получимъ

$$\int_{-\infty}^{+\infty} e^{\alpha z\sqrt{-1}} fz\, dz = \text{пред.}\, \frac{-\lambda(\beta\sqrt{-1})}{\mu'(\beta\sqrt{-1})}\, \frac{2\varepsilon}{\varepsilon^2 + \alpha'^2}.$$

Поэтому интегралъ

$$\int_{-\infty}^{+\infty} \cos\alpha(x - x')fx'\, dx',$$

содержащійся въ теоремѣ Фурье, можетъ быть представленъ въ слѣдующемъ видѣ:

$$\int_{-\infty}^{+\infty}\cos\alpha(x-x')fx'\,dx' = \frac{1}{2}e^{\alpha x\sqrt{-1}}\int_{-\infty}^{+\infty}e^{-\alpha x'\sqrt{-1}}fx'\,dx'$$

$$+\frac{1}{2}e^{-\alpha x\sqrt{-1}}\int_{-\infty}^{+\infty}e^{\alpha x'\sqrt{-1}}fx'\,dx'$$

$$=\frac{1}{2}\left(e^{\alpha x\sqrt{-1}}-e^{-\alpha x\sqrt{-1}}\right)\int_{-\infty}^{+\infty}e^{-\alpha z\sqrt{-1}}fz\,dz$$

$$=\sqrt{-1}\,\sin\beta x\,\frac{\lambda(\beta\sqrt{-1})}{\mu'(\beta\sqrt{-1})}\cdot\frac{2\varepsilon}{\varepsilon^2+\alpha'^2}.$$

Но мы легко получимъ

$$\lambda(\beta\sqrt{-1}) = 2\sqrt{-1}\left(-\cos\beta l\int_0^l\sin\beta z\,fz\,dz+\sin\beta l\int_0^l\cos\beta z\,fz\,dz\right)$$

или, такъ какъ $\sin\beta l = 0$,

$$\lambda(\beta\sqrt{-1}) = -2\sqrt{-1}\,\cos\beta l\int_0^l\sin\beta z\,fz\,dz;$$

точно такъ же

$$\mu'(\beta\sqrt{-1}) = 2l\cos\beta l,$$

слѣдовательно, умножая интегралъ

$$\int_{-\infty}^{+\infty}\cos\alpha(x-x')fx'\,dx'$$

на $d\alpha$, мы получимъ

$$\int_{-\infty}^{+\infty}\cos\alpha(x-x')fx'\,dx'\,d\alpha = \frac{1}{l}\sin\beta x\int_0^l\sin\beta z\,fz\,dz\,\frac{2\varepsilon\,d\alpha'}{\varepsilon^2+\alpha'^2},$$

ибо, при $\alpha = \beta+\alpha'$, будетъ $d\alpha = d\alpha'$. Такъ какъ предыдущій интегралъ есть нуль, если α' не есть безконечно малое количество, то интегрируя по α послѣднее уравненіе, нужно распространить интегралъ относительно α' на всѣ безконечно малыя величины положительныя и отрицательныя, и взять сумму результатовъ, распространенную на всѣ корни уравненія $\sin\beta l = 0$.

Пусть будетъ нѣкоторая положительная величина m и отрицательная $-n$, такія, чтобы $\beta + m$ было менѣе β' и $\beta - n$ болѣе β_1, означая черезъ β' и β_1 два корня уравненія $\sin\beta l = 0$, между которыми содержится одинъ только корень β.

Интегрированіе по α' мы распространимъ на всѣ безконечно малыя величины α', если будемъ интегрировать отъ $\alpha' = -n$ до $\alpha' = +m$. Но интегралъ

$$\int_{-n}^{m} \frac{2\varepsilon\, d\alpha'}{\varepsilon^2 + \alpha'^2}$$

имѣетъ слѣдующую величину

$$\int_{-n}^{m} \frac{2\varepsilon\, d\alpha'}{\alpha'^2 + \varepsilon^2} = 2\operatorname{arctg}\frac{m'}{\varepsilon} + 2\operatorname{arctg}\frac{n}{\varepsilon},$$

слѣдовательно въ предѣлѣ равенъ 2π. Итакъ будетъ

$$\frac{1}{2\pi}\int_{-\infty}^{+\infty}\int_{-\infty}^{+\infty} \cos\alpha(x - x')\, fx'\, dx'\, d\alpha = \frac{1}{l}\sum \sin\beta x \int_0^l \sin\beta z\, fz\, dz$$

знакъ суммы должно распространить на всѣ корни уравненія $\sin\beta l = 0$. Но, соединяя члены, относящіеся къ корнямъ β и $-\beta$, и замѣчая, что $\beta = \frac{i\pi}{l}$, гдѣ i цѣлое положительное число, мы будемъ имѣть

$$fx = \frac{2}{l}\sum_{i=0}^{i=\infty} \sin\frac{i\pi x}{l}\int_0^l \sin\frac{i\pi x}{l}\, fx\, dx. \tag{20}$$

Мы прибавили къ ряду (20) членъ, относящійся къ значенію $i = 0$, ибо этотъ членъ есть нуль. Если бы этотъ членъ не уничтожался, то слѣдовало бы въ формулѣ (20) взять только половину его, потому что въ этомъ случаѣ интегрированіе по α' хотя и распространяется отъ $\alpha' = -n$ до $\alpha' = m$, но этому члену нѣтъ другого равнаго, какъ для другихъ членовъ.

Такимъ образомъ рядъ (20) можно разсматривать, какъ преобразованную теорему Фурье.

Предыдущій анализъ замѣчателенъ тѣмъ, что нѣтъ надобности доказывать дѣйствительность корней уравненія $\sin \beta l = 0$, или другого, къ которому онъ можетъ привести, и притомъ этотъ анализъ дѣлаетъ очевиднымъ, что формулы, подобныя уравненію (20), дѣйствительно выражаютъ произвольную функцію fx. Вслѣдствіе предыдущаго анализа мы вмѣсто β должны брать одни дѣйствительные корни уравненія $\sin \beta l = 0$, потому что при интегрированіи относительно α эта послѣдняя перемѣнная принимаетъ рядъ дѣйствительныхъ величинъ отъ $\alpha = -\infty$ до $\alpha = +\infty$.

Формула (20) есть первая изъ формулъ, выражающихъ произвольныя функціи, которая была доказана прежде всѣхъ другихъ Лагранжемъ.

Повидимому изъ уравненій (17) слѣдуетъ, что вмѣсто функціи fx мы можемъ выбирать только нечетныя функціи перемѣнной x, тогда какъ изъ доказательства Лагранжа и другихъ слѣдуетъ, что fx можетъ быть какою угодно функціею. Дѣйствительно, если мы будемъ разсматривать значенія функціи fx, отъ $x = -\infty$ до $x = +\infty$, то должно быть

$$f(x) = -f(-x),$$

но между предѣлами $x = 0$ и $x = l$ эта функція совершенно произвольна, и, очевидно, можно придумать безчисленное множество прерывныхъ нечетныхъ функцій, которыя въ упомянутыхъ предѣлахъ совпадутъ съ данною какою-либо функціею.

Предыдущій анализъ намъ кажется такъ важнымъ, что считаемъ не лишнимъ привести еще нѣсколько примѣровъ на измѣненіе теоремы Фурье.

Положимъ, что требуется найти формулу, выражающую произвольную функцію, подъ тѣмъ условіемъ, чтобы производная перваго порядка этой функціи уничтожалась для $x = 0$ и $x = l$.

Изъ теоремы Фурье

$$fx = \frac{1}{2\pi}\int\limits_{-\infty}^{+\infty}\int\limits_{-\infty}^{+\infty}\cos\alpha(x-x')fx'\,dx'\,d\alpha$$

слѣдуетъ

$$-\frac{dfx}{dx} = \frac{1}{2\pi}\int\limits_{-\infty}^{+\infty}\int\limits_{-\infty}^{+\infty}\alpha\sin\alpha(x-x')fx'\,dx'\,d\alpha.$$

По предыдущему, замѣняя x' черезъ $x+z$ и взявъ интегралы отъ $\alpha=0$, $z=0$, до $\alpha=\infty$, $z=\infty$, мы будемъ имѣть

$$\frac{dfx}{dx} = \frac{1}{\pi}\int\limits_{0}^{\infty}\int\limits_{0}^{\infty}\alpha\sin\alpha z\,[f(x+z)-f(x-z)]\,dz\,d\alpha.$$

Такъ какъ $\frac{dfx}{dx}$ уничтожается для $x=0$ и $x=l$, то мы точно такъ же какъ и прежде выводимъ слѣдующія два условія для функціи fx:

(21) $$\begin{cases} f(l+z)-f(l-z)=0, \\ f(z)-f(-z)=0. \end{cases}$$

Сохраняя означенія предыдущаго примѣра, мы получимъ для опредѣленія p и q слѣдующія уравненія:

$$p+q=0$$

$$pe^{hl}+qe^{-hl} = e^{hl}\int\limits_{0}^{l}e^{-hz}fzdz + e^{-hl}\int\limits_{0}^{l}e^{hz}fzdz,$$

откуда

$$p=-q=\frac{e^{hl}\int\limits_{0}^{l}e^{hz}fzdz + e^{-hl}\int\limits_{0}^{l}e^{hz}fzdz}{e^{hl}-e^{-hl}}.$$

Подставляя по предыдущему въ выраженіе p вмѣсто h величину $\varepsilon+\alpha\sqrt{-1}$, а въ выраженіе q вмѣсто h количество $\varepsilon-\alpha\sqrt{-1}$, и положивъ

$$\lambda(h) = e^{hl}\int\limits_{0}^{l}e^{hz}fzdz + e^{-hl}\int\limits_{0}^{l}e^{hz}fzdz,$$

$$\mu(h) = e^{hl}-e^{-hl},$$

мы будемъ имѣть

$$\int_{-\infty}^{+\infty} e^{-\alpha y\sqrt{-1}}\, fy dy = \text{пред.}\left\{\frac{\lambda(\alpha\sqrt{-1}+\varepsilon)}{\mu(\alpha\sqrt{-1}+\varepsilon)} - \frac{\lambda(\alpha\sqrt{-1}-\varepsilon)}{\mu(\alpha\sqrt{-1}-\varepsilon)}\right\},$$

ибо

$$\lambda(h) = \lambda(-h), \quad \mu(h) = -\mu(-h).$$

Перемѣняя знакъ при величинѣ $\sqrt{-1}$, мы получимъ

$$\int_{-\infty}^{+\infty} e^{\alpha y\sqrt{-1}}\, fy dy = \text{пред.}\left\{\frac{\lambda(-\alpha\sqrt{-1}+\varepsilon)}{\mu(-\alpha\sqrt{-1}+\varepsilon)} - \frac{\lambda(-\alpha\sqrt{-1}-\varepsilon)}{\mu(-\alpha\sqrt{-1}-\varepsilon)}\right\}.$$

Откуда видимъ, что предыдущіе интегралы обращаются въ нуль, если α не есть одинъ изъ корней уравненія

$$\frac{\mu(\alpha\sqrt{-1})}{2\sqrt{-1}} = \sin\alpha l = 0,$$

или иначе, если α не равно $\frac{i\pi}{l}$, гдѣ i цѣлое положительное или отрицательное число.

Пусть будетъ

$$\alpha = \frac{i\pi}{l} + \alpha',$$

гдѣ α' безконечно малая величина. Тогда замѣчая, что

$$\int_{-\infty}^{+\infty} e^{-\alpha y\sqrt{-1}}\, fy dy = \frac{\lambda(\alpha\sqrt{-1})}{\mu'(\alpha\sqrt{-1})}\,\frac{2\varepsilon}{\varepsilon^2+\alpha'^2},$$

$$\int_{-\infty}^{+\infty} e^{+\alpha y\sqrt{-1}}\, fy dy = \frac{\lambda(\alpha\sqrt{-1})}{\mu'(\alpha\sqrt{-1})}\,\frac{2\varepsilon}{\varepsilon^2+\alpha'^2}$$

и что интегралъ

$$\int_{-\infty}^{+\infty} \cos\alpha(x-x')\, fz'\, dx'$$

принимаетъ видъ

$$\int_{-\infty}^{+\infty}\cos\alpha(x-x')fx'\,dx' = \frac{1}{2}e^{\alpha x\sqrt{-1}}\int_{-\infty}^{+\infty}e^{-\alpha x'\sqrt{-1}}fx'\,dx'$$

$$+\frac{1}{2}e^{-\alpha x\sqrt{-1}}\int_{-\infty}^{+\infty}e^{\alpha x'\sqrt{-1}}fx'\,dx' = \cos\alpha x\,\frac{\lambda(\alpha\sqrt{-1})}{\mu'(\alpha\sqrt{-1})}\,\text{пред.}\,\frac{2\varepsilon}{\varepsilon^2+\alpha'^2},$$

мы имѣемъ

$$\int_{-\infty}^{+\infty}\int_{-\infty}^{+\infty}\cos\alpha(x-x')fx'\,dx'\,d\alpha = 2\pi\sum\cos\frac{i\pi x}{l}\,\frac{\lambda\left(\frac{i\pi}{l}\sqrt{-1}\right)}{\mu'\left(\frac{i\pi}{l}\sqrt{-1}\right)}.$$

Знакъ суммы долженъ быть распространенъ на всѣ значенія цѣлаго числа i. Но такъ какъ

$$\lambda\left(\frac{i\pi}{l}\sqrt{-1}\right) = 2\left[\cos i\pi\int_0^l\cos\frac{i\pi x}{l}\,fxdx + \sin i\pi\int_0^l\sin\frac{i\pi x}{l}\,fxdx\right]$$

$$= 2\cos i\pi\int_0^l\cos\frac{i\pi x}{l}\,fxdx,$$

$$\mu'\left(\frac{i\pi}{l}\sqrt{-1}\right) = 2l\cos i\pi,$$

то, отдѣляя членъ предыдущей суммы, соотвѣтствующій числу $i=0$, и соединяя члены, соотвѣтствующіе значеніямъ i и $-i$, мы окончательно имѣемъ

$$(22)\qquad fx = \frac{1}{l}\int_0^l fxdx + \frac{2}{l}\sum_{i=1}^{i=\infty}\cos\frac{i\pi x}{l}\left(\int_0^l\cos\frac{i\pi x}{l}\,fxdx\right).$$

Эта формула справедлива и для предѣловъ $x=0$ и $x=l$, ибо относительно fx нѣтъ никакого условія, которое бы должна была она выполнить для этихъ предѣловъ, а условія (21) относятся къ функціи $\frac{dfx}{dx}$.

Разсмотримъ теперь, какого вида будетъ измѣненная теорема Фурье, если относительно произвольной функціи будутъ слѣдующія условія:

$$(23)\qquad \begin{cases} \dfrac{dfx}{dx} + \beta\, fx = 0 \quad \text{для} \quad x = l, \\ \dfrac{dfx}{dx} - \beta' fx = 0 \quad \text{для} \quad x = -l. \end{cases}$$

Очевидно, мы имѣемъ для какого угодно x по теоремѣ Фурье

$$\frac{dfx}{dx} + \beta\, fx = \frac{1}{\pi}\int_0^{\infty}\int_{-\infty}^{+\infty} \cos\alpha(x - x')\left[\frac{dfx'}{dx'} + \beta\, fx'\right] dx'\,d\alpha,$$

$$\frac{dfx}{dx} - \beta' fx = \frac{1}{\pi}\int_0^{\infty}\int_{-\infty}^{+\infty} \cos\alpha(x - x')\left[\frac{dfx'}{dx'} - \beta' fx'\right] dx'\,d\alpha.$$

Положимъ по предыдущему $x' = x + z$, тогда получимъ

$$\frac{dfx}{dx} + \beta\, fx = \frac{1}{\pi}\int_0^{\infty}\int_{-\infty}^{+\infty} \cos\alpha z\left[\frac{df(x+z)}{dz} + \beta\, f(x+z)\right] \partial z\,\partial\alpha,$$

$$\frac{dfx}{dx} - \beta' fx = \frac{1}{\pi}\int_0^{\infty}\int_{-\infty}^{+\infty} \cos\alpha z\left[\frac{df(x+z)}{dz} - \beta' f(x+z)\right] \partial z\,\partial\alpha;$$

поэтому условія (23) могутъ быть написаны въ слѣдующемъ видѣ:

$$\int_0^{\infty}\partial\alpha\int_0^{\infty}\cos\alpha z\left[\frac{df(l+z)}{dz} + \beta f(l+z) - \frac{df(l-z)}{dz} + \beta f(l-z)\right]\partial z = 0,$$

$$\int_0^{\infty}\partial\alpha\int_0^{\infty}\cos\alpha z\left[\frac{df(-l+z)}{dz} - \beta' f(-l+z) - \frac{df(-l-z)}{dz} - \beta' f(-l-z)\right]\partial z = 0.$$

Этимъ условіямъ мы удовлетворяемъ, положивъ для всякаго положительнаго z

$$(24)\quad \begin{cases} \dfrac{df(l+z)}{dz} - \dfrac{df(l-z)}{dz} + \beta f(l+z) + \beta f(l-z) = 0, \\ -\dfrac{df(-l+z)}{dz} + \dfrac{df(-l-z)}{dz} + \beta' f(-l+z) + \beta' f(-l-z) = 0. \end{cases}$$

Умножая первое изъ этихъ уравненій на $e^{-hz}\,\partial z$, гдѣ h означаетъ или положительную дѣйствительную величину, или мнимую, у которой дѣйствительная часть есть положительная, и замѣчая, что

$$\int_0^\infty e^{-hz}\,\frac{df(l+z)}{dz}\,\partial z = -fl + h\int_0^\infty e^{-hz} f(l+z)\,\partial z$$

$$= -fl + he^{hl}\left(p - \int_0^l e^{-hz} fz\partial z\right),$$

$$\int_0^\infty e^{-hz}\,\frac{df(l-z)}{dz}\,\partial z = -fl + h\int_0^\infty e^{-hz} f(l-z)\,\partial z$$

$$= -fl - he^{-hl}\left(q - \int_0^l e^{hz} fz\partial z\right),$$

$$\int_0^\infty e^{-hz} f(l+z)\,\partial z = e^{hl}\left(p - \int_0^l e^{-hz} fz\partial z\right),$$

$$\int_0^\infty e^{-hz} f(l-z)\,\partial z = -e^{-hl}\left(q - \int_0^l e^{hz} fz\partial z\right),$$

мы изъ перваго уравненія (24) будемъ имѣть

$$p(h+\beta)e^{hl} + q(h-\beta)e^{-hl} = (h+\beta)e^{hl}\int_0^l e^{-hz} fz\partial z$$

$$+ (h-\beta)e^{-hl}\int_0^l e^{hz} fz\partial z.$$

Такъ какъ второе уравненіе (24) выводится изъ перваго перемѣняя l на $-l$ и β на $-\beta'$, то для опредѣленія p и q мы получаемъ слѣдующія два уравненія:

$$(25)\begin{cases} p(h+\beta)e^{hl}+q(h-\beta)e^{-hl} \\ \qquad =(h+\beta)e^{hl}\int\limits_0^l e^{-hz}fzdz+(h-\beta)e^{-hl}\int\limits_0^l e^{hz}fzdz, \\ p(h-\beta')e^{-hl}+q(h+\beta')e^{hl} \\ \qquad =(h-\beta')e^{-hl}\int\limits_0^{-l} e^{-hz}fzdz+(h+\beta')e^{hl}\int\limits_0^{-l} e^{hz}fzdz. \end{cases}$$

Означая для сокращенія

$$\lambda(h)=(h+\beta)(h+\beta')\,e^{2hl}\int\limits_0^l e^{-hz}fzdz$$

$$-(h-\beta)(h-\beta')e^{-2hl}\int\limits_0^{-l} e^{-hz}fzdz+(h+\beta')(h-\beta)\int\limits_{-l}^{+l} e^{hz}fzdz,$$

$$\mu(h)=(h+\beta)(h+\beta')e^{2hl}-(h-\beta)(h-\beta')e^{-2hl},$$

изъ уравненій (25) мы получимъ

$$p=\frac{\lambda(h)}{\mu(h)},\quad q=\frac{\lambda(-h)}{\mu(-h)}.$$

Полагая точно такъ же, какъ и въ предыдущихъ примѣрахъ, $h=\varepsilon+\alpha\sqrt{-1}$ въ выраженіи p и $h=-\alpha\sqrt{-1}+\varepsilon$ въ выраженіи q, разумѣя подъ ε безконечно малую величину, мы будемъ имѣть

$$\int\limits_{-\infty}^{+\infty} e^{-\alpha z\sqrt{-1}}fzdz=\text{пред.}\left\{\frac{\lambda(\alpha\sqrt{-1}+\varepsilon)}{\mu(\alpha\sqrt{-1}+\varepsilon)}-\frac{\lambda(\alpha\sqrt{-1}-\varepsilon)}{\mu(\alpha\sqrt{-1}-\varepsilon)}\right\}.$$

Поэтому послѣдній интегралъ обращается въ нуль всякій разъ, когда α не есть корень уравненія

$$\mu(\alpha\sqrt{-1})=0,$$

или, что одно и то же, слѣдующаго

$$(26)\qquad (\beta+\beta')\,\alpha\cos 2\alpha l+(\beta\beta'-\alpha^2)\sin 2\alpha l=0.$$

Пусть будетъ ϖ корень уравненія (26). Тогда, точно такъ же какъ и прежде, мы получимъ

$$\int_{-\infty}^{+\infty} e^{-\alpha z\sqrt{-1}} fz dz=\frac{\lambda(\varpi\sqrt{-1})}{\mu'(\varpi\sqrt{-1})}\,\text{пред.}\,\frac{2\varepsilon}{\varepsilon^2+\alpha'^2},$$

$$\int_{-\infty}^{+\infty} e^{\alpha z\sqrt{-1}} fz dz=\frac{\lambda(-\varpi\sqrt{-1})}{\mu'(\varpi\sqrt{-1})}\,\text{пред.}\,\frac{2\varepsilon}{\varepsilon^2+\alpha'^2}$$

дѣлая $\alpha=\varpi+\alpha'$, и замѣчая, что $\mu'(h)=+\mu'(-h)$.

Но интегралъ теоремы Фурье

$$\int_{-\infty}^{+\infty} \cos\alpha(x-x')\, fx'\, dx'$$

будетъ имѣть слѣдующій видъ:

$$\int_{-\infty}^{+\infty} \cos\alpha(x-x')\, fx'\, dx'=\frac{1}{2}e^{\alpha x\sqrt{-1}}\int_{-\infty}^{+\infty} e^{-\alpha z\sqrt{-1}} fz dz$$

$$+\frac{1}{2}e^{-\alpha x\sqrt{-1}}\int_{-\infty}^{+\infty} e^{\alpha z\sqrt{-1}} fz dz$$

$$=\frac{e^{\alpha x\sqrt{-1}}\,\lambda(\varpi\sqrt{-1})+e^{-\alpha x\sqrt{-1}}\,\lambda(-\varpi\sqrt{-1})}{2\mu'(\varpi\sqrt{-1})}\,\frac{2\varepsilon}{\varepsilon^2+\alpha'^2}.$$

Поэтому, умножая на $\partial\alpha$ и замѣчая, что $\partial\alpha=\partial\alpha'$, мы получимъ, интегрируя по α отъ $\alpha=-\infty$ до $\alpha=\infty$,

$$(27)\quad \frac{1}{2\pi}\int_{-\infty}^{+\infty}\partial\alpha\int_{-\infty}^{+\infty}\cos\alpha(x-x')\, fx'\, dx'$$

$$=\sum_{\varpi=-\infty}^{\varpi=+\infty}\frac{e^{\varpi x\sqrt{-1}}\,\lambda(\varpi\sqrt{-1})+e^{-\varpi x\sqrt{-1}}\,\lambda(-\varpi\sqrt{-1})}{2\mu'(\varpi\sqrt{-1})}.$$

Знакъ суммы долженъ быть распространенъ на всѣ дѣйствительные корни уравненія (26). Но мы имѣемъ

$$\lambda(\tilde\omega\sqrt{-1}) = [(\beta\beta' - \tilde\omega^2)\cos 2\tilde\omega l - (\beta + \beta')\tilde\omega \sin 2\tilde\omega l]\int_{-l}^{+l} e^{-\tilde\omega z\sqrt{-1}} fz\partial z$$

$$- [\beta\beta' + \tilde\omega^2 + (\beta - \beta')\tilde\omega\sqrt{-1}]\int_{-l}^{+l} e^{\tilde\omega z\sqrt{-1}} fz\partial z,$$

$$\mu'(\tilde\omega\sqrt{-1}) = 2(\beta + \beta' + 2l\beta\beta' - 2l\tilde\omega^2)\cos 2\tilde\omega l - 4\tilde\omega(1 + l\beta + l\beta')\sin 2\tilde\omega l.$$

Въ предыдущей величинѣ $\lambda(\tilde\omega\sqrt{-1})$ сокращены нѣкоторые члены въ слѣдствіе уравненія (26).

Точно такъ же, замѣняя мнимыя показательныя функціи синусами и косинусами въ суммѣ

$$S_{\tilde\omega} = \frac{1}{2} e^{\tilde\omega x\sqrt{-1}}\lambda(\tilde\omega\sqrt{-1}) + \frac{1}{2} e^{-\tilde\omega x\sqrt{-1}}\lambda(-\tilde\omega\sqrt{-1})$$

мы будемъ имѣть

$$S_{\tilde\omega} = \Big\{[(\beta\beta' - \tilde\omega^2)\cos 2\tilde\omega l - (\beta + \beta')\tilde\omega\sin 2\tilde\omega l - \beta\beta' - \tilde\omega^2]\int_{-l}^{+l}\cos\tilde\omega z fz\partial z$$

$$+ (\beta - \beta')\tilde\omega\int_{-l}^{+l}\sin\tilde\omega z fz\partial z\Big\}\cos\tilde\omega x$$

$$+ \Big\{[(\beta\beta' - \tilde\omega^2)\cos 2\tilde\omega l - (\beta + \beta')\tilde\omega\sin 2\tilde\omega l + \beta\beta' + \tilde\omega^2]\int_{-l}^{+l}\sin\tilde\omega z fz\partial z$$

$$+ (\beta - \beta')\tilde\omega\int_{-l}^{+l}\cos\tilde\omega z fz\partial z\Big\}\sin\tilde\omega x.$$

Подставляя эту величину суммы $S_{\tilde\omega}$ въ уравненіе (27), и соединяя члены, относящіеся къ корнямъ $\tilde\omega$ и $-\tilde\omega$ уравненія (26), мы получимъ

$$(28)\quad fx = \sum_{\tilde\omega=0}^{\tilde\omega=\infty}\frac{S_{\tilde\omega}}{(\beta + \beta' + 2\beta\beta' l - 2l\tilde\omega^2)\cos 2\tilde\omega l - 2\tilde\omega(1 + l\beta + l\beta')\sin 2\tilde\omega l}.$$

Знакъ суммы долженъ быть распространенъ на всѣ дѣйствительные и положительные корни уравненія (26). Членъ, соотвѣтствующій корню $\varpi = 0$, есть нуль.

Формула (28) выражаетъ произвольную функцію между предѣлами l и $-l$. Для самыхъ предѣловъ она выполняетъ условія (23).

Мы уже упоминали, что предыдущій анализъ не вводитъ необходимости доказывать дѣйствительность корней уравненій трансцедентныхъ, отъ которыхъ зависитъ вопросъ, что необходимо доказать при другихъ способахъ. Несмотря на трудность подобнаго доказательства даже въ самыхъ простѣйшихъ случаяхъ, и вѣроятную невозможность въ случаѣ общемъ, нужно замѣтить, что кромѣ того упомянутые способы не даютъ средства найти предыдущія формулы прямо. Посредствомъ этихъ способовъ нужно идти отъ уравненій съ частными производными, интегралы которыхъ должны выполнять извѣстныя условія, выводимыя изъ соображеній физическихъ и механическихъ, и справедливость формулъ, выражающихъ произвольныя функціи, основывается именно на вѣрности этого вывода, но такой путь есть путь совершенно обратный. Онъ можетъ быть примѣнимъ къ различнымъ случаямъ, встрѣчающимся въ математической физикѣ, но не можетъ быть употребленъ въ томъ случаѣ, когда дано уравненіе съ частными производными и условія для его интеграла, не выведенныя изъ какой-либо физической или другой теоріи.

Ряды, происходящіе отъ преобразованія теоремы Фурье, должно считать сходящимися, ибо по свойству анализа они выражаютъ произвольную функцію между нѣкоторыми предѣлами; тѣмъ не менѣе мы считаемъ не лишнимъ привести слѣдующій анализъ Дирихле для доказательства сходимости нѣкоторыхъ рядовъ этого рода, анализъ замѣчательный по своей строгости.

Дирихле доказываетъ слѣдующую теорему:

Пусть будетъ fx функція постоянно возрастающая или постоянно убывающая въ предѣлахъ $x = 0$ и $x = h$, гдѣ h величина положительная и меньшая или равная $\frac{\pi}{2}$.

Если функція fx есть непрерывная между упомянутыми

предѣлами, то предѣлъ интеграла

$$\int_0^h \frac{\sin ix}{\sin x} fx dx,$$

гдѣ i означаетъ цѣлое число, при неопредѣленномъ увеличеніи i будетъ количество $\frac{\pi}{2} f(0)$.

Предположимъ сначала, что функція fx убываетъ между предѣлами $x = 0$ и $x = h$, и притомъ остается положительною.

Такъ какъ величина h не превышаетъ $\frac{\pi}{2}$, то мы можемъ раздѣлить слѣдующимъ образомъ интегралъ

$$\int_0^h \frac{\sin ix}{\sin x} fx dx:$$

этотъ интегралъ будетъ равенъ суммѣ другихъ, изъ которыхъ первый взятъ отъ $x = 0$ до $x = \frac{\pi}{i}$, другой отъ $x = \frac{\pi}{i}$ до $x = \frac{2\pi}{i}$, третій отъ $x = \frac{2\pi}{i}$ до $x = \frac{3\pi}{i}$, и такъ далѣе до послѣдняго, предѣлы коего будутъ $x = \frac{r\pi}{i}$ и $x = h$. Цѣлое число r выбрано такъ, что оно удовлетворяетъ неравенствамъ

$$r < \frac{ih}{\pi} \quad \text{и} \quad r > \frac{ih}{\pi} - 1.$$

Пусть будетъ μ одно изъ чиселъ, заключающихся между нулемъ и h; тогда въ ряду упомянутыхъ интеграловъ будутъ два члена

$$\int_{\frac{(\mu-1)\pi}{i}}^{\frac{\mu\pi}{i}} \frac{\sin ix}{\sin x} fx dx \quad \text{и} \quad \int_{\frac{\mu\pi}{i}}^{\frac{(\mu+1)\mu}{i}} \frac{\sin ix}{\sin x} fx dx.$$

Подставимъ $x + \frac{\pi}{i}$ вмѣсто x во второй изъ этихъ интеґраловъ, тогда оба они примутъ слѣдующій видъ

$$\int\limits_{\frac{(\mu-1)\pi}{i}}^{\frac{\mu\pi}{i}} \frac{\sin ix}{\sin x} fx\partial x \quad \text{и} \quad -\int\limits_{\frac{(\mu-1)\pi}{i}}^{\frac{\mu\pi}{i}} \frac{\sin ix\, f\left(x+\frac{\pi}{i}\right)}{\sin\left(x+\frac{\pi}{i}\right)} \partial x,$$

откуда видно, что второй интегралъ менѣе перваго, ибо мы имѣемъ

$$\sin\left(x+\frac{\pi}{i}\right) > \sin x, \quad fx > f\left(x+\frac{\pi}{i}\right).$$

Послѣдній интегралъ въ упомянутомъ ряду

$$\int\limits_{\frac{r\pi}{i}}^{h} \frac{\sin ix}{\sin x} fx\partial x$$

отчасти потому менѣе своего предыдущаго, что можно сдѣлать подобное же преобразованіе предѣловъ, какъ и прежде, и отчасти потому, что разность предѣловъ его будетъ менѣе разности предѣловъ интеграла предшествующаго.

Сдѣлаемъ преобразованіе интеграла

$$\int\limits_{\frac{(\mu-1)\pi}{i}}^{\frac{\mu\pi}{i}} \frac{\sin ix}{\sin x} fx\partial x.$$

Такъ какъ подъинтегральная функція состоитъ изъ двухъ множителей $\frac{\sin ix}{\sin x}$ и fx, изъ которыхъ ни тотъ ни другой не измѣняетъ знака между предѣлами интегрированія, то можно положить

$$\int\limits_{\frac{(\mu-1)\pi}{i}}^{\frac{\mu\pi}{i}} \frac{\sin ix}{\sin x} fx\partial x = \rho_\mu \int\limits_{\frac{(\mu-1)\pi}{i}}^{\frac{\mu\pi}{i}} \frac{\sin ix}{\sin x} \partial x = L_\mu \rho_\mu (-1)^{\mu-1},$$

гдѣ ρ_μ есть значеніе функціи fx для нѣкоторой величины x, заключающейся между предѣлами $x = \frac{\mu + 1}{i}\pi$ и $x = \frac{\mu\pi}{i}$.

Для того чтобы узнать, къ какому предѣлу стремится интегралъ

$$\int_{\frac{(\mu-1)\pi}{i}}^{\frac{\mu\pi}{i}} \frac{\sin ix}{\sin x}\partial x,$$

подставимъ вмѣсто x перемѣнную $\frac{z}{i}$. Тогда мы получимъ

$$\int_{\frac{(\mu-1)\pi}{i}}^{\frac{\mu\pi}{i}} \frac{\sin ix}{\sin x}\partial x = \int_{(\mu-1)\pi}^{\mu\pi} \frac{\sin z}{i \sin \frac{z}{i}}\partial z.$$

Но предѣлъ произведенія $i \sin \frac{z}{i}$ при $i = \infty$ есть z; слѣдовательно предыдущій интегралъ имѣетъ предѣломъ величину

$$\int_{(\mu-1)\pi}^{\mu\pi} \frac{\sin z}{z}\partial z.$$

Возьмемъ теперь рядъ интеграловъ

$$\int_0^{\pi} \frac{\sin z}{z}\partial z, \quad \int_{\pi}^{2\pi} \frac{\sin z}{z}\partial z, \quad \int_{2\pi}^{3\pi} \frac{\sin z}{z}\partial z, \ldots, \quad \int_{(\mu-1)\pi}^{\mu\pi} \frac{\sin z}{z}\partial z, \ldots.,$$

коихъ предѣлы возрастаютъ до безконечности. Совершенно такъ же можно доказать, какъ и прежде, что изъ двухъ послѣдовательныхъ интеграловъ

$$\int_{(\mu-1)\pi}^{\mu\pi} \frac{\sin z}{z}\partial z, \quad \int_{\mu\pi}^{(\mu+1)\pi} \frac{\sin z}{z}\partial z$$

первый болѣе второго. Эти два интеграла точно такъ же какъ и интегралы

$$\int_{\frac{(\mu-1)\pi}{i}}^{\frac{\mu\pi}{i}} \frac{\sin ix}{\sin x} fx\partial x, \qquad \int_{\frac{\mu\pi}{i}}^{\frac{(\mu-1)\pi}{i}} \frac{\sin ix}{\sin x} fx\partial x$$

имѣютъ разные знаки. Поэтому, сдѣлавъ слѣдующія обозначенія

$$\int_0^{\pi} \frac{\sin z}{z} \partial z = k_1, \int_{\pi}^{2\pi} \frac{\sin z}{z} \partial z = -k_2, \ldots, \int_{(\mu-1)\pi}^{\mu\pi} \frac{\sin z}{z} \partial z = (-1)^{\mu-1} k_\mu, \ldots,$$

мы увидимъ, что сумма

$$k_1 - k_2 + k_3 - k_4 + \cdots + (-1)^{\mu-1} k_\mu + \cdots = \int_0^{\infty} \frac{\sin z}{z} \partial z$$

представляетъ рядъ сходящійся и равна величинѣ $\frac{\pi}{2}$.

Такъ какъ члены этого ряда суть попеременно положительные и отрицательные, и притомъ этотъ рядъ есть убывающій, то сумма первыхъ n членовъ, которую мы обозначимъ черезъ σ_n, будетъ то болѣе, то менѣе нежели $\frac{\pi}{2}$, смотря потому, будетъ ли n число нечетное или четное, и разность $\sigma_n - \frac{\pi}{2}$ будетъ по численной величинѣ менѣе нежели k_{n+1}.

Другой рядъ

$$\rho_1 L_1 - \rho_2 L_2 + \rho_3 L_3 - \rho_4 L_4 + \cdots + (-1)^{m-1} \rho_m L_m + \cdots = \int_0^h \frac{\sin ix}{\sin x} fx\partial x$$

измѣняется и по числу членовъ и по величинѣ съ измѣненіемъ числа i.

Раздѣлимъ эту сумму на двѣ части: въ составъ одной будутъ

входить первые n членовъ, гдѣ n число постоянное, которое можетъ быть сдѣлано какъ угодно великимъ, и въ составъ другой сумма членовъ, начиная отъ $n+1$-го до послѣдняго.

Члены ряда предыдущаго суть попеременно положительные и отрицательные и притомъ членъ $\rho_n L_n$ менѣе, нежели $\rho_{n-1} L_{n-1}$, слѣдовательно, по предыдущему, сумма

$$(-1)^n \rho_{n+1} L_{n+1} + (-1)^{n+1} \rho_{n+2} L_{n+2} + \cdots$$

будетъ имѣть знакъ одинаковый съ первымъ ея членомъ и почисленной величинѣ будетъ менѣе, нежели членъ $\rho_n L_n$.

Но такъ какъ n можетъ быть произвольно великимъ, то величина

$$\rho_n L_n = (-1)^{n-1} \rho_n \int\limits_{\frac{(n-1)\pi}{i}}^{\frac{n\pi}{i}} \frac{\sin ix}{\sin x} \partial x$$

можетъ быть сдѣлана какъ угодно малою, по причинѣ множителя

$$\int\limits_{\frac{(n-1)\pi}{i}}^{\frac{n\pi}{i}} \frac{\sin ix}{\sin x} \partial x,$$

предѣлъ коего при $i = \infty$ есть интегралъ

$$\int\limits_{(n-1)\pi}^{n\pi} \frac{\sin x}{x} \partial x = k_n (-1)^{n-1}.$$

Съ другой стороны, величины $\rho_1, \rho_2, \ldots, \rho_n$ всѣ стремятся къ предѣлу $f(0)$. Слѣдовательно, разсматриваемый рядъ, который равенъ интегралу

$$\int\limits_0^h \frac{\sin ix}{\sin x} fx \partial x,$$

имѣетъ предѣломъ величину

$$f(0)(k_1 - k_2 + k_3 - \cdots) = f(0)\,\frac{\pi}{2}.$$

Положимъ теперь, что функція fx обращается въ постоянное A. Совершенно такъ же, какъ и прежде, мы докажемъ, что предѣлъ интеграла

$$A\int_0^h \frac{\sin ix}{\sin x}\,\partial x$$

есть количество $A\,\frac{\pi}{2}$.

Пусть fx будетъ функція возрастающая отъ $x=0$ до $x=h$.

Въ такомъ случаѣ $-fx$ будетъ убывающею функціею.

Но прибавленіемъ постояннаго A мы всегда можемъ сдѣлать сумму $A-fx$ положительною; поэтому функція $A-fx$ удовлетворяетъ условіямъ предыдущей теоремы, и слѣдовательно мы имѣемъ

$$\text{пред.}\int_0^h \frac{\sin ix}{\sin x}(A-fx)\,\partial x = (A-f(0))\,\frac{\pi}{2}.$$

Но

$$\text{пр.}\int_0^h \frac{\sin ix}{\sin x}(A-fx)\,\partial x = \text{пр.}\int_0^h A\frac{\sin ix}{\sin x}\,\partial x + \text{пр.}\int_0^h \frac{\sin ix}{\sin x}(-fx)\,\partial x;$$

слѣдовательно

$$\text{пред.}\int_0^h \frac{\sin ix}{\sin x}\,fx\partial x = \frac{\pi}{2}\,f(0),$$

что и требовалось доказать.

Разсмотримъ теперь интегралъ

$$\int_g^h \frac{\sin ix}{\sin x} fx\partial x,$$

и найдемъ предѣлъ, къ которому онъ стремится по мѣрѣ увеличенія i, полагая $g > 0$ и $g < h$.

Дадимъ функціи fx произвольныя значенія отъ $x = 0$ до $x = g$, но убывающія или возрастающія, смотря по тому, убываетъ или возрастаетъ функція fx отъ $x = g$ до $x = h$; притомъ положимъ, что разность $f(g - \varepsilon) - f(g + \varepsilon)$, гдѣ ε означаетъ положительную безконечно малую величину, есть величина безконечно малая.

Такъ какъ мы имѣемъ

$$\int_0^h \frac{\sin ix}{\sin x} fx\partial x = \int_0^g fx \frac{\sin ix}{\sin x} \partial x + \int_g^h \frac{\sin ix}{\sin x} fx\partial x,$$

то

$$\text{пред.} \int_g^h \frac{\sin ix}{\sin x} fx\partial x = 0.$$

Положимъ теперь, что функція fx обращается въ безконечность для нѣкоторой величины $x = a$, заключающейся между предѣлами $x = 0$ и $x = h$, но предположимъ, что интегралъ

$$\int_0^x fx\partial x = Fx$$

остается конечнымъ между этими предѣлами, и разность

$$F(x + \varepsilon) - Fx$$

можетъ быть сдѣлана менѣе всякой данной величины при неопредѣленномъ уменьшеніи ε. Тогда интегралъ

$$\int_0^h \frac{\sin ix}{\sin x} fxdx$$

можно раздѣлить на слѣдующіе

$$\int_0^{a-\varepsilon} \frac{\sin ix}{\sin x} fxdx, \quad \int_{a-\varepsilon}^{a} \frac{\sin ix}{\sin x} fxdx, \quad \int_a^{a+\varepsilon} \frac{\sin ix}{\sin x} fxdx, \quad \int_{a+\varepsilon}^{h} \frac{\sin ix}{\sin x} fxdx.$$

Первый изъ нихъ имѣетъ предѣломъ $\frac{\pi}{2} f(0)$ и послѣдній имѣетъ предѣломъ нуль. Но для какого угодно i мы имѣемъ

$$\int_{a-\varepsilon}^{a} \frac{\sin ix}{\sin x} fxdx < \frac{Fa - F(a-\varepsilon)}{\sin(a-\varepsilon)}; \quad \int_a^{a+\varepsilon} \frac{\sin ix}{\sin x} fxdx < \frac{F(a+\varepsilon) - Fa}{\sin a},$$

предполагая, что ε сдѣлано достаточно малымъ, чтобы функція fx не измѣняла знака отъ $x = a - \varepsilon$ до $x = a$, и чтобы то же обстоятельство имѣло мѣсто отъ $x = a$ до $x = a + \varepsilon$. Тогда разности

$$Fa - F(a-\varepsilon), \quad F(a+\varepsilon) - Fa$$

могутъ быть сдѣланы произвольно малыми, по положенію; слѣдовательно

$$\text{пред.} \int_0^h \frac{\sin ix}{\sin x} fxdx = \text{пред.} \int_0^{a-\varepsilon} \frac{\sin ix}{\sin x} fxdx + \text{пред.} \int_{a-\varepsilon}^{a} \frac{\sin ix}{\sin x} fxdx$$

$$+ \text{пред.} \int_a^{a+\varepsilon} \frac{\sin ix}{\sin x} fxdx + \text{пред.} \int_{a+\varepsilon}^{h} \frac{\sin ix}{\sin x} fxdx = \frac{\pi}{2} f(0).$$

Поэтому первая теорема справедлива и въ томъ случаѣ, если

функція fx обращается въ безконечность, если только

$$\int_0^x fx dx$$

остается конечнымъ и непрерывнымъ отъ $x = 0$ до $x = h$.

Когда функція fx при $x=0$ имѣетъ разрывъ непрерывности, то-есть $f(\varepsilon)$ отлично отъ $f(0)$, то въ предыдущемъ доказательствѣ нужно замѣнить величину $f(0)$ величиною $f(\varepsilon)$.

Положимъ теперь, что функція fx имѣетъ сколько угодно разрывовъ непрерывности и нѣсколько наибольшихъ и наименьшихъ величинъ между предѣлами $x = 0$ и $x = h$. Положимъ, что эти разрывы непрерывности и наибольшія и наименьшія величины соотвѣтствуютъ значеніямъ $x = a_1$, $x = a_2, \ldots, x = a_n$. Тогда раздѣлимъ интегралъ

$$\int_0^h \frac{\sin ix}{\sin x} fx dx$$

на нѣсколько другихъ, изъ коихъ первый будетъ имѣть предѣлами 0 и a_1, второй a_1 и a_2, третій a_2 и a_3, послѣдній a_n и h. По предыдущему, всѣ интегралы при $i = \infty$ уничтожатся, исключая первый, который приметъ величину $\frac{\pi}{2} f(\varepsilon)$, гдѣ ε по-прежнему означаетъ безконечно малую величину и положительную.

Дирихле на основаніи предыдущихъ двухъ теоремъ доказываетъ сходимость слѣдующаго ряда

$$fx = \frac{1}{\pi} \int_{-\pi}^{+\pi} fx' dx' + \frac{2}{\pi} \sum_{n=1}^{n=\infty} \int_{-\pi}^{+\pi} \cos n(x - x') fx' dx',$$

который можетъ быть легко выведенъ изъ формулъ прежде нами доказанныхъ.

Для доказательства онъ беретъ сумму первыхъ n членовъ

$$S_n = \frac{1}{2} + \cos(x - x') + \cos 2(x - x') + \cdots + \cos n(x - x')$$
$$= \frac{\sin\left(n + \frac{1}{2}\right)(x - x')}{2\sin\frac{1}{2}(x - x')}$$

и разсматриваетъ сумму предыдущаго ряда какъ предѣлъ величины

$$\int_{-\pi}^{\pi} S_n fx' \partial x' \quad \text{при} \quad n = \infty.$$

Итакъ, разсмотримъ интегралъ

$$U_n = \int_{-\pi}^{+\pi} S_n fx' \partial x' = \frac{1}{2\pi}\int_{-\pi}^{+\pi} \frac{\sin\left(n + \frac{1}{2}\right)(x - x')}{\sin\frac{1}{2}(x - x')} fx' \partial x'.$$

Для того, чтобы опредѣлить предѣлъ, къ которому онъ стремится, сдѣлаемъ

$$U_n = \frac{1}{2\pi}\left\{\int_{-\pi}^{x} \frac{\sin\left(n + \frac{1}{2}\right)(x - x')}{\sin\frac{1}{2}(x - x')} fx' \partial x' + \int_{x}^{\pi} \frac{\sin\left(n + \frac{1}{2}\right)(x - x')}{\sin\frac{1}{2}(x - x')} fx' \partial x'\right\}.$$

Въ первомъ изъ интеграловъ второй части послѣдняго уравненія положимъ $x' = x - 2z$, а во второмъ $x' = x + 2z$, тогда мы получимъ

$$U_n = \frac{1}{\pi}\left\{\int_{0}^{\frac{\pi + x}{2}} \frac{\sin(2n + 1)z}{\sin z} f(x - 2z)\partial z + \int_{0}^{\frac{\pi - x}{2}} \frac{\sin(2n + 1)z}{\sin z} f(x + 2z)\partial z\right\}.$$

Первый изъ интеграловъ второй части предыдущаго уравненія, очевидно, обращается въ $\frac{\pi}{2} f(x - \varepsilon)$, гдѣ ε безконечно малая положительная величина, если $\frac{\pi + x}{2}$ не превышаетъ $\frac{\pi}{2}$. Если же $\frac{\pi + x}{2} > \frac{\pi}{2}$, то мы разсматриваемый интегралъ раздѣлимъ на два: одинъ, предѣлы коего будутъ 0 и $\frac{\pi}{2}$; и слѣдовательно онъ обратится въ $\frac{\pi}{2} f(x - \varepsilon)$; другой, предѣлы котораго будутъ $\frac{\pi}{2}$ и $\frac{\pi}{2} + \frac{x}{2}$.

Подставивъ въ этотъ послѣднiй $\pi - u$ вмѣсто z, мы приведемъ его къ виду

$$\int_{\frac{\pi - x}{2}}^{\frac{\pi}{2}} \frac{\sin(2n+1)(\pi - u)}{\sin(\pi - u)} f(x - 2\pi + 2u)\, du = \int_{\frac{\pi - x}{2}}^{\frac{\pi}{2}} \frac{\sin(2n+1)u}{\sin u} f(x + 2u - 2\pi)\, du,$$

а этотъ интегралъ обращается въ нуль, если x не равенъ π. Въ послѣднемъ случаѣ онъ принимаетъ величину $\frac{\pi}{2} f(-\pi + \varepsilon)$.

Кромѣ того, если $x = -\pi$, то интегралъ

$$\int_0^{\frac{\pi + x}{2}} \frac{\sin(2n+1)z}{\sin z} f(x - 2z)\, dz$$

очевидно есть нуль.

Итакъ, послѣднiй интегралъ для всѣхъ величинъ x, отъ $x = -\pi$ до $x = +\pi$, имѣетъ величину $\frac{\pi}{2} f(x - \varepsilon)$; для $x = -\pi$ есть нуль и для $x = \pi$ принимаетъ значенiе $\frac{\pi}{2} [f(\pi - \varepsilon) + f(-\pi + \varepsilon)]$.

Точно такъ же легко видѣть, что интегралъ

$$\int_0^{\frac{\pi - x}{2}} \frac{\sin(2n+1)z}{\sin z} f(x + 2z)\, dz$$

есть нуль при $x = \pi$, равенъ $\frac{\pi}{2} f(x + \varepsilon)$ для всѣхъ величинъ x, заключающихся между $-\pi$ и $+\pi$, и наконецъ для $x = -\pi$ обращается въ $\frac{\pi}{2} [f(\pi - \varepsilon) + f(-\pi + \varepsilon)]$.

Такимъ образомъ рядъ

$$\frac{1}{\pi} \int_{-\pi}^{+\pi} fx' \, \partial x' + \frac{2}{\pi} \sum_{n=1}^{n=\infty} \int_{-\pi}^{+\pi} \cos n (x - x') \, fx' \, \partial x'$$

даетъ $\frac{1}{2} [f(x - \varepsilon) + f(x + \varepsilon)]$ для всѣхъ величинъ x, отъ $x = -\pi$ до $x = +\pi$. Для самыхъ же предѣловъ онъ обращается въ

$$\frac{1}{\pi} \, \frac{\pi}{2} [f(\pi - \varepsilon) + f(-\pi + \varepsilon)] = \frac{f(-\pi + \varepsilon) + f(\pi - \varepsilon)}{2}.$$

Функція fx, которую выражаетъ предыдущій рядъ, есть совершенно произвольная.

Легко вывести предыдущее выраженіе для произвольной функціи и изъ нашихъ формулъ.

Дѣйствительно, мы имѣемъ

$$fx = \frac{1}{l} \int_0^l f(\xi) \, \partial \xi + \frac{2}{l} \sum_{i=1}^{i=\infty} \cos \frac{i\pi x}{l} \int_0^l \cos \frac{i\pi\xi}{l} f(\xi) \, \partial \xi,$$

уравненіе справедливое какъ для всѣхъ величинъ x, содержащихся между предѣлами $x = 0$ и $x = l$, такъ и для самыхъ предѣловъ.

Точно такъ же мы имѣли

$$fx = \frac{2}{l} \sum_{i=0}^{i=\infty} \sin \frac{i\pi x}{l} \int_0^l \sin \frac{i\pi\xi}{l} f(\xi) \, \partial \xi,$$

уравненіе, коего вторая часть уничтожается для $x = 0$ и $x = l$.

Складывая эти уравненія и потомъ вычитая второе изъ перваго, мы получимъ двѣ формулы

$$fx = \frac{1}{2l}\int_0^l fx'\,\partial x' + \frac{1}{l}\sum_{i=1}^{i=\infty}\int_0^l \cos\frac{i\pi(x-x')}{l}\,fx'\,\partial x'$$

$$0 = \frac{1}{2l}\int_0^l fx'\,\partial x' + \frac{1}{l}\sum_{i=1}^{i=\infty}\int_0^l \cos\frac{i\pi(x+x')}{l}\,fx'\,\partial x'.$$

Вторыя части этихъ уравненій даютъ для $x=0$ величину $\frac{1}{2}f(0)$ и для $x=l$ величину $\frac{1}{2}f(l)$. Если въ послѣднемъ уравненіи вмѣсто функціи fx' возьмемъ функцію $f(-x')$ и потомъ замѣнимъ перемѣнную x' перемѣнною $-x'$, то получимъ

$$0 = \frac{1}{2l}\int_{-l}^0 fx'\,\partial x' + \frac{1}{2l}\sum_{i=1}^{i=\infty}\int_{-l}^0 \cos\frac{i\pi(x-x')}{l}\,fx'\,\partial x'.$$

Это уравненіе для предѣловъ $x=0$ и $x=l$ даетъ $\frac{1}{2}f(0)$ и $\frac{1}{2}f(-l)$.

Складывая его почленно съ уравненіемъ

$$fx = \frac{1}{2l}\int_0^l fx'\,\partial x' + \frac{1}{l}\sum_{i=1}^{i=\infty}\int_0^l \cos\frac{i\pi(x-x')}{l}\,fx'\,\partial x'$$

мы получимъ формулу

$$fx = \frac{1}{2l}\int_{-l}^{+l} fx'\,\partial x' + \frac{1}{l}\sum_{i=1}^{i=\infty}\int_{-l}^{+l} \cos\frac{i\pi(x-x')}{l}\,fx'\,\partial x',$$

которая для $x=l$ и для $x=-l$ даетъ величину $\frac{1}{2}[f(l)+f(-l)]$.

Если мы сдѣлаемъ $l=\pi$, то послѣднiй рядъ будетъ согласенъ съ тѣмъ, сходимость котораго мы доказали раньше.

Найденные нами ряды можно дифференцировать и интегрировать относительно перемѣнной, функцiю которой они изображаютъ. При интегрированiи нужно замѣтить, что если формула для предѣловъ перемѣнной даетъ нѣкоторые конечныя величины, хотя и не совпадающiя съ соотвѣтствующими значенiями данной функцiи, то по интегрированiи получается формула, которая будетъ справедлива для упомянутыхъ предѣловъ. Это дѣлается очевиднымъ, если мы замѣтимъ, что можемъ по произволу принять или не принять въ соображенiе два элемента интеграла, относящiеся къ предѣламъ. Отсюда же выходитъ, что, дифференцируя уравненiе, изображающее произвольную функцiю, и не справедливое для предѣловъ перемѣнной, мы получимъ другое, которое для предѣловъ даетъ безконечныя значенiя. Дѣйствительно, если бы оно давало конечныя величины, то уравненiе, которое мы дифференцировали, было бы справедливо для предѣловъ, что противорѣчитъ предположенiю.

Дадимъ нѣсколько примѣровъ на дифференцированiе и интегрированiе предыдущихъ формулъ, изъ которыхъ возьмемъ простѣйшiя.

Мы имѣемъ

$$fx=\frac{1}{2l}\int\limits_{-l}^{+l}fzdz+\frac{1}{l}\sum_{n=1}^{n=\infty}\int\limits_{-l}^{+l}\cos\frac{n\pi(x-z)}{l}fzdz.$$

Дифференцируя это уравненiе относительно x, мы получимъ

$$f'x=-\frac{1}{l}\sum_{n=1}^{n=\infty}\frac{n\pi}{l}\int\limits_{-l}^{+l}\sin\frac{n\pi(x-z)}{l}fzdz.$$

Но интегрированiе по частямъ даетъ

$$\int_{-l}^{+l} \sin\frac{n\pi(x-z)}{l} fzdz = (-1)^n \frac{l}{n\pi} \cos\frac{n\pi x}{l} [fl - f(-l)]$$

$$- \frac{l}{n\pi} \int_{-l}^{+l} \cos\frac{n\pi(x-z)}{l} f'zdz.$$

Поэтому мы имѣемъ

$$f'x = \frac{1}{l} \sum_{n=1}^{n=\infty} \int_{-l}^{+l} \cos\frac{n\pi(x-z)}{l} f'zdz - \frac{fl - f(-l)}{l} \sum_{n=1}^{n=\infty} (-1)^n \cos\frac{n\pi x}{l}.$$

Но такъ какъ сумма

$$\sum_{n=1}^{n=\infty} (-1)^n \cos\frac{n\pi x}{l}$$

есть $-\frac{1}{2}$, если x содержится между l и $-l$, и безконечность, если $x = l$ или $x = -l$, то мы получимъ

$$f'x = \frac{fl - f(-l)}{2l} + \frac{1}{l} \sum_{n=1}^{n=\infty} \int_{-l}^{+l} \cos\frac{n\pi(x-z)}{l} f'zdz.$$

Для предѣловъ же, по предыдущему уравненію, получаются безконечныя значенія. Справедливость послѣдняго уравненія видна изъ того, что оно совпадаетъ съ извѣстною формулою

$$f'x = \frac{1}{2l} \int_{-l}^{+l} f'zdz + \frac{1}{l} \sum_{n=1}^{n=\infty} \int_{-l}^{+l} \cos\frac{n\pi(x-z)}{l} f'zdz,$$

если мы замѣтимъ, что интегралъ

$$\int_{-l}^{+l} f'zdz$$

равенъ разности $fl - f(-l)$.

Что касается до суммы $\sum(-1)^n \cos\frac{n\pi x}{l}$, то ее можно получить изъ извѣстнаго ряда

$$\frac{1-x^2}{1-2x\cos\alpha+x^2}=1+2x\cos\alpha+2x^2\cos 2\alpha+2x^3\cos 3\alpha+\cdots$$

полагая $x=-1$ *).

Для примѣра интегрированія формулъ, изображающихъ произвольныя функціи, мы возьмемъ уравненіе

$$fx=\frac{1}{l}\int_0^l fzdz+\frac{2}{l}\sum_{i=1}^{i=\infty}\cos\frac{i\pi x}{l}\int_0^l\cos\frac{i\pi z}{l}fzdz.$$

Интегрируя это уравненіе относительно x, отъ $x=0$ до $x=\zeta$, и означая интегралъ

$$\int_0^\zeta fxdx=F(\zeta),$$

мы будемъ имѣть

$$F(\zeta)=\frac{\zeta}{l}\int_0^l fzdz+\frac{2}{l}\sum_{i=1}^{i=\infty}\frac{l}{i\pi}\sin\frac{i\pi\zeta}{l}\int_0^l\cos\frac{i\pi z}{l}fzdz.$$

Интегрированіе по частямъ даетъ

$$\int_0^l\cos\frac{i\pi z}{l}fzdz=(-1)^i Fl-F(0)+\frac{i\pi}{l}\int_0^l\sin\frac{i\pi z}{l}Fzdz.$$

Но

$$\int_0^l fzdz=Fl \quad \text{и} \quad F(0)=0,$$

слѣдовательно,

$$F(\zeta)=Fl\left(\frac{\zeta}{l}+\frac{2}{\pi}\sum_{i=1}^{i=\infty}\frac{(-1)^i}{i}\sin\frac{i\pi\zeta}{l}\right)+\frac{2}{l}\sum_{i=0}^{i=\infty}\sin\frac{i\pi\zeta}{l}\int_0^l\sin\frac{i\pi z}{l}Fzdz.$$

---

*) Рядъ сходящійся между $+1$ и -1 *исключительно*. (Примѣч. автора).

Эта формула справедлива для всѣхъ величинъ ζ отъ $\zeta = 0$ до $\zeta = l$, и для самыхъ предѣловъ, ибо мы имѣемъ

$$\frac{\zeta}{l} + \frac{2}{\pi} \sum_{i=1}^{i=\infty} \frac{(-1)^i}{i} \sin \frac{i\pi\zeta}{l} = 0,$$

для всѣхъ значеній ζ между этими предѣлами. Справедливость послѣдняго уравненія можно видѣть изъ формулы

$$\zeta = \frac{2}{l} \sum_{i=0}^{i=\infty} \sin \frac{i\pi\zeta}{l} \int_0^l \zeta \sin \frac{i\pi\zeta}{l} \partial\zeta,$$

ибо мы имѣемъ

$$\int_0^l \zeta \sin \frac{i\pi\zeta}{l} \partial\zeta = -\frac{l^2}{i\pi}(-1)^i.$$

Всѣ формулы, несправедливыя для предѣловъ, можно сдѣлать справедливыми, добавляя нѣкоторыя суммы, подобно тому случаю, который мы сейчасъ разсматривали. Суммы эти могутъ быть весьма разнообразны, но ничего особеннаго не представляютъ. Ихъ можно вывести также изъ формулъ, представляющихъ произвольныя функціи, давая этимъ функціямъ частныя значенія.

7. Разсмотримъ теперь формулы, способныя представить произвольныя функціи нѣсколькихъ перемѣнныхъ $x, y, z, \ldots$.

Легко, зная подобныя формулы для функцій объ одной перемѣнной, распространить ихъ и на сколько угодно перемѣнныхъ.

Дѣйствительно, пусть будетъ дана функція $f(x, y, z, \ldots)$.

Разсматривая въ этой функціи, какъ величину перемѣнную, одно только x, мы получимъ формулу, въ которой подъ интегральными знаками будетъ находиться функція $f(x', y, z, \ldots)$. Но если мы въ этой послѣдней разсматриваемъ какъ перемѣнное одно только y, то по тѣмъ же самымъ формуламъ изъ подъ знака функціи $f(x', y, z, \ldots)$ выведемъ перемѣнную y и замѣнимъ ее перемѣнною y'.

Поступая такимъ же образомъ относительно другихъ перемѣнныхъ, мы наконецъ получимъ формулу, въ которой $x, y, z, \ldots$ не будутъ входить подъ знакъ данной функціи, а войдутъ они подъ знаки функцій въ родѣ тѣхъ, которыя мы ранѣе означали черезъ ψx.

Такъ, напримѣръ, теорема Фурье, распространенная на случай нѣсколькихъ перемѣнныхъ, будетъ слѣдующая

$$f(x, y, z, \ldots) =$$

$$\frac{1}{(2\pi)^n}\int_{-\infty}^{+\infty}\int_{-\infty}^{+\infty}\cdots\cos\alpha(x-x')\cos\beta(y-y')\cdots f(x', y', z', \ldots)\,\partial\alpha\,\partial\beta\cdots\partial x'\,\partial y'\cdots$$

или иначе

$$f(x, y, \ldots) = \frac{1}{(2\pi)^n}\int_{-\infty}^{+\infty}\int_{-\infty}^{+\infty}\cdots e^{[\alpha(x-x')+\beta(y-y')+\cdots]\sqrt{-1}}\,f(x', y', \ldots)\,\partial\alpha\,\partial\beta\,\partial x'\,\partial y'\ldots,$$

гдѣ n означаетъ число перемѣнныхъ $x, y, z, \ldots$.

Прочія формулы получаются совершенно такъ же.

Анализъ, относящійся къ измѣненію теоремы Фурье по даннымъ условіямъ, также остается тѣмъ же, если каждое условіе относится къ одному только перемѣнному. Тогда совершенно такъ же, какъ и прежде, мы удовлетворимъ условіямъ относительно одного перемѣннаго, потомъ въ полученной формулѣ точно такъ же измѣнимъ интегралы относительно другого перемѣннаго, сообразно съ условіями, и поступая такимъ образомъ далѣе удовлетворимъ всѣмъ условіямъ. Но формулы, такимъ образомъ полученныя, можно всегда вывести изъ соединенія формулъ, уже нами разсмотрѣнныхъ.

Вообще пусть будутъ

$$Q = f(x', y', z', \ldots),$$

$$P = \psi\,[\alpha(x-x'),\quad \beta(y-y'),\quad \gamma(z-z'), \ldots].$$

Для того, чтобы интегралъ

$$\int_{-\infty}^{+\infty}\int_{-\infty}^{+\infty}\int_{-\infty}^{+\infty}\cdots Q P\,\partial\alpha\,\partial\beta\,\partial\gamma\cdots\partial x'\,\partial y'\,\partial z' = V$$

выражалъ функцію $f(x, y, z, \ldots)$, необходимо, чтобы интегралъ

$$\int_{-n}^{+n}\int_{-p}^{+p}\int_{-q}^{+q}\cdots P\partial\alpha\partial\beta\partial\gamma\cdots = \frac{F[n(x-x'), p(y-y'), q(z-z')\cdots]}{(x-x')(y-y')(z-z')}$$

при $n = \infty$, $p = \infty$, $q = \infty, \ldots$ былъ неопредѣленнымъ, и притомъ чтобы было

$$\int_{-\infty}^{+\infty}\int_{-\infty}^{+\infty}\int_{-\infty}^{+\infty}\cdots\frac{F(x, y, z, \ldots)}{x\,y\,z\ldots}\partial z\partial y\partial x\cdots = 1.$$

Функція $F(x, y, z, \ldots)$ относительно каждой перемѣнной будетъ нечетная. Замѣчанія, которыя были нами сдѣланы относительно функцій подобнаго рода объ одной перемѣнной, примѣняются и въ настоящемъ случаѣ.

Замѣтимъ, что всегда можемъ выбрать такую функцію $F(x, y, z, \ldots)$, что формула, происходящая вслѣдствіе такого выбора, не будетъ выводима изъ формулъ нами разсмотрѣнныхъ, какъ теорема Фурье, распространенная на случай нѣсколькихъ перемѣнныхъ.

8. Переходимъ къ особеннымъ формуламъ, представляющимъ произвольныя функціи, къ формуламъ, которыя не выводятся изъ нашего анализа.

Сначала мы разсмотримъ нѣкоторыя свойства коэффиціентовъ при различныхъ степеняхъ α въ разложеніи функціи

$$\rho = \frac{1}{\sqrt{1 - 2\alpha\cos\gamma + \alpha^2}}.$$

Положимъ, что мы разложили ρ по возрастающимъ степенямъ α, такъ что

$$\rho = 1 + \alpha P_1 + \alpha^2 P_2 + \alpha^3 P_3 + \cdots + \alpha^n P_n + \cdots$$

Тогда легко видѣть, что коэффиціентъ P_n будетъ слѣдующаго вида

$$P_n = \frac{1.3.5....(2n-1)}{1.2.3....n}\Big[\cos^n\gamma - \frac{n(n-1)}{2(2n-1)}\cos^{n-2}\gamma$$
$$+ \frac{n(n-1)(n-2)(n-3)}{2.4.(2n-1)(2n-3)}\cos^{n-4}\gamma$$
$$- \frac{n(n-1)(n-2)(n-3)(n-4)(n-5)}{2.4.6.(2n-1)(2n-3)(2n-5)}\cos^{n-6}\gamma + \cdots\Big].$$

Докажемъ, что разложеніе ρ по степенямъ α всегда представитъ рядъ сходящійся, если $\alpha < 1$. Для этого замѣтимъ, что величинѣ $\cos\gamma = \pm 1$ соотвѣтствуютъ $\rho = \frac{1}{1 \pm \alpha}$, $P_n = \pm 1$. Если же γ не есть кратное π, то легко доказать, что P_n будетъ менѣе единицы. Дѣйствительно, мы имѣемъ

$$\rho = \left(1 - \alpha e^{\gamma\sqrt{-1}}\right)^{-\frac{1}{2}}\left(1 - \alpha e^{-\gamma\sqrt{-1}}\right)^{-\frac{1}{2}}.$$

Но разлагая каждый множитель по степенямъ α, мы получимъ

$$\left(1 - \alpha e^{\gamma\sqrt{-1}}\right)^{-\frac{1}{2}} = 1 + \frac{1}{2}\alpha e^{\gamma\sqrt{-1}} + \frac{1\cdot 3}{2\cdot 4}\alpha^2 e^{2\gamma\sqrt{-1}}$$
$$+ \frac{1\cdot 3\cdot 5}{2\cdot 4\cdot 6}\alpha^3 e^{3\gamma\sqrt{-1}} + \cdots.$$
$$\left(1 - \alpha e^{-\gamma\sqrt{-1}}\right)^{-\frac{1}{2}} = 1 + \frac{1}{2}\alpha e^{-\gamma\sqrt{-1}} + \frac{1\cdot 3}{2\cdot 4}\alpha^2 e^{-2\gamma\sqrt{-1}}$$
$$+ \frac{1\cdot 3\cdot 5}{2\cdot 4\cdot 6}\alpha^3 e^{-3\gamma\sqrt{-1}} + \cdots,$$

откуда видно, что P_n будетъ слѣдующее

$$P_n = A\cos n\gamma + B\cos(n-2)\gamma + C\cos(n-4)\gamma + \cdots;$$

величины A, B, C,.... означаютъ нѣкоторыя количества, въ которыя не входятъ γ, и притомъ всѣ они положительныя.

Поэтому легко замѣтить, что самая большая величина P соотвѣтствуетъ тому случаю, когда $\gamma = 0$ и $\cos\gamma = 1$. Итакъ, во всѣхъ другихъ случаяхъ величина P_n будетъ менѣе единицы.

Такъ какъ ρ удовлетворяетъ уравненію

$$\frac{\partial^2(\alpha\rho)}{\partial\alpha^2} + \frac{1}{\alpha^2\sin\gamma}\frac{\partial}{\partial\gamma}\left(\sin\gamma\frac{\partial(\alpha\rho)}{\partial\gamma}\right) = 0,$$

то подставляя сюда вмѣсто ρ его величину и уравнивая нулю коэффиціенты при различныхъ степеняхъ α, мы увидимъ, что P_n удовлетворяетъ слѣдующему уравненію

$$n(n+1)P_n + \frac{1}{\sin\gamma}\frac{\partial}{\partial\gamma}\left(\sin\gamma\frac{\partial P_n}{\partial\gamma}\right) = 0.$$

Но если P_n удовлетворяетъ этому уравненію, то сдѣлавъ

$$\cos\gamma = \cos\theta\cos\theta' + \sin\theta\sin\theta'\cos(\psi - \psi'),$$

мы увидимъ, что P_n удовлетворяетъ слѣдующему уравненію съ частными производными

$$\frac{1}{\sin\theta}\frac{\partial}{\partial\theta}\left(\sin\theta\frac{\partial P_n}{\partial\theta}\right) + \frac{1}{\sin^2\theta}\frac{\partial^2 P_n}{\partial\psi^2} + n(n+1)P_n = 0.$$

Дѣйствительно, мы имѣемъ

$$\frac{1}{\sin\theta}\frac{\partial}{\partial\theta}\left(\sin\theta\frac{\partial P_n}{\partial\theta}\right) + \frac{1}{\sin^2\theta}\frac{\partial^2 P_n}{\partial\psi^2}$$

$$= \left\{\left(\frac{\partial\gamma}{\partial\theta}\right)^2 + \frac{1}{\sin^2\theta}\left(\frac{\partial\gamma}{\partial\psi}\right)^2\right\}\frac{\partial^2 P_n}{\partial\gamma^2} + \frac{\partial P_n}{\partial\gamma}\left\{\frac{\cos\theta}{\sin\theta}\frac{\partial\gamma}{\partial\theta} + \frac{\partial^2\gamma}{\partial\theta^2} + \frac{1}{\sin^2\theta}\frac{\partial^2\gamma}{\partial\psi^2}\right\}.$$

Но, дифференцируя величину γ въ функціи отъ θ и ψ, мы будемъ имѣть

$$\frac{\cos\theta}{\sin\theta}\frac{\partial\gamma}{\partial\theta} + \frac{\partial^2\gamma}{\partial\theta^2} + \frac{1}{\sin^2\theta}\frac{\partial^2\gamma}{\partial\psi^2} = \frac{\cos\gamma}{\sin\gamma}\left\{2 - \left(\frac{\partial\gamma}{\partial\theta}\right)^2 - \frac{1}{\sin^2\theta}\left(\frac{\partial\gamma}{\partial\psi}\right)^2\right\}$$

и притомъ

$$\left(\frac{\partial\gamma}{\partial\theta}\right)^2 + \frac{1}{\sin^2\theta}\left(\frac{\partial\gamma}{\partial\psi}\right)^2 = 1.$$

Слѣдовательно,

$$\frac{1}{\sin\theta}\frac{\partial}{\partial\theta}\left(\sin\theta\frac{\partial P_n}{\partial\theta}\right) + \frac{1}{\sin^2\theta}\frac{\partial^2 P_n}{\partial\psi^2} = \frac{\partial^2 P_n}{\partial\gamma^2} + \frac{\cos\gamma}{\sin\gamma}\frac{\partial P_n}{\partial\gamma} = \frac{1}{\sin\gamma}\frac{\partial}{\partial\gamma}\left(\sin\gamma\frac{\partial P_n}{\partial\gamma}\right),$$

откуда видно, что оба дифференціальныя уравненія, которымъ удовлетворяетъ P_n, суть одно и то же.

Покажемъ теперь, какимъ образомъ преобразовать P_n въ опредѣленный интегралъ. Для этой цѣли въ выраженіи ρ сдѣлаемъ $\alpha = e^{\psi\sqrt{-1}}$, гдѣ ψ уголъ, заключающійся между нулемъ и π, точно такъ же, какъ и γ. Тогда ρ приметъ видъ $L + N\sqrt{-1}$.

Если ψ менѣе γ, то, очевидно, мы получимъ

$$L = \frac{\cos\frac{\psi}{2}}{\sqrt{2(\cos\psi - \cos\gamma)}}, \quad N = -\frac{\sin\frac{\psi}{2}}{\sqrt{2(\cos\psi - \cos\gamma)}}.$$

Если же γ менѣе нежели ψ, то будемъ имѣть

$$L = \frac{\sin\frac{\psi}{2}}{\sqrt{2(\cos\gamma - \cos\psi)}}, \quad N = \frac{\cos\frac{\psi}{2}}{\sqrt{2(\cos\gamma - \cos\psi)}}.$$

Разложеніе же ρ по степенямъ α приметъ видъ

$$P_0 + P_1\cos\psi + P_2\cos 2\psi + \cdots + P_n\cos n\psi + \cdots$$
$$+ \sqrt{-1}\,(P_1\sin\psi + P_2\sin 2\psi + \cdots + P_n\sin n\psi + \cdots).$$

Сравнивая L съ дѣйствительною частью этого ряда, а N съ мнимою, мы будемъ имѣть

$$L = P_0 + P_1\cos\psi + P_2\cos 2\psi + \cdots + P_n\cos n\psi + \cdots$$
$$N = P_1\sin\psi + P_2\sin 2\psi + \cdots + P_n\sin n\psi + \cdots.$$

Но по формуламъ предыдущаго параграфа мы получимъ

$$P_n = \frac{2}{\pi}\int_0^\pi L\cos n\psi\,\partial\psi, \quad P_n = \frac{2}{\pi}\int_0^\pi N\sin n\psi\,\partial\psi,$$

гдѣ въ первомъ выраженіи, при $n = 0$, мы должны взять половину соотвѣтствующаго интеграла, а второе выраженіе P_n несправедливо для $n = 0$.

Имѣя въ виду предыдущія выраженія L и N, мы легко увидимъ, что P_n можетъ быть представленъ въ слѣдующихъ видахъ

$$P_n = \frac{2}{\pi}\int_0^\gamma \frac{\cos n\psi\cos\frac{\psi}{2}\,\partial\psi}{\sqrt{2(\cos\psi - \cos\gamma)}} + \frac{2}{\pi}\int_\gamma^\pi \frac{\cos n\psi\sin\frac{\psi}{2}\,\partial\psi}{\sqrt{2(\cos\gamma - \cos\psi)}},$$

$$P_n = -\frac{2}{\pi}\int_0^\gamma \frac{\sin n\psi\sin\frac{\psi}{2}\,\partial\psi}{\sqrt{2(\cos\psi - \cos\gamma)}} + \frac{2}{\pi}\int_\gamma^\pi \frac{\sin n\psi\cos\frac{\psi}{2}\,\partial\psi}{\sqrt{2(\cos\gamma - \cos\psi)}}.$$

Теперь слѣдуетъ повѣрить, дѣйствительно ли выраженія P_n

справедливы, ибо мы употребляли ряды, сходимость которыхъ подлежитъ доказательству.

Пусть будетъ

$$Q_n = \frac{2}{\pi}\int_0^\gamma \frac{\cos n\psi \cos\frac{\psi}{2}\,\partial\psi}{\sqrt{2(\cos\psi - \cos\gamma)}}.$$

Такъ какъ функція

$$\frac{\cos\frac{\psi}{2}}{\sqrt{2(\cos\psi - \cos\gamma)}}$$

не измѣняетъ знака между предѣлами интегрированія, ибо $\gamma < \pi$, то Q_n по численной величинѣ будетъ менѣе, нежели

$$\frac{2}{\pi}\int_0^\gamma \frac{\cos\frac{\psi}{2}\,\partial\psi}{\sqrt{2(\cos\psi - \cos\gamma)}} = 1.$$

Поэтому рядъ

$$\frac{1}{2}Q_0 + Q_1\alpha + Q_2\alpha^2 + \cdots + Q_n\alpha^n + \cdots$$

$$= \frac{2}{\pi}\int_0^\gamma \frac{\cos\frac{\psi}{2}\,\partial\psi}{\sqrt{2(\cos\psi - \cos\gamma)}}\left(\frac{1}{2} + \alpha\cos\psi + \alpha^2\cos 2\psi + \cdots\right)$$

будетъ сходящійся, если $\alpha < 1$; но

$$\frac{1}{2} + \alpha\cos\psi + \alpha^2\cos 2\psi + \cdots = \frac{1}{2}\,\frac{1-\alpha^2}{1-2\alpha\cos\psi + \alpha^2},$$

слѣдовательно

$$\frac{1}{2}Q_0 + Q_1\alpha + Q_2\alpha^2 + \cdots + Q_n\alpha^n + \cdots$$

$$= \frac{1-\alpha^2}{\pi}\int_0^\gamma \frac{\cos\frac{\psi}{2}}{\sqrt{2(\cos\psi - \cos\gamma)}}\;\frac{\partial\psi}{1-2\alpha\cos\psi+\alpha^2}.$$

Но сдѣлавъ

$$z = \frac{\sin\frac{\psi}{2}}{\sin\frac{\gamma}{2}},$$

мы получимъ

$$\int_0^{\gamma} \frac{\cos\frac{\psi}{2}}{\sqrt{2(\cos\psi - \cos\gamma)}} \; \frac{\partial\psi}{1 - 2\alpha\cos\psi + \alpha^2}$$

$$= \int_0^1 \frac{\partial z}{\sqrt{1 - z^2}} \; \frac{1}{(1-\alpha)^2 + 4\alpha z^2 \sin^2\frac{\gamma}{2}}$$

$$= \frac{\pi}{2(1-\alpha)} \; \frac{1}{\sqrt{1 - 2\alpha\cos\gamma + \alpha^2}},$$

поэтому

$$\frac{1}{2} Q_0 + Q_1 \alpha + Q_2 \alpha^2 + \cdots + Q_n \alpha^n + \cdots = \frac{1}{2} \; \frac{1+\alpha}{\sqrt{1 - 2\alpha\cos\gamma + \alpha^2}}.$$

Точно такъ же, сдѣлавъ

$$R_n = \frac{2}{\pi} \int_{\gamma}^{\pi} \frac{\cos n\psi \sin\frac{\psi}{2} \, \partial\psi}{\sqrt{2(\cos\gamma - \cos\psi)}}$$

и положивъ $\psi = \pi - \psi'$, мы будемъ имѣть, замѣчая, что $\cos n(\pi - \psi') = (-1)^n \cos n\psi'$,

$$R_n \alpha^n = \frac{2}{\pi} (-\alpha)^n \int_0^{\pi-\gamma} \frac{\cos n\psi' \cos\frac{\psi'}{2} \, \partial\psi'}{\sqrt{2(\cos\psi' - \cos(\pi - \gamma))}}.$$

Такимъ образомъ, сумма

$$\frac{1}{2} R_0 + R_1 \alpha + R_2 \alpha^2 + \cdots + R_n \alpha^n + \cdots$$

выводится изъ ряда, сейчасъ нами разсмотрѣннаго, полагая $-\alpha$ вмѣсто α и $\pi - \gamma$ вмѣсто γ. Слѣдовательно

$$\frac{1}{2} R_0 + R_1 \alpha + R_2 \alpha^2 + \cdots + R_n \alpha^n + \cdots = \frac{1}{2} \; \frac{1-\alpha}{\sqrt{1 - 2\alpha\cos\gamma + \alpha^2}}.$$

Сумма двухъ предыдущихъ рядовъ будетъ слѣдующая

$$\frac{1}{\sqrt{1-2\alpha\cos\gamma+\alpha^2}}=\rho=P_0+P_1\alpha+\cdots\cdots+P_n\alpha^n+\cdots\cdots$$

$$=\frac{1}{2}(Q_0+R_0)+(Q_1+R_1)\alpha+\cdots\cdots+(Q_n+R_n)\alpha^n+\cdots\cdots.$$

Отсюда

$$P_n=Q_n+R_n.$$

Итакъ, первое изъ выраженій P_n совершенно справедливо, потому что мы, идя отъ него, нашли разложеніе ρ по степенямъ α.

Чтобы повѣрить второе изъ выраженій P_n, сдѣлаемъ

$$Q'_n=-\frac{2}{\pi}\int_0^\gamma\frac{\sin n\psi\sin\frac{\psi}{2}\partial\psi}{\sqrt{2(\cos\psi-\cos\gamma)}}.$$

Тогда сумма

$$Q'_1\alpha+Q'_2\alpha^2+Q'_3\alpha^3+\cdots\cdots+Q'_n\alpha^n+\cdots\cdots=S$$

выразится такъ

$$S=-\frac{2}{\pi}\int_0^\gamma\frac{\sin\frac{\psi}{2}\partial\psi}{\sqrt{2(\cos\psi-\cos\gamma)}}(\alpha\sin\psi+\alpha^2\sin 2\psi+\cdots\cdots)$$

или

$$S=-\frac{2}{\pi}\int_0^\gamma\frac{\sin\frac{\psi}{2}}{\sqrt{2(\cos\psi-\cos\gamma)}}\,\frac{\alpha\sin\psi\partial\psi}{1-2\alpha\cos\psi+\alpha^2}.$$

Но легко видѣть, что мы имѣемъ

$$\frac{\alpha\sin\psi\sin\frac{\psi}{2}}{1-2\alpha\cos\psi+\alpha^2}=-\frac{1}{2}\,\frac{(1-\alpha)^2\cos\frac{\psi}{2}}{1-2\alpha\cos\psi+\alpha^2}+\frac{1}{2}\cos\frac{\psi}{2},$$

а потому

$$S = \frac{(1-\alpha)^2}{\pi}\int_0^\gamma \frac{\cos\frac{\psi}{2}}{\sqrt{2(\cos\psi-\cos\gamma)}}\,\frac{\partial\psi}{1-2\alpha\cos\psi+\alpha^2}$$

$$-\frac{1}{\pi}\int_0^\gamma \frac{\cos\frac{\psi}{2}\,\partial\psi}{\sqrt{2(\cos\psi-\cos\gamma)}};$$

но по предыдущему

$$\int_0^\gamma \frac{\cos\frac{\psi}{2}}{\sqrt{2(\cos\psi-\cos\gamma)}}\,\frac{\partial\psi}{1-2\alpha\cos\psi+\alpha^2} = \frac{\pi}{2(1-\alpha)}\,\frac{1}{\sqrt{1-2\alpha\cos\gamma+\alpha^2}},$$

$$\int_0^\gamma \frac{\cos\frac{\psi}{2}\,\partial\psi}{\sqrt{2(\cos\psi-\cos\gamma)}} = \frac{\pi}{2}.$$

Слѣдовательно, мы получимъ

$$S = \frac{1}{2}\left[\frac{1-\alpha}{\sqrt{1-2\alpha\cos\gamma+\alpha^2}} - 1\right].$$

Пусть будетъ теперь

$$R'_n = \frac{2}{\pi}\int_\gamma^\pi \frac{\sin n\psi\cos\frac{\psi}{2}\,\partial\psi}{\sqrt{2(\cos\gamma-\cos\psi)}}.$$

Если мы въ R'_n замѣнимъ ψ перемѣнною $\pi-\psi$, тогда приведемъ сумму

$$R'_1\alpha + R'_2\alpha^2 + R'_3\alpha^3 + \cdots + R'_n\alpha^n + \cdots = S'$$

къ такому же виду, въ какомъ представляется S. Для того чтобы изъ S получить S', слѣдуетъ въ первой замѣнить α величиною $-\alpha$ и γ величиною $\pi-\gamma$. Такимъ образомъ найдемъ

$$S' = \frac{1}{2}\left[\frac{1+\alpha}{\sqrt{1-2\alpha\cos\gamma+\alpha^2}} - 1\right]$$

и, слѣдовательно,

$$S+S'=\rho-1=(Q'_1+R'_1)\alpha+(Q'_2+R'_2)\alpha^2+\cdots+(Q'_n+R'_n)\alpha^n+\cdots$$
$$=P_1\alpha+P_2\alpha^2+\cdots+P_n\alpha^n+\cdots$$

Отсюда заключаемъ, что дѣйствительно

$$P_n=Q'_n+R'_n.$$

Перейдемъ теперь къ формуламъ, изображающимъ произвольныя функціи, и докажемъ, что рядъ

$$\sum_{n=0}^{n=\infty}\frac{2n+1}{4\pi}\int\limits_0^\pi \sin\theta'\,\partial\theta'\int\limits_0^{2\pi}P_n f(\theta',\varphi')\,\partial\varphi',$$

способенъ выразить произвольную функцію $f(\theta,\varphi)$, если при $\theta=0$, эта функція дѣлается независимою отъ φ и притомъ въ выраженіи P_n вмѣсто $\cos\gamma$ поставлена величина

$$\cos\theta\cos\theta'+\sin\theta\sin\theta'\cos(\varphi-\varphi').$$

Мы сначала положимъ $\theta=0$ и напишемъ въ предыдущемъ рядѣ γ вмѣсто θ', ибо въ этомъ случаѣ $\cos\theta'=\cos\gamma$. Кромѣ того положимъ

$$\frac{1}{2\pi}\int\limits_0^{2\pi} f(\theta',\varphi')\,\partial\varphi'=F(\theta')=F(\gamma).$$

Такимъ образомъ предыдущій рядъ приметъ слѣдующій видъ

$$S=\frac{1}{2}\int\limits_0^\pi(P_0+3P_1+5P_2+\cdots+(2n+1)P_n+\cdots)F(\gamma)\sin\gamma\,\partial\gamma.$$

Обозначимъ черезъ S_n сумму $n+1$ первыхъ членовъ этого ряда, такъ что

$$S_n=\frac{1}{2}\int\limits_0^\pi(P_0+3P_1+\cdots+(2n+1)P_n)F(\gamma)\sin\gamma\,\partial\gamma$$

и найдемъ, къ какому предѣлу стремится S_n по мѣрѣ увеличенія числа n. Сумму S_n мы разложимъ на двѣ части:

$$T_n = \frac{1}{2}\int_0^\pi (P_0 + P_1 + P_2 + \cdots + P_n) F(\gamma) \sin\gamma\, \partial\gamma,$$

$$U_n = \int_0^\pi (P_1 + 2P_2 + 3P_3 + \cdots + nP_n) F(\gamma) \sin\gamma\, \partial\gamma.$$

По первому изъ предыдущихъ выраженій P_n въ опредѣленныхъ интегралахъ, мы имѣемъ

$$P_0 + P_1 + \cdots + P_n = \frac{1}{\pi}\int_0^\gamma \frac{\cos\frac{\psi}{2}\,\partial\psi}{\sqrt{2(\cos\psi - \cos\gamma)}}(1 + 2\cos\psi + 2\cos 2\psi + \cdots)$$

$$+ \frac{1}{\pi}\int_0^\pi \frac{\sin\frac{\psi}{2}\,\partial\psi}{\sqrt{2(\cos\gamma - \cos\psi)}}(1 + 2\cos\psi + \cdots).$$

Но также мы имѣемъ

$$1 + 2\cos\psi + 2\cos 2\psi + \cdots = \frac{\sin\frac{2n+1}{2}\psi}{\sin\frac{1}{2}\psi},$$

слѣдовательно

$$T_n = \frac{1}{2\pi}\int_0^\pi \left\{ F(\gamma)\sin\gamma\,\partial\gamma \left[\int_0^\gamma \frac{\cos\frac{\psi}{2}\sin\frac{2n+1}{2}\psi\,\partial\psi}{\sin\frac{\psi}{2}\sqrt{2(\cos\psi - \cos\gamma)}} \right.\right.$$

$$\left.\left. + \int_\gamma^\pi \frac{\sin\frac{\psi}{2}\sin\frac{2n+1}{2}\psi\,\partial\psi}{\sin\frac{\psi}{2}\sqrt{2(\cos\gamma - \cos\psi)}} \right]\right\}.$$

Перемѣнимъ здѣсь предѣлы интегрированія на основаніи уравненія

$$\int_0^a dx \int_0^x f(x, y)\, \partial y = \int_0^a \partial y \int_y^a f(x, y)\, \partial x,$$

справедливость котораго видна изъ того, что та и другая части этого уравненія представляютъ объемъ, заключенный между поверхностью $z = f(x, y)$ и плоскостями $z = 0$, $y = 0$, $x = a$ и $y = x$, предполагая, что x, y, z суть прямоугольныя координаты.

Такимъ образомъ, очевидно, мы будемъ имѣть

$$\int_0^\pi F(\gamma) \sin\gamma\, \partial\gamma \left[\int_0^\gamma \frac{\cos\frac{\psi}{2} \sin\frac{2n+1}{2}\psi\, \partial\psi}{\sin\frac{\psi}{2}\sqrt{2(\cos\psi - \cos\gamma)}} \right]$$

$$= \int_0^\pi \frac{\cos\frac{\psi}{2} \sin\frac{2n+1}{2}\psi\, \partial\psi}{\sin\frac{\psi}{2}} \left[\int_\psi^\pi \frac{F(\gamma)\sin\gamma\, \partial\gamma}{\sqrt{2(\cos\psi - \cos\gamma)}} \right]$$

и точно такъ же

$$\int_0^\pi F(\gamma) \sin\gamma\, \partial\gamma \left[\int_\gamma^\pi \frac{\sin\frac{\psi}{2} \sin\frac{2n+1}{2}\psi\, \partial\psi}{\sin\frac{\psi}{2}\sqrt{2(\cos\gamma - \cos\psi)}} \right]$$

$$= \int_0^\pi \sin\frac{\psi}{2} \frac{\sin\frac{2n+1}{2}\psi\, \partial\psi}{\sin\frac{\psi}{2}} \left[\int_0^\psi \frac{F(\gamma)\sin\gamma\, \partial\gamma}{\sqrt{2(\cos\gamma - \cos\psi)}} \right].$$

Поэтому, сдѣлавъ

$$\Phi(\psi) = \cos\frac{\psi}{2} \int_\psi^\pi \frac{F(\gamma)\sin\gamma\, \partial\gamma}{\sqrt{2(\cos\psi - \cos\gamma)}} + \sin\frac{\psi}{2} \int_0^\psi \frac{F(\gamma)\sin\gamma\, \partial\gamma}{\sqrt{2(\cos\gamma - \cos\psi)}},$$

мы получимъ

$$T_n = \frac{1}{2\pi} \int_0^\pi \frac{\sin\frac{(2n+1)\psi}{2}}{\sin\frac{1}{2}\psi} \Phi(\psi)\,\partial\psi.$$

Такъ какъ функція

$$\frac{\sin\gamma}{\sqrt{2(\cos\psi - \cos\gamma)}}$$

не измѣняетъ знака между ψ и π, предѣлами интегрированія относительно γ, то означивъ черезъ L наибольшую величину, которую принимаетъ $F(\gamma)$ отъ $\gamma = 0$, до $\gamma = \pi$, мы легко получимъ слѣдующія неравенства

$$\int_\psi^\pi \frac{F(\gamma)\sin\gamma\partial\gamma}{\sqrt{2(\cos\psi - \cos\gamma)}} < L \int_\psi^\pi \frac{\sin\gamma\partial\gamma}{\sqrt{2(\cos\psi - \cos\gamma)}} = 2L\cos\frac{\psi}{2},$$

$$\int_0^\psi \frac{F(\gamma)\sin\gamma\partial\gamma}{\sqrt{2(\cos\gamma - \cos\psi)}} < L \int_0^\psi \frac{\sin\gamma\partial\gamma}{\sqrt{2(\cos\gamma - \cos\psi)}} = 2L\sin\frac{\psi}{2}.$$

Отсюда

$$\Phi(\psi) < 2L.$$

Такимъ образомъ, если $F\gamma$ не обращается въ безконечность отъ $\gamma = 0$ до $\gamma = \pi$, то L также не есть безконечность, а слѣдовательно $\Phi(\psi)$ имѣетъ то же самое свойство, то есть не дѣлается безконечностью отъ $\psi = 0$ до $\psi = \pi$.

Полагая $\psi = 2z$, мы T_n приведемъ къ слѣдующему виду

$$T_n = \frac{1}{\pi} \int_0^{\frac{\pi}{2}} \frac{\sin(2n+1)z}{\sin z} \Phi(2z)\,\partial z.$$

Поэтому, имѣя въ виду предыдущія теоремы, мы увидимъ, что T_n при $n = \infty$ имѣетъ предѣломъ величину

$$\frac{1}{2}\Phi(0),$$

или слѣдующую

$$\frac{1}{2}\int_0^\pi F(\gamma)\cos\frac{\gamma}{2}\,\partial\gamma\,.$$

Разсмотримъ теперь, къ какому предѣлу стремится U_n при неопредѣленномъ увеличеніи n.

Мы, основываясь на второмъ выраженіи P_n въ опредѣленныхъ интегралахъ, очевидно получимъ

$$P_1+2P_2+3P_3+\cdots+nP_n=$$

$$=-\frac{2}{\pi}\int_0^\gamma \frac{\sin\frac{\psi}{2}\,\partial\psi}{\sqrt{2(\cos\psi-\cos\gamma)}}\,(\sin\psi+2\sin 2\psi+\cdots+n\sin n\psi)$$

$$+\frac{2}{\pi}\int_\gamma^\pi \frac{\cos\frac{\psi}{2}\,\partial\psi}{\sqrt{2(\cos\gamma-\cos\psi)}}\,(\sin\psi+2\sin 2\psi+\cdots+n\sin n\psi).$$

Поэтому, обозначая сумму $\sin\psi+2\sin 2\psi+\cdots+n\sin n\psi$ черезъ k, мы будемъ имѣть

$$U_n=-\frac{2}{\pi}\int_0^\pi F(\gamma)\sin\gamma\,\partial\gamma\left[\int_0^\gamma \frac{k\sin\frac{\psi}{2}\,\partial\psi}{\sqrt{2(\cos\psi-\cos\gamma)}}\right]+$$

$$+\frac{2}{\pi}\int_0^\pi F(\gamma)\sin\gamma\,\partial\gamma\left[\int_\gamma^\pi \frac{k\cos\frac{\psi}{2}\,\partial\psi}{\sqrt{2(\cos\gamma-\cos\psi)}}\right].$$

Перемѣняя предѣлы, по выше приведенной формулѣ, мы получимъ

$$\int_0^\pi F(\gamma)\sin\gamma\partial\gamma\left[\int_0^\gamma \frac{k\sin\frac{\psi}{2}\,\partial\psi}{\sqrt{2(\cos\psi-\cos\gamma)}}\right]=$$

$$=\int_0^\pi k\sin\frac{\psi}{2}\,\partial\psi\left[\int_\psi^\pi \frac{F(\gamma)\sin\gamma\,\partial\gamma}{\sqrt{2(\cos\psi-\cos\gamma)}}\right],$$

$$\int_0^\pi F(\gamma)\sin\gamma\,\partial\gamma\left[\int_\gamma^\pi \frac{k\cos\frac{\psi}{2}\,\partial\psi}{\sqrt{2(\cos\gamma-\cos\psi)}}\right]$$

$$=\int_0^\pi k\cos\frac{\psi}{2}\,\partial\psi\left[\int_0^\psi \frac{F(\gamma)\sin\gamma\,\partial\gamma}{\sqrt{2(\cos\gamma-\cos\psi)}}\right].$$

Такимъ образомъ, дѣлая

$$\Phi_1(\psi)=-\sin\frac{\psi}{2}\int_\psi^\pi\frac{F(\gamma)\sin\gamma\partial\gamma}{\sqrt{2(\cos\psi-\cos\gamma)}}+\cos\frac{\psi}{2}\int_0^\psi\frac{F(\gamma)\sin\gamma\partial\gamma}{\sqrt{2(\cos\gamma-\cos\psi)}},$$

мы будемъ имѣть

$$U_n=\frac{2}{\pi}\int_0^\pi\Phi_1(\psi)k\partial\psi=\frac{2}{\pi}\int_0^\pi\Phi_1(\psi)(\sin\psi+2\sin2\psi+\cdots)\partial\psi.$$

Легко видѣть, что $\Phi_1(\psi)$ не обращается въ безконечность для всѣхъ значеній перемѣнной ψ, отъ $\psi=0$ до $\psi=\pi$. Это мы докажемъ точно такъ же, какъ и прежде, потому что въ выраженіе $\Phi_1(\psi)$ входятъ тѣже самые интегралы, какіе входили въ выраженіе $\Phi(\psi)$.

Выраженіе U_n мы можемъ представить въ слѣдующемъ видѣ

$$U_n=\frac{2}{\pi}\int_0^\pi\Phi_1(\psi)(\sin\psi+2\sin2\psi+\cdots+n\sin n\psi)\partial\psi=$$

$$=-\frac{2}{\pi}\int_0^\pi\Phi_1(\psi)\,\frac{\partial\left[\frac{1}{2}+\cos\psi+\cos2\psi+\cdots+\cos n\psi\right]}{\partial\psi}\partial\psi=$$

$$=-\frac{2}{\pi}\int_0^\pi\Phi_1(\psi)\,\frac{1}{2}\,\frac{\partial}{\partial\psi}\left(\frac{\sin\frac{(2n+1)\psi}{2}}{\sin\frac{\psi}{2}}\right)\partial\psi.$$

Если бы $\Phi_1(\psi)$ была непрерывна отъ $\Phi_1(0)$ до $\Phi_1(\pi)$ (предполагая перемѣнную ψ измѣняющеюся отъ $\psi=0$, до $\psi=\pi$), что мы сейчасъ и докажемъ, то мы имѣли бы, интегрируя по частямъ,

$$\int_0^\pi \Phi_1(\psi)\frac{\partial}{\partial\psi}\left(\frac{\sin\frac{(2n+1)\psi}{2}}{\sin\frac{\psi}{2}}\right)\partial\psi=\int_0^\pi \Phi_1'(\psi)\frac{\sin\frac{(2n+1)\psi}{2}}{\sin\frac{\psi}{2}}\partial\psi,$$

ибо членъ

$$\Phi_1(\psi)\frac{\sin\frac{(2n+1)\psi}{2}}{\sin\frac{\psi}{2}}$$

исчезаетъ при $\psi=0$ и $\psi=\pi$, а слѣдовательно, по причинѣ непрерывности $\Phi_1(\psi)$, предыдущее было бы справедливо.

Чтобы доказать непрерывность функціи $\Phi_1(\psi)$, докажемъ что каждый изъ интеграловъ, ее составляющихъ, имѣетъ это свойство. Пусть будетъ

$$r=\int_\psi^\pi\frac{F(\gamma)\sin\gamma\,\partial\gamma}{\sqrt{2(\cos\psi-\cos\gamma)}},$$

$$s=\int_0^\psi\frac{F(\gamma)\sin\gamma\,\partial\gamma}{\sqrt{2(\cos\gamma-\cos\psi)}}.$$

Если мы въ s вмѣсто ψ поставимъ $\psi+\varepsilon$ и вычтемъ изъ полученной функціи величину s, то разность будетъ слѣдующая

$$\int_0^{\psi+\varepsilon}\frac{F(\gamma)\sin\gamma\,\partial\gamma}{\sqrt{2(\cos\gamma-\cos(\psi+\varepsilon))}}-\int_0^\psi\frac{F(\gamma)\sin\gamma\,\partial\gamma}{\sqrt{2(\cos\gamma-\cos\psi)}}=$$

$$=\int_\psi^{\psi+\varepsilon}\frac{F(\gamma)\sin\gamma\,\partial\gamma}{\sqrt{2[\cos\gamma-\cos(\psi+\varepsilon)]}}$$

$$-\int_0^\psi F(\gamma)\left[\frac{\sin\gamma}{\sqrt{2[\cos\gamma-\cos\psi]}}-\frac{\sin\gamma}{\sqrt{2[\cos\gamma-\cos(\psi+\varepsilon)]}}\right]\partial\gamma.$$

Такъ какъ множитель при $F(\gamma)$ въ первомъ изъ интеграловъ второй части послѣдняго уравненія не измѣняетъ знака между предѣлами интегрированія, то, означая, по прежнему, наибольшую величину $F(\gamma)$ черезъ L, мы получимъ

$$\int\limits_{\psi}^{\psi+\varepsilon} \frac{F(\gamma)\sin\gamma\,\partial\gamma}{\sqrt{2\,[\cos\gamma - \cos(\psi+\varepsilon)]}} < L\int\limits_{\psi}^{\psi+\varepsilon} \frac{\sin\gamma\,\partial\gamma}{\sqrt{2\,[\cos\gamma - \cos(\psi+\varepsilon)]}} =$$

$$= 2L\sqrt{\sin\frac{\varepsilon}{2}\,\sin\left(\psi+\frac{\varepsilon}{2}\right)}.$$

По той же причинѣ второй изъ упомянутыхъ интеграловъ по численной величинѣ не превзойдетъ количества

$$2L\left[\sin\frac{\psi}{2} - \sin\frac{\psi-\varepsilon}{2} + \sqrt{\sin\frac{\varepsilon}{2}\sin\left(\psi+\frac{\varepsilon}{2}\right)}\right].$$

Такимъ образомъ оба интеграла исчезнутъ при $\varepsilon = 0$, а слѣдовательно и разсматриваемая разность. Итакъ s есть непрерывная функція перемѣнной ψ. Точно такимъ же образомъ можно доказать непрерывность функціи r. Поэтому выраженіе

$$U_n = \frac{1}{\pi}\int\limits_0^{\pi} \Phi_1'(\psi)\;\frac{\sin\left(n+\frac{1}{2}\right)\psi}{\sin\frac{\psi}{2}}\,\partial\psi$$

справедливо.

Съ другой стороны, сдѣлавъ $\psi = 2z$ подъ интеграломъ выраженія U_n, мы увидимъ, что U_n при неопредѣленномъ увеличеніи n имѣетъ предѣломъ величину $\Phi_1'(0)$.

Найдемъ теперь эту величину. Такъ какъ мы имѣемъ

$$\Phi_1(\psi) = s\cos\frac{\psi}{2} - r\sin\frac{\psi}{2},$$

то мы получимъ

$$\Phi_1'(\psi) = -\frac{1}{2}s\sin\frac{\psi}{2} - \frac{1}{2}r\cos\frac{\psi}{2} + \frac{\partial s}{\partial\psi}\cos\frac{\psi}{2} - \frac{\partial r}{\partial\psi}\sin\frac{\psi}{2}.$$

Такимъ образомъ, полагая $\psi = 0$, мы будемъ имѣть

$$s = 0, \quad r = \int_0^\gamma F(\gamma)\cos\frac{\gamma}{2}\,\partial\gamma, \quad \frac{\partial s}{\partial\psi} = \text{пред.}\ \frac{1}{\varepsilon}\int_0^\varepsilon \frac{F(\gamma)\sin\gamma\,\partial\gamma}{\sqrt{2(\cos\gamma - \cos\varepsilon)}}.$$

Пусть будутъ A наибольшая и B наименьшая величина функціи $F(\gamma)$ между предѣлами $\gamma = 0$ и $\gamma = \varepsilon$; тогда величина $\frac{\partial s}{\partial\psi}$, при $\psi = 0$, будетъ содержаться между двумя величинами

$$2A\,\frac{\sin\frac{\varepsilon}{2}}{\varepsilon} \quad \text{и} \quad 2B\,\frac{\sin\frac{\varepsilon}{2}}{\varepsilon}$$

разумѣя подъ ε безконечно-малую величину. Но обѣ послѣднія величины при $\varepsilon = 0$ равны количеству $F(0)$; поэтому $\frac{\partial s}{\partial\psi} = F(0)$ при $\psi = 0$.

Соображаясь съ предыдущими формулами, мы получимъ

$$\Phi_1'(0) = F(0) - \frac{1}{2}\int_0^\pi F(\gamma)\cos\frac{\gamma}{2}\,\partial\gamma.$$

Такимъ образомъ изъ предыдущаго мы видимъ, что предѣлъ T_n есть

$$\frac{1}{2}\int_0^\pi F(\gamma)\cos\frac{\gamma}{2}\,\partial\gamma,$$

а предѣлъ U_n есть

$$F(0) - \frac{1}{2}\int_0^\pi F(\gamma)\cos\frac{\gamma}{2}\,\partial\gamma;$$

поэтому предѣлъ $S_n = T_n + U_n$ есть

$$F(0) = \frac{1}{2\pi}\int_0^{2\pi} f(0, \varphi')\,\partial\varphi'.$$

Необходимо замѣтить, что $\Phi_1'(\psi)$ можетъ иногда дѣлаться безконечностью для тѣхъ величинъ ψ, при которыхъ $F(\psi)$ есть величина прерывная, но это не мѣшаетъ тому, чтобы предыдущія изслѣдованія были справедливы, ибо

$$\int_0^{\psi} \Phi_1'(\psi)\,\partial\psi = \Phi_1(\psi)$$

не дѣлается безконечностью, и есть функція непрерывная перемѣнной ψ. Въ этомъ случаѣ, какъ мы замѣтили раньше, интегралъ

$$\int_0^{h} \frac{\sin i\psi}{\sin\psi}\,\Phi_1'(\psi)\,\partial\psi$$

всегда имѣетъ предѣломъ при $i = \infty$ величину $\Phi_1'(0)$.

Если функція $f(\theta, \varphi)$ такова, что при $\theta = 0$ она не будетъ содержать перемѣнной φ, то

$$F(0) = \frac{1}{2\pi}\int_0^{2\pi} f(0, \varphi')\,\partial\varphi' = f(0, \varphi'),$$

и $F(0)$ будетъ величиною ряда

$$S = \frac{1}{2}\int_0^{\pi} (P_0 + 3P_1 + 5P_2 + \cdots + (2n+1)\,P_n + \cdots)\,F(\gamma)\sin\gamma\partial\gamma.$$

Вообще же будетъ

$$S = \frac{1}{2\pi}\int_0^{2\pi} f(0, \varphi')\,\partial\varphi\,.$$

Вообразимъ теперь шаръ, описанный радіусомъ равнымъ единицѣ. Возьмемъ на поверхности его произвольную точку M, черезъ которую проведемъ дугу большого круга.

Положеніе какой ни есть точки на поверхности шара опредѣлится, если мы знаемъ разстояніе ея отъ M по дугѣ большого круга и уголъ, составляемый этою послѣднею съ нѣкоторою постоянною дугою большого круга. Означимъ упомянутое разстояніе черезъ θ' и уголъ черезъ φ'. Въ такомъ случаѣ

$$F(\theta') = \frac{1}{2\pi}\int_0^{2\pi} f(\theta', \varphi')\,\partial\varphi'$$

есть средняя ариѳметическая изъ всѣхъ значеній функціи $f(\theta', \varphi')$, которыя она принимаетъ для точекъ поверхности шара, лежащихъ на окружности малаго круга, соотвѣтствующаго разстоянію θ' отъ точки M. Величину же $F(0)$ мы можемъ разсматривать, какъ среднюю ариѳметическую изъ всѣхъ значеній функціи $f(\theta', \varphi')$ на окружности круга, соотвѣтствующаго безконечно малому значенію θ'.

Возьмемъ теперь рядъ

$$V = \sum_{n=0}^{n=\infty} \frac{2n+1}{4\pi}\int_0^{\pi} \sin\theta'\,\partial\theta' \int_0^{2\pi} P_n f(\theta', \varphi')\,\partial\varphi'.$$

Сравнивая его съ рядомъ S, мы видимъ, что въ интегралахъ, соотвѣтствующихъ въ томъ и другомъ ряду одному и тому же числу n, функція подъ интеграломъ состоитъ изъ двухъ множителей: одинъ есть $f(\theta', \varphi') \sin\theta'\,\partial\theta'\,\partial\varphi'$, однозначущій въ ряду S и въ ряду V; другой есть P_n, который въ выраженіи S содержитъ $\cos\theta'$, а въ выраженіи V вмѣсто $\cos\theta'$, содержитъ

$$\cos\gamma = \cos\theta\cos\theta' + \sin\theta\sin\theta'\cos(\varphi - \varphi'),$$

гдѣ γ означаетъ, слѣдовательно, разстояніе точки (θ, φ) по дугѣ большого круга, отъ точки (φ', θ'). Такимъ образомъ рядъ S отличается отъ ряда V тѣмъ, что въ послѣднемъ начало разстояній θ' перенесено въ точку (φ, θ). Такимъ образомъ рядъ V, есть сходящійся такъ же какъ и рядъ S и изображаетъ среднюю ариѳметическую всѣхъ значеній функціи $f(\theta', \varphi')$ на окружности безконечно малаго круга, описаннаго безконечно малымъ сферическимъ радіусомъ, около точки (θ, φ). Необходимо замѣтить, что причина одинаковости результатовъ относительно рядовъ S

и V есть отчасти и та, что интегралы какъ въ одномъ ряду, такъ и въ другомъ распространены на цѣлую поверхность шара.

Если при $\theta = 0$ перемѣнная φ исчезаетъ въ функціи $f(\theta, \varphi)$, то по предыдущему V изобразитъ значеніе функціи $f(\theta, \varphi)$ для точки (θ, φ).

Такимъ образомъ данное предложеніе доказано.

Пусть будутъ теперь X_n и Y_m двѣ функціи, удовлетворяющія уравненіямъ

$$\frac{1}{\sin\theta}\frac{\partial}{\partial\theta}\left(\sin\theta\frac{\partial X_n}{\partial\theta}\right) + \frac{1}{\sin^2\theta}\frac{\partial^2 X_n}{\partial\varphi^2} + n(n+1)X_n = 0$$

$$\frac{1}{\sin\theta}\frac{\partial}{\partial\theta}\left(\sin\theta\frac{\partial Y_m}{\partial\theta}\right) + \frac{1}{\sin^2\theta}\frac{\partial^2 Y_m}{\partial\varphi^2} + m(m+1)Y_m = 0.$$

Разсмотримъ, чему будетъ равенъ интегралъ

$$\int_0^\pi \sin\theta\partial\theta \int_0^{2\pi} X_n Y_m \partial\varphi = N.$$

Подставляя въ N величину X_n изъ предыдущаго уравненія, мы будемъ имѣть

$$N = -\frac{1}{n(n+1)}\int_0^\pi\int_0^{2\pi}\frac{\partial\left(\sin\theta\frac{\partial X_n}{\partial\theta}\right)}{\partial\theta} Y_m \partial\theta\partial\varphi$$

$$-\frac{1}{n(n+1)}\int_0^\pi\int_0^{2\pi}\frac{1}{\sin\theta}\frac{\partial^2 X_n}{\partial\varphi^2} Y_m \partial\theta\,\partial\varphi.$$

Но, интегрируя по частямъ, мы имѣемъ

$$\int_0^\pi \frac{\partial\left(\sin\theta\frac{\partial X_n}{\partial\theta}\right)}{\partial\theta} Y_m \partial\theta = \int_0^\pi \frac{\partial\left(\sin\theta\frac{\partial Y_m}{\partial\theta}\right)}{\partial\theta} X_n \partial\theta$$

и точно такъ же

$$\int_0^{2\pi} \frac{\partial^2 X_n}{\partial \varphi^2} Y_m \partial\varphi = \int_0^{2\pi} \frac{\partial^2 Y_m}{\partial \varphi^2} X_n \partial\varphi;$$

слѣдовательно,

$$N = -\frac{1}{n(n+1)} \int_0^{\pi}\int_0^{2\pi} X_n \left\{ \frac{\partial\left(\sin\theta \frac{\partial Y_m}{\partial\theta}\right)}{\partial\theta} + \frac{1}{\sin\theta} \frac{\partial^2 Y_m}{\partial\varphi^2} \right\} \partial\theta\,\partial\varphi$$

или иначе

$$N = +\frac{m(m+1)}{n(n+1)} N.$$

Если m и n различны, то должно быть $N=0$, если же $m=n$ то послѣднее равенство обращается въ тождество.

Покажемъ теперь, чему равенъ интегралъ

$$N' = \int_0^{\pi}\int_0^{2\pi} P_n Y_n \sin\theta\, \partial\varphi\, \partial\theta.$$

Если мы перемѣнимъ θ и φ на θ' и φ' и обратно въ уравненіи

$$f(\theta,\varphi) = \sum_{n=0}^{n=\infty} \frac{2n+1}{4\pi} \int_0^{\pi}\int_0^{2\pi} P_n f(\theta',\varphi') \sin\theta'\, \partial\theta'\, \partial\varphi',$$

то получимъ

$$f(\theta',\varphi') = \sum_{n=0}^{n=\infty} \frac{2n+1}{4\pi} \int_0^{\pi}\int_0^{2\pi} P_n f(\theta,\varphi) \sin\theta\, \partial\theta\, \partial\varphi.$$

Возьмемъ здѣсь вмѣсто функціи $f(\theta,\varphi)$ величину Y_n и означимъ величину $f(\theta',\varphi')$ черезъ Y'_n. Тогда, по предыдущему, во второй части послѣдняго уравненія исчезнутъ всѣ члены исключая одинъ

$$\frac{2n+1}{4\pi} \int_0^{\pi}\int_0^{2\pi} P_n Y_n \sin\theta\, \partial\theta\, \partial\varphi.$$

Поэтому мы будемъ имѣть

$$\int_0^\pi \int_0^{2\pi} P_n Y_n \sin\theta \, \partial\theta \, \partial\varphi = \frac{4\pi}{2n+1} Y'_n.$$

Легко видѣть на основаніи послѣдняго предложенія, что произвольная функція $f(\theta, \varphi)$ не можетъ имѣть болѣе одного разложенія по функціямъ вида P_n. Пусть будетъ X_n и Y_n двѣ функціи одного рода съ функціею P_n, и положимъ, что существуютъ два различныя разложенія

$$f(\theta, \varphi) = Y_0 + Y_1 + \cdots + Y_n + \cdots,$$

$$f(\theta, \varphi) = X_0 + X_1 + \cdots + X_n + \cdots.$$

Умножая оба эти уравненія на $P_n \sin\theta \, \partial\theta \, \partial\varphi$ и интегрируя отъ $\theta = 0$, $\varphi = 0$, до $\theta = \pi$, $\varphi = 2\pi$, мы будемъ имѣть

$$\int_0^\pi \int_0^{2\pi} P_n f(\theta, \varphi) \sin\theta \, \partial\theta \, \partial\varphi = \int_0^\pi \int_0^{2\pi} P_n Y_n \sin\theta \, \partial\theta \, \partial\varphi = \int_0^\pi \int_0^{2\pi} P_n X_n \sin\theta \, \partial\theta \, \partial\varphi,$$

откуда, означая черезъ Y'_n и X'_n то, чѣмъ сдѣлаются функціи Y_n и X_n, если въ нихъ замѣнимъ φ и θ черезъ φ' и θ', изъ послѣдняго уравненія мы получимъ

$$\frac{4\pi}{2n+1} Y'_n = \frac{4\pi}{2n+1} X'_n,$$

или

$$Y_n = X_n,$$

откуда слѣдуетъ тождественность предположенныхъ двухъ разложеній.

Вообще нужно замѣтить, что интегралъ

$$\int_0^\pi \int_0^{2\pi} X_n Y_n \sin\theta \, \partial\theta \, \partial\varphi$$

всегда можетъ получиться въ конечномъ видѣ по обыкновеннымъ правиламъ.

Формулы нами разсмотрѣнныя даютъ средства представить произвольную функцію внутри шара даннаго радіуса. Пусть будетъ нѣкоторая произвольная функція $f(r, \theta, \varphi)$ трехъ полярныхъ координатъ r, θ и φ, которыя съ координатами прямоугольными x, y и z связываются уравненіями

$$x = r\cos\theta, \quad y = r\sin\theta\cos\varphi, \quad z = r\sin\theta\sin\varphi.$$

Представимъ себѣ шаръ, описанный радіусомъ l около начала полярныхъ координатъ. Тогда вторая часть уравненія

$$f(r,\theta,\varphi) = \frac{1}{l}\int_0^l f(r',\theta,\varphi)\,\partial r' + \frac{2}{l}\sum_{i=1}^{i=\infty}\cos\frac{i\pi r}{l}\left(\int_0^l \cos\frac{i\pi r'}{l} f(r',\theta,\varphi)\,\partial r'\right)$$

изобразитъ произвольную функцію $f(r, \theta, \varphi)$ для величинъ r отъ $r = 0$ до $r = l$, и для всѣхъ возможныхъ значеній θ и φ. Съ другой стороны по предыдущимъ формуламъ мы имѣемъ

$$f(r',\theta,\varphi) = \sum_{n=0}^{n=\infty}\frac{2n+1}{4\pi}\int_0^\pi\int_0^{2\pi} P_n f(r',\theta',\varphi')\sin\theta'\,\partial\theta'\,\partial\varphi'.$$

Поэтому, подставляя этотъ рядъ вмѣсто функціи $f(r', \theta, \varphi)$ въ предыдущее уравненіе, мы получимъ

$$f(r,\theta,\varphi) = \frac{1}{4\pi l}\sum_{n=0}^{n=\infty}(2n+1)\left[\int_0^l\int_0^\pi\int_0^{2\pi} P_n f(r',\theta',\varphi')\,\partial r'\,\partial\theta'\,\partial\varphi'\sin\theta'\right] +$$

$$+ \frac{1}{2\pi l}\sum_{i=1}^{i=\infty}\cos\frac{i\pi r}{l}\left\{\sum_{n=0}^{n=\infty}(2n+1)\int_0^l\int_0^\pi\int_0^{2\pi}\cos\frac{i\pi r'}{l} P_n f(r',\theta',\varphi')\,\partial r'\,\partial\theta'\,\partial\varphi'\sin\theta'\right\}.$$

Положимъ, что здѣсь l дѣлается безконечнымъ; тогда можно сдѣлать

$$\frac{i\pi}{l} = \alpha, \quad \frac{\pi}{l} = \partial\alpha$$

и послѣдняя формула, въ которой одинъ членъ исчезнетъ по причинѣ безконечно-малаго множителя $\frac{1}{l}$, обратится въ слѣдующую:

$$f(r, \theta, \varphi) =$$

$$= \frac{1}{2\pi^2} \sum_{n=0}^{n=\infty} (2n+1) \int_0^\infty \int_0^\infty \int_0^\pi \int_0^{2\pi} P_n \cos \alpha r \cos \alpha r' f(r', \theta', \varphi') \sin \theta' \partial r' \partial \theta' \partial \varphi'.$$

Эта послѣдняя формула даетъ произвольную функцію для всѣхъ возможныхъ значеній r, θ и φ, или иначе, для всѣхъ точекъ пространства, тогда какъ предыдущая формула даетъ произвольную функцію $f(r, \theta, \varphi)$ только внутри шара радіуса l.

Уравненіе

$$f(\theta, \varphi) = \sum_{n=0}^{n=\infty} \frac{2n+1}{4\pi} \int_0^\pi \int_0^{2\pi} P_n f(\theta, \varphi) \sin \theta \partial \theta \partial \varphi$$

можно соединять съ другими, относящимися къ функціямъ одной перемѣнной, и получать такимъ образомъ формулы, изображающія произвольныя функціи внутри шара даннаго радіуса.

Замѣтимъ, кончая статью о формулахъ, изображающихъ произвольныя функціи, что на основаніи предыдущихъ формулъ можно получить въ конечномъ видѣ интегралъ

$$\beta = \int_0^\pi \int_0^{2\pi} \frac{Y_n \sin \theta \, \partial \theta \, \partial \varphi}{\sqrt{1 - 2\alpha \left[\cos \theta \cos \theta' + \sin \theta \sin \theta' \cos (\varphi - \varphi')\right] + \alpha^2}}.$$

Дѣйствительно, если $\alpha < 1$, то разлагая подъинтегральную функцію по возрастающимъ степенямъ α, мы увидимъ, что коэффиціенты передъ различными степенями въ разложеніи β будутъ вида

$$\int_0^\pi \int_0^{2\pi} P_m \, Y_n \sin \theta \, \partial \theta \, \partial \varphi$$

и, слѣдовательно, уничтожатся вслѣдствіе выше сказаннаго.

Останется одинъ членъ

$$\alpha^n \int_0^\pi \int_0^{2\pi} P_n Y_n \sin\theta\, \partial\theta\, \partial\varphi = \frac{4\pi\alpha^n}{2n+1} Y'_n,$$

который и будетъ представлять величину β.

Когда $\alpha > 1$, то слѣдуетъ функцію подъ интеграломъ разложить по убывающимъ степенямъ α. Коэффиціэнтъ при $\alpha^{-(n+1)}$ будетъ P_n; поэтому мы также, какъ и прежде, заключимъ что β принимаетъ величину $\frac{4\pi}{(2n+1)\alpha^{n+1}} Y'_n$.

ГЛАВА II.

Приложенie предыдущихъ формулъ къ опредѣленiю произвольныхъ функцiй въ интегралахъ линейныхъ уравненiй съ частными производными.

1. Условiя различныхъ вопросовъ, приводящихъ къ интегрированiю линейныхъ уравненiй съ частными производными могутъ быть весьма различны, но тѣмъ не менѣе можно ихъ раздѣлить на два отдѣла: одинъ родъ условiй относится къ вопросамъ, въ которыхъ разсматривается тѣло съ безконечными измѣренiями; другой родъ условiй относится къ тѣламъ съ измѣренiями конечными.

Въ первомъ случаѣ требуется большею частiю, чтобы искомая функцiя и нѣсколько ея производныхъ по одной изъ перемѣнныхъ обращались въ данныя функцiи прочихъ перемѣнныхъ при нѣкоторомъ постоянномъ значенiи этой перемѣнной.

Во второмъ случаѣ, кромѣ подобныхъ условiй, существуютъ еще другiя, относящiяся къ крайнимъ точкамъ разсматриваемаго въ задачѣ тѣла.

Условiямъ перваго рода всегда можно удовлетворить, если уравненiе, къ которому приводитъ задача есть линейное и съ постоянными коэффицiентами; условiя же втораго рода представляютъ большiя трудности, въ томъ отношенiи, что всегда нужно узнать видъ интеграла даннаго уравненія, который примѣнимъ къ разсматриваемому случаю, и представить произвольную функцію въ видѣ ряда, расположеннаго по нѣкоторымъ періодическимъ функціямъ, которыя часто не могутъ быть выражены въ конечномъ видѣ.

Разсмотримъ сначала, какимъ образомъ удовлетворить условіямъ перваго рода, и положимъ что для интегрированія дано линейное уравненіе съ постоянными коэффиціэнтами

$$L = 0, \tag{1}$$

въ которое входитъ искомая функція u и перемѣнныя независимыя $t, x, y, z, \ldots .$, число которыхъ пусть будетъ $n+1$.

Положимъ, что въ уравненіи (1) производная функціи u высшаго порядка относительно t есть $\frac{\partial^m u}{\partial t^m}$. Тогда предложенное уравненіе представитъ слѣдующія обстоятельства: оно заключаетъ сумму частныхъ производныхъ функціи u по $x, y, z, \ldots,$ умноженныхъ на нѣкоторыя постоянныя. Сумму эту мы означимъ черезъ $\delta_0 u$. Во вторыхъ, оно заключаетъ подобную сумму относительно частныхъ производныхъ функціи $\frac{\partial u}{\partial t}$ по тѣмъ же перемѣннымъ $x, y, z, \ldots$ Эту сумму мы означимъ черезъ $\delta_1 \frac{\partial u}{\partial t}$.

Далѣе, уравненіе (1) заключаетъ подобную сумму относительно функціи $\frac{\partial^2 u}{\partial t^2}$, и такія же суммы относительно слѣдующихъ произвольныхъ

$$\frac{\partial^2 u}{\partial t^3}, \quad \frac{\partial^4 u}{\partial t^4}, \ldots \quad \frac{\partial^m u}{\partial t^m}.$$

Такія суммы мы означимъ соотвѣтственно черезъ

$$\delta_2 \frac{\partial^2 u}{\partial t^2}, \quad \delta_3 \frac{\partial^3 u}{\partial t^3}, \ldots \quad \delta_m \frac{\partial^m u}{\partial t^m}.$$

Поэтому уравненіе (1) можетъ быть представлено въ слѣдующемъ видѣ

$$L = \delta_0 u + \delta_1 \frac{\partial u}{\partial t} + \delta_2 \frac{\partial^2 u}{\partial t^2} + \cdots + \delta_m \frac{\partial^m u}{\partial t^m} = 0. \tag{2}$$

Найдемъ интегралъ этого уравненія подъ условіемъ, чтобы функціи u, $\frac{\partial u}{\partial t}$, $\frac{\partial^2 u}{\partial t^2}, \ldots \frac{\partial^{m-1} u}{\partial t^{m-1}}$ обращались соотвѣтственно въ слѣдующія функціи перемѣнныхъ $x, y, z, \ldots$ при $t=0$:

$$(3)\quad f_0(x,y,z,\ldots), \quad f_1(x,y,z,\ldots), \ldots \quad f_{m-1}(x,y,z,\ldots).$$

Пусть будутъ $N_0, N_1, \ldots N_{m-1}$ нѣкоторыя функціи t; тогда мы можемъ положить

$$(4)\quad \left\{\begin{aligned} u = & \frac{1}{(2\pi)^n}\int_{-\infty}^{+\infty}\!\!\int \cdots N_0\, e^{\alpha(x-x')\sqrt{-1}}\, e^{\beta(y-y')\sqrt{-1}} \cdots f_0(x',y',\cdots)\, \partial x'\, \partial y' \cdots \partial\alpha\, \partial\beta \cdots \\ & + \frac{1}{(2\pi)^n}\int_{-\infty}^{+\infty}\!\!\int \cdots N_1\, e^{\alpha(x-x')\sqrt{-1}}\, e^{\beta(y-y')\sqrt{-1}} \cdots f_1(x',y',\cdots)\, \partial x'\, \partial y' \cdots \partial\alpha\, \partial\beta \cdots \\ & + \frac{1}{(2\pi)^n}\int_{-\infty}^{+\infty}\!\!\int \cdots N_2\, e^{\alpha(x-x')\sqrt{-1}}\, e^{\beta(y-y')\sqrt{-1}} \cdots f_2(x',y',\cdots)\, \partial x'\, \partial y' \cdots \partial\alpha\, \partial\beta \cdots \\ & + \cdots\cdots\cdots\cdots\cdots\cdots\cdots\cdots \\ & + \frac{1}{(2\pi)^n}\int_{-\infty}^{+\infty}\!\!\int \cdots N_{m-1}\, e^{\alpha(x-x')\sqrt{-1}}\, e^{\beta(y-y')\sqrt{-1}} \cdots f_{m-1}(x',y',\cdots)\, \partial x'\, \partial y' \cdots \partial\alpha\, \partial\beta \cdots \end{aligned}\right.$$

Для функціи u должны быть слѣдующія условія: она должна удовлетворять уравненію (2) и при $t=0$ какъ сама она, такъ и послѣдовательныя ея производныя должны обращаться въ произвольныя функціи (3). Второму условію, очевидно, удовлетворимъ, если при $t=0$ имѣемъ:

$$(5)\quad \left\{\begin{array}{lllll} N_0 = 1, & \frac{\partial N_0}{\partial t} = 0, & \frac{\partial^2 N_0}{\partial t^2} = 0, \ldots & \frac{\partial^{m-1} N_0}{\partial t^{m-1}} = 0 \\ N_1 = 0, & \frac{\partial N_1}{\partial t} = 1, & \frac{\partial^2 N_1}{\partial t^2} = 0, \ldots & \frac{\partial^{m-1} N_1}{\partial t^{m-1}} = 0 \\ N_2 = 0, & \frac{\partial N_2}{\partial t} = 0, & \frac{\partial^2 N_2}{\partial t^2} = 1, \ldots & \frac{\partial^{m-1} N_2}{\partial t^{m-1}} = 0 \\ \cdots\cdots & \cdots\cdots & \cdots\cdots & \cdots\cdots \\ N_{m-1} = 0, & \frac{\partial N_{m-1}}{\partial t} = 0, & \frac{\partial^2 N_{m-1}}{\partial t^2} = 0, \ldots & \frac{\partial^{m-1} N_{m-1}}{\partial t^{m-1}} = 1. \end{array}\right.$$

Пусть будетъ для сокращенія

$$e^{\alpha(x-x')\sqrt{-1}}\, e^{\beta(y-y')\sqrt{-1}}\, e^{\gamma(z-z')\sqrt{-1}} \ldots = M,$$

$$f_0(x', y', z', \cdots)\,\partial x'\,\partial y'\,\partial z' \cdots \partial\alpha\,\partial\beta\,\partial\gamma \cdots = \lambda_0,$$

$$f_1(x', y', z', \cdots)\,\partial x'\,\partial y'\,\partial z' \cdots \partial\alpha\,\partial\beta\,\partial\gamma \cdots = \lambda_1,$$

$$f_2(x', y', z', \cdots)\,\partial x'\,\partial y'\,\partial z' \cdots \partial\alpha\,\partial\beta\,\partial\gamma \cdots = \lambda_2,$$

$$\cdots\cdots\cdots\cdots\cdots\cdots\cdots\cdots\cdots\cdots$$

$$f_{m-1}(x', y', z', \cdots)\,\partial x'\,\partial y'\,\partial z' \cdots \partial\alpha\,\partial\beta\,\partial\gamma \cdots = \lambda_{m-1}.$$

Кромѣ того будемъ писать для сокращенія одинъ интегральный знакъ вмѣсто $2n$ — кратнаго. Тогда уравненіе (4) можетъ быть написано въ видѣ

$$(6)\quad u = \frac{1}{(2\pi)^n}\left[\int M(\lambda_0 N_0 + \lambda_1 N_1 + \lambda_2 N_2 + \cdots + \lambda_{m-1} N_{m-1})\right].$$

Для того, чтобы удовлетворить предложенному уравненію замѣтимъ, что при дифференцированіи u относительно x, y, z,.... слѣдуетъ дифференцировать множителя M подъ интегральнымъ знакомъ. Съ другой стороны, мы очевидно имѣемъ

$$\frac{\partial^{p+q+r+\cdots+s} M}{\partial x^p\,\partial y^q\,\partial z^r \cdots \partial\omega^s} = \alpha^p \beta^q \gamma^r \cdots \delta^s (\sqrt{-1})^{p+q+r+\cdots+s} M;$$

слѣдовательно, по смыслу знакоположеній δ_0, δ_1, δ_2, ... δ_{m-1}, мы получимъ

$$\delta_0 M = A_0 M,\ \delta_1 M = A_1 M,\ \delta_2 M = A_2 M, \cdots,\ \delta_m M = A_m M,$$

гдѣ A_0, A_1, A_2, ... A_m суть нѣкоторыя опредѣленныя постоянныя величины. Притомъ, такъ какъ перемѣнную t заключаютъ только множители N_0, N_1, N_2, ..., N_{m-1}, то, подставляя выраженіе (6) вмѣсто данной функціи u въ предложенное уравненіе, мы будемъ имѣть

$$0=\begin{cases}\int A_0 M(\lambda_0 N_0+\lambda_1 N_1+\lambda_2 N_2+\cdots+\lambda_{m-1} N_{m-1})\\ +\int A_1 M\left(\lambda_0\frac{\partial N_0}{\partial t}+\lambda_1\frac{\partial N_1}{\partial t}+\lambda_2\frac{\partial N_2}{\partial t}+\cdots+\lambda_{m-1}\frac{\partial N_{m-1}}{\partial t}\right)\\ +\int A_2 M\left(\lambda_0\frac{\partial^2 N_0}{\partial t^2}+\lambda_1\frac{\partial^2 N_1}{\partial t^2}+\lambda_2\frac{\partial^2 N_2}{\partial t^2}+\cdots+\lambda_{m-1}\frac{\partial^2 N_{m-1}}{\partial t^2}\right)\\ +\ldots\ldots\ldots\ldots\ldots\ldots\ldots\ldots\ldots\\ +\int A_m M\left(\lambda_0\frac{\partial^m N_0}{\partial t^m}+\lambda_1\frac{\partial^m N_1}{\partial t^m}+\lambda_2\frac{\partial^m N_2}{\partial t^m}+\cdots+\lambda_{m-1}\frac{\partial^m N_{m-1}}{\partial t^m}\right).\end{cases}$$

Такимъ образомъ удовлетворимъ предложенному уравненію, если положимъ

$$A_0 N_0+A_1\frac{\partial N_0}{\partial t}+A_2\frac{\partial^2 N_0}{\partial t^2}+\cdots+A_m\frac{\partial^m N_0}{\partial t^2}=0,$$

$$A_0 N_1+A_1\frac{\partial N_1}{\partial t}+A_2\frac{\partial^2 N_1}{\partial t^2}+\cdots+A_m\frac{\partial^m N_1}{\partial t^2}=0,$$

$$\ldots\ldots\ldots\ldots\ldots\ldots\ldots\ldots\ldots\ldots$$

$$A_0 N_{m-1}+A_1\frac{\partial N_{m-1}}{\partial t}+A_2\frac{\partial^2 N_{m-1}}{\partial t^2}+\cdots+A_m\frac{\partial^m N_{m-1}}{\partial t^m}=0.$$

Эти уравненія заключаются въ слѣдующемъ

$$(7)\qquad A_0 P+A_1\frac{\partial P}{\partial t}+A_2\frac{\partial^2 P}{\partial t^2}+\cdots+A_m\frac{\partial^m P}{\partial t^m}=0,$$

гдѣ вмѣсто P можно взять произвольную линейную функцію количествъ N_0, N_1, ... N_{m-1}. Сдѣлаемъ

$$P=N_0+qN_1+q^2 N_2+\cdots+q^{m-1}N_{m-1}$$

и найдемъ интегралъ уравненія (7) подъ тѣмъ условіемъ, чтобы при $t=0$, было

$$(8)\quad P=1,\ \frac{\partial P}{\partial t}=q,\ \frac{\partial^2 P}{\partial t^2}=q^2,\ \frac{\partial^3 P}{\partial t^3}=q^3,\ldots\ \frac{\partial^{m-1}P}{\partial t^{m-1}}=q^{m-1}.$$

Условія (8), очевидно, совпадаютъ съ условіями (5).

Пусть будутъ θ_1, θ_2, θ_3, ... θ_m корни уравненія

$$F(\theta)=A_0+A_1\theta+A_2\theta^2+\cdots+A_m\theta^m=0;$$

тогда общій интегралъ уравненія (7) будетъ вида

$$P = l_1 e^{\theta_1 t} + l_2 e^{\theta_2 t} + \cdots + l_m e^{\theta_m t}$$

гдѣ $l_1, l_2, \ldots l_m$ означаютъ постоянныя произвольныя величины.

Подставляя эту величину P въ уравненія (8) и дѣлая $t = 0$, мы получаемъ m уравненій, изъ коихъ легко опредѣлимъ m постоянныхъ произвольныхъ $l_1, l_2, \ldots l_m$, которыя выразятся въ функціяхъ отъ $q, q^2, q^3, \ldots q^{m-1}$. Разложивъ потомъ P по степенямъ q, мы, очевидно, въ коэффиціентѣ, не зависящемъ отъ q, будемъ имѣть N_0, въ коэффиціентѣ при q будемъ имѣть N_1, и такъ далѣе. Но въ общемъ видѣ легче это сдѣлать слѣдующимъ образомъ: возьмемъ вмѣсто P функцію

$$P = \frac{(q-\theta_2)(q-\theta_3)\cdots(q-\theta_m)}{(\theta_1-\theta_2)(\theta_1-\theta_3)\cdots(\theta_1-\theta_m)} e^{\theta_1 t}$$

$$+ \frac{(q-\theta_1)(q-\theta_3)\cdots(q-\theta_m)}{(\theta_2-\theta_1)(\theta_2-\theta_3)\cdots(\theta_2-\theta_m)} e^{\theta_2 t} + \cdots$$

$$+ \frac{(q-\theta_1)(q-\theta_2)\cdots(q-\theta_{m-1})}{(\theta_m-\theta_1)(\theta_m-\theta_2)\cdots(\theta_m-\theta_{m-1})} e^{\theta_m t}$$

$$= F(q)\left[\frac{e^{\theta_1 t}}{(q-\theta_1)F'(\theta_1)} + \frac{e^{\theta_2 t}}{(q-\theta_2)F'(\theta_2)} + \cdots + \frac{e^{\theta_m t}}{(q-\theta_m)F'(\theta_m)}\right].$$

Тогда эта величина P удовлетворитъ условіямъ (8). Дѣйствительно, мы имѣемъ при $t = 0$

$$\frac{\partial^\mu P}{\partial t^\mu} = F(q)\left[\frac{\theta_1{}^\mu}{(q-\theta_1)F'(\theta_1)} + \frac{\theta_2{}^\mu}{(q-\theta_2)F'(\theta_2)} + \cdots \right.$$

$$\left. + \frac{\theta_m{}^\mu}{(q-\theta_m)F'(\theta_m)}\right] = F(q)\frac{q^\mu}{F(q)},$$

что и должно быть по условіямъ (8).

Чтобы получить коэффиціенты $N_0, N_1, \ldots N_{m-1}$, мы должны разложить предыдущую величину въ рядъ по степенямъ q.

Но, очевидно, мы имѣемъ

$$\frac{1}{q-\theta_\mu} = -\frac{1}{\theta_\mu} - \frac{q}{\theta_\mu{}^2} - \frac{q^2}{\theta_\mu{}^3} - \cdots - \frac{q^{m-1}}{\theta_\mu{}^m} - \cdots;$$

слѣдовательно получимъ

$$(9)\quad\left\{\begin{aligned}
N_0 &= -A_0\left[\frac{e^{\theta_1 t}}{\theta_1 F'(\theta_1)}+\frac{e^{\theta_2 t}}{\theta_2 F'(\theta_2)}+\cdots+\frac{e^{\theta_m t}}{\theta_m F'(\theta_m)}\right],\\
N_1 &= -A_1\left[\frac{e^{\theta_1 t}}{\theta_1 F'(\theta_1)}+\frac{e^{\theta_2 t}}{\theta_2 F'(\theta_2)}+\cdots+\frac{e^{\theta_m t}}{\theta_m F')\theta_m)}\right]\\
&\quad -A_0\left[\frac{e^{\theta_1 t}}{\theta_1{}^2 F'(\theta_1)}+\frac{e^{\theta_2 t}}{\theta_2{}^2 F'(\theta_2)}+\cdots+\frac{e^{\theta_m t}}{\theta_m{}^2 F'(\theta_m)}\right],\\
&\cdots\cdots\cdots\cdots\cdots\cdots\cdots\cdots\cdots\cdots\\
N_{m-1} &= -A_{m-1}\left[\frac{e^{\theta_1 t}}{\theta_1 F'(\theta_1)}+\frac{e^{\theta_2 t}}{\theta_2 F'(\theta_2)}+\cdots+\frac{e^{\theta_m t}}{\theta_m F'(\theta_m)}\right]\\
&\quad -A_{m-2}\left[\frac{e^{\theta_1 t}}{\theta_1{}^2 F'(\theta_1)}+\frac{e^{\theta_2 t}}{\theta_2{}^2 F'(\theta_2)}+\cdots+\frac{e^{\theta_m t}}{\theta_m{}^2 F'(\theta_m)}\right]\\
&\quad\cdots\cdots\cdots\cdots\cdots\cdots\cdots\cdots\cdots\\
&\quad -A_0\left[\frac{e^{\theta_1 t}}{\theta_1{}^m F'(\theta_1)}+\frac{e^{\theta_2 t}}{\theta_2{}^m F'(\theta_2)}+\cdots+\frac{e^{\theta_m t}}{\theta_m{}^m F'(\theta_m)}\right].
\end{aligned}\right.$$

Чтобы представить наши формулы въ удобнѣйшемъ видѣ, положимъ

$$R=-\left[\frac{e^{\theta_1 t}}{\theta_1{}^m F'(\theta_1)}+\frac{e^{\theta_2 t}}{\theta_2{}^m F'(\theta_2)}+\cdots\cdots+\frac{e^{\theta_m t}}{\theta_m{}^m F'(\theta_m)}\right].$$

Тогда величины (9) изобразятся такъ

$$N_0=A_0\frac{\partial^{m-1}R}{\partial t^{m-1}},\quad N_1=A_1\frac{\partial^{m-1}R}{\partial t^{m-1}}+A_0\frac{\partial^{m-2}R}{\partial t^{m-2}},$$

$$N_2=A_2\frac{\partial^{m-1}R}{\partial t^{m-1}}+A_1\frac{\partial^{m-2}R}{\partial t^{m-2}}+A_0\frac{\partial^{m-3}R}{\partial t^{m-3}},$$

$$\cdots\cdots\cdots\cdots\cdots\cdots\cdots\cdots\cdots\cdots\cdots\cdots$$

$$N_{m-1}=A_{m-1}\frac{\partial^{m-1}R}{\partial t^{m-1}}+A_{m-2}\frac{\partial^{m-2}R}{\partial t^{m-2}}+\cdots+A_1\frac{\partial R}{\partial t}+A_0 R.$$

Положимъ такъ же

$$Q=\frac{1}{(2\pi)^n}\int R e^{\alpha(x-x')\sqrt{-1}}\,e^{\beta(y-y')\sqrt{-1}}\,e^{\gamma(z-z')\sqrt{-1}}\,\partial\alpha\partial\beta\partial\gamma\cdots.$$

Тогда будетъ, очевидно,

$$\delta_0 Q=\frac{1}{(2\pi)^n}\int\cdots\cdot A_0 RM\,\partial\alpha\,\partial\beta\,\partial\gamma\cdots\cdot,$$

$$\delta_1 Q = \frac{1}{(2\pi)^n} \int \cdots A_1 RM \partial\alpha\, \partial\beta\, \partial\gamma \cdots,$$

$$\delta_{m-1} Q = \frac{1}{(2\pi)^n} \int \cdots A_{m-1} RM \partial\alpha\, \partial\beta\, \partial\gamma \cdots;$$

поэтому различные члены общаго интеграла u будутъ

$$\frac{1}{(2\pi)^n} \int MN_0 \lambda_0 = \delta_0 \frac{\partial^{m-1}}{\partial t^{m-1}} \int \cdots Qf_0(x', y', z', \cdots)\, \partial x'\, \partial y'\, \partial z' \cdots,$$

$$\frac{1}{(2\pi)^n} \int MN_1 \lambda_1 = \delta_1 \frac{\partial^{m-1}}{\partial t^{m-1}} \int \cdots Qf_1(x', y', z', \cdots)\, \partial x'\, \partial y'\, \partial z' \cdots$$

$$+ \delta_0 \frac{\partial^{m-2}}{\partial t^{m-2}} \int \cdots Qf_1(x', y', z', \cdots)\, \partial x'\, \partial y'\, \partial z' \cdots$$

. . . .

$$\frac{1}{(2\pi)^n} \int MN_{m-1} \lambda_{m-1} = \delta_{m-1} \frac{\partial^{m-1}}{\partial t^{m-1}} \int \cdots Qf_{m-1}(x', y', \cdots)\, \partial x'\, \partial y' \cdots$$

. . . .

$$+ \delta_0 \int \cdots Qf_{m-1}(x', y', z', \cdots)\, \partial x'\, \partial y'\, \partial z \cdots$$

Сумма этихъ величинъ дастъ интегралъ даннаго уравненія, удовлетворяющій предложеннымъ условіямъ.

Необходимо замѣтить, что функція Q сама по себѣ удовлетворяетъ данному уравненію, ибо она имѣетъ подъ интегральнымъ знакомъ функцію R, удовлетворяющую уравненію (7).

Допустимъ, что данное уравненіе $L = 0$ содержитъ членъ, независящій отъ функціи u и частныхъ ея производныхъ, а содержащій только перемѣнныя независимыя $t, x, y, z, \ldots$.

Тогда мы можемъ данное уравненіе представить въ видѣ

$$(10) \qquad \Delta u = \varphi(t, x, y, z, \ldots),$$

гдѣ Δu означаетъ функцію u и частныхъ ея производныхъ, подобную функціи L въ уравненіи (2).

Легко привести настоящій случай къ предыдущему. Дѣйствительно, пусть будетъ u_0 нѣкоторая частная величина u, такъ что $\Delta u_0 = \varphi(t, x, y, z, \ldots)$. Пусть будетъ такъ же u_1 интегралъ уравненія $\Delta u_1 = 0$, найденный по предыдущимъ правиламъ. Тогда интегралъ предложеннаго уравненія будетъ $u_0 + u_1$.

Но вмѣсто u_0 можно взять функцію

$$u_0 = \frac{1}{(2\pi)^{n+1}} \int \frac{1}{A} e^{\tau(t-t')\sqrt{-1}} e^{\alpha(x-x')\sqrt{-1}} \ldots \varphi(t', x', y', z', \ldots) \partial t' \partial x' \ldots \partial \tau \partial \alpha \ldots,$$

гдѣ A означаетъ величину, зависящую отъ τ, α, β, γ, ... и происходящую отъ произведенія дѣйствія Δ надъ множителемъ

$$e^{\tau(t-t')\sqrt{-1}} e^{\alpha(x-x')\sqrt{-1}} e^{\beta(y-y')\sqrt{-1}} e^{\gamma(z-z')\sqrt{-1}} \ldots\ldots$$

Такимъ образомъ мы всегда можемъ привести интегрированіе уравненія (10) къ случаю нами разсмотрѣнному.

Необходимо замѣтить, что интегралы, полученные по предыдущему способу, даютъ величины безконечныя, или неопредѣленныя и потому не могутъ быть употреблены при рѣшеніи вопросовъ. Пусть будетъ, напримѣръ, дано уравненіе

$$\frac{\partial^2 u}{\partial t^2} + \frac{\partial^2 u}{\partial x^2} = 0 \tag{11}$$

котораго интегралъ, удовлетворяющій условіямъ, по которымъ при $t=0$ функція u обращается въ fx, а $\frac{\partial u}{\partial t}$ въ Fx, будетъ слѣдующій

$$u = \frac{1}{4\pi} \int_{\infty}^{\infty} \int_{-\infty}^{+\infty} (e^{\alpha t} + e^{-\alpha t}) e^{\alpha(x-x')\sqrt{-1}} fx' \, \partial x' \, \partial \alpha$$
$$+ \frac{1}{4\pi} \int_{\infty}^{\infty} \int_{-\infty}^{+\infty} \frac{e^{\alpha t} - e^{-\alpha t}}{\alpha} e^{\alpha(x-x')\sqrt{-1}} Fx' \, \partial x' \, \partial \alpha.$$

Очевидно, что это выраженіе по причинѣ множителей

$$e^{\alpha t} + e^{-\alpha t}, \quad e^{\alpha t} - e^{-\alpha t}$$

вообще обращается въ выраженіе неопредѣленное, или принимаетъ величины безконечныя. Поэтому употребить его въ вычисленіяхъ невозможно, и нужно отыскивать другія формы, которыя способенъ принять интегралъ уравненія (11). Формы эти будутъ различны, смотря по различію вопросовъ, къ которымъ онѣ относятся.

Другія формулы, соотвѣтствующія теоремѣ Фурье, такъ же можно употреблять для интегрированія при условіяхъ, подобныхъ тѣмъ, которыя мы сейчасъ разсмотрѣли.

Дѣйствительно, мы имѣли

$$fx = \frac{1}{2N}\int_{-\infty}^{+\infty}\int_{-\infty}^{+\infty}\psi\,[\alpha(x - x')]\, fx'\,\partial x'\,\partial\alpha,$$

гдѣ N означаетъ интегралъ

$$\int_0^{\infty}\frac{\varphi z}{z}\,\partial z,$$

разумѣя подъ функціею φz величину

$$\int_{-z}^{+z}\psi x\,\partial x.$$

Но по теоремѣ Фурье мы имѣемъ

$$\psi\,[\alpha(x - x')] = \frac{1}{2\pi}\int_{-\infty}^{+\infty}\int_{-\infty}^{+\infty} e^{\beta\,[\alpha x - \alpha x' - \xi]\sqrt{-1}}\,\psi(\xi)\,\partial\xi\,\partial\beta,$$

слѣдовательно мы получимъ

$$fx = \frac{1}{4\pi N}\int_{-\infty}^{+\infty}\int_{-\infty}^{+\infty}\int_{-\infty}^{+\infty}\int_{-\infty}^{+\infty} e^{\beta\,[\alpha x - \alpha x' - \xi]\sqrt{-1}}\,\psi(\xi)\,fx'\,\partial\xi\,\partial\beta\,\partial x'\,\partial\alpha.$$

Эта формула, точно такъ же какъ и теорема Фурье, можетъ быть примѣнена къ интегрированію линейныхъ уравненій съ постоянными коэффиціентами, ибо и здѣсь перемѣнная x входитъ въ видѣ постояннаго параметра подъ знакъ показательной функціи $e^{\beta\,[\alpha x - \alpha x' - \xi]\sqrt{-1}}$; но вмѣсто двойныхъ интеграловъ будутъ входить четверные, вмѣсто тройныхъ шестерные, и вообще вмѣсто m — кратныхъ войдутъ $2m$ — кратные въ интегралъ предложеннаго уравненія.

2. Обратимся теперь къ интегрированію линейныхъ уравненій съ постоянными коэффиціентами, когда кромѣ условій разсмотрѣнныхъ, существуютъ еще условія для крайнихъ точекъ тѣла, предложеннаго въ задачѣ.

Въ этомъ случаѣ можно часто употребить анализъ, предложенный Пуассономъ въ его мемуарахъ по теоріи теплоты, и который былъ нами употребленъ для вывода различныхъ рядовъ, изображающихъ произвольныя функціи, изъ теоремы Фурье, посредствомъ измѣненія предѣловъ интеграла.

Для того, чтобы можно было примѣнить методу Пуассона необходимо нужно, чтобы условія относящіяся къ нѣкоторымъ постояннымъ значеніямъ перемѣнныхъ независимыхъ, представлялись въ видѣ уравненій, въ которыя искомая функція и различныя ея производныя входили бы въ линейномъ видѣ, и чтобы не было члена, независимаго отъ этихъ послѣднихъ.

Часто такъ же можно примѣнять методу Пуассона къ тѣмъ уравненіямъ, которыхъ общій интегралъ извѣстенъ въ конечномъ видѣ. Представимъ примѣры, показывающіе примѣненіе этой методы.

Возьмемъ сначала для интегрированія уравненіе распространенія теплоты въ прутѣ, коего поперечныя измѣренія очень малы. Это уравненіе будетъ слѣдующее

$$\frac{du}{dt} = a^2 \frac{d^2 u}{dx^2} - bu.$$

Нужно найти его интегралъ при условіи, чтобы было

$$\frac{du}{dx} + \beta u = 0$$

для $x = l$, и

$$\frac{du}{dx} - \beta' u = 0$$

для $x = -l$; кромѣ того при $t = 0$ искомая функція u должна представлять извѣстную функцію fx перемѣнной x.

По правиламъ вышеизложеннымъ, мы легко найдемъ интегралъ предложеннаго уравненія, удовлетворяющій послѣднему условію; онъ будетъ слѣдующій

$$u = \frac{e^{-bt}}{\pi} \int_{0}^{\infty} \int_{-\infty}^{+\infty} e^{-a^2 \alpha^2 t} \cos\alpha(x - x') fx'\, dx'\, d\alpha.$$

Но измѣняя по правиламъ, изложеннымъ въ главѣ первой, интегралъ

$$\int_{-\infty}^{+\infty} \cos\alpha(x - x') fx'\, dx',$$

сообразно съ первыми двумя условіями, мы получимъ (см. страницу 32)

$$\int_{-\infty}^{+\infty} \cos\alpha(x - x') fx'\, dx'$$

$$= \text{пред.} \frac{e^{\varpi x\sqrt{-1}} \lambda(\varpi\sqrt{-1}) + e^{-\varpi x\sqrt{-1}} \lambda(-\varpi\sqrt{-1})}{2\mu'(\varpi\sqrt{-1})} \frac{2\varepsilon}{\varepsilon^2 + \alpha'^2},$$

гдѣ $\lambda(\varpi\sqrt{-1})$ и $\mu'(\varpi\sqrt{-1})$ имѣютъ величины, написанныя на страницѣ 32-ой, и ϖ есть корень уравненія

$$(\beta + \beta')\varpi\cos 2\varpi l + (\beta\beta' - \varpi^2)\sin 2\varpi l = 0.$$

Такъ какъ $\alpha = \varpi + \alpha'$, то $d\alpha = d\alpha'$; поэтому, умножая послѣднее уравненіе на $e^{-a^2\alpha t} d\alpha$ и интегрируя по α отъ $\alpha = -\infty$ до $\alpha = +\infty$, мы легко будемъ имѣть

$$\int_{-\infty}^{+\infty} \int_{-\infty}^{+\infty} e^{-a^2\alpha^2 t} \cos\alpha(x - x')\, dx'\, d\alpha$$

$$= 2\pi \sum \frac{e^{\varpi x\sqrt{-1}} \lambda(\varpi\sqrt{-1}) + e^{-\varpi x\sqrt{-1}} \lambda(-\varpi\sqrt{-1})}{2\mu'(\varpi\sqrt{-1})} e^{-a^2\varpi^2 t}.$$

Отсюда найдемъ

$$u = e^{-bt} \sum \frac{e^{\varpi x\sqrt{-1}} \lambda(\varpi\sqrt{-1}) + e^{-\varpi x\sqrt{-1}} \lambda(-\varpi\sqrt{-1})}{2\mu'(\varpi\sqrt{-1})} e^{-a^2\varpi^2 t}.$$

Въ этомъ выраженіи знакъ суммы нужно распространить на всѣ дѣйствительные корни уравненія, которому удовлетворяетъ ϖ.

Такимъ образомъ мы нашли интегралъ предложеннаго уравненія, удовлетворяющій предыдущимъ условіямъ. Точно также можно интегрировать многія уравненія линейныя и съ постоянными коэффиціентами, находя сначала интегралы ихъ посредствомъ способа, показаннаго въ параграфѣ 1-мъ настоящей главы, и потомъ измѣняя сообразно предложеннымъ условіямъ интегралы вида

$$\int_{-\infty}^{+\infty} F\alpha \cos\alpha(x-x')\,\partial x', \qquad \int_{-\infty}^{+\infty} \Phi\alpha \sin\alpha(x-x')\,\partial x',$$

къ которымъ приводятся интегралы уравненій, находимые по упомянутому способу.

Иногда можно употребить методу Пауссона, когда предложенное уравненіе есть линейное съ перемѣнными коэффиціентами. Пусть будетъ дано уравненіе

$$(A) \qquad \frac{\partial u}{\partial t} = a^2\left(\frac{\partial^2 u}{\partial r^2} - \frac{n(n+1)}{r^2}u\right)$$

и требуется найти интегралъ этого уравненія при условіи, чтобы для $t=0$ функція u обращалась въ данную функцію Fr перемѣнной r, и притомъ было бы

$$(B) \qquad \frac{\partial u}{\partial r} + \left(b - \frac{1}{l}\right)u = 0$$

для $r=l$, и

$$u = 0$$

для $r=0$.

Интегралъ уравненія (A), удовлетворяющій условію, по которому u не обращается въ безконечность при $r=0$, есть слѣдующій*)

$$u = r^{n+1}\int_{-\infty}^{+\infty} e^{-\alpha^2}\,\partial\alpha \int_{-\infty}^{+\infty} \varphi(r\cos\omega + 2a\alpha\sqrt{t})\sin^{2n+1}\omega\,\partial\omega.$$

---

*) Journal de l'Ecole Polytéchnique, cah. 19, page 248.

Полагая здѣсь

$$r\cos\omega + 2a\alpha\sqrt{t} = x, \quad \partial x = 2a\sqrt{t}\,\partial\alpha$$

и замѣчая, что предѣлы интегрированія по x будутъ также $-\infty$ и $+\infty$, мы будемъ имѣть

$$u = \frac{r^{n+1}}{2a\sqrt{t}} \int_0^\pi \sin^{2n+1}\omega\,\partial\omega \left[\int_{-\infty}^{+\infty} e^{-\frac{(x-r\cos\omega)^2}{4a^2t}} \varphi x \partial x\right].$$

Дифференцируя это выраженіе относительно r, мы получимъ

$$\frac{\partial u}{\partial r} = \frac{n+1}{r} u - \frac{r^{n+1}}{2a\sqrt{t}} \int_0^\pi \left(\int_{-\infty}^{+\infty} \frac{\partial e^{-\frac{(x-r\cos\omega)^2}{4a^2t}}}{\partial x} \varphi x \partial x\right) \sin^{2n+1}\omega \cos\omega \partial\omega.$$

Но посредствомъ интегрированія по частямъ мы будемъ имѣть

$$\frac{\partial u}{\partial r} = \frac{n+1}{r} u + \frac{r^{n+1}}{2a\sqrt{t}} \int_0^\pi \left(\int_{-\infty}^{+\infty} e^{-\frac{(x-r\cos\omega)^2}{4a^2t}} \frac{\partial \varphi x}{\partial x} \partial x\right) \sin^{2n+1}\omega \cos\omega \partial\omega.$$

Слѣдовательно, подставляя эти величины u и $\frac{\partial u}{\partial r}$ въ первое изъ условій (B), и ставя $y + l\cos\omega$ вмѣсто x, мы получимъ

$$\int_{-\infty}^{+\infty} \left\{ \int_0^\pi \left[\frac{\partial \varphi(y+l\cos\omega)}{\partial y}\cos\omega + \left(b + \frac{n}{l}\right)\varphi(y+l\cos\omega)\right] \sin^{2n+1}\omega\,\partial\omega \right\} e^{-\frac{y^2}{4a^2t}} \partial y = 0.$$

Но для того, чтобы это уравненіе удовлетворялось независимо отъ времени t, необходимо должно быть, чтобы сумма двухъ элементовъ

$$\partial y\, e^{-\frac{y^2}{4a^2t}} \int_0^\pi \left[\frac{\partial \varphi(y+l\cos\omega)}{\partial y} + \left(b+\frac{n}{l}\right)\varphi(y+l\cos\omega)\right]\sin^{2n+1}\omega\,\partial\omega$$

и

$$\partial y\, e^{-\frac{y^2}{4a^2t}} \int_0^\pi \left[\frac{\partial \varphi(-y+l\cos\omega)}{\partial y} + \left(b+\frac{n}{l}\right)\varphi(-y+l\cos\omega)\right]\sin^{2n+1}\omega\,\partial\omega$$

была равна нулю.

Итакъ, для какого ни есть y, мы имѣемъ уравненіе (B')

$$\int_0^\pi \left[\frac{\partial\varphi(y+l\cos\omega)}{\partial y} - \frac{\partial\varphi(-y+l\cos\omega)}{\partial y} + \left(b+\frac{n}{l}\right)\{\varphi(y+l\cos\omega)+\varphi(-y+l\cos\omega)\}\right]\sin^{2n+1}\omega\,\partial\omega = 0.$$

Преобразуемъ теперь интегралъ даннаго уравненія. Такъ какъ мы имѣемъ

$$e^{-\frac{(x-r\cos\omega)^2}{4a^2t}} = \frac{a\sqrt{t}}{\sqrt{\pi}}\int_{-\infty}^{+\infty} e^{-a^2\alpha^2t}\cos\alpha(x-r\cos\omega)\,\partial\alpha$$

$$= \frac{a\sqrt{t}}{\sqrt{\pi}}\left[\int_{-\infty}^{+\infty} e^{-a^2\alpha^2t}\cos\alpha x\cos(\alpha r\cos\omega)\,\partial\alpha + \int_{-\infty}^{+\infty} e^{-a^2\alpha^2t}\sin\alpha x\sin(\alpha r\cos\omega)\,\partial\omega\right],$$

то интегралъ предложеннаго уравненія будетъ слѣдующій

$$u = \frac{r^{n+1}}{2\sqrt{\pi}}\int_0^\pi \left[\int_{-\infty}^{+\infty}\int_{-\infty}^{+\infty} e^{-a^2\alpha^2t}\cos\alpha x\cos(\alpha r\cos\omega)\varphi x\,\partial\alpha\,\partial x\right]\sin^{2n+1}\omega\,\partial\omega,$$

ибо интегралъ

$$\int_{-\infty}^{+\infty} e^{-a^2\alpha^2t}\sin\alpha x\sin(\alpha r\cos\omega)\,\partial\omega$$

есть нуль.

Пусть будетъ теперь

$$P = \int_0^\pi \cos(\alpha r \cos\omega) \sin^{2n+1}\omega\, \partial\omega$$

и

$$Q = \int_0^\infty [\varphi x + \varphi(-x)] \cos\alpha x \partial x;$$

тогда предыдущее выраженіе u замѣнится слѣдующимъ

(C) $$u = \frac{r^{n+1}}{\sqrt{\pi}} \int_0^\infty PQe^{-a^2\alpha^2 t}\,\partial\alpha.$$

Пусть будетъ также

$$\int_0^\infty e^{-hz}\varphi z\partial z = p, \quad \int_0^{-\infty} e^{+hy}\varphi y\partial y = q;$$

по предыдущему мы будемъ имѣть

$$\int_0^\infty e^{-hy}\varphi(y+l\cos\omega)\partial y = e^{hl\cos\omega}\left(p - \cos\omega \int_0^l e^{-hy\cos\omega}\varphi(y\cos\omega)\partial y\right),$$

$$\int_0^\infty e^{-hy}\varphi(-y+l\cos\omega)\partial y = e^{-hl\cos\omega}\left(-q + \cos\omega \int_0^l e^{hy\cos\omega}\varphi(y\cos\omega)\partial y\right),$$

$$\int_0^\infty e^{-hy}\frac{\partial\varphi(y+l\cos\omega)}{\partial y}\partial y = -\varphi(l\cos\omega)$$
$$+ he^{hl\cos\omega}\left[p - \cos\omega \int_0^l e^{-hy\cos\omega}\varphi(y\cos\omega)\partial y\right],$$

$$\int_0^\infty e^{-hy}\frac{\partial\varphi(-y+l\cos\omega)}{\partial y}\partial y = -\varphi(l\cos\omega)$$
$$+ he^{-hl\cos\omega}\left[-q + \cos\omega \int_0^l e^{hy\cos\omega}\varphi(y\cos\omega)\partial y\right].$$

Поэтому, умножая уравненіе (B') на $e^{-hy}\,\partial y$ и интегрируя отъ $y=0$ до $y=\infty$, мы на основаніи послѣднихъ формулъ будемъ имѣть

$$p\int_0^\pi\left(b+\frac{n}{l}+h\cos\omega\right)e^{hl\cos\omega}\sin^{2n+1}\omega\partial\omega$$

$$-q\int_0^\pi\left(b+\frac{n}{l}-h\cos\omega\right)e^{-hl\cos\omega}\sin^{2n+1}\omega\partial\omega$$

$$=\int_0^\pi\left\{\left[\left(b+\frac{n}{l}\right)\cos\omega+h\cos^2\omega\right]e^{hl\cos\omega}\int_0^l e^{-hy\cos\omega}\varphi(y\cos\omega)\,\partial y\right\}\sin^{2n+1}\omega\partial\omega$$

$$+\int_0^\pi\left\{-\left[\left(b+\frac{n}{l}\right)\cos\omega-h\cos^2\omega\right]e^{-hl\cos\omega}\int_0^l e^{hy\cos\omega}\varphi(y\cos\omega)\,\partial y\right\}\sin^{2n+1}\omega\partial\omega.$$

Если мы во вторыхъ интегралахъ первой и второй части послѣдняго уравненія замѣнимъ ω величиною $-\xi+\pi$ и замѣтимъ, что $\sin(\pi-\xi)=\sin\xi$, $\cos(\pi-\xi)=-\cos\xi$, $\partial\omega=-\partial\xi$, и что предѣлы относительно ξ будутъ $\xi=\pi$ и $\xi=0$, то мы будемъ имѣть

$$\int_0^\pi\left(b+\frac{n}{l}-h\cos\omega\right)e^{-hl\cos\omega}\sin^{2n+1}\omega\partial\omega$$

$$=\int_0^\pi\left(b+\frac{n}{l}+h\cos\omega\right)e^{hl\cos\omega}\sin^{2n+1}\omega\partial\omega,$$

гдѣ во второй части буква ξ замѣнена буквою ω. Точно также

$$\int_0^\pi\left\{\left[-\left(b+\frac{n}{l}\right)\cos\omega+h\cos^2\omega\right]e^{-hl\cos\omega}\int_0^\pi e^{hy\cos\omega}\varphi(y\cos\omega)\,\partial y\right\}\sin^{2n+1}\omega\partial\omega=$$

$$\int_0^\pi\left\{\left[\left(b+\frac{n}{l}\right)\cos\omega+h\cos^2\omega\right]e^{hl\cos\omega}\int_0^\pi e^{-hy\cos\omega}\varphi(-y\cos\omega)\,\partial y\right\}\sin^{2n+1}\omega\partial\omega.$$

Здѣсь, также какъ и въ предыдущемъ уравненіи, во второй части буква ξ замѣнена буквою ω.

Преобразовывая такимъ образомъ интегралы въ уравненіи между p и q, мы получимъ

$$(p-q)\int_0^\pi\left(b+\frac{n}{l}+h\cos\omega\right)e^{hl\cos\omega}\sin^{2n+1}\omega d\omega=$$

$$\int_0^\pi\left\{\left(b+\frac{l}{n}+h\cos\omega\right)\cos\omega e^{hl\cos\omega}\int_0^l e^{-hy\cos\omega}[\varphi(y\cos\omega)+\varphi(-y\cos\omega)]dy\right\}\sin^{2n+1}\omega d\omega.$$

Поэтому, сдѣлавъ для сокращенія

$$\lambda(h)=\int_0^\pi\left\{\left(b+\frac{l}{n}+h\cos\omega\right)\cos\omega e^{hl\cos\omega}\int_0^l e^{-hy\cos\omega}[\varphi(y\cos\omega)+\varphi(-y\cos\omega)]dy\right\}\sin^{2n+1}\omega d\omega.$$

$$\mu(h)=\int_0^\pi\left(b+\frac{n}{l}+h\cos\omega\right)e^{hl\cos\omega}\sin^{2n+1}\omega d\omega,$$

мы будемъ имѣть

$$p-q=\frac{\lambda(h)}{\mu(h)}.$$

Пусть будетъ теперь $h=\varepsilon+\alpha\sqrt{-1}$, гдѣ ε безконечно малая положительная величина; тогда легко видѣть, что разность $p-q$ обратится въ слѣдующую величину

$$p-q=\int_0^\infty e^{-\varepsilon y}e^{-\alpha y\sqrt{-1}}\varphi y dy-\int_0^{-\infty}e^{\varepsilon y}e^{\alpha y\sqrt{-1}}\varphi y dy$$

$$=\int_0^\infty e^{-\varepsilon y}e^{-\alpha y\sqrt{-1}}[\varphi y+\varphi(-y)]dy;$$

слѣдовательно, мы будемъ имѣть

$$\int_0^\infty e^{-\varepsilon y}e^{-\alpha y\sqrt{-1}}[\varphi y+\varphi(-y)]dy=\frac{\lambda(\varepsilon+\alpha\sqrt{-1})}{\mu(\varepsilon+\alpha\sqrt{-1})};$$

но перемѣняя знакъ при $\sqrt{-1}$ и замѣчая, что

$$\lambda(h) = -\lambda(-h), \quad \mu(h) = \mu(-h),$$

мы получимъ также

$$\int_0^\infty e^{-\varepsilon y} e^{\alpha y\sqrt{-1}} [\varphi y + \varphi(-y)]\, \partial y = -\frac{\lambda(-\varepsilon + \alpha\sqrt{-1})}{\mu(-\varepsilon + \alpha\sqrt{-1})}.$$

Сумма двухъ послѣднихъ интеграловъ будетъ

$$2\int_0^\infty e^{-\varepsilon y} \cos\alpha y\, [\varphi y + \varphi(-y)]\, \partial y = \frac{\lambda(\alpha\sqrt{-1}+\varepsilon)}{\mu(\alpha\sqrt{-1}+\varepsilon)} - \frac{\lambda(\alpha\sqrt{-1}-\varepsilon)}{\mu(\alpha\sqrt{-1}-\varepsilon)}.$$

Отсюда видно, что послѣднiй интегралъ есть нуль при $\varepsilon = 0$, если α не есть одинъ изъ корней уравненія

$$(D) \qquad \mu(\alpha\sqrt{-1}) = \int_0^\pi \{(bl + n)\cos(\alpha l\cos\omega)$$

$$-\alpha l\cos\omega\sin(\alpha l\cos\omega)\}\sin^{2n+1}\omega\,\partial\omega = 0.$$

Такъ какъ

$$Q = \int_0^\infty \cos\alpha x\, [\varphi x + \varphi(-x)]\, \partial x,$$

то будетъ

$$Q = \frac{1}{2}\,\text{пр.}\left[\frac{\lambda(\alpha\sqrt{-1}+\varepsilon)}{\mu(\alpha\sqrt{-1}+\varepsilon)} - \frac{\lambda(\alpha\sqrt{-1}-\varepsilon)}{\mu(\alpha\sqrt{-1}-\varepsilon)}\right] = \text{пр.}\,\frac{\lambda(\beta\sqrt{-1})}{\mu'(\beta\sqrt{-1})}\cdot\frac{\varepsilon}{\varepsilon^2 + \alpha'^2},$$

гдѣ α' есть безконечно малая величина, такая, что $\alpha = \beta + \alpha'$, и β корень уравненія (D). Такъ какъ $\partial\alpha = \partial\alpha'$, то умножая обѣ части послѣдняго уравненія на $\frac{r^{n+1}}{\sqrt{\pi}} Pe^{-a^2\alpha^2 t}\,\partial\alpha$ и интегрируя отъ $\alpha = 0$ до $\alpha = \infty$, совершенно также, какъ мы дѣлали въ первой главѣ, получимъ

$$(E) \qquad u = \sqrt{\pi}\, r^{n+1} \sum \frac{\lambda(\beta\sqrt{-1})}{\mu'(\beta\sqrt{-1})} Pe^{-a^2\alpha^2 t}.$$

Знакъ суммы долженъ быть распространенъ на всѣ дѣйствительные и положительные корни уравненія (D). Членъ соотвѣтствующій корню $\beta = 0$, долженъ быть раздѣленъ на два.

Въ формулѣ (E) $\lambda(\beta\sqrt{-1})$ и $\mu'(\beta\sqrt{-1})$ будутъ имѣть слѣдующія величины:

$$\lambda(\beta\sqrt{-1}) =$$

$$\frac{1}{l}\sqrt{-1}\int_0^\pi\Big[\int_0^l\{(bl+n)\sin(l-y)\beta\cos\omega+\beta l\cos\omega\cos(l-y)\beta\cos\omega\}\times$$

$$\{\varphi(y\cos\omega)+\varphi(-y\cos\omega\}\,\partial y\Big]\sin^{2n+1}\omega\cos\omega\partial\omega$$

$$\mu'(\beta\sqrt{-1}) = \sqrt{-1}\int_0^\pi(bl+n+1)\sin(\beta l\cos\omega)\sin^{2n+1}\omega\partial\omega$$

$$+\sqrt{-1}\,\beta l\int_0^\pi\cos\omega\cos(\beta l\cos\omega)\sin^{2n+1}\omega\cos\omega\partial\omega.$$

Пусть будетъ теперь

$$\varphi(x)+\varphi(-x) = \Phi(x);$$

тогда, полагая $t = 0$ въ общемъ интегралѣ предложеннаго уравненія, мы, очевидно, получимъ

$$u_0 = Fr = 2r^{n+1}\int_0^\infty\int_0^\pi e^{-\alpha^2}\varphi(r\cos\omega)\sin^{2n+1}\omega\partial\omega\partial\alpha$$

$$= \sqrt{\pi}\,r^{n+1}\int_0^\pi\varphi(r\cos\omega)\sin^{2n+1}\omega\partial\omega$$

$$= \frac{\sqrt{\pi}}{2}r^{n+1}\int_0^\pi[\varphi(r\cos\omega)+\varphi(-r\cos\omega)]\sin^{2n+1}\omega\partial\omega,$$

или иначе

$$Fr = \frac{\sqrt{\pi}}{2}r^{n+1}\int_0^\pi\Phi(r\cos\omega)\sin^{2n+1}\omega\partial\omega.$$

Изъ этого уравненія, зная Fr, опредѣлимъ Φr. Функція Φr есть четная, ибо означаетъ величину $\varphi r+\varphi(-r)$.

Опредѣливъ Φr и подставляя его въ уравненіи E, мы найдемъ интегралъ предложеннаго уравненія, удовлетворяющій даннымъ условіямъ. Этотъ интегралъ будетъ слѣдующаго вида

$$(F) \qquad u = \frac{\sqrt{\pi}}{l} \sum N e^{-\alpha^2 a^2 t} r^{n+1} \int_0^\pi \cos(\beta r \cos\omega) \sin^{2n+1}\omega \partial\omega,$$

гдѣ N имѣетъ величину

$$N = \frac{\int_0^\pi \left\{ \int_0^l [(bl+n)\sin(l-y)\beta\cos\omega + \beta l \cos\omega \cos(l-y)\beta\cos\omega]\,\Phi(y\cos\omega)\partial y \right\} \sin^{2n+1}\omega \cos\omega \partial\omega}{\int_0^\pi \{(bl+n+1)\sin(\beta l\cos\omega) + \beta l\cos\omega\cos(\beta l\cos\omega)\} \sin^{2n+1}\omega\cos\omega\partial\omega}.$$

Пуассонъ даетъ способъ опредѣлить N такъ, что въ N войдетъ Fr вмѣсто Φr, слѣдовательно данная величина вмѣсто величины изъ нея выводимой. Способъ этотъ замѣчателенъ, потому что онъ весьма часто употребляется въ математической физикѣ, и потому что онъ весьма простъ.

Пусть будетъ

$$R = r^{n+1} \int_0^\pi \cos(\beta r \cos\omega) \sin^{2n+1}\omega \partial\omega.$$

Каждый членъ суммы (F) удовлетворяетъ отдѣльно уравненію (A). Подставляя въ это послѣднее членъ, соотвѣтствующій корню β, вмѣсто u, мы для R получимъ слѣдующее уравненіе

$$(G) \qquad \frac{\partial^2 R}{\partial r^2} - \frac{n(n+1)}{r^2} R + \beta^2 R = 0.$$

Точно также, при $r = l$, получаемъ

$$(H) \qquad \frac{\partial R}{\partial r} + \left(b - \frac{1}{l}\right) R = 0,$$

и при $r = 0$

$$R = 0,$$

въ чемъ убѣждаемся, подставляя членъ $\frac{\sqrt{\pi}}{l} N e^{-\alpha^2\beta^2 t} R$ въ уравненія (B).

Умножимъ теперь данное уравненіе на $R\partial r$ и интегрируемъ отъ $r=0$ до $r=l$. Тогда мы получимъ

$$\frac{\partial \int_0^l Ru\partial r}{\partial t} = a^2 \left[\int_0^\pi R \frac{\partial^2 u}{\partial r^2} \partial r - h(n+1) \int_0^l \frac{Ru\partial r}{r^2} \right].$$

Но интегрированіе по частямъ даетъ

$$\int_0^l R \frac{\partial^2 u}{\partial r^2} \partial r = R_l \frac{\partial u_l}{\partial r} - u_l \frac{\partial R_l}{\partial r} - R_0 \frac{\partial u_0}{\partial r} + u_0 \frac{\partial R_0}{\partial r} + \int_0^l u \frac{\partial^2 R}{\partial r^2} \partial r;$$

величины R_0, $\frac{\partial R_0}{\partial r}$, u_0, $\frac{\partial u_0}{\partial r}$ означаютъ значенія функцій R, $\frac{\partial R}{\partial r}$, u, $\frac{\partial u}{\partial r}$ для $r=0$, а R_l, $\frac{\partial R_l}{\partial r}$, u_l, $\frac{\partial u_l}{\partial r}$ значенія тѣхъ же функцій для $r=l$.

Но легко видѣть изъ условій (B) и (H), что члены внѣ интегральныхъ знаковъ исчезнутъ, и останется

$$\int_0^l R \frac{\partial^2 u}{\partial r^2} \partial r = \int_0^l u \frac{\partial^2 R}{\partial r^2} \partial r.$$

Поэтому мы будемъ имѣть

$$\frac{\partial \int_0^l Ru\partial r}{\partial t} = a^2 \int_0^l u \left[\frac{\partial^2 R}{\partial r^2} - \frac{n(n+1)}{r^2} R \right] \partial r = -\alpha^2 \beta^2 \int_0^l Ru\partial r.$$

Итакъ, величина

$$\int_0^l Ru\,\partial r$$

есть нѣкоторая функція отъ t, опредѣляемая уравненіемъ

$$\frac{\partial \int_0^l Ru\partial r}{\partial t} + a^2\beta^2 \int_0^l Ru\partial r = 0;$$

откуда

$$\int_0^l Ru\,\partial r = A\,e^{-a^2\beta^2 t},$$

гдѣ A есть постоянная произвольная величина.

Чтобы опредѣлить ее, сдѣлаемъ въ послѣднемъ уравненіи $t=0$; тогда, замѣчая, что при $t=0$ $u=Fr$, мы будемъ имѣть

$$A = \int_0^l RFr\,\partial r$$

и слѣдовательно

$$\int_0^l Ru\partial r = e^{-a^2\beta^2 t}\int_0^l RFr\,\partial r.$$

Подставляя въ послѣднее уравненіе вмѣсто u его разложеніе, и замѣчая, что это уравненіе должно быть справедливо для всѣхъ возможныхъ значеній t, мы заключаемъ, что коэффиціенты при показательныхъ функціяхъ

$$e^{-a^2\beta'^2 t},\quad e^{-a^2\beta''^2 t},\quad e^{-a^2\beta'''^2 t},\ldots.$$

гдѣ $\beta', \beta'', \beta''',\ldots.$ точно такъ же какъ и β суть корни уравненія (D), должны уничтожиться. Останется въ первой части послѣдняго уравненія только одинъ членъ

$$\int_0^l R^2 e^{-a^2\beta^2 t}\frac{r\pi}{l}N\partial r.$$

Такимъ образомъ мы получимъ

$$\frac{r\pi}{l}N\int_0^l R^2\,\partial r = \int_0^l RFr\,\partial r,$$

откуда

$$(J) \qquad N = \frac{l}{r\pi} \frac{\int_0^l RFr\,\partial r}{\int_0^l R^2\,\partial r}.$$

Изъ этого анализа слѣдуетъ, что если R и R' суть значенія функціи R, относящіяся къ корнямъ β и β', то интегралъ

$$\int_0^l RR'\,\partial r$$

есть нуль.

Повѣрить это предложеніе вообще кажется очень труднымъ, ибо если n есть не цѣлое число, то послѣдній интегралъ не можетъ быть взятъ въ конечномъ видѣ. Величина n подлежитъ одному ограниченію: она должна быть положительная.

Двѣ величины N даютъ мѣсто интересному уравненію.

Дѣйствительно, такъ какъ

$$Fr = \frac{1}{2} r\pi r^{n+1} \int_0^\pi \Phi(r\cos\omega)\sin^{2n+1}\omega\,\partial\omega$$

то уравнивая двѣ упомянутыя величины, мы будемъ имѣть

$$\frac{\int_0^\pi \left[\int_0^l \{(bl+n)\sin(l-y)\beta\cos\omega) + \beta l\cos\omega\cos(l-y)\beta\cos\omega)\}\,\Phi(y\cos\omega)\,\partial y\right]\sin^{2n+1}\omega\cos\omega\,\partial\omega}{\int_0^\pi \left[(bl+n+1)\sin(\beta l\cos\omega) + \beta l\cos\omega\cos(\beta l\cos\omega)\right]\sin^{2n+1}\omega\cos\omega\,\partial\omega}$$

$$= \frac{l\sqrt{\pi}}{2r\pi} \frac{\int_0^l \left[\int_0^\pi \Phi(r\cos\omega)\sin^{2n+1}\omega\,\partial\omega\right] r^{n+1} R\,\partial r}{\int_0^l R^2\,\partial r}.$$

Это послѣднее уравненіе справедливо для всѣхъ возможныхъ четныхъ функцій Φr и для какого угодно корня β уравненія (D).

Мы приложимъ еще изложенную сейчасъ методу Пуассона, посредствомъ которой мы нашли коэффиціентъ N въ удобнѣйшемъ видѣ, къ интегрированію уравненія колебаній упругой круглой пластинки, въ томъ предположеніи, что перемѣщенія частицъ ея на одинаковомъ разстояніи отъ центра такъ же одинаковы. Въ этомъ случаѣ уравненіе движенія будетъ заключать двѣ перемѣнныхъ независимыхъ: радіусъ r и время t. Оно будетъ слѣдующее

$$(a)\qquad \frac{\partial^2 z}{\partial t^2} = c^2\left(\frac{\partial^2 z}{\partial r^2} + \frac{1}{r}\,\frac{\partial z}{\partial r}\right).$$

Общій интегралъ этого уравненія есть слѣдующій *)

$$z = \int_0^\pi f(ct + r\cos\omega)\,\partial\omega + \int_0^\pi F(ct + r\cos\omega)\lg(\sin^2\omega)\,\partial\omega.$$

Функціи fx и Fx суть совершенно произвольныя.

Найдемъ интегралъ этого уравненія въ томъ предположеніи, что z и $\frac{\partial z}{\partial t}$ при $t = 0$ обращаются соотвѣтственно въ $F(r)$ и $\varphi(r)$, и притомъ, что z уничтожается для $r = l$ и $r = l'$ каково бы ни было t.

Для этого замѣтимъ, что функціи fx и Fx всегда можно представить въ видѣ

$$fx = \Sigma(A\cos mx + B\sin mx)$$
$$Fx = \Sigma(A'\cos mx + B'\sin mx)$$

гдѣ A, B, A', B', m суть нѣкоторыя постоянныя, которыя слѣдуетъ опредѣлить по условіямъ вопроса.

Изъ послѣднихъ уравненій мы имѣемъ

$$f(ct + r\cos\omega) = \Sigma\big(A\cos m(ct + r\cos\omega) + B\sin m(ct + r\cos\omega)\big)$$
$$= \Sigma\{A\cos m\,ct\cos(mr\cos\omega) - A\sin m\,ct\sin(mr\cos\omega)$$
$$+ B\sin m\,ct\cos(mr\cos\omega) + B\cos m\,ct\sin(mr\cos\omega)\}.$$

Но замѣчая, что

$$\int_0^\pi \sin(mr\cos\omega)\,\partial\omega = 0,$$

*) Journal de l'Ecole Polytéchnique, Cah. 19, page 227.

мы будемъ имѣть

$$\int_0^\pi f(ct + r\cos\omega)\,\partial\omega = \sum\left\{A\cos mct\int_0^\pi \cos(mr\cos\omega)\,\partial\omega\right.$$

$$\left. + B\sin mct\int_0^\pi \cos(mr\cos\omega)\,\partial\omega\right\}.$$

Точно такъ же, такъ какъ мы имѣемъ

$$\int_0^\pi \sin(mr\cos\omega)\lg(r\sin^2\omega)\,\partial\omega = 0,$$

то легко получимъ

$$\int_0^\pi F(ct + r\cos\omega)\lg(r\sin^2\omega)\,\partial\omega$$

$$= \sum(A'\cos mct + B'\sin mct)\int_0^\pi \cos(mr\cos\omega)\lg(r\sin^2\omega)\,\partial\omega$$

и слѣдовательно

$$z = \sum(A\cos mct + B\sin mct)\int_0^\pi \cos(mr\cos\omega)\,\partial\omega$$

$$+ \sum(A'\cos mct + B'\sin mct)\int_0^\pi \cos(mr\cos\omega)\lg(r\sin^2\omega)\,\partial\omega.$$

Такъ какъ при $r = l$ должно быть $z = 0$, то мы имѣемъ, уравнивая нулю коэффиціенты при $\cos mct$ и $\sin mct$ въ послѣднемъ уравненіи и полагая въ немъ $n = l$, слѣдующее уравненіе:

$$A\int_0^\pi \cos(ml\cos\omega)\,\partial\omega + A'\int_0^\pi \cos(ml\cos\omega)\lg(l\sin^2\omega)\,\partial\omega = 0$$

и такъ же

$$B\int_0^\pi \cos(ml\cos\omega)\,\partial\omega + B'\int_0^\pi \cos(ml\cos\omega)\lg(l\sin^2\omega)\,\partial\omega = 0.$$

Полагая теперь $r=l'$ въ выраженіи z и точно такъ же уравнивая нулю коэффиціенты при величинахъ $\cos mct$ и $\sin mct$, мы получимъ вмѣстѣ съ предыдущими двумя слѣдующія четыре уравненія

$$(b)\quad \begin{cases} A\int_0^\pi \cos(ml\cos\omega)\,\partial\omega + A'\int_0^\pi \cos(ml\cos\omega)\lg(l\sin^2\omega)\,\partial\omega = 0, \\ B\int_0^\pi \cos(ml\cos\omega)\,\partial\omega + B'\int_0^\pi \cos(ml\cos\omega)\lg(l\sin^2\omega)\,\partial\omega = 0, \\ A\int_0^\pi \cos(ml'\cos\omega)\,\partial\omega + A'\int_0^\pi \cos(ml'\cos\omega)\lg(l'\sin^2\omega)\,\partial\omega = 0, \\ B\int_0^\pi \cos(ml'\cos\omega)\,\partial\omega + B'\int_0^\pi \cos(ml'\cos\omega)\lg(l'\sin^2\omega)\,\partial\omega = 0. \end{cases}$$

Для того, чтобы количества A, A', B, B' не были нулями необходимо должно быть

$$(c)\quad \left[\int_0^\pi \cos(ml\cos\omega)\,\partial\omega\right]\left[\int_0^\pi \cos(ml'\cos\omega)\lg(l'\sin^2\omega)\,\partial\omega\right]$$

$$= \left[\int_0^\pi \cos(ml'\cos\omega)\,\partial\omega\right]\left[\int_0^\pi \cos(ml\cos\omega)\lg(l\sin^2\omega)\,\partial\omega\right].$$

Величина m должна удовлетворять этому уравненію.

Означая черезъ C и D новыя двѣ постоянныя произвольныя величины, мы вслѣдствіе уравненій (b) и (c) можемъ положить

$$A = C\int_0^\pi \cos(ml\cos\omega)\lg(l\sin^2\omega)\,\partial\omega, \quad A' = -C\int_0^\pi \cos(ml\cos\omega)\,\partial\omega,$$

$$B = D\int_0^\pi \cos(ml\cos\omega)\lg(l\sin^2\omega)\,\partial\omega, \quad B' = -D\int_0^\pi \cos(ml\cos\omega)\,\partial\omega.$$

Поэтому, если сдѣлаемъ

$$z_m = \left[\int_0^\pi \cos(ml\cos\omega)\lg(l\sin^2\omega)\,\partial\omega\right]\int_0^\pi \cos(mr\cos\omega)\,\partial\omega$$

$$-\left[\int_0^\pi \cos(ml\cos\omega)\,\partial\omega\right]\int_0^\pi \cos(mr\cos\omega)\lg(r\sin^2\omega)\,\partial\omega,$$

то получимъ

$$z = \Sigma(C\cos mct + D\sin mct)\,z_m. \tag{d}$$

Знакъ суммы долженъ быть распространенъ на всѣ корни уравненія (c).

Слѣдуетъ теперь опредѣлить C и D по тому условію, чтобы z и $\frac{\partial z}{\partial t}$ при $t = 0$ соотвѣтственно обращались въ данныя функціи fr и Fr перемѣнной r. Для этого положимъ

$$z = \frac{u}{\sqrt{r}};$$

тогда вслѣдствіе уравненія (a) мы получимъ

$$\frac{\partial^2 u}{\partial t^2} = c^2\left(\frac{\partial^2 u}{\partial r^2} + \frac{1}{4r^2}u\right). \tag{e}$$

Функція u будетъ слѣдующаго вида

$$u = \Sigma(C\cos mct + D\sin mct)\,R_m,$$

гдѣ R_m будетъ имѣть слѣдующую величину

$$R_m = \left[\int_0^\pi \cos(ml\cos\omega)\lg(l\sin^2\omega)\,\partial\omega\right]\int_0^\pi r^{+\frac{1}{2}}\cos(mr\cos\omega)\,\partial\omega$$

$$-\left[\int_0^\pi \cos(ml\cos\omega)\,\partial\omega\right]\int_0^\pi r^{+\frac{1}{2}}\cos(mr\cos\omega)\lg(r\sin^2\omega)\,\partial\omega.$$

Подставляя величину u въ уравненіе (e), мы получимъ для опредѣленія R_m слѣдующее уравненіе

$$(f) \qquad c^2\frac{\partial^2 R_m}{\partial r^2} + \left(\frac{c^2}{4r^2} + m^2c^2\right)R_m = 0.$$

Кромѣ того, очевидно, будетъ $R_m = 0$ для $r = l$ и $r = l'$. Умножаемъ теперь уравненіе (e) на $R_m\,\partial r$ и интегрируемъ его отъ $r = l$ до $r = l'$; тогда мы получимъ

$$(g) \qquad \frac{\partial^2 \int_l^{l'} uR_m\,\partial r}{\partial t^2} = c^2\left(\int_l^{l'}\frac{\partial^2 u}{\partial r^2}R_m\,\partial r + \int_l^{l'} u\frac{R_m}{4r^2}\,\partial r\right).$$

Но интегрированіе по частямъ даетъ

$$\int\frac{\partial^2 u}{\partial r^2}R_m\,\partial r = \frac{\partial u}{\partial r}R_m - r\frac{\partial R_m}{\partial r} + \int u\frac{\partial^2 R_m}{\partial r^2}\,\partial r.$$

Если же предѣлы интеграловъ будутъ $r = l$ и $r = l'$, то, очевидно по вышесказанному, члены, находящіеся внѣ интегральныхъ знаковъ исчезнутъ, и мы получимъ просто

$$\int_l^{l'}\frac{\partial^2 u}{\partial r^2}R_m\,\partial r = \int_l^{l'} u\frac{\partial^2 R_m}{\partial r^2}\,\partial r.$$

Подставляя вмѣсто интеграла

$$\int_l^{l'}\frac{\partial^2 u}{\partial r^2}R_m\,\partial r$$

его величину въ уравненіе (g), мы будемъ имѣть

$$\frac{\partial^2 \int_l^{l'} u R_m \partial r}{\partial t^2} = c^2 \left[\int_l^{l'} u \left(\frac{\partial^2 R_m}{\partial r^2} + \frac{1}{4r^2} R_m \right) \partial r \right],$$

а это уравненіе вслѣдствіе уравненія (f) приводится къ слѣдующему

$$\frac{\partial^2 \int_l^{l'} u R_m \partial r}{\partial t^2} + m^2 c^2 \int_l^{l'} u R_m \partial r = 0.$$

Отсюда заключаемъ, что интегралъ

$$\int_l^{l'} u R_m \partial r$$

есть функція времени t слѣдующаго вида

$$(h) \qquad \int_l^{l'} u R_m \partial r = \alpha \cos m ct + \beta \sin m ct,$$

гдѣ α и β суть постоянныя произвольныя величины. Чтобъ опредѣлить ихъ, положимъ $t = 0$ въ уравненіяхъ

$$\int_l^{l'} u R_m \partial r = \alpha \cos m ct + \beta \sin m ct,$$

$$\int_l^{l'} \frac{\partial u}{\partial t} R_m \partial r = \beta mc \cos m ct - \alpha mc \sin m ct$$

и замѣтимъ, что такъ какъ $u = r^{+\frac{1}{2}} z$ и $\frac{\partial u}{\partial t} = r^{+\frac{1}{2}} \frac{\partial z}{\partial t}$, то при $t = 0$ имѣемъ $u = r^{+\frac{1}{2}} fr$, $\frac{\partial u}{\partial t} = r^{+\frac{1}{2}} Fr$; слѣдовательно

$$\alpha = \int_l^{l'} \sqrt{r}\, fr\, R_m \partial r, \quad \beta = \frac{1}{mc} \int_l^{l'} \sqrt{r}\, Fr\, R_m \partial r.$$

Итакъ, подставляя эти величины въ уравненіе (h), мы будемъ имѣть

$$(k)\quad \int_l^{l'} u R_m \partial r = \cos mct \int_l^{l'} \sqrt{r}\, fr\, R_m \partial r + \frac{1}{mc} \sin mct \int_l^{l'} \sqrt{r}\, Fr\, R_m \partial r.$$

Подставляя въ уравненіе (k), справедливое для какого угодно t, разложеніе u, мы заключаемъ, что члены этого разложенія, соотвѣтствующіе другимъ корнямъ уравненія (c) отличнымъ отъ m, не войдутъ въ первую часть уравненія (k); поэтому должно быть

$$(l)\qquad \int_l^{l'} R_m R_{m'} \partial r = 0,$$

если m' есть корень уравненія (c) не равный m. На основаніи уравненія (l) мы обратимъ уравненіе (k) въ слѣдующее

$$[C \cos mct + D \sin mct] \int_l^{l'} R_m^2 \partial r$$

$$= \cos mct \int_l^{l'} \sqrt{r}\, fr\, R_m \partial r + \frac{1}{mc} \sin mct \int_l^{l'} \sqrt{r}\, Fr\, R_m \partial r,$$

откуда имѣемъ

$$(n)\qquad C = \frac{\int_l^{l'} \sqrt{r}\, fr\, R_m \partial r}{\int_l^{l'} R^2_m \partial r}, \quad D = \frac{1}{mc} \frac{\int_l^{l'} \sqrt{r}\, Fr\, R_m \partial r}{\int_l^{l'} R^2_m \partial r}.$$

Итакъ, искомая величина z, на основаніи послѣднихъ равенствъ, будетъ слѣдующая

$$(o)\quad z = \sum \left[\frac{\int_l^{l'} \sqrt{r}\, fr\, R_m}{\int_l^{l'} R^2_m \partial r} \cos mct + \frac{1}{mc} \frac{\int_l^{l'} \sqrt{r}\, Fr\, R_m \partial r}{\int_l^{l'} R^2_m \partial r} \sin mct \right] \frac{R_m}{\sqrt{r}}.$$

Изъ формулы (o), полагая въ ней $t = 0$, получается слѣдующее выраженіе для произвольной функціи fr

$$(p) \qquad fr = \sum \frac{R_m \int_l^{l'} \sqrt{r}\, fr\, R_m\, \partial r}{\sqrt{r} \int_l^{l'} R^2{}_m\, \partial r}.$$

Знакъ суммы долженъ быть распространенъ на всѣ корни уравненія (c).

Формула (p) должна быть разсматриваема, какъ слѣдствіе общаго рѣшенія задачи о движеніи упругой пластинки. Величина z, опредѣляемая уравненіемъ (o) и выведенная изъ общаго интеграла предложеннаго уравненія, представляетъ величину перемѣщенія по оси z точки, находящейся на разстояніи r отъ центра пластинки, каково бы ни было время t. Слѣдовательно она выражаетъ тоже перемѣщеніе при $t = 0$; а при началѣ движенія, очевидно, можно дать точкамъ произвольныя перемѣщенія; поэтому fr можетъ быть произвольно дана въ предѣлахъ $r = l$ и $r = l'$. Тоже самое нужно замѣтить о функціи Fr.

Для того, чтобы перемѣщеніе z не сдѣлалось болѣе всякой данной величины при увеличеніи t, необходимо, чтобы уравненіе (c) имѣло только одни дѣйствительные корни. Пуассонъ доказываетъ это во всѣхъ задачахъ на основаніи уравненій, подобныхъ уравненію (l) въ нашей задачѣ.

Допустимъ, что уравненіе (c) имѣетъ корень $k + s\sqrt{-1}$; тогда оно имѣетъ также корень $k - s\sqrt{-1}$. Сдѣлаемъ въ уравненіи (l) $m = k + s\sqrt{-1}$, $m' = k - s\sqrt{-1}$; въ такомъ случаѣ R_m будетъ вида $P + Q\sqrt{-1}$ и $R_{m'}$ вида $P - Q\sqrt{-1}$; поэтому уравненіе (l) обратится въ слѣдующее

$$\int_l^{l'} [P^2 + Q^2]\, \partial r = 0,$$

откуда заключаемъ, что $P = 0$ и $Q = 0$. Изъ этихъ уравненій, имѣющихъ мѣсто при какомъ угодно r, содержащемся между $r = l$ и $r = l'$, мы выведемъ k и s въ функціяхъ отъ r, что будетъ несправедливо; слѣдовательно, нельзя предполагать мнимыхъ корней въ уравненіи (c).

Рѣшимъ теперь тотъ же вопросъ помощью методы, изложенной нами въ первой главѣ, то-есть, посредствомъ измѣненія предѣловъ интеграла.

По теоремѣ Фурье мы имѣемъ

$$f(ct+r\cos\omega)=\frac{1}{2\pi}\int\limits_{+\infty}^{-\infty}\int\limits_{+\infty}^{-\infty}\cos\alpha\,(ct+r\cos\omega-x')\,fx'\,\partial x'\,\partial\alpha;$$

слѣдовательно, разлагая $\cos\alpha\,(ct+r\cos\omega-x')$ и замѣчая, что

$$\int\limits_0^\pi \sin(\alpha r\cos\omega)\,\partial\omega=0,$$

мы легко получимъ

$$\int\limits_0^\pi f(ct+r\cos\omega)\,\partial\omega=\frac{1}{2\pi}\int\limits_0^\pi\int\limits_{-\infty}^{+\infty}\int\limits_{-\infty}^{+\infty}\cos\alpha\,(ct-x')\cos(\alpha r\cos\omega)\,fx'\,\partial x'\,\partial\alpha\,\partial\omega;$$

точно также

$$\int\limits_0^\pi F(ct+r\cos\omega)\lg(r\cos\omega)\,\partial\omega$$

$$=\frac{1}{2\pi}\int\limits_0^\pi\int\limits_{-\infty}^{+\infty}\int\limits_{-\infty}^{+\infty}\cos\alpha\,(ct-x')\cos(\alpha r\cos\omega)\,Fx'\,\partial x'\,\partial\alpha\lg(r\cos\omega)\,\partial\omega.$$

Сумма послѣднихъ двухъ интеграловъ даетъ общій интегралъ уравненія (a). Съ другой стороны, такъ какъ мы имѣемъ

$$(\alpha)\quad\left\{\begin{aligned}&\int\limits_0^\pi[f(ct+l\cos\omega)+\lg(l\cos^2\omega)\,F(ct+l\cos\omega)]\,\partial\omega=0,\\&\int\limits_0^\pi[f(ct+l'\cos\omega)+\lg(l'\cos^2\omega)\,F(ct+l'\cos\omega)]\,\partial\omega=0\end{aligned}\right.$$

при какомъ угодно t, то замѣняя ct буквою z, мы при какомъ угодно z будемъ имѣть

$$(\beta)\quad \begin{cases} \int_0^\pi [f(z+l\cos\omega)+\lg(l\cos^2\omega)\,F(z+l\cos\omega)]\,\partial\omega=0, \\ \int_0^\pi [f(z+l'\cos\omega)+\lg(l'\cos^2\omega)\,F(z+l'\cos\omega)]\,\partial\omega=0. \end{cases}$$

Умножая эти два уравненія, сначала на $e^{-hz}\partial z$, потомъ на $e^{hz}\partial z$, интегрируя въ первомъ случаѣ отъ $z=0$ до $z=\infty$, во второмъ отъ $z=0$ до $z=-\infty$, и, означая черезъ p интегралъ

$$\int_0^\infty e^{-hz} fz\partial z,$$

черезъ q интегралъ

$$\int_0^{-\infty} e^{hz} fz\partial z,$$

черезъ p' величину

$$\int_0^\infty e^{-hz} Fz\partial z$$

и черезъ q' величину

$$\int_0^{-\infty} e^{hz} Fz\partial z,$$

мы будемъ имѣть

$$\int_0^\infty e^{-hz} f(z+l\cos\omega)\,\partial z = e^{hl\cos\omega}\left(p-\cos\omega\int_0^l e^{-hy\cos\omega} f(y\cos\omega)\,\partial y\right),$$

$$\int_0^\infty e^{-hz} F(z+l\cos\omega)\,\partial z = e^{hl\cos\omega}\left(p'-\cos\omega\int_0^l e^{-hy\cos\omega} F(y\cos\omega)\,\partial y\right),$$

$$\int_0^{\infty} e^{-hz} f(z+l'\cos\omega)\,\partial z = e^{hl'\cos\omega}\Big(p-\cos\omega\int_0^{l'} e^{-hy\cos\omega} f(y\cos\omega)\,\partial y\Big),$$

$$\int_0^{\infty} e^{-hz} F(z+l'\cos\omega)\,\partial z = e^{hl'\cos\omega}\Big(p'-\cos\omega\int_0^{l'} e^{-hy\cos\omega} F(y\cos\omega)\,\partial y\Big),$$

$$\int_0^{-\infty} e^{hz} f(z+l\cos\omega)\,\partial z = e^{-hl\cos\omega}\Big(q-\cos\omega\int_0^{l} e^{hy\cos\omega} f(y\cos\omega)\,\partial y\Big),$$

$$\int_0^{-\infty} e^{hz} F(z+l\cos\omega)\,\partial z = e^{-hl\cos\omega}\Big(q'-\cos\omega\int_0^{l} e^{hy\cos\omega} F(y\cos\omega)\,\partial y\Big),$$

$$\int_0^{-\infty} e^{hz} f(z+l'\cos\omega)\,\partial z = e^{-hl'\cos\omega}\Big(q-\cos\omega\int_0^{l'} e^{hy\cos\omega} f(y\cos\omega)\,\partial y\Big),$$

$$\int_0^{-\infty} e^{hz} F(z+l'\cos\omega)\,\partial z = e^{-hl'\cos\omega}\Big(q'-\cos\omega\int_0^{l'} e^{hy\cos\omega} F(y\cos\omega)\,\partial y\Big);$$

поэтому, дѣлая

$$\varphi(h) = \int_0^{\pi}\Big[e^{hl\cos\omega}\cos\omega\int_0^{l} e^{-hy\cos\omega} f(y\cos\omega)\,\partial y$$

$$+ e^{hl\cos\omega}\cos\omega\lg(l\cos^2\omega)\int_0^{l} e^{-hy\cos\omega} F(y\cos\omega)\,\partial y\Big]\partial\omega,$$

$$\varphi'(h) = \int_0^{\pi}\Big[e^{hl'\cos\omega}\cos\omega\int_0^{l'} e^{-hy\cos\omega} f(y\cos\omega)\,\partial y$$

$$+ e^{hl'\cos\omega}\cos\omega\lg(l'\cos^2\omega)\int_0^{l'} e^{-hy\cos\omega} F(y\cos\omega)\,\partial y\Big]\partial\omega,$$

изъ условій (β) мы получимъ

$$
(\gamma)\begin{cases}
p\int_0^\pi e^{hl\cos\omega}\,\partial\omega+p'\int_0^\pi e^{hl\cos\omega}\lg(l\cos^2\omega)\,\partial\omega=\varphi(h),\\
p\int_0^\pi e^{hl'\cos\omega}\,\partial\omega+p'\int_0^\pi e^{hl'\cos\omega}\lg(l'\cos^2\omega)\,\partial\omega=\varphi'(h),\\
q\int_0^\pi e^{-hl\cos\omega}\,\partial\omega+q'\int_0^\pi e^{-hl\cos\omega}\lg(l\cos^2\omega)\,\partial\omega=\varphi(-h),\\
q\int_0^\pi e^{-hl'\cos\omega}\,\partial\omega+q'\int_0^\pi e^{-hl'\cos\omega}\lg(l'\cos^2\omega)\,\partial\omega=\varphi'(-h).
\end{cases}
$$

Отсюда, дѣлая

$$
\mu(h)=\int_0^\pi e^{hl\cos\omega}\,\partial\omega\int_0^\pi e^{hl'\cos\omega}\lg(l'\cos^2\omega)\,\partial\omega
-\int_0^\pi e^{hl'\cos\omega}\,\partial\omega\int_0^\pi e^{hl\cos\omega}\lg(l\cos^2\omega)\,\partial\omega,
$$

$$
\lambda(h)=\varphi'(h)\int_0^\pi e^{hl\cos\omega}\,\partial\omega-\varphi(h)\int_0^\pi e^{hl'\cos\omega}\,\partial\omega,
$$

$$
\lambda_1(h)=\varphi(h)\int_0^\pi e^{hl'\cos\omega}\lg(l'\cos^2\omega)\,\partial\omega-\varphi'(h)\int_0^\pi e^{hl\cos\omega}\lg(l\cos^2\omega)\partial\omega,
$$

мы изъ уравненій (γ) будемъ имѣть

$$
p=\frac{\lambda_1(h)}{\mu(h)},\quad p'=\frac{\lambda(h)}{\mu(h)},\quad q=\frac{\lambda_1(-h)}{\mu(-h)},\quad q'=\frac{\lambda(-h)}{\mu(-h)}.
$$

Отсюда по предыдущимъ правиламъ легко получимъ въ видѣ рядовъ величины интеграловъ

$$
\int_{-\infty}^{+\infty}\cos\alpha x'\,fx'\,\partial x',\quad \int_{-\infty}^{+\infty}\cos\alpha x'\,Fx'\,\partial x',\quad \int_{-\infty}^{+\infty}\sin\alpha x'\,fx'\,\partial x',\quad \int_{-\infty}^{+\infty}\sin\alpha x'\,Fx'\,\partial x'
$$

слѣдующимъ образомъ: положимъ $h = \varepsilon + \alpha\sqrt{-1}$ въ выраженіяхъ p и p' и $h = \varepsilon - \alpha\sqrt{-1}$ въ выраженіяхъ величинъ q и q', и будемъ неопредѣленно уменьшать ε, оставляя его положительнымъ. Тогда по предыдущему увидимъ, что интегралы

$$\int_{-\infty}^{+\infty} e^{-\alpha x'\sqrt{-1}} fx'\,dx' \quad \text{и} \quad \int_{-\infty}^{+\infty} e^{-\alpha x'\sqrt{-1}} Fx'\,dx'$$

будутъ нулями всякій разъ, когда α не есть корень уравненія

$$\mu(\alpha\sqrt{-1}) = 0;$$

поэтому означимъ черезъ ρ корень этого уравненія и сдѣлаемъ

$$\alpha = \rho + \alpha',$$

гдѣ α' новая положительная или отрицательная безконечно-малая величина. Въ такомъ случаѣ, точно также какъ и прежде, приведемъ величины предыдущихъ интеграловъ къ слѣдующему виду

$$\int_{-\infty}^{+\infty} e^{-\alpha x'\sqrt{-1}} fx'\,dx' = \text{пред.}\,\frac{\lambda_1(\rho\sqrt{-1})}{\mu'(\rho\sqrt{-1})}\,\frac{2\varepsilon}{\varepsilon^2 + \alpha'^2},$$

$$\int_{-\infty}^{+\infty} e^{-\alpha x'\sqrt{-1}} Fx'\,dx' = \text{пред.}\,\frac{\lambda(\rho\sqrt{-1})}{\mu'(\rho\sqrt{-1})}\,\frac{2\varepsilon}{\varepsilon^2 + \alpha'^2}.$$

Перемѣняя же знакъ при $\sqrt{-1}$ въ послѣднихъ уравненіяхъ, мы будемъ имѣть

$$\int_{-\infty}^{+\infty} e^{\alpha x'\sqrt{-1}} fx'\,dx' = \text{пред.}\,\frac{\lambda_1(-\rho\sqrt{-1})}{\mu'(-\rho\sqrt{-1})}\,\frac{2\varepsilon}{\varepsilon^2 + \alpha'^2},$$

$$\int_{-\infty}^{+\infty} e^{\alpha x'\sqrt{-1}} Fx'\,dx' = \text{пред.}\,\frac{\lambda(-\rho\sqrt{-1})}{\mu'(-\rho\sqrt{-1})}\,\frac{2\varepsilon}{\varepsilon^2 + \alpha'^2}.$$

Складывая интегралы

$$\int_{-\infty}^{+\infty} e^{-\alpha x' \sqrt{-1}} fx' \, \partial x' \quad \text{и} \quad \int_{-\infty}^{+\infty} e^{\alpha x' \sqrt{-1}} fx' e x',$$

мы получимъ

$$\int_{-\infty}^{+\infty} \cos \alpha x' fx' \, \partial x' = \text{пред.} \, \frac{1}{2} \left[\frac{\lambda_1 (\rho \sqrt{-1})}{\mu' (\rho \sqrt{-1})} + \frac{\lambda_1 (-\rho \sqrt{-1})}{\mu' (-\rho \sqrt{-1})} \right] \frac{2\varepsilon}{\varepsilon^2 + \alpha'^2}.$$

Но такъ какъ мы имѣемъ

$$\mu (h) = \mu (-h), \quad \mu' (h) = -\mu' (-h),$$

то легко будемъ имѣть

$$\int_{-\infty}^{+\infty} \cos \alpha x' fx' \, \partial x' = \text{пред.} \, \frac{1}{2} \, \frac{\lambda_1 (\rho \sqrt{-1}) - \lambda_1 (-\rho \sqrt{-1})}{\mu' (\rho \sqrt{-1})} \, \frac{2\varepsilon}{\varepsilon^2 + \alpha'^2};$$

точно также

$$\int_{-\infty}^{+\infty} \sin \alpha x' fx' \, \partial x' = \text{пред.} \, \frac{\sqrt{-1}}{2} \, \frac{\lambda_1 (\rho \sqrt{-1}) + \lambda_1 (-\rho \sqrt{-1})}{\mu' (\rho \sqrt{-1})} \, \frac{2\varepsilon}{\varepsilon^2 + \alpha'^2}.$$

Но полученное нами выраженіе z изъ общаго интеграла даннаго уравненія посредствомъ теоремы Фурье есть слѣдующее

$$z = \frac{1}{2\pi} \int_0^{\pi} \int_{-\infty}^{+\infty} \int_{-\infty}^{+\infty} \cos \alpha ct \cos \alpha x' \cos (\alpha r \cos \omega) [fx' + \lg (r \cos^2 \omega) Fx'] \partial x' \partial \alpha \partial \omega$$

$$+ \frac{1}{2\pi} \int_0^{\pi} \int_{-\infty}^{+\infty} \int_{-\infty}^{+\infty} \sin \alpha ct \sin \alpha x' \cos (\alpha r \cos \omega) [fx' + \lg (r \cos^2 \omega) Fx'] \partial x' \partial \alpha \partial \omega.$$

Поэтому, умножая интегралы

$$\int_{-\infty}^{+\infty} \cos \alpha x' fx' \, \partial x', \quad \int_{-\infty}^{+\infty} \sin \alpha x' fx \, \partial x'$$

на множители $\cos \alpha \, ct \cos (\alpha r \cos \omega) \, \partial \alpha$, $\sin \alpha \, ct \cos (\alpha r \cos \omega) \, \partial \alpha$ и интегрируя по α, отъ $\alpha = -\infty$, до $\alpha = +\infty$, мы по предыдущему получимъ

$$\frac{1}{2\pi}\int_0^\pi \int_{-\infty}^{+\infty} \int_{-\infty}^{+\infty} \cos\alpha ct \cos(\alpha r\cos\omega)\cos\alpha x' fx'\,\partial x'\,\partial\alpha\partial\omega$$

$$= \frac{1}{2}\sum\int_0^\pi \frac{\lambda_1(\rho\sqrt{-1}) - \lambda_1(-\rho\sqrt{-1})}{\mu'(\rho\sqrt{-1})}\cos\rho ct\cos(\rho r\cos\omega)\,\partial\omega.$$

Знакъ суммы должно распространить на всѣ корни уравненія

$$\mu(\rho\sqrt{-1}) = 0;$$

подобнымъ же совершенно образомъ будемъ имѣть

$$\int_{-\infty}^{+\infty}\cos\alpha x' Fx'\,\partial x' = \text{пред.}\ \frac{1}{2}\,\frac{\lambda(\rho\sqrt{-1}) - \lambda(-\rho\sqrt{-1})}{\mu'(\rho\sqrt{-1})}\,\frac{2\varepsilon}{\varepsilon^2 + \alpha'^2},$$

$$\int_{-\infty}^{+\infty}\sin\alpha x' Fx'\,\partial x' = \text{пред.}\ \frac{\sqrt{-1}}{2}\,\frac{\lambda(\rho\sqrt{-1}) - \lambda(-\rho\sqrt{-1})}{\mu'(\rho\sqrt{-1})}\,\frac{2\varepsilon}{\varepsilon^2 + \alpha'^2};$$

поэтому получимъ изъ предыдущаго и двухъ послѣднихъ уравненій

$$\frac{1}{2\pi}\int_0^\pi \int_{-\infty}^{+\infty} \int_{-\infty}^{+\infty} \sin\alpha ct \cos(\alpha r\cos\omega)\sin\alpha x' fx'\,\partial x'\,\partial\alpha\partial\omega$$

$$= \frac{\sqrt{-1}}{2}\sum\int_0^\pi \frac{\lambda_1(\rho\sqrt{-1}) + \lambda_1(-\rho\sqrt{-1})}{\mu'(\rho\sqrt{-1})}\sin\rho ct\cos(\rho r\cos\omega)\,\partial\omega,$$

$$\frac{1}{2\pi}\int_0^\pi \int_{-\infty}^{+\infty} \int_{-\infty}^{+\infty} \cos\alpha ct \cos(\alpha r\cos\omega)\lg(r\cos^2\omega)\cos\alpha x' Fx'\,\partial x'\,\partial\alpha\partial\omega$$

$$= \frac{1}{2}\sum\cos\rho ct\int_0^\pi \frac{\lambda(\rho\sqrt{-1}) - \lambda(-\rho\sqrt{-1})}{\mu'(\rho\sqrt{-1})}\cos(\rho r\cos\omega)\lg(r\cos^2\omega)\,\partial\omega,$$

$$\frac{1}{2\pi}\int_0^\pi\int_{-\infty}^{+\infty}\int_{-\infty}^{+\infty}\sin\alpha ct\cos\alpha r\cos\omega\lg(r\cos^2\omega)\sin\alpha x' Fx'\,\partial x'\,\partial\alpha\,\partial\omega$$

$$=\frac{\sqrt{-1}}{2}\sum\sin\rho ct\int_0^\pi\frac{\lambda(\rho\sqrt{-1})+\lambda(-\rho\sqrt{-2})}{\mu'(\rho\sqrt{-1})}\cos(\rho r\cos\omega)\lg(r\cos^2\omega)\,\partial\omega.$$

Итакъ будетъ

$$z=\frac{1}{2}\sum\cos\rho ct\int_0^\pi\frac{\sigma_1(\rho\sqrt{-1})+\lg(r\cos^2\omega)\sigma(\rho\sqrt{-1})}{\mu'(\rho\sqrt{-1})}\cos(r\rho\cos\omega)\,\partial\omega$$

$$+\frac{\sqrt{-1}}{2}\sum\sin\rho ct\int_0^\pi\frac{\tau_1(\rho\sqrt{-1})+\lg(r\cos^2\omega)\tau(\rho\sqrt{-1})}{\mu'(\rho\sqrt{-1})}\cos(\rho r\cos\omega)\,\partial\omega,$$

гдѣ

$$\sigma_1(\rho\sqrt{-1})=\lambda_1(\rho\sqrt{-1})-\lambda_1(-\rho\sqrt{-1}),\ \sigma(\rho\sqrt{-1})=\lambda(\rho\sqrt{-1})-\lambda(-\rho\sqrt{-1})$$
$$\tau_1(\rho\sqrt{-1})=\lambda_1(\rho\sqrt{-1})+\lambda_1(-\rho\sqrt{-1}),\ \tau(\rho\sqrt{-1})=\lambda(\rho\sqrt{-1})+\lambda(-\rho\sqrt{-1}).$$

Очевидно, что мнимый знакъ исчезнетъ въ выраженіи z, ибо $\mu'(\rho\sqrt{-1})$ есть вида $P\sqrt{-1}$, гдѣ P дѣйствительная функція.

Остается намъ найти различныя функціи, входящія въ выраженіе z. Пусть будетъ

$$A=\int_0^\pi\cos(\rho l\cos\omega)\,\partial\omega,\quad B=\int_0^\pi\cos(\rho l\cos\omega)\lg(l\cos^2\omega)\,\partial\omega,$$

$$A'=\int_0^\pi\cos(\rho l'\cos\omega)\,\partial\omega,\quad B'=\int_0^\pi\cos(\rho l'\cos\omega)\lg(l'\cos^2\omega)\,\partial\omega,$$

тогда такъ какъ интегралы

$$\int_0^\pi\sin(\rho l\cos\omega)\,\partial\omega,\quad\int_0^\pi\sin(\rho l\cos\omega)\lg(l\cos^2\omega)\,\partial\omega,$$

каковы бы нибыли ρ и l, уничтожаются, то мы будемъ имѣть

$$\int_0^\pi e^{\rho l\cos\omega\sqrt{-1}}\,\partial\omega = A,\quad \int_0^\pi e^{\rho l\cos\omega\sqrt{-1}}\lg(l\cos^2\omega)\,\partial\omega = B,$$

$$\int_0^\pi e^{\rho l'\cos\omega\sqrt{-1}}\,\partial\omega = A',\quad \int_0^\pi e^{\rho l'\cos\omega\sqrt{-1}}\lg(l'\cos^2\omega)\,\partial\omega = B'.$$

Точно также

$$\varphi(h) =$$

$$\int_0^\pi \left\{\int_0^l e^{h(l-y)\cos\omega} f(y\cos\omega)\,\partial y + \lg(l\cos^2\omega)\int_0^l e^{h(l-y)\cos\omega} F(y\cos\omega)\,\partial y\right\}\cos\omega\,\partial\omega$$

$$-\varphi(-h) =$$

$$\int_0^\pi \left\{\int_0^l e^{h(l-y)\cos\omega} f(-y\cos\omega)\,\partial y + \lg(l\cos^2\omega)\int_0^l e^{h(l-y)\cos\omega} F(-y\cos\omega)\,\partial y\right\}\cos\omega\,\partial\omega.$$

Подобныя же выраженія получаются для $\varphi'(h)$ и $-\varphi'(-h)$, стоитъ только подставить l' вмѣсто l въ выраженіи $\varphi(h)$ и $-\varphi(-h)$. Такимъ образомъ, сдѣлавъ

$$fx + f(-x) = \psi x,\quad Fx + F(-x) = \Phi x,$$

мы будемъ имѣть

$$\varphi(h) - \varphi(-h) =$$

$$\int_0^\pi\int_0^l e^{h\cos\omega(l-y)}\psi(y\cos\omega)\cos\omega\,\partial y\,\partial\omega$$

$$+\int_0^\pi \lg(l\cos^2\omega)\int_0^l e^{h(l-y)\cos\omega}\Phi(y\cos\omega)\cos\omega\,\partial y\,\partial\omega,$$

$$(\varphi')h - \varphi'(-h) =$$

$$\int_0^\pi\int_0^{l'} e^{h(l'-y)\cos\omega}\psi(y\cos\omega)\cos\omega\,\partial y\,\partial\omega$$

$$+\int_0^\pi \lg(l'\cos^2\omega)\int_0^{l'} e^{h(l'-y)\cos\omega}\Phi(y\cos\omega)\cos\omega\,\partial y\,\partial\omega$$

Поэтому, такъ какъ интегралы

$$\int_0^\pi \int_0^l \cos[\rho(l-y)\cos\omega]\,\psi(y\cos\omega)\cos\omega\, d\omega\, dy,$$

$$\int_0^l \int_0^\pi \cos[\rho(l-y)\cos\omega]\,\Phi(y\cos\omega)\cos\omega\, dy\, d\omega$$

исчезаютъ каковы бы ни были l и ρ, то мы легко изъ предыдущихъ выраженій будемъ имѣть

$$\sigma(\rho\sqrt{-1}) = \lambda(\rho\sqrt{-1}) - \lambda(-\rho\sqrt{-1})$$

$$= \sqrt{-1}\int_0^\pi A \int_0^l \sin[\rho(l'-y)\cos\omega]\,\psi(y\cos\omega)\cos\omega\, dy\, d\omega$$

$$- \sqrt{-1}\int_0^\pi A' \int_0^l \sin[\rho(l-y)\cos\omega]\,\psi(y\cos\omega)\cos\omega\, dy\, d\omega$$

$$+ \sqrt{-1}\int_0^\pi A \lg(l'\cos^2\omega)\int_0^l \sin[\rho(l'-y)\cos\omega]\,\Phi(y\cos\omega)\cos\omega\, dy\, d\omega$$

$$- \sqrt{-1}\int_0^\pi A' \lg(l\cos^2\omega)\int_0^l \sin[\rho(l-y)\cos\omega]\,\Phi(y\cos\omega)\cos\omega\, dy\, d\omega.$$

Точно также

$$\sigma_1(\rho\sqrt{-1}) = \lambda_1(\rho\sqrt{-1}) - \lambda_1(-\rho\sqrt{-1})$$

$$= \sqrt{-1}\int_0^\pi B' \int_0^l \sin[\rho(l-y)\cos\omega]\,\psi(y\cos\omega)\cos\omega\, dy\, d\omega$$

$$- \sqrt{-1}\int_0^\pi B \int_0^{l'} \sin[\rho(l'-y)\cos\omega]\,\psi(y\cos\omega)\cos\omega\, dy\, d\omega$$

$$+\sqrt{-1}\int_0^\pi B'\lg(l\cos^2\omega)\int_0^l \sin[\rho(l-y)\cos\omega]\,\Phi(y\cos\omega)\cos\omega\,\partial y\,\partial\omega$$

$$-\sqrt{-1}\int_0^\pi B\lg(l'\cos^2\omega)\int_0^{l'} \sin[\rho(l'-y)\cos\omega]\,\Phi(y\cos\omega)\cos\omega\,\partial y\,\partial\omega.$$

Уравненіе $\mu(\rho\sqrt{-1})=0$ обратится въ слѣдующее

$$(\eta)\quad \left\{\begin{aligned} &\int_0^\pi \cos(\rho l\cos\omega)\,\partial\omega\int_0^\pi \cos(\rho l'\cos\omega)\lg(l'\cos^2\omega)\,\partial\omega \\ &=\int_0^\pi \cos(\rho l'\cos\omega)\,\partial\omega\int_0^\pi \cos(\rho l\cos\omega)\lg(l\cos^2\omega)\,\partial\omega, \end{aligned}\right.$$

которое совпадаетъ съ уравненіемъ (c). Кромѣ того будетъ

$$\mu'(\rho\sqrt{-1})=\sqrt{-1}\Big[l\int_0^\pi \cos\omega\sin(\rho l\cos\omega)\,\partial\omega\int_0^\pi \cos(\rho l'\cos\omega)\lg(l'\cos^2\omega)\,\partial\omega$$

$$+l'\int_0^\pi \cos(\rho l\cos\omega)\,\partial\omega\int_0^\pi \cos\omega\sin(\rho l'\cos\omega)\lg(l'\cos^2\omega)\,\partial\omega$$

$$-l'\int_0^\pi \cos\omega\sin(\rho l'\cos\omega)\,\partial\omega\int_0^\pi \cos(\rho l\cos\omega)\lg(l\cos^2\omega)\,\partial\omega$$

$$-l\int_0^\pi \cos(\rho l'\cos\omega)\,\partial\omega\int_0^\pi \cos\omega\sin(\rho l\cos\omega)\lg(l\cos^2\omega)\,\partial\omega\Big].$$

Подставляя найденныя выраженія для функцій

$$\lambda(\rho\sqrt{-1})-\lambda(\rho\sqrt{-1}),\ \lambda_1(\rho\sqrt{-1})-\lambda_1(-\rho\sqrt{-1}),\ \mu'(\rho\sqrt{-1})$$

въ предыдущее выраженіе z, получимъ ту часть суммы, которая расположена по косинусамъ $\cos ct\rho$. Съ другой стороны, дѣлая

$$f(-y\cos\omega)+f(y\cos\omega)=\psi_1(y\cos\omega),$$

$$-F(-y\cos\omega)+F(y\cos\omega)=\Phi_1(y\cos\omega),$$

мы имѣемъ

$$\varphi(h)+\varphi(-h)=$$

$$\int_0^\pi\int_0^l e^{h(l-y)\cos\omega}\psi_1(y\cos\omega)\cos\omega dy d\omega$$

$$+\int_0^\pi \lg(l\cos^2\omega)\int_0^l e^{h(l-y)\cos\omega}\Phi_1(y\cos\omega)\cos\omega dy d\omega,$$

$$\varphi'(h)+\varphi'(-h)=$$

$$\int_0^\pi\int_0^{l'} e^{h(l'-y)\cos\omega}\psi_1(y\cos\omega)\cos\omega dy d\omega$$

$$+\int_0^\pi \lg(l'\cos^2\omega)\int_0^{l'} e^{h(l'-y)\cos\omega}\Phi_1(y\cos\omega)\cos\omega dy d\omega.$$

Слѣдовательно, такъ какъ интегралы

$$\int_0^\pi\int_0^l \sin[\rho(l-y)\cos\omega]\psi_1(y\cos\omega)\cos\omega d\omega dy,$$

$$\int_0^\pi\int_0^l \sin[\rho(l-y)\cos\omega]\cos\omega\lg(l\cos^2\omega)\Phi_1(y\cos\omega)d\omega dy$$

исчезаютъ каковы бы ни были ρ и l, то мы получимъ

$$\tau(\rho\sqrt{-1})=\lambda(\rho\sqrt{-1})+\lambda(-\rho\sqrt{-1})$$

$$=\int_0^\pi A\int_0^{l'}\cos[\rho(l-y)\cos\omega]\psi_1(y\cos\omega)\cos\omega dy d\omega$$

$$-\int_0^\pi A'\int_0^l\cos[\rho(l-y)\cos\omega]\psi_1(y\cos\omega)\cos\omega dy d\omega$$

$$+\int_0^\pi A\lg(l'\cos^2\omega)\int_0^{l'}\cos[\rho(l'-y)\cos\omega]\,\Phi_1(y\cos\omega)\cos\omega\partial y\partial\omega$$

$$-\int_0^\pi A'\lg(l\cos^2\omega)\int_0^{l}\cos[\rho(l-y)\cos\omega]\,\Phi_1(y\cos\omega)\cos\omega\partial y\partial\omega,$$

$$\tau_1(\rho\sqrt{-1})=\lambda_1(\rho\sqrt{-1})+\lambda_1(-\rho\sqrt{-1})$$

$$=\int_0^\pi B'\int_0^{l}\cos[\rho(l-y)\cos\omega]\,\psi_1(y\cos\omega)\cos\omega\partial y\partial\omega$$

$$-\int_0^\pi B\int_0^{l'}\cos[\rho(l'-y)\cos\omega]\,\psi_1(y\cos\omega)\cos\omega\partial y\partial\omega$$

$$+\int_0^\pi B'\lg(l\cos^2\omega)\int_0^{l}\cos[\rho(l-y)\cos\omega]\,\Phi_1(y\cos\omega)\cos\omega\partial y\partial\omega$$

$$-\int_0^\pi B\lg(l'\cos^2\omega)\int_0^{l'}\cos[\rho(l'-y)]\,\Phi_1(y\cos\omega)\cos\omega\partial y\partial\omega.$$

Подставляя теперь найденныя выраженія для суммъ

$$\lambda(\rho\sqrt{-1})+\lambda(-\rho\sqrt{-1}),\quad \lambda_1(\rho\sqrt{-1})+\lambda_1(-\rho\sqrt{-1})$$

въ предыдущее выраженіе z, мы получимъ вторую часть суммы, расположенной по синусамъ: $\sin\rho ct$. Такимъ образомъ найдемъ z, удовлетворяющее условіямъ, по которымъ оно уничтожается для всякаго t при $r=l$ и при $r=l'$. Съ другой стороны z и $\frac{\partial z}{\partial t}$ при $t=0$ должны равняться даннымъ произвольнымъ функціямъ $M(r)$ и $N(r)$. Слѣдовательно мы будемъ имѣть

$$(\zeta)\quad\left\{\begin{aligned} M(r)&=\int_0^\pi f(r\cos\omega)\,\partial\omega+\int_0^\pi F(r\cos\omega)\lg(r\cos^2\omega)\,\partial\omega,\\ \frac{1}{c}N(r)&=\int_0^\pi f'(r\cos\omega)\,\partial\omega+\int_0^\pi F'(r\cos\omega)\lg(r\cos^2\omega)\,\partial\omega,\end{aligned}\right.$$

гдѣ $f'r$ и $F'r$ означаютъ дифференціальные коэффиціенты $\frac{\partial fr}{\partial r}$ и $\frac{\partial Fr}{\partial r}$. Такъ какъ для какой угодно функціи $Q(r)$ мы имѣемъ

$$\int_0^\pi Q(r\cos\omega)\,\partial\omega = \int_0^\pi Q(-r\cos\omega)\,\partial\omega,$$

$$\int_0^\pi Q(r\cos\omega)\lg(r\cos^2\omega)\,\partial\omega = \int_0^\pi Q(-r\cos\omega)\lg(r\cos^2\omega)\,\partial\omega,$$

то изъ предыдущихъ условій получимъ

$$(\xi)\quad \begin{cases} 2M(r) = \int_0^\pi \psi\,(r\cos\omega)\,\partial\omega + \int_0^\pi \Phi\,(r\cos\omega)\lg(r\cos^2\omega)\,\partial\omega, \\ \frac{2}{c}N(r) = \int_0^\pi \psi'(r\cos\omega)\,\partial\omega + \int_0^\pi \Phi'(r\cos\omega)\lg(r\cos^2\omega)\,\partial\omega, \end{cases}$$

гдѣ

$$\psi' r = \frac{\partial\psi r}{\partial r}, \quad \Phi' r = \frac{\partial\Phi r}{\partial r}.$$

По этимъ двумъ, или по двумъ предыдущимъ условіямъ, опредѣлимъ fr и Fr по даннымъ Mr и Nr, и такимъ образомъ рѣшимъ вопросъ вполнѣ.

Можетъ показаться страннымъ, что найденное нами выраженіе z содержитъ величины функцій fr и Fr отъ $r=0$ до $r=l'$, а, повидимому, величины этихъ функцій отъ $r=0$ до $r=l$ не должны входить въ задачу, ибо мы даемъ функціи произвольно только отъ $r=l$ до $r=l'$. Но подобныя значенія отъ $r=l$ до $r=l'$ мы даемъ для функцій Mr и Nr, а не для fr и Fr; и, очевидно, изъ условій (ζ) или (ξ), что для опредѣленія Mr и Nr отъ $r=l$ до $r=l'$ необходимо знать значенія fr и Fr отъ $r=0$ до $r=l'$; поэтому и наоборотъ, зная значенія функцій Mr и Nr для величинъ r, содержащихся между l и l', мы выведемъ значенія функцій fr и Fr отъ $r=0$ до $r=l'$. По этой причинѣ послѣднія значенія должны непремѣнно войти въ вопросъ, и, слѣдовательно, должны войти и въ наши формулы.

Относительно уравненія (η), или что одно и тоже (c), замѣтимъ, что если ему удовлетворяетъ ρ, то удовлетворитъ и $-\rho$. Поэтому въ рядахъ, выражающихъ величину z мы можемъ соединить члены по-парно, отъ чего пропадетъ множитель $\frac{1}{2}$. Члена, соотвѣтствующаго $\rho = 0$ нѣтъ, потому что $\rho = 0$ не есть корень уравненія (η).

Второй способъ, посредствомъ котораго мы рѣшили вопросъ о движеніи круглой упругой пластинки, имѣетъ то преимущество передъ первымъ, что здѣсь не нужно доказывать дѣйствительность корней уравненія (η). Еслибъ оно и имѣло мнимые корни, то по свойству анализа мы должны были бы взять одни только дѣйствительные его корни.

Первый же способъ основываетъ справедливость своихъ выводовъ на соображеніяхъ механическихъ. Дѣйствительно, формулы, выражающія произвольную функцію и происходящія отъ положенія $t = 0$, въ интегралѣ даннаго уравненія, основываются на томъ, что задача имѣетъ рѣшеніе, то есть, что всегда возможно сдѣлать неподвижными два круговыхъ контура $r = l$ и $r = l'$, а частицамъ пластинки, содержащимся между этими контурами, при началѣ движенія можно дать произвольныя перемѣщенія и произвольныя начальныя скорости.

Если же было бы дано то же самое уравненіе и тѣ же условія, по которымъ z уничтожается для $r = l$ и $r = l'$, безъ того, чтобы это уравненіе и эти условія выводились изъ соображеній механическихъ, то интегрируя его по первому способу, мы не могли бы сказать, что полученная нами формула для произвольной функціи справедлива; потому что всегда можно a priori дать такія условія для z, что часть постоянныхъ произвольныхъ величинъ, остающаяся по удовлетвореніи этимъ условіямъ, недостаточна будетъ для изображенія произвольныхъ функцій при $t = 0$.

Второй способъ не имѣетъ этого неудобства. Здѣсь мы разсматриваемъ данное уравненіе и условія для его интеграла, какъ предложенныя a priori; поэтому справедливость формулъ, получаемыхъ по этому способу, не подвержена сомнѣнію. Можно только замѣтить, что для совершенной строгости нужно было бы доказать a priori сходимость рядовъ, получаемыхъ по упомянутому способу.

Хотя уравненія, которыя можно интегрировать по послѣднему способу, должны имѣть интегралы извѣстнаго вида, и именно такіе, которые содержатъ подъ знакомъ произвольной функціи линейную функцію нѣкоторыхъ перемѣнныхъ независимыхъ, однако нужно замѣтить, что и по первому способу интегрируются подобныя же уравненія.

Первый и второй способы были даны Пуассономъ въ его мемуарахъ о теоріи теплоты и въ особенномъ сочиненіи о теоріи теплоты, имѣющимъ заглавіе: Théorie mathématique de la chaleur.

Въ этомъ сочиненіи Пуассонъ употребляетъ постоянно первый способъ, то есть тотъ, гдѣ мы идемъ прямо отъ рядовъ.

Второй же способъ онъ прилагаетъ въ мемуарахъ о теоріи теплоты (Journal de l'Ecole Polytéchnique, Cah. 19) къ простѣйшимъ примѣрамъ этой теоріи. Безъ особеннаго затрудненія можно приложить этотъ способъ къ нѣкоторымъ задачамъ теоріи упругости твердыхъ тѣлъ, какъ напримѣръ къ задачѣ объ упругой пластинкѣ.

Замѣтимъ наконецъ, что если бы въ послѣдней рѣшенной нами задачѣ, мы сдѣлали неподвижнымъ одинъ круговой контуръ $r = l'$, то въ общемъ интегралѣ даннаго уравненія

$$z = \int_0^\pi f(ct + r\cos\omega)\,\partial\omega + \int_0^\pi F(ct + r\cos\omega)\lg(r\cos^2\omega)\,\partial\omega$$

мы были бы должны бросить второй членъ, ибо онъ обращается въ безконечность при $r = 0$. Поэтому нужно взять

$$z = \int_0^\pi f(ct + r\cos\omega)\,\partial\omega.$$

Рѣшая вопросъ по первому способу, мы получимъ формулы, которыя будутъ согласны съ формулами Пуассона въ его мемуарѣ: Mémoire sur l'équilibre et le mouvement des corps élastiques. (Mémoires de l'Academie Royale des Sciences de l'Institut de France, tome VIII).

2.

О СОВОКУПНЫХЪ УРАВНЕНІЯХЪ

СЪ ЧАСТНЫМИ ПРОИЗВОДНЫМИ ПЕРВАГО ПОРЯДКА

И

НѢКОТОРЫХЪ ВОПРОСАХЪ МЕХАНИКИ.

(ДИССЕРТАЦІЯ НА СТЕПЕНЬ ДОКТОРА ЧИСТОЙ МАТЕМАТИКИ, С.-ПЕТЕРБУРГЪ, 1867).

ПРЕДИСЛОВІЕ

Излагая въ настоящемъ сочиненіи новый методъ интегрированія совокупныхъ уравненій съ частными производными перваго порядка, я считаю необходимымъ войти въ нѣкоторыя историческія подробности относительно вопроса объ этихъ уравненіяхъ.

Первыя о нихъ изысканія заключаются въ работахъ Бертрана[1]), который далъ способы рѣшать нѣкоторыя вопросы, существенно требующіе интегрированія совокупныхъ уравненій съ частными производными.

Послѣ него Ліувилль на лекціяхъ въ Collège de France въ 1853 году далъ замѣчательную теорему, заключающуюся въ условіяхъ интегрируемости дифференціальныхъ выраженій. Она даетъ возможность изъ всякой данной системы частныхъ дифференціальныхъ уравненій составить тѣ системы, которыя я называю замкнутыми и нормальными.

1) Mémoire sur les intégrales communes à plusieurs problèmes de Mécanique Journ. de Math. tome XVII. 1852.

Mémoire sur l'intégration des équations différentielles de la Mécanique. Ibidem.
Mécanique Analytique de Lagrange. Troisième édition. Notes.

Послѣ Ліувилля слѣдуетъ Буръ. Онъ представилъ академіи наукъ въ Парижѣ въ 1855 году мемуаръ объ интегрированіи уравненій механики[1]), въ которомъ интегрируетъ систему совокупныхъ линейныхъ уравненій съ частными производными особеннаго вида. Къ изслѣдованію Бура нужно было прибавить уже очень немного для того, чтобы распространить его способъ на какія угодно совокупныя уравненія перваго порядка.

Въ 1861 году въ журналѣ Крелля появился посмертный мемуаръ Якоби[2]), обратившій на себя всеобщее вниманіе разнообразіемъ и важностію заключенныхъ въ немъ результатовъ. Между прочимъ онъ содержитъ и способъ Бура, который, по всей вѣроятности, найденъ былъ Якоби уже очень давно. Но Якоби, также какъ и Буръ, кажется, не замѣтилъ распространенія его на какія угодно системы перваго порядка.

Въ 1862 году Буръ напечаталъ въ журналѣ политехнической школы записку[3]), въ которой онъ возстановляетъ свои права на изобрѣтеніе упомянутаго способа. Тамъ же онъ распространяетъ его на какія угодно системы, приводя эти системы къ замкнутымъ и потомъ къ нормальнымъ.

Такимъ образомъ составился общій методъ интегрированія системъ уравненій перваго порядка, который я буду называть методомъ Бура, не отрицая нисколько правъ Якоби на самостоятельное открытіе этого способа для частнаго случая имъ изслѣдованнаго.

Послѣ выхода сейчасъ упомянутой записки Бура, не было прибавлено ничего существеннаго къ теоріи интегрированія совокупныхъ уравненій съ частными производными. Нѣкоторые

1) Mémoire sur l'intégration des équations différentielles de la Mécanique Analytique. Savants étrangers, tome XIV.

2) Nova methodus equationes differentiales partiales primi ordinis inter numerum variabilium quaemcunque propositas integrandi. Journ. von Crelle Band LX.

3) Sur l'intégration des équations différentielles partielles du premier et du second ordre. Journ. de lÈcole Polytechnique, 39 Cahier, 1862.

писатели[1]) показали упрощенія въ методѣ Бура, но сущность послѣдняго не измѣнилась.

Уравненія, которыя разсматривалъ Буръ, не содержатъ зависимой перемѣнной, а только ея частныя производныя; но, тѣмъ не менѣе, обобщеніе его метода на уравненія, ее содержащія, не представляетъ ни малѣйшаго затрудненія, и потому онъ можетъ быть считаемъ совершенно общимъ.

Сущность этого метода, какъ извѣстно, состоитъ въ слѣдующемъ:

Разсматривая частныя производныя зависимой перемѣнной какъ неизвѣстныя функціи, мы, при помощи теоремы Пуассона, можемъ перейти отъ данной нормальной системы къ другой, въ которой число уравненій единицею болѣе, чѣмъ въ данной. Отъ этой новой системы мы переходимъ къ третьей, въ которой число уравненій увеличится еще на единицу. Продолжая поступать такимъ образомъ далѣе, мы окончательно придемъ къ системѣ, число уравненій которой, въ самомъ общемъ случаѣ, будетъ на единицу болѣе числа неизвѣстныхъ частныхъ производныхъ. Рѣшивъ уравненія этой системы относительно зависимой перемѣнной и ея производныхъ, мы получимъ ихъ выраженія съ извѣстнымъ числомъ постоянныхъ произвольныхъ, удовлетворяющія предложенной нормальной системѣ. Въ томъ случаѣ, когда уравненія сей послѣдней не содержатъ зависимой перемѣнной, число уравненій окончательной системы будетъ равно числу производныхъ перемѣнной зависимой, которая получится, въ такомъ случаѣ, при помощи квадратуры.

Особенный интересъ представляетъ въ методѣ Бура то обстоятельство, что при каждой операціи, то есть, при каждомъ переходѣ отъ одной нормальной системы къ другой, число перемѣнныхъ въ обыкновенныхъ совокупныхъ уравненіяхъ, интегри-

---

1) Integration der partiellen Differenzialgleichung erster Ordnung mit $n+1$ Veränderlichen. Von August Weiler. Schlömilch's Zeitschrift, 1863.

Ueber die simultane Integration linearer partieller Differentialgleichungen. Clebsch. Journ. von Crelle, Band LXV, 1866.

рованіе коихъ необходимо для этого перехода, уменьшается на двѣ единицы. Способъ уменьшенія числа перемѣнныхъ также весьма замѣчателенъ. Оно производится безъ введенія новыхъ перемѣнныхъ, простымъ рѣшеніемъ уравненій системы, относительно нѣкоторыхъ изъ буквъ, въ нихъ входящихъ.

При всемъ своемъ интересѣ методъ Бура не можетъ быть приложенъ ко многимъ вопросамъ, зависящимъ отъ интегрированія частныхъ совокупныхъ уравненій перваго порядка. Въ самомъ дѣлѣ, изъ предъидущаго понятно, что до тѣхъ поръ пока мы не получимъ послѣдней нормальной системы, мы, слѣдуя методу Бура, ничего не можемъ сказать о формѣ неизвѣстной функціи, опредѣляемой предложенною системою. Между тѣмъ одни изъ самыхъ интересныхъ и трудныхъ вопросовъ, относящихся къ теоріи интегрированія частныхъ совокупныхъ уравненій, суть именно тѣ, въ которыхъ требуется опредѣлить видъ неизвѣстной функціи на столько, на сколько позволяютъ сдѣлать это уравненія, ее опредѣляющія.

Изслѣдованіе нѣкоторыхъ изъ нихъ привело меня къ другому методу, основанному на иныхъ началахъ. Онъ даетъ возможность рѣшать вопросы, выходящіе изъ круга тѣхъ, къ которымъ приложимъ методъ Бура.

Хотя мой методъ можетъ быть приложенъ непосредственно къ какой угодно данной системѣ, тѣмъ не менѣе я разсматриваю сначала замѣчательныя системы, которыя я назвалъ нормальными. Я показываю одно преобразованіе, дающее возможность перейти отъ данной нормальной системы къ другой, въ которой число уравненій и число перемѣнныхъ независимыхъ будутъ каждое единицею меньше, чѣмъ въ данной системѣ. Отъ новой нормальной системы мы перейдемъ къ третьей, въ которой опять и число уравненій и число перемѣнныхъ независимыхъ уменьшится на единицу. Поступая такимъ же образомъ далѣе, мы придемъ окончательно къ одному уравненію, интегрированіемъ котораго и рѣшимъ вопросъ.

Такимъ образомъ при каждой операціи мы освобождаемся

отъ одного уравненія и отъ одного перемѣннаго независимаго. Для того же, чтобы произвести упомянутое преобразованіе, мой методъ требуетъ полнаго интегрированія одного изъ уравненій системы, что равносильно интегрированію обыкновенныхъ совокупныхъ уравненій, въ числѣ, равномъ удвоенному числу перемѣнныхъ независимыхъ въ этомъ уравненіи. Отсюда слѣдуетъ, что число перемѣнныхъ въ обыкновенныхъ совокупныхъ уравненіяхъ, интегрированіе которыхъ необходимо для перехода отъ одной нормальной системы къ другой, уменьшается на двѣ единицы; говоря короче, при каждой операціи порядокъ задачи понижается на двѣ единицы. Это обстоятельство встрѣчается и въ методѣ Бура, хотя оно основано на совершенно иныхъ началахъ. Характеристическая же особенность моего метода заключается въ послѣдовательномъ уменьшеніи числа уравненій, которымъ должна удовлетворить неизвѣстная функція. Оно то именно и необходимо для рѣшенія вопросовъ, о которыхъ мы говорили выше.

Для приложеній я выбралъ вопросъ, съ котораго, можно сказать, началась теорія интегрированія частныхъ совокупныхъ уравненій, именно, вопросъ о нахожденіи интеграловъ, общихъ многимъ задачамъ о движеніи точки. Я ограничиваюсь движеніемъ свободной точки въ плоскости, оставляя движеніе по поверхности до особенной статьи объ этомъ предметѣ. Вопросъ этотъ былъ предложенъ Бертраномъ въ одномъ изъ упомянутыхъ мемуаровъ и рѣшонъ имъ для того случая, когда силы, дѣйствующія въ задачѣ, не зависятъ отъ скоростей и времени, а только отъ координатъ движущейся точки. Способъ Бертрана основанъ на этомъ послѣднемъ обстоятельствѣ, и потому не приложимъ къ вопросу, который я здѣсь изслѣдую. Силы въ задачахъ, которыя я разсматриваю, зависятъ отъ координатъ и скоростей движущейся точки. Для простоты я предполагаю, что онѣ не содержатъ явнымъ образомъ времени.

Способъ, который я предлагаю въ настоящемъ сочиненіи для изслѣдованія подобныхъ вопросовъ, есть вполнѣ общій. Результаты, найденные мною, изложены въ видѣ теоремъ, которыя читатель можетъ видѣть во второй главѣ сочиненія. Я замѣчу здѣсь только, что кромѣ двухъ формъ интеграла, данныхъ Бертраномъ для частнаго случая, имъ изслѣдованнаго, существуетъ еще третья, несовпадающая ни съ тою, ни съ другою. Показавши ее, я дополняю этимъ изслѣдованіе Бертрана. П. Л. Чебышевъ замѣтилъ, что эта форма можетъ быть разсматриваема, какъ комбинація Бертрановыхъ формъ, которыя выходятъ какъ частные случаи при моихъ изслѣдованіяхъ.

Въ заключеніе я считаю необходимымъ упомянуть о тѣхъ предложеніяхъ, заключающихся въ этомъ сочиненіи, которыя читатель можетъ найти въ томъ или иномъ видѣ у другихъ авторовъ. Всѣ доказательства этихъ предложеній, которыя я излагаю здѣсь, принадлежатъ мнѣ.

Въ n^0 1, 2 и 3 я напоминаю читателю извѣстныя теоремы, выражающія процедуру интегрированія уравненія перваго порядка съ частными производными. Они служатъ основаніемъ моему методу. Я привожу ихъ безъ доказательства.

Въ n^0 4 я разсматриваю нѣкоторыя замѣчательныя выраженія, которыя суть ничто иное, какъ скобки Пуассона въ формѣ, относящейся къ болѣе общему случаю. Изъ этихъ выраженій легко получить скобки Пуассона и наоборотъ.

Въ n^0 5 я вывожу условіе, необходимое для того, чтобы два частныя дифференціальныя уравненія перваго порядка имѣли общее рѣшеніе. Достаточность его доказана въ n^0 9. Условіе это составляетъ теорему Ліувилля. Мое доказательство основано на соображеніяхъ, которыя могутъ быть полезны и въ другихъ случаяхъ.

Въ n^0 6 я опредѣляю замкнутыя и нормальныя системы. Эти системы встрѣчаются у Бура и у Якоби.

Въ n^0 7 я показываю, что всякое преобразованіе замкнутой системы есть также система замкнутая. Предложеніе это, очевидное само по себѣ, сколько мнѣ извѣстно, здѣсь изложено въ первый разъ въ общемъ видѣ. Для линейныхъ уравненій оно доказано у Клебша въ упомянутомъ мемуарѣ.

Въ n^0 8 я показываю преобразованіе замкнутой системы въ нормальную. Оно составляетъ характеристическую особенность методовъ, данныхъ Буромъ и Якоби. Я считалъ полезнымъ привести его въ моемъ сочиненіи, такъ какъ это преобразованіе даетъ самое простое средство получить нормальную систему изъ какой угодно замкнутой. Получивъ разъ нормальную систему, очевидно, мы можемъ найти безчисленное множество другихъ ей равносильныхъ.

3 Декабря
1867 года.

ГЛАВА I.

Интегрированіе совокупныхъ уравненій съ частными производными перваго порядка.

1. Методы интегрированія, которые я предлагаю въ настоящемъ сочиненіи, основываются на полномъ интегрированіи отдѣльныхъ уравненій съ частными производными перваго порядка; поэтому я позволю себѣ напомнить читателямъ, какъ это интегрированіе производится.

Пусть будетъ предложено уравненіе

$$(1) \qquad f\left(q_1, q_2, \ldots, q_n, V, \frac{dV}{dq_1}, \frac{dV}{dq_2}, \ldots, \frac{dV}{dq_n}\right) = b,$$

гдѣ $q_1, q_2, \ldots q_n$ суть перемѣнныя независимыя, V ихъ функція, которую слѣдуетъ найти изъ этого уравненія,

$$(2) \qquad \frac{dV}{dq_1}, \quad \frac{dV}{dq_2}, \ldots \frac{dV}{dq_n}$$

ея частныя производныя и b неопредѣленное постоянное. Обозначаемъ для сокращенія величины (2) соотвѣтственно такъ:

$$(3) \qquad p_1, p_2, \ldots, p_n,$$

и, разсматривая въ функціи $f(q_1, q_2, \ldots, q_n, V, p_1, p_2, \ldots, p_n)$ величины

$$(3\text{ bis}) \qquad q_1, q_2, \ldots, q_n, p_1, p_2, \ldots, p_n, V$$

какъ перемѣнныя независимыя, составляемъ ея частныя производныя; тогда мы можемъ написать слѣдующую систему обыкновенныхъ совокупныхъ уравненій:

$$(4)\quad \frac{dq_1}{\frac{df}{dp_1}}=\frac{dq_2}{\frac{df}{dp_2}}=\cdots\cdot=\frac{dq_n}{\frac{df}{dp_n}}=\frac{dV}{p_1\frac{df}{dp_1}+p_2\frac{df}{dp_2}+\cdots\cdot+p_n\frac{df}{dp_n}}$$

$$=-\frac{dp_1}{\frac{df}{dq_1}+p_1\frac{df}{dV}}=-\frac{dp_2}{\frac{df}{dq_2}+p_2\frac{df}{dV}}=\cdots\cdot=-\frac{dp_n}{\frac{df}{dq_n}+p_n\frac{df}{dV}}.$$

Для нахожденія функціи V, удовлетворяющей уравненію (1), прежде всего нужно интегрировать систему (4). Пусть $2n$ ея интеграловъ будутъ

$$(5)\qquad f=b,\ \varphi_1=h_1,\ \varphi_2=h_2,\ldots,\ \varphi_{2n-1}=h_{2n-1},$$

гдѣ первый изъ нихъ есть уравненіе (1), $\varphi_1, \varphi_2, \ldots\ldots \varphi_{2n-1}$ суть функціи перемѣнныхъ (3 bis), а $h_1, h_2, \ldots\ldots h_{2n-1}$ постоянныя произвольныя, введенныя интегрированіемъ.

Пусть будетъ a какая ни есть данная постоянная, напримѣръ нуль; сдѣлаемъ въ уравненіяхъ (5) одновременно

$$(6)\quad V=a,\ q_1=q_1^0,\ q_2=q_2^0,\ldots\ q_n=q_n^0,\ p_1=p_1^0,\ p_2=p_2^0,\ldots\ p_n=p_n^0,$$

считая $q_1^0, q_2^0, \ldots\ldots q_n^0, p_1^0, p_2^0, \ldots\ldots p_n^0$, за произвольныя постоянныя; пусть въ этихъ предположеніяхъ функціи $f, \varphi_1, \varphi_2, \ldots \varphi_{2n-1}$ обратятся соотвѣтственно въ слѣдующія:

$$f^0,\ \varphi_1^0,\ \varphi_2^0,\ldots\ldots\ \varphi^0_{2n-1};$$

тогда составляемъ уравненія

$$(7)\quad f=b,\ f^0=b,\ \varphi_1=\varphi_1^0,\ \varphi_2=\varphi_2^0,\ldots\ldots\ \varphi_{2n-1}=\varphi^0_{2n-1},$$

число которыхъ будетъ $2n+1$. Исключаемъ изъ нихъ величины $p_1^0, p_2^0, \ldots\ldots p_n^0$; у насъ останется послѣ исключенія еще $n+1$ уравненій между перемѣнными (3 bis) и постоянными произвольными

$$(8)\qquad q_1^0,\ q_2^0,\ldots\ldots\ q_n^0.$$

Рѣшимъ эти $n+1$ уравненій относительно $V, p_1, p_2, \dots p_n$; тогда сіи послѣднія выразятся въ функціяхъ отъ $q_1, q_2, \dots q_n$, и отъ постоянныхъ произвольныхъ (8). Выраженіе V будетъ удовлетворять предложенному уравненію (1) и его частныя производныя

$$\frac{dV}{dq_1}, \quad \frac{dV}{dq_2}, \dots, \quad \frac{dV}{dq_n}$$

будутъ тождественны съ найденными сейчасъ выраженіями $p_1, p_2, \dots p_n$.

Это выраженіе V, содержащее n постоянныхъ произвольныхъ, называется полнымъ интеграломъ уравненія (1).

Въ томъ случаѣ, когда функція f не зависитъ отъ V, методъ интегрированія нѣсколько измѣняется. Вмѣсто системы (4) мы будемъ имѣть слѣдующую:

$$(9)\quad \frac{dq_1}{\frac{df}{dp_1}} = \frac{dq_2}{\frac{df}{dp_2}} = \dots = \frac{dq_n}{\frac{df}{dp_n}} = -\frac{dp_1}{\frac{df}{dq_1}} = -\frac{dp_2}{\frac{df}{dq_2}} = \dots = -\frac{dp_n}{\frac{df}{dq_n}}.$$

Пусть интегралы системы (9) будутъ

$$(10)\qquad f = b,\ \varphi_1 = h_1,\ \varphi_2 = h_2, \dots, \varphi_{2n-2} = h_{2n-2}.$$

Здѣсь f изображаетъ первую часть уравненія (1), куда вмѣсто величинъ (2) подставлены (3); $\varphi_1, \varphi_2, \dots, \varphi_{2n-2}$ суть функціи отъ $q_1, q_2, \dots, q_n, p_1, p_2, \dots, p_n$, а $h_1, h_2, \dots, h_{2n-2}$ постоянныя произвольныя. Дѣлаемъ въ уравненіяхъ (10)

$$q_1 = a,\ q_2 = q_2^0,\ q_3 = q_3^0, \dots q_n = q_n^0,\ p_1 = p_1^0,\ p_2 = p_2^0, \dots, p_n = p_n^0$$

и пусть они обратятся въ слѣдующія

$$f^0 = b,\ \varphi_1^0 = h_1,\ \varphi_2^0 = h_2, \dots, \varphi^0_{2n-2} = h_{2n-2}.$$

Рѣшаемъ уравненія

$$f^0 = b,\ \varphi_1^0 = \varphi_1,\ \varphi_2^0 = \varphi_2, \dots, \varphi^0_{2n-2} = \varphi_{2n-2}$$

относительно $q_2^0, q_3^0, \dots, q_n^0, p_1^0, p_2^0, \dots, p_n^0$ и пусть выраженія $q_2^0, q_3^0, \dots, q_n^0$ будутъ

$$(11)\quad q_2^0 = F_1(\varphi_1, \varphi_2, \ldots \varphi_{2n-2}),\quad q_3^0 = F_2(\varphi_1, \varphi_2, \ldots \varphi_{2n-2}), \ldots$$
$$q_n^0 = F_{n-1}(\varphi_1, \varphi_2, \ldots \varphi_{2n-2});$$

тогда прибавивъ къ уравненіямъ (11) данное уравненіе $f = b$, мы образуемъ систему, состоящую изъ n уравненій; изъ нихъ выразимъ величины $p_1, p_2, \ldots, p_n$ въ функціяхъ отъ $q_1, q_2, \ldots, q_n$ и отъ $q_2^0, q_3^0, \ldots, q_n^0$, которыя будемъ считать за постоянныя произвольныя. Найденныя выраженія $p_1, p_2, \ldots, p_n$ дѣлаютъ сумму

$$p_1 dq_1 + p_2 dq_2 + \cdots + p_n dq_n$$

полнымъ дифференціаломъ и удовлетворяютъ предложенному уравненію $f = b$. Опредѣленіе искомой функціи V приводится, поэтому, къ квадратурѣ

$$(12)\qquad V = \int (p_1 dq_1 + p_2 dq_2 + \cdots + p_n dq_n) + C,$$

гдѣ C постоянная произвольная. Выраженіе (12) содержитъ n постоянныхъ произвольныхъ

$$C,\ q_2^0,\ q_3^0, \ldots, q_n^0.$$

2. Пусть будетъ

$$V = F(q_1, q_2, \ldots, q_n, \alpha_1, \alpha_2, \ldots, \alpha_{n-1}, A)$$

полный интегралъ уравненія (1) съ n постоянными произвольными $\alpha_1, \alpha_2, \ldots, \alpha_{n-1}, A$. Тогда по способу Лагранжа общій интегралъ этого уравненія выразится системою уравненій

$$(13)\begin{cases} V = F(q_1, q_2, \ldots, q_n, \alpha_1, \alpha_2, \ldots, \alpha_{n-1}, A), \\ \dfrac{dF}{d\alpha_1} + \dfrac{dF}{dA}\cdot\dfrac{dA}{d\alpha_1} = 0,\ \dfrac{dF}{d\alpha_2} + \dfrac{dF}{dA}\cdot\dfrac{dA}{d\alpha_2} = 0, \ldots, \dfrac{dF}{d\alpha_{n-1}} + \dfrac{dF}{dA}\cdot\dfrac{dA}{d\alpha_{n-1}} = 0, \end{cases}$$

гдѣ A считается произвольною функціею отъ $\alpha_1, \alpha_2, \ldots, \alpha_{n-1}$. Сдѣлаемъ въ системѣ (13) для сокращенія

$$(14)\qquad \frac{dA}{d\alpha_1} = \beta_1,\ \frac{dA}{d\alpha_2} = \beta_2, \ldots, \frac{dA}{d\alpha_{n-1}} = \beta_{n-1}$$

и прибавимъ къ ней уравненія

(15) $$\frac{dF}{dq_1}=p_1,\ \frac{dF}{dq_2}=p_2,\ldots,\ \frac{dF}{dq_n}=p_n;$$

тогда мы можемъ вывести изъ уравненій (13) и (15) величины

(16) $$\alpha_1,\alpha_2,\ldots,\alpha_{n-1},A,\beta_1,\beta_2,\ldots,\beta_{n-1}$$

въ функціяхъ отъ перемѣнныхъ (3 bis). Эти функціи будучи уравнены постояннымъ произвольнымъ дадутъ $2n-1$ интеграловъ системы обыкновенныхъ совокупныхъ уравненій (4). Послѣдній ся интегралъ будетъ

(17) $$f(q_1,q_2,\ldots,q_n,V,p_1,p_2,\ldots,p_n)=\text{постоянному}=b.$$

Замѣтимъ здѣсь, что выраженія величинъ (16) въ перемѣнныхъ (3 bis) должны быть освобождены отъ постоянной b, подстановленіемъ вмѣсто b функціи f. Тогда только ихъ можно разсматривать интегралами системы (4), то-есть, такими функціями, полные дифференціалы которыхъ уничтожаются тождественно, послѣ замѣненія величинъ

(18) $$dq_1,dq_2,\ldots,dq_n,dV,dp_1,dp_2,\ldots,dp_n$$

количествами имъ пропорціональными, на основаніи уравненій системы (4).

Если же въ выраженіяхъ величинъ (16) постоянная b не замѣнена функціею f, то упомянутые полные дифференціалы по сказанномъ замѣненіи величинъ (18) также уничтожатся, но вообще не тождественно, а на основаніи уравненія (17). Такое обстоятельство обыкновенно случается, если b не есть неопредѣленная постоянная, а нѣкоторое данное число. Въ этомъ случаѣ оно совсѣмъ пропадаетъ въ уравненіяхъ (13) и (15).

3. Сдѣлаемъ

$$f=A_1p_1+A_2p_2+\cdots+A_np_n,$$

гдѣ $A_1,A_2,\ldots,A_n$ будутъ функціями отъ $q_1,q_2,\ldots,q_n$. Тогда первыя $n-1$ уравненій системы (4) будутъ

$$\frac{dq_1}{A_1}=\frac{dq_2}{A_2}=\dots=\frac{dq_n}{A_n}, \tag{19}$$

и система (19) можетъ быть интегрирована отдѣльно. Положимъ, что ея интегралы суть

$$\psi_1(q_1,q_2,\dots,q_n)=C_1,\ \psi_2(q_1,q_2,\dots,q_n)=C_2,\dots$$
$$\psi_{n-1}(q_1,q_2,\dots,q_n)=C_{n-1};$$

тогда, не интегрируя остальныхъ уравненій системы (4), мы можемъ составить полный интегралъ уравненія

$$A_1\frac{dV}{dq_1}+A_2\frac{dV}{dq_2}+\dots+A_n\frac{dV}{dq_n}=0. \tag{20}$$

Въ самомъ дѣлѣ, означая черезъ $\alpha_1,\ \alpha_2,\dots,\ \alpha_{n-1},\ A$ постоянныя произвольныя, мы можемъ положить

$$V=\alpha_1\psi_1+\alpha_2\psi_2+\dots+\alpha_{n-1}\psi_{n-1}+A. \tag{21}$$

Общій интегралъ уравненія (20) выразится совокупностію уравненія (21) со слѣдующими:

$$\psi_1+\frac{dA}{d\alpha_1}=0,\ \psi_2+\frac{dA}{d\alpha_2}=0,\dots,\ \psi_{n-1}+\frac{dA}{d\alpha_{n-1}}=0. \tag{22}$$

При произвольной функціи A отъ $\alpha_1,\ \alpha_2,\dots,\ \alpha_{n-1}$, изъ уравненій (21) и (22) будетъ слѣдовать, что V сама есть произвольная функція количествъ $\psi_1,\psi_2,\dots,\psi_{n-1}$. Что она удовлетворитъ тождественно уравненію (20), это очевидно.

4. Система (4) равносильна слѣдующему линейному уравненію съ частными производными:

$$0=\left\{\begin{aligned}&\frac{dW}{dq_1}\cdot\frac{df}{dp_1}-\frac{dW}{dp_1}\cdot\frac{df}{dq_1}+\frac{dW}{dq_2}\cdot\frac{df}{dp_2}-\frac{dW}{dp_2}\cdot\frac{df}{dq_2}+\dots\\&\qquad+\frac{dW}{dq_n}\cdot\frac{df}{dp_n}-\frac{dW}{dp_n}\cdot\frac{df}{dq_n}\\&+\frac{dW}{dV}\left(p_1\frac{df}{dp_1}+p_2\frac{df}{dp_2}+\dots+p_n\frac{df}{dp_n}\right)\\&-\frac{df}{dV}\left(p_1\frac{dW}{dp_1}+p_2\frac{dW}{dp_2}+\dots+p_n\frac{dW}{dp_n}\right),\end{aligned}\right. \tag{23}$$

гдѣ W есть неизвѣстная функція. Полное интегрированіе системы (4) можно замѣнить такимъ же интегрированіемъ уравненія (23).

Выраженіе, находящееся въ первой части этого уравненія весьма замѣчательно. Отъ него главнѣйшимъ образомъ зависятъ свойства интеграловъ уравненій перваго порядка. Выраженіе это представляетъ опредѣленное дѣйствіе, совершенное надъ двумя функціями W и f; мы будемъ его обозначать символомъ

$$(W, f). \tag{24}$$

Когда W и f не зависятъ отъ V, онъ будетъ совпадать съ символомъ Пуассона.

Въ настоящемъ параграфѣ мы докажемъ одну формулу, относящуюся къ символу (24), которая будетъ намъ необходима послѣ.

Обозначимъ символомъ $X(V)$ выраженіе

$$X_1 \frac{dV}{dx_1} + X_2 \frac{dV}{dx_2} + \cdots + X_n \frac{dV}{dx_n}, \tag{25}$$

гдѣ $x_1, x_2, \ldots, x_n$ суть перемѣнныя независимыя, $X_1, X_2, \ldots, X_n$ данныя функціи этихъ перемѣнныхъ, а V неопредѣленная ихъ функція; тогда выраженіе (24) будетъ частный случай (25). Подставимъ въ функцію V вмѣсто $x_1, x_2, \ldots, x_n$ соотвѣтственно выраженія

$$x_1 + \varepsilon X_1,\ x_2 + \varepsilon X_2, \ldots,\ x_n + \varepsilon X_n$$

и означимъ результатъ подстановки черезъ V'; въ такомъ случаѣ выраженіе $X(V)$ есть ничто иное, какъ величина $\frac{dV'}{d\varepsilon}$ при значеніи ε, равномъ нулю.

Положимъ теперь, что V можетъ быть разсматриваема, какъ функція отъ $f_1, f_2, \ldots, f_\mu$, которыя, въ свою очередь, суть функціи отъ $x_1, x_2, \ldots, x_n$. Тогда величина $X(V)$ выразится такъ:

$$X(V) = \left(\frac{dV'}{d\varepsilon}\right)_{\varepsilon=0} = \left[\frac{dV'}{df_1'} \cdot \frac{df_1'}{d\varepsilon} + \frac{dV'}{df_2'} \cdot \frac{df_2'}{d\varepsilon} + \cdots + \frac{dV'}{df_\mu'} \cdot \frac{df_\mu'}{d\varepsilon}\right]_{\varepsilon=0};$$

или, замѣчая, что вообще будетъ

$$\left(\frac{df_i'}{d\varepsilon}\right)_{\varepsilon=0} = X(f_i),$$

мы получимъ

$$(26) \quad X(V) = \frac{dV}{df_1} X(f_1) + \frac{dV}{df_2} X(f_2) + \cdots + \frac{dV}{df_\mu} X(f_\mu).$$

Уравненіе это выражаетъ слѣдующее: для того, чтобы найти величину выраженія $X(V)$, слѣдуетъ взять полный дифференціалъ dV и въ немъ замѣнить дифференціалъ каждаго перемѣннаго результатомъ дѣйствія X, произведеннаго надъ этимъ перемѣннымъ.

Въ частномъ случаѣ уравненіе (26) даетъ возможность выразить величину (φ, ψ) въ подобныхъ же символахъ, составленныхъ изъ перемѣнныхъ, отъ которыхъ зависятъ функціи φ и ψ. Положимъ, что φ и ψ суть функціи отъ $f_1, f_2, \ldots, f_k$, которыя зависятъ отъ $q_1, q_2, \ldots, q_n, V, p_1, p_2, \ldots, p_n$. Примѣняя уравненіе (26) къ настоящему случаю, мы получимъ

$$(\varphi, \psi) = \frac{d\psi}{df_1}(\varphi, f_1) + \frac{d\psi}{df_2}(\varphi, f_2) + \cdots + \frac{d\psi}{df_k}(\varphi, f_k);$$

то же самое уравненіе намъ даетъ

$$(\varphi, f_i) = \frac{d\varphi}{df_1}(f_1, f_i) + \frac{d\varphi}{df_2}(f_2, f_i) + \cdots + \frac{d\varphi}{df_k}(f_k, f_i).$$

Приписывая здѣсь значку i величины $1, 2, 3, \ldots, k$ и подставляя полученныя такимъ образомъ выраженія

$$(\varphi, f_1),\ (\varphi, f_2), \ldots,\ (\varphi, f_k)$$

въ предыдущее уравненіе, мы будемъ имѣть

$$\begin{aligned}(\varphi, \psi) = {} & \frac{d\psi}{df_1}\left[\frac{d\varphi}{df_1}(f_1, f_1) + \frac{d\varphi}{df_2}(f_2, f_1) + \cdots + \frac{d\varphi}{df_k}(f_k, f_1)\right] \\ & + \frac{d\psi}{df_2}\left[\frac{d\varphi}{df_1}(f_1, f_2) + \frac{d\varphi}{df_2}(f_2, f_2) + \cdots + \frac{d\varphi}{df_k}(f_k, f_2)\right] \\ & + \cdots\cdots\cdots\cdots\cdots\cdots \\ & + \frac{d\psi}{df_k}\left[\frac{d\varphi}{df_1}(f_1, f_k) + \frac{d\varphi}{df_2}(f_2, f_k) + \cdots + \frac{d\varphi}{df_k}(f_k, f_k)\right].\end{aligned}$$

Замѣтимъ, что вообще будетъ

$$(f_i, f_i) = 0,\ (f_i, f_{i'}) = -(f_{i'}, f_i);$$

слѣдовательно въ предыдущемъ уравненіи коэффиціентъ при величинѣ $(f_i, f_{i'})$ есть

$$\frac{d\varphi}{df_i}\frac{d\psi}{df_{i'}} - \frac{d\varphi}{df_{i'}}\frac{d\psi}{df_i};$$

поэтому, составляя всѣ возможныя различныя соединенія по два чиселъ $1, 2, 3, \ldots, k$, числомъ $\frac{k(k-1)}{2}$, и, давая въ нижеслѣдующей суммѣ значкамъ i и i' величины, относящіяся къ каждому изъ составленныхъ различныхъ соединеній, мы получимъ

$$(27)\qquad (\varphi, \psi) = \sum_{i,i'} \left(\frac{d\varphi}{df_i}\frac{d\psi}{df_{i'}} - \frac{d\varphi}{df_{i'}}\frac{d\psi}{df_i}\right)(f_i, f_{i'}).$$

Это уравненіе мы и имѣли въ виду доказать.

5. Пусть будутъ теперь даны два уравненія

$$(28)\qquad \begin{cases} \varphi\left(q_1, q_2, \ldots, q_n, V, \frac{dV}{dq_1}, \frac{dV}{dq_2}, \ldots, \frac{dV}{dq_n}\right) = 0, \\ \psi\left(q_1, q_2, \ldots, q_n, V, \frac{dV}{dq_1}, \frac{dV}{dq_2}, \ldots, \frac{dV}{dq_n}\right) = 0. \end{cases}$$

Для того, чтобы они имѣли общее рѣшеніе V, необходимо соблюденіе нѣкотораго условія, которое мы здѣсь выведемъ.

Сдѣлаемъ для сокращенія

$$p_1 = \frac{dV}{dq_1},\ p_2 = \frac{dV}{dq_2}, \ldots,\ p_n = \frac{dV}{dq_n}.$$

Подставимъ въ уравненіе $\varphi = 0$ величины $V, p_1, p_2, \ldots, p_n$ въ функціяхъ отъ $q_1, q_2, \ldots, q_n$, удовлетворяющія разомъ двумъ уравненіямъ (28). Тогда функція φ тождественно обратится въ нуль; поэтому, если послѣ подстановки мы напишемъ вмѣсто $q_1, q_2, \ldots, q_n$ какія-либо другія величины, напримѣръ нѣкоторыя ихъ функціи, величина φ не перестанетъ быть тождественно равною нулю. Мы напишемъ въ функціи φ послѣ упомянутой подстановки вмѣсто $q_1, q_2, \ldots, q_n$ соотвѣтственно величины

$$(29)\quad q_1' = q_1 + \varepsilon \frac{d\psi}{dp_1},\ q_2' = q_2 + \varepsilon \frac{d\psi}{dp_2}, \ldots,\ q_n' = q_n + \varepsilon \frac{d\psi}{dp_n}.$$

Каждую функцію по замѣненіи въ ней величинъ $q_1, q_2, \ldots, q_n$ величинами (29) мы будемъ обозначать прежнею буквою со знакомъ; такъ функціи φ, V, $p_1, p_2, \ldots, p_n$ обратятся въ φ', V', $p_1', p_2', \ldots, p_n'$.

Функція φ' тождественно равна нулю, слѣдовательно величина $\frac{d\varphi'}{d\varepsilon}$ какъ сама, такъ и ея значеніе при $\varepsilon = 0$, тождественно уничтожаются. Составимъ же это значеніе. Мы имѣемъ

$$(30)\quad \frac{d\varphi'}{d\varepsilon} = \frac{d\varphi'}{dq_1'}\frac{d\psi}{dp_1} + \frac{d\varphi'}{dq_2'}\frac{d\psi}{dp_2} + \cdots + \frac{d\varphi'}{dq_n'}\frac{d\psi}{dp_n} + \frac{d\varphi'}{dV'}\frac{dV'}{d\varepsilon}$$
$$+ \frac{d\varphi'}{dp_1'}\frac{dp_1'}{d\varepsilon} + \frac{d\varphi'}{dp_2'}\frac{dp_2'}{d\varepsilon} + \cdots + \frac{d\varphi'}{dp_n'}\frac{dp_n'}{d\varepsilon}.$$

При $\varepsilon = 0$ мы получимъ

$$\frac{dV'}{d\varepsilon} = \frac{dV}{dq_1}\frac{d\psi}{dp_1} + \frac{dV}{dq_2}\frac{d\psi}{dp_2} + \cdots + \frac{dV}{dq_n}\frac{d\psi}{dp_n},$$

или, иначе,

$$(31)\quad \frac{dV'}{d\varepsilon} = p_1\frac{d\psi}{dp_1} + p_2\frac{d\psi}{dp_2} + \cdots + p_n\frac{d\psi}{dp_n}.$$

Для того же значенія $\varepsilon = 0$ мы имѣемъ

$$\frac{dp_i'}{d\varepsilon} = \frac{dp_i}{dq_1}\frac{d\psi}{dp_1} + \frac{dp_i}{dq_2}\frac{d\psi}{dp_2} + \cdots + \frac{dp_i}{dq_n}\frac{d\psi}{dp_n}$$
$$= \frac{dp_1}{dq_i}\frac{d\psi}{dp_1} + \frac{dp_2}{dq_i}\frac{d\psi}{dp_2} + \cdots + \frac{dp_n}{dq_i}\frac{d\psi}{dp_n};$$

но эта величина, на основаніи уравненія

$$\frac{d\psi}{dq_i} + \frac{d\psi}{dV}p_i + \frac{dp_1}{dq_i}\frac{d\psi}{dp_1} + \frac{dp_2}{dq_i}\frac{d\psi}{dp_2} + \cdots + \frac{dp_n}{dq_i}\frac{d\psi}{dp_n} = 0,$$

обращается въ слѣдующую

$$(32)\quad \frac{dp_i'}{d\varepsilon} = -\left(\frac{d\psi}{dq_i} + p_i\frac{d\psi}{dV}\right).$$

Такимъ образомъ, подставляя величины (31) и (32) въ уравненіе (30), въ которомъ положимъ $\varepsilon = 0$, мы будемъ имѣть

$$\left(\frac{d\varphi'}{d\varepsilon}\right)_{\varepsilon=0} = \frac{d\varphi}{dq_1}\frac{d\psi}{dp_1} + \frac{d\varphi}{dq_2}\frac{d\psi}{dp_2} + \cdots\cdots + \frac{d\varphi}{dq_n}\frac{d\psi}{dp_n}$$
$$+ \frac{d\varphi}{dV}\left(p_1\frac{d\psi}{dp_1} + p_2\frac{d\psi}{dp_2} + \cdots\cdots + p_n\frac{d\psi}{dp_n}\right)$$
$$-\frac{d\varphi}{dp_1}\left(\frac{d\psi}{dq_1} + p_1\frac{d\psi}{dV}\right) - \frac{d\varphi}{dp_2}\left(\frac{d\psi}{dq_2} + p_2\frac{d\psi}{dV}\right) - \cdots\cdots - \frac{d\varphi}{dp_n}\left(\frac{d\psi}{dq_n} + p_n\frac{d\psi}{dV}\right),$$

или, по нашему обозначенію

$$\left(\frac{d\varphi'}{d\varepsilon}\right)_{\varepsilon=0} = (\varphi, \psi).$$

Такимъ образомъ необходимо, чтобы функціи φ и ψ удовлетворяли условію

(33) $$(\varphi, \psi) = 0,$$

гдѣ подъ $V, p_1, p_2, \ldots, p_n$ разумѣются ихъ величины въ функціяхъ отъ $q_1, q_2, \ldots, q_n$, для того чтобы уравненія $\varphi=0$ и $\psi=0$ имѣли общее рѣшеніе; иначе говоря, необходимо, чтобы выраженіе (φ, ψ) уничтожалось на основаніи уравненій, связывающихъ величины

(34) $$q_1, q_2, \ldots, q_n, V, p_1, p_2, \ldots, p_n.$$

6. Если уравненіе $(\varphi, \psi) = 0$ не имѣетъ мѣста тождественно, или на основаніи двухъ данныхъ уравненій (28), то оно доставитъ намъ новую связь между величинами (34). Означивъ выраженіе (φ, ψ) буквою ω, мы прибавимъ къ даннымъ уравненіямъ въ этомъ случаѣ еще слѣдующее

$$\omega = 0.$$

Для существованія общаго рѣшенія трехъ уравненій

(35) $$\varphi = 0,\ \psi = 0,\ \omega = 0$$

необходимо, чтобы было

$$(\varphi, \psi) = 0,\ (\psi, \omega) = 0,\ (\omega, \varphi) = 0.$$

Первое изъ этихъ уравненій есть $\omega = 0$. Если остальныя два таковы, что оба не уничтожаются ни тождественно, ни на основаніи уравненій (35), то они доставятъ еще одну, или двѣ связи между величинами (34). Продолжая такимъ образомъ соединять въ скобки первую часть каждаго новаго уравненія съ первыми частями имѣющихся уравненій между величинами (34), мы придемъ къ одному изъ слѣдующихъ случаевъ:

1) или мы получимъ систему, уравненія которой, будучи рѣшены относительно нѣкоторыхъ изъ буквъ $p_1, p_2 \ldots, p_n, V$, дадутъ для сихъ послѣднихъ противорѣчащія величины, и тогда предложенная система не имѣетъ рѣшенія;

2) или мы придемъ къ такой системѣ уравненій, что всѣ возможныя скобки, которыя можно составлять изъ первыхъ частей ихъ, уничтожаются, или тождественно, или на основаніи этихъ самыхъ уравненій. Такую систему я назову *замкнутою*. Число ея уравненій не должно превышать $n+1$ для того, чтобы данныя уравненія (28) могли имѣть общее рѣшеніе.

Каково бы ни было число данныхъ уравненій (общее рѣшеніе которыхъ ищется) лишь бы только оно не превышало $n+1$, мы всегда придемъ къ одному изъ двухъ этихъ случаевъ.

Такимъ образомъ необходимое условіе существованія рѣшеній, общихъ нѣсколькимъ уравненіямъ, можетъ быть выражено такъ:

Пусть будетъ дана система уравненій

$$(36) \qquad \varphi_1 = 0,\ \varphi_2 = 0, \ldots, \ \varphi_k = 0$$

между величинами (34). Если эти уравненія имѣютъ рѣшеніе, то, составляя скобки, какъ было сказано, мы непремѣнно придемъ къ системѣ замкнутой

$$(37) \ \varphi_1 = 0,\ \varphi_2 = 0, \ldots \ \varphi_k = 0,\ \varphi_{k+1} = 0, \ldots, \ \varphi_{k+l} = 0,$$

число уравненій которой $k+l$ не будетъ болѣе $n+1$ и они не будутъ противорѣчить другъ другу, если будутъ рѣшены относительно какихъ либо изъ буквъ $p_1, p_2, \ldots, p_n, V$.

Если въ системѣ (37) будетъ тождественно

$$(\varphi_i, \varphi_{i'}) = 0,$$

для всѣхъ значеній i и i', заключающихся въ рядѣ $1, 2, 3, \ldots, k+l$, то мы назовемъ ее *нормальною*. Мы будемъ предполагать всѣ замкнутыя и нормальныя системы, о которыхъ мы будемъ разсуждать, рѣшимыми относительно буквъ $p_1, p_2, \ldots, p_n, V$.

7. Пусть будетъ дана замкнутая система

(38) $$f_1 = 0,\ f_2 = 0, \ldots,\ f_g = 0$$

между величинами (34), число уравненій которой g не болѣе $n+1$.

Положимъ, что другая система g уравненій

(39) $$F_1 = 0,\ F_2 = 0, \ldots,\ F_g = 0$$

даетъ для какихъ ни есть g изъ $2n+1$ буквъ (34) тѣ же самыя величины, что и система (38); тогда система (39) называется преобразованіемъ системы (38) и на оборотъ. Мы здѣсь покажемъ, что всякое преобразованіе замкнутой системы есть также система замкнутая.

Положимъ, что g буквъ изъ ряда (34), для которыхъ системы (38) и (39) даютъ одинаковыя величины, будутъ $p_1, p_2, \ldots, p_g$; тогда посредствомъ уравненій (38) можно выразить сіи послѣднія въ функціяхъ отъ величинъ

(40) $$q_1, q_2, \ldots, q_n, V, f_1, f_2, \ldots, f_g, p_{g+1}, p_{g+2}, \ldots, p_n,$$

и подставить эти выраженія въ уравненія (39). Пусть тогда функціи $F_1, F_2, \ldots, F_g$ обратятся соотвѣтственно въ $\varphi_1, \varphi_2, \ldots, \varphi_g$. Если въ этихъ послѣднихъ сдѣлаемъ $f_1 = f_2 = \ldots = f_g = 0$, то онѣ тождественно обратятся въ нуль; если же вмѣсто $f_1, f_2, \ldots, f_g$ подставимъ ихъ выраженія въ перемѣнныхъ (34), то $\varphi_1, \varphi_2, \ldots, \varphi_g$ обращаются опять въ $F_1, F_2, \ldots, F_g$. Когда при дифференцированіи функцій $\varphi_1, \varphi_2, \ldots, \varphi_g$ мы будемъ считать величины $f_1, f_2, \ldots, f_g$ постоянными, то эти функціи мы будемъ обозначать такъ: $\varphi_1', \varphi_2', \ldots, \varphi_g'$. Тогда по формулѣ (27)

n^0 4 мы будемъ имѣть

$$(\varphi_h, \varphi_k) = (\varphi_h', \varphi_k') + \sum_{i, i'} \left(\frac{d\varphi_h}{df_i} \frac{d\varphi_k}{df_{i'}} - \frac{d\varphi_h}{df_{i'}} \frac{d\varphi_k}{df_i} \right) (f_i, f_{i'})$$

$$+ \sum_{i=1}^{i=g} \frac{d\varphi_h}{df_i} (f_i, \varphi_k') + \sum_{i=1}^{i=g} \frac{d\varphi_k}{df_i} (\varphi_h', f_i).$$

Здѣсь первая изъ написанныхъ суммъ распространена на всѣ значенія буквъ i и i', относящіяся къ различнымъ соединеніямъ чиселъ 1, 2, 3,..., g по два. Во второй части этого уравненія скобки $(f_i, f_{i'})$ уничтожаются на основаніи уравненій (38). Что касается скобокъ

$$(41) \qquad (\varphi_h', \varphi_k'),\ (f_i, \varphi_k'),\ (\varphi_h', f_i)$$

то онѣ уничтожаются также на основаніи системы (38), или, что одно и то же, системы (39). Въ самомъ дѣлѣ, такъ какъ въ величинахъ φ_h', φ_k' количества $f_1, f_2, \ldots, f_g$ считаются постоянными, то положивъ до дифференцированія $f_1 = f_2 = \ldots = f_g = 0$, мы получимъ тотъ же результатъ, составивъ скобки (41), который получили бы, сдѣлавъ это положеніе послѣ дифференцированія въ составленныхъ выраженіяхъ скобокъ. Но положеніе $f_1 = f_2 = \ldots = f_g = 0$ уничтожаетъ тождественно функціи φ_h' и φ_k', а слѣдовательно и скобки (41); поэтому величины выраженій (41) будутъ равны нулю на основаніи уравненій (38) [или (39)], или тождественно.

Такимъ образомъ величина (φ_h, φ_k), или, что одно и то же (F_h, F_k) уничтожается въ силу системы (39); слѣдовательно система (39) будетъ замкнутою, что и доказываетъ предложеніе, которое мы имѣли въ виду.

8. Всякая замкнутая система можетъ быть обращена въ нормальную. Не разбирая общаго вопроса о нахожденіи всѣхъ возможныхъ преобразованій данной замкнутой системы въ нормальныя — вопроса, зависящаго отъ соображеній, которыя я не желаю вводить въ настоящее сочиненіе — я ограничусь указаніемъ одного преобразованія, имѣющаго мѣсто для какой угодно замкнутой системы. Этого будетъ для насъ достаточно.

Пусть будетъ дана замкнутая система

(38) $$f_1 = 0,\ f_2 = 0, \ldots,\ f_g = 0.$$

Рѣшимъ ее относительно какихъ-либо g изъ $2n+1$ буквъ (34), исключая букву V, напримѣръ, относительно $q_1, q_2, \ldots, q_g$; тогда $q_1, q_2, \ldots, q_g$ выразятся въ функціяхъ отъ буквъ

(42) $$q_{g+1},\ q_{g+2}, \ldots,\ q_n,\ V,\ p_1,\ p_2, \ldots,\ p_n$$

и пусть эти выраженія будутъ

$$q_1 = \psi_1,\ q_2 = \psi_2, \ldots,\ q_g = \psi_g,$$

гдѣ $\psi_1, \psi_2, \ldots, \psi_g$ зависятъ только отъ величинъ (42). Система

(43) $$q_1 - \psi_1 = 0,\ q_2 - \psi_2 = 0, \ldots,\ q_g - \psi_g = 0$$

есть преобразованіе системы (38), и такъ какъ эта послѣдняя есть замкнутая, то и система (43), по предложенію n^0 7, должна быть замкнутою. Но скобки

$$(q_h - \psi_h,\ q_k - \psi_k)$$

не зависятъ отъ буквъ $q_1, q_2, \ldots, q_g$, и слѣдовательно не могутъ уничтожиться въ силу уравненій (43); поэтому онѣ должны уничтожаться тождественно, и система (43) есть нормальная.

Такимъ образомъ система (38) всегда можетъ быть преобразована въ нормальную, рѣшеніемъ ея уравненій относительно какихъ-либо g изъ буквъ (34), исключая букву V.

9. Условіе, необходимое для существованія общаго рѣшенія нѣсколькихъ данныхъ уравненій, какъ мы видѣли, состоитъ въ томъ, что, составляя скобки изъ первыхъ частей данныхъ уравненій и тѣхъ, которыя мы послѣдовательно прибавляемъ къ даннымъ, мы должны придти къ замкнутой системѣ, число уравненій которой не превышаетъ $n+1$. Что это условіе есть достаточное, доказать à priori весьма трудно. Мы въ послѣдствіи покажемъ, какимъ образомъ всякая замкнутая система можетъ быть интегрирована, то есть, какъ можетъ быть дѣйствительно найдена функція, удовлетворяющая ея уравненіямъ. Тогда предложеніе о достаточности упомянутаго условія будетъ слѣдовать само собою.

Если число уравненій замкнутой системы равно $n+1$, то можно весьма легко доказать, что она имѣетъ рѣшеніе. Въ самомъ дѣлѣ пусть будетъ дана замкнутая система

$$(44) \qquad f_1 = 0,\ f_2 = 0, \ldots,\ f_{n+1} = 0.$$

Обратимъ ее въ другую замкнутую, рѣшивъ уравненія (44) относительно буквъ $V, p_1, p_2, \ldots, p_n$. Пусть эта другая система будетъ

$$(45) \quad V - \nu = 0,\ p_1 - \pi_1 = 0,\ p_2 - \pi_2 = 0, \ldots,\ p_n - \pi_n = 0,$$

гдѣ количества $\nu, \pi_1, \pi_2, \ldots, \pi_n$ суть функціи только отъ $q_1, q_2, \ldots, q_n$.

Мы имѣемъ вообще

$$(V - \nu,\ p_i - \pi_i) = -\frac{d\nu}{dq_i} + p_i,$$

$$(p_i - \pi_i, p_{i'} - \pi_{i'}) = -\frac{d\pi_i}{dq_{i'}} + \frac{d\pi_{i'}}{dq_i};$$

и такъ какъ эти скобки должны быть равны нулю, то будетъ

$$(46) \qquad -\frac{d\nu}{dq_i} + p_i = 0, \quad -\frac{d\pi_i}{dq_{i'}} + \frac{d\pi_{i'}}{dq_i} = 0.$$

Второе изъ этихъ уравненій имѣетъ мѣсто тождественно, такъ какъ оно не содержитъ буквъ $V, p_1, p_2, \ldots, p_n$, и слѣдовательно не можетъ уничтожиться на основаніи уравненій (45). Первое же въ силу этихъ уравненій обращается въ слѣдующее

$$-\frac{d\nu}{dq_i} + \pi_i = 0,$$

которое также имѣетъ мѣсто тождественно. Такимъ образомъ выраженія

$$\nu,\ \pi_1,\ \pi_2, \ldots,\ \pi_n$$

величинъ

$$V,\ p_1,\ p_2, \ldots, p_n,$$

слѣдующія изъ уравненій (44), удовлетворяютъ условіямъ

$$\pi_i = \frac{d\nu}{dq_i},\ \frac{d\pi_i}{dq_{i'}} = \frac{d\pi_{i'}}{dq_i},$$

а это значитъ, что величина $V=\nu$ имѣетъ производными количества $\pi_1, \pi_2, \ldots \pi_n$, и такъ какъ она и ея производныя удовлетворяютъ уравненіямъ (45) [или, что одно и тоже (44)], то и выходитъ, что система (44) имѣетъ рѣшеніе $V=\nu$.

10. Пусть будетъ дано частное дифференціальное уравненіе

$$f_1(q_1, q_2, \ldots, q_n, V, p_1, p_2, \ldots, p_n) = b \tag{47}$$

и его полный интегралъ

$$V = F(q_1, q_2, \ldots, q_n, \alpha_1, \alpha_2, \ldots, \alpha_{n-1}, A). \tag{48}$$

Тогда, какъ извѣстно, интегралы уравненія

$$(f_1, W) = 0, \tag{49}$$

или равносильной ему системы обыкновенныхъ совокупныхъ уравненій будутъ выраженія величинъ $b, \alpha_1, \alpha_2, \ldots, \alpha_{n-1}, A, \beta_1, \beta_2, \ldots, \beta_{n-1}$ въ перемѣнныхъ

$$q_1, q_2, \ldots, q_n, V, p_1, p_2, \ldots, p_n, \tag{50}$$

слѣдующія изъ уравненій

$$\left\{\begin{array}{l} V = F,\ \dfrac{dF}{dq_1} = p_1,\ \dfrac{dF}{dq_2} = p_2, \ldots\ \dfrac{dF}{dq_n} = p_n, \\ \dfrac{dF}{d\alpha_1} + \dfrac{dF}{dA}\beta_1 = 0,\ \dfrac{dF}{d\alpha_2} + \dfrac{dF}{dA}\beta_2 = 0, \ldots\ \dfrac{dF}{d\alpha_{n-1}} + \dfrac{dF}{dA}\beta_{n-1} = 0. \end{array}\right. \tag{51}$$

Мы здѣсь разсмотримъ, каковы будутъ скобки, составленныя изъ выраженій величинъ

$$b, \alpha_1, \alpha_2, \ldots, \alpha_{n-1}, A, \beta_1, \beta_2, \ldots, \beta_{n-1}, \tag{52}$$

если мы будемъ ихъ комбинировать по двѣ; всѣхъ скобокъ мы составимъ $\frac{2n(2n-1)}{2} = n(2n-1)$. Онѣ могутъ быть раздѣлены на четыре группы:

1) Скобки между величинами

(53) $$b, \alpha_1, \alpha_2, \ldots, \alpha_{n-1}, A.$$

Какія либо двѣ изъ этихъ величинъ мы будемъ обозначать буквами α_i, α_k, такъ что α_i и α_k могутъ быть равны b, или A.

2) Скобки между величинами $b, \alpha_1, \alpha_2, \ldots, \alpha_{n-1}$ съ одной стороны и величинами $\beta_1, \beta_2, \ldots, \beta_{n-1}$ съ другой. Какія угодно изъ скобокъ, принадлежащихъ къ этой группѣ можно изобразить такъ: (α_i, β_k).

3) Скобки между величиною A съ одной стороны и величинами

(54) $$\beta_1, \beta_2, \ldots, \beta_{n-1},$$

съ другой, скобки, которыя могутъ быть обозначены такъ: (A, β_k).

4) Скобки изъ величинъ

$$\beta_1, \beta_2, \ldots, \beta_{n-1}.$$

Пусть выраженія величинъ (53) въ перемѣнныхъ (50) будутъ

(55) $$b = f,\ \alpha_1 = \varphi_1,\ \alpha_2 = \varphi_2, \ldots,\ \alpha_{n-1} = \varphi_{n-1},\ A = \Phi.$$

Система (55) есть преобразованіе слѣдующей

(56) $$F = V,\ \frac{dF}{dq_1} = p_1,\ \frac{dF}{dq_2} = p_2, \ldots,\ \frac{dF}{dq_n} = p_n,$$

которой удовлетворяетъ величина $V = F$; слѣдовательно та же величина удовлетворитъ и системѣ (55). Но мы видѣли, что, если это обстоятельство имѣетъ мѣсто, скобки между величинами

$$f - b,\ \varphi_1 - \alpha_1,\ \varphi_2 - \alpha_2, \ldots,\ \varphi_{n-1} - \alpha_{n-1},\ \Phi - A$$

или, что одно и тоже, между величинами.

$$f, \varphi_1, \varphi_2, \ldots, \varphi_{n-1}, \Phi$$

будутъ равны нулю.

Такимъ образомъ для скобокъ первой группы будетъ вообще

(57) $$(\alpha_i, \alpha_k) = 0.$$

Обратимся къ скобкамъ второй и третьей группъ. Выраженіе β_k получится, если мы въ частномъ

$$-\frac{dF}{d\alpha_k} : \frac{dF}{dA}$$

замѣнимъ величины (53) ихъ выраженіями, слѣдующими изъ уравненій (55). Означимъ это частное до замѣненія черезъ β'_k и будемъ при дифференцированіяхъ считать въ немъ величины (53) постоянными. Тогда по формулѣ (27) n^0 4 мы будемъ имѣть

$$(\alpha_i, \beta_k) = (\alpha_i, \beta'_k) + \frac{d\beta'_k}{d\alpha_1}(\alpha_i, \alpha_1) + \frac{d\beta'_k}{d\alpha_2}(\alpha_i, \alpha_2) + \cdots\cdot$$
$$+ \frac{d\beta_k'}{d\alpha_{n-1}}(\alpha_i, \alpha_{n-1}) + \frac{d\beta_k'}{dA}(\alpha_i, A);$$

вслѣдствіе же уравненій (57) будетъ

$$(\alpha_i, \beta_k) = (\alpha_i, \beta_k'),$$

или, иначе,

$$(\alpha_i, \beta_k) = -\left(\frac{d\alpha_i}{dp_1}\frac{d\beta_k'}{dq_1} + \frac{d\alpha_i}{dp_2}\frac{d\beta_k'}{dq_2} + \cdots\cdot + \frac{d\alpha_i}{dp_n}\frac{d\beta'_k}{dq_n}\right).$$

Дифференцируя уравненіе

$$\beta_k' = -\frac{dF}{d\alpha_k} : \frac{dF}{dA}$$

по перемѣнной q_j, мы получимъ

$$\frac{d\beta_k'}{dq_j} = \left(\frac{dF}{d\alpha_k}\frac{d^2F}{dAdq_j} - \frac{dF}{dA}\frac{d^2F}{d\alpha_k dq_j}\right) : \left(\frac{dF}{dA}\right)^2$$
$$= \left(\frac{dF}{d\alpha_k}\frac{dp_j}{dA} - \frac{dF}{dA}\frac{dp_j}{d\alpha_k}\right) : \left(\frac{dF}{dA}\right)^2.$$

На основаніи же этого уравненія мы будемъ имѣть

$$(\alpha_i, \beta_k) = \frac{1}{\left(\frac{dF}{dA}\right)}\left(\frac{d\alpha_i}{dp_1}\frac{dp_1}{d\alpha_k} + \frac{d\alpha_i}{dp_2}\frac{dp_2}{d\alpha_k} + \cdots + \frac{d\alpha_i}{dp_n}\frac{dp_n}{d\alpha_k}\right)$$

$$-\frac{\frac{dF}{d\alpha_k}}{\left(\frac{dF}{dA}\right)^2}\left(\frac{d\alpha_i}{dp_1}\frac{dp_1}{dA} + \frac{d\alpha_i}{dp_2}\frac{dp_2}{dA} + \cdots + \frac{d\alpha_i}{dp_n}\frac{dp_n}{dA}\right).$$

Это уравненіе можетъ быть написано проще такъ:

$$(58) \qquad (\alpha_i, \beta_k) = \left(\frac{dF}{dA}\frac{d\alpha_i}{d\alpha_k} - \frac{dF}{d\alpha_k}\frac{d\alpha_i}{dA}\right) : \left(\frac{dF}{dA}\right)^2.$$

Изъ уравненія (58) легко уже вывести величины скобокъ второй и третьей группы. Въ самомъ дѣлѣ, если мы означимъ для удобства постоянное b черезъ α_0, то вообще получимъ для второй группы:

$$(59) \qquad (\alpha_i, \beta_k) = 0, \ (\alpha_i, \beta_i) = \frac{1}{\frac{dF}{dA}}.$$

Здѣсь i и k различны и α_i не есть A.

Если мы сдѣлаемъ въ уравненіи (58) $\alpha_i = A$, то получимъ величины скобокъ третьей группы; онѣ будутъ заключаться въ уравненіи

$$(60) \qquad (A, \beta_k) = -\frac{dF}{d\alpha_k} : \left(\frac{dF}{dA}\right)^2 = \frac{\beta_k}{\left(\frac{dF}{dA}\right)}.$$

Выведемъ теперь величины скобокъ четвертой и послѣдней группы.

Мы имѣемъ

$$(\beta_i, \beta_k) = (\beta_i, \beta'_k) + \frac{d\beta_k'}{d\alpha_1}(\beta_i, \alpha_1) + \frac{d\beta_k'}{d\alpha_2}(\beta_i, \alpha_2) + \cdots$$

$$+ \frac{d\beta_k'}{d\alpha_i}(\beta_i, \alpha_i) + \cdots + \frac{d\beta_k'}{d\alpha_{n-1}}(\beta_i, \alpha_{n-1}) + \frac{d\beta_k'}{dA}(\beta_i, A);$$

на основаніи же уравненій (59) и (60) мы получимъ

$$(61) \qquad (\beta_i, \beta_k) = (\beta_i, \beta'_k) - \frac{\frac{d\beta_k'}{d\alpha_i}}{\frac{dF}{dA}} - \frac{\beta_i \frac{d\beta_k'}{dA}}{\frac{dF}{dA}}.$$

Точно также будетъ

$$(\beta_i, \beta_k') = (\beta_i', \beta_k') + \frac{d\beta_i'}{d\alpha_1}(\alpha_1, \beta_k') + \frac{d\beta_i'}{d\alpha_2}(\alpha_2, \beta_k') + \cdots$$

$$+ \frac{d\beta_i'}{d\alpha_k}(\alpha_k, \beta_k') + \cdots + \frac{d\beta_i'}{d\alpha_{n-1}}(\alpha_{n-1}, \beta_k') + \frac{d\beta_i'}{dA}(A, \beta_k');$$

но такъ какъ вообще

$$(\beta_i', \beta_k') = 0, \quad (\alpha_j, \beta_k') = (\alpha_j, \beta_k), \quad (A, \beta_k') = (A, \beta_k),$$

то опять на основаніи уравненій (59) и (60) мы будемъ имѣть

$$(62) \qquad (\beta_i, \beta_k') = \frac{\frac{d\beta'_i}{d\alpha_k}}{\frac{dF}{dA}} + \frac{\beta_k \frac{d\beta'_i}{dA}}{\frac{dF}{dA}}.$$

Изъ уравненій (61) и (62) мы легко получимъ

$$(63) \qquad \frac{dF}{dA}(\beta_i, \beta_k) = \frac{d\beta_i'}{d\alpha_k} - \frac{d\beta_k'}{d\alpha_i} + \beta_k \frac{d\beta_i'}{dA} - \beta_i \frac{d\beta_k'}{dA}.$$

Подставляя въ это равенство величины

$$\beta_i = \beta_i' = -\frac{dF}{d\alpha_i} : \frac{dF}{dA}, \quad \beta_k = \beta_k' = -\frac{dF}{d\alpha_k} : \frac{dF}{dA},$$

мы будемъ имѣть

$$\frac{d\beta_i'}{d\alpha_k} - \frac{d\beta_k'}{d\alpha_i} = -\left(\beta_k \frac{d\beta_i'}{dA} - \beta_i \frac{d\beta_k'}{dA}\right)$$

$$= \left(\frac{dF}{d\alpha_i}\,\frac{d^2 F}{dA\, d\alpha_k} - \frac{dF}{d\alpha_k}\,\frac{d^2 F}{dA\, d\alpha_i}\right) : \left(\frac{dF}{dA}\right)^2.$$

Отсюда будетъ слѣдовать

$$(64) \qquad (\beta_i, \beta_k) = 0,$$

такъ какъ величина $\frac{dF}{dA}$ не равна нулю.

Уравненія (57), (59), (60), (64) даютъ величины скобокъ для всѣхъ четырехъ группъ. Замѣтимъ здѣсь, что въ случаѣ $b = 0$ эти уравненія будутъ имѣть мѣсто вообще не тождественно, а на основаніи предложеннаго уравненія (47).

11. Когда уравненіе (47) не зависитъ отъ нѣкоторыхъ изъ величинъ p, кромѣ скобокъ (57), (59), (60) и (64) нужно еще разсматривать другія.

Положимъ, что функція f_1, не зависитъ отъ $p_2, p_3, \ldots, p_g$, и пусть полный интегралъ уравненія (47) будетъ

$$V = F(q_1, q_2, \ldots, q_n, \alpha_1, \alpha_2, \ldots, \alpha_{n-g}, A), \tag{65}$$

гдѣ, $\alpha_1, \alpha_2, \ldots, \alpha_{n-g}$ и A суть постоянныя произвольныя, введенныя интегрированіемъ.

Общій интегралъ уравненія (47) выведется изъ интеграла (65) предположеніемъ одной изъ постоянныхъ произвольною функціею другихъ, напримѣръ, постоянной A функціею отъ

$$q_2, q_3, \ldots, q_g, \alpha_1, \alpha_2, \ldots, \alpha_{n-g}. \tag{66}$$

Въ такомъ случаѣ общій интегралъ опредѣлится системою уравненій

$$V = F, \ \frac{dF}{d\alpha_1} + \frac{dF}{dA}\beta_1 = 0, \ \frac{dF}{d\alpha_2} + \frac{dF}{dA}\beta_2 = 0, \ldots \tag{67}$$
$$\frac{dF}{d\alpha_{n-g}} + \frac{dF}{dA}\beta_{n-g} = 0,$$

гдѣ опять

$$\beta_1 = \frac{dA}{d\alpha_1}, \ \beta_2 = \frac{dA}{d\alpha_2}, \ldots, \ \beta_{n-g} = \frac{dA}{d\alpha_{n-g}}.$$

Тогда производныя отъ V будутъ даны уравненіями

$$\tag{68} \left\{ \begin{aligned} &\frac{dF}{dq_1} = p_1, \ \frac{dF}{dq_{g+1}} = p_{g+1}, \ \frac{dF}{dq_{g+2}} = p_{g+2}, \ldots, \ \frac{dF}{dq_n} = p_n, \\ &\frac{dF}{dq_2} + \frac{dF}{dA} Q_2 = p_2, \ \frac{dF}{dq_3} + \frac{dF}{dA} Q_3 = p_3, \ldots, \ \frac{dF}{dq_g} + \frac{dF}{dA} Q_g = p_g, \end{aligned} \right.$$

въ которыхъ сдѣлано

$$\frac{dA}{dq_2} = Q_2, \ \frac{dA}{dq_3} = Q_3, \ldots, \ \frac{dA}{dq_g} = Q_g.$$

Изъ уравненій (67) и (68) могутъ быть получены выраженія

величинъ

(69) $b, \alpha_1, \alpha_2, \ldots, \alpha_{n-g}, A, Q_1, Q_2, \ldots, Q_g, \beta_1, \beta_2, \ldots, \beta_{n-g}$

въ перемѣнныхъ

(70) $$q_1, q_2, \ldots, q_n, V, p_1, p_2, \ldots, p_n.$$

Что касается скобокъ, составленныхъ изъ выраженій

$$b, \alpha_1, \alpha_2, \ldots, \alpha_{n-g}, A, \beta_1, \beta_2, \ldots, \beta_{n-g},$$

то онѣ, по предыдущему, даны будутъ уравненіями

(71) $$\begin{cases} (\alpha_i, \alpha_k) = 0, \quad (\alpha_i, \beta_k) = 0, \quad (\alpha_i, \beta_i) = \dfrac{1}{\frac{dF}{dA}}, \\ (A, \beta_k) = \dfrac{\beta_k}{\frac{dF}{dA}}, \quad (\beta_i, \beta_k) = 0, \end{cases}$$

гдѣ принимается для однообразія письма $\alpha_{n-g+1} = A$, $\alpha_0 = b$, а во второмъ и третьемъ уравненіяхъ (71) значекъ i можетъ получать только значенія, заключающіяся въ рядѣ $0, 1, 2, \ldots, n-g$. Точно также, какъ было доказано уравненіе (57), мы докажемъ слѣдующія:

(72) $$(Q_i, Q_k) = 0, \quad (A, Q_k) = \frac{Q_k}{\frac{dF}{dA}}, \quad (\alpha_i, Q_k) = 0,$$

гдѣ въ послѣднемъ уравненіи значекъ i принимаетъ величины $0, 1, 2, \ldots n-g$. Осталось найти скобки (β_i, Q_k). Руководствуясь соображеніями, которыя были нами употреблены для доказательства уравненія (64), и означая черезъ β_i' и Q_k' величины

$$-\frac{\frac{dF}{d\alpha_i}}{\frac{dF}{dA}}, \quad \frac{p_k - \frac{dF}{dq_k}}{\frac{dF}{dA}},$$

въ которыхъ количества

$$b = \alpha_0, \ \alpha_1, \ \alpha_2, \ldots, \ \alpha_{n-g}, \ A$$

считаются постоянными при составленіи скобокъ, мы легко получимъ

$$\frac{dF}{dA}(\beta_i, Q_k) = \frac{d\beta_i'}{dq_k} + Q_k \frac{d\beta_i'}{dA} - \frac{dQ_k'}{d\alpha_i} - \beta_i \frac{dQ_k'}{dA};$$

откуда, на основаніи уравненій

$$\beta_i' = -\frac{\frac{dF}{d\alpha_i}}{\frac{dF}{dA}}, \quad Q_k' = \frac{p_k - \frac{dF}{dq_k}}{\frac{dF}{dA}},$$

будемъ имѣть

(73) $$(\beta_i, Q_k) = 0.$$

Такимъ образомъ всѣ скобки, которыя можно составить изъ выраженій величинъ (69), опредѣляются уравненіями (71) (72) и (73).

Если $b = \alpha_0 = 0$, то уравненія (71), (72) и (73) будутъ имѣть мѣсто вообще не тождественно, а на основаніи уравненія $f_1 = 0$.

12. Пусть будетъ дана нормальная система уравненій

(74) $$f_1 = b_1, \; f_2 = b_2, \ldots, \; f_g = b_g$$

между величинами (70), въ которой $b_1, b_2, \ldots, b_g$ означаютъ неопредѣленныя постоянныя. Я покажу, что эта система можетъ быть преобразована въ другую нормальную, въ которой какъ число уравненій, такъ и число перемѣнныхъ независимыхъ будутъ единицею меньше, чѣмъ въ системѣ (74), такъ, что первое будетъ $g - 1$, а второе $n - 1$. Новая система, представляя тѣ же обстоятельства, что и прежняя, можетъ быть преобразована опять въ другую съ $g - 2$ уравненіями и $n - 2$ перемѣнными независимыми. Поступая такимъ образомъ далѣе, мы, очевидно, придемъ окончательно къ одному уравненію съ $n - g + 1$ перемѣнными. Интегрированіе его и даетъ намъ самое общее рѣшеніе системы (74). Мы будемъ называть, по аналогіи съ полными интегралами, полнымъ рѣшеніемъ или полнымъ интеграломъ системы (74), рѣшеніе, содержащее $n - g + 1$ различныхъ постоянныхъ произвольныхъ, введенныхъ интегрированіемъ, общимъ же интеграломъ — рѣшеніе, содержащее произвольную функцію и слѣдующее изъ полнаго интеграла при помощи измѣненія постоянныхъ произвольныхъ. Особенными рѣшеніями мы будемъ называть тѣ, которыя не заключаются въ общемъ интегралѣ. Эти послѣднія мы исключимъ изъ нашихъ изслѣдованій.

Возьмемъ одно изъ уравненій системы (74), напримѣръ $f_1=b_1$. Пусть полный его интегралъ будетъ опять

$$V=F(q_1,q_2,\ldots,q_n,\alpha_1,\alpha_2,\ldots,\alpha_{n-1},A).$$

Рѣшаемъ уравненія

$$(75)\quad \begin{cases} F=V,\ \dfrac{dF}{dq_1}=p_1,\ \dfrac{dF}{dq_2}=p_2,\ldots,\ \dfrac{dF}{dq_n}=p_n, \\ \dfrac{dF}{d\alpha_1}+\dfrac{dF}{dA}\dfrac{dA}{d\alpha_1}=0,\ \dfrac{dF}{d\alpha_2}+\dfrac{dF}{dA}\dfrac{dA}{d\alpha_2}=0,\ldots,\ \dfrac{dF}{d\alpha_{n-1}}+\dfrac{dF}{dA}\dfrac{dA}{d\alpha_{n-1}}=0 \end{cases}$$

относительно величинъ

$$(76)\qquad q_2,q_3,\ldots,q_n,V,p_1,p_2,\ldots,p_n,$$

выражаемъ ихъ въ функціяхъ отъ

$$(77)\quad q_1,\alpha_1,\alpha_2,\ldots,\alpha_{n-1},A,\ \beta_1=\frac{dA}{d\alpha_1},\ \beta_2=\frac{dA}{d\alpha_2},\ldots,\ \beta_{n-1}=\frac{dA}{d\alpha_{n-1}}$$

и подставляемъ эти выраженія въ уравненія системы (74). Уравненіе $f_1=b_1$ обратится послѣ подстановки въ тождество, функціи же

$$f_2,f_3,\ldots,f_g$$

пусть обратятся соотвѣтственно въ

$$(78)\qquad F_2,F_3,\ldots,F_g;$$

тогда мы докажемъ 1) что функціи (78) не зависятъ отъ q_1 и 2) что система

$$(79)\qquad F_2=b_2,\ F_3=b_3,\ldots,\ F_g=b_g$$

будетъ нормальною, когда мы будемъ разсматривать въ ней величины $\alpha_1,\alpha_2,\ldots\alpha_{n-1}$ какъ перемѣнныя независимыя и A какъ неизвѣстную функцію.

13. Возьмемъ функцію F_i и докажемъ, что $\frac{dF_i}{dq_1}$ уничтожается тождественно. Разсматривая въ f_i величины (76) какъ функціи перемѣнныхъ (77), мы имѣемъ

$$(80)\quad \frac{dF_i}{dq_1}=\frac{df_i}{dq_1}+\frac{df_i}{dq_2}\frac{dq_2}{dq_1}+\frac{df_i}{dq_3}\frac{dq_3}{dq_1}+\cdots+\frac{df_i}{dq_n}\frac{dq_n}{dq_1}+\frac{df_i}{dV}\frac{dV}{dq_1}$$
$$+\frac{df_i}{dp_1}\frac{dp_1}{dq_1}+\frac{df_i}{dp_2}\frac{dp_2}{dq_1}+\cdots+\frac{df_i}{dp_n}\frac{dp_n}{dq_1};$$

но извѣстно, что выраженія величинъ (76) въ количествахъ (77) удовлетворяютъ системѣ обыкновенныхъ совокупныхъ уравненій

$$(81)\quad \frac{dq_1}{\frac{df_1}{dp_1}}=\frac{dq_2}{\frac{df_1}{dp_2}}=\cdots=\frac{dq_n}{\frac{df_1}{dp_n}}=\frac{dV}{p_1\frac{df_1}{dp_1}+p_2\frac{df_1}{dp_2}+\cdots+p_n\frac{df_1}{dp_n}}=$$
$$=-\frac{dp_1}{\frac{df_1}{dq_1}+p_1\frac{df_1}{dV}}=-\frac{dp_2}{\frac{df_1}{dq_2}+p_2\frac{df_1}{dV}}=\cdots=-\frac{dp_n}{\frac{df_1}{dq_n}+p_n\frac{df_1}{dV}};$$

поэтому, подставляя въ уравненіе (80) вмѣсто частныхъ производныхъ величинъ (76) по q_1 отношенія

$$\frac{dq_2}{dq_1},\ \frac{dq_3}{dq_1},\ldots,\ \frac{dq_n}{dq_1},\ \frac{dV}{dq_1},\ \frac{dp_1}{dq_1},\ \frac{dp_2}{dq_1},\ldots\ \frac{dp_n}{dq_1},$$

слѣдующія изъ уравненій (81), мы обратимъ его въ слѣдующее:

$$(82)\qquad \frac{dF_i}{dq_1}=\frac{(f_i,f_1)}{\frac{df_1}{dp_1}}.$$

Такъ какъ, по условію, система (74) есть нормальная, то $(f_i,f_1)=0$; функцію же f_1 всегда можно предположить зависящею отъ p_1, потому что p_1 есть которая угодно частная производная функціи V, и слѣдовательно можно положить $\frac{df_1}{dp_1}$ не равною нулю; тогда уравненіе (82) показываетъ, что величина $\frac{dF_i}{dq_1}$ равна нулю тождественно, такъ какъ между величинами

$$q_1,\alpha_1,\alpha_2,\ldots,\alpha_{n-1},A,\beta_1,\beta_2,\ldots,\beta_{n-1}$$

не существуетъ ни одного уравненія независимаго отъ количествъ (76). Такимъ образомъ изъ предыдущаго слѣдуетъ, что функціи F_i не зависятъ отъ q_1.

14. Возьмемъ теперь двѣ функціи изъ ряда (78), наприм.: F_h и F_l, и сдѣлаемъ для симметріи $b_1 = \alpha_0$, $A = \alpha_n$; тогда мы будемъ имѣть

$$(83)\quad (f_h, f_l) = 0 = (F_h, F_l) = \sum_{i,i'} \left(\frac{dF_h}{d\alpha_i} \frac{dF_l}{d\alpha_{i'}} - \frac{dF_h}{d\alpha_{i'}} \frac{dF_l}{d\alpha_i} \right) (\alpha_i, \alpha_{i'}) + \sum_{i,i'} \left(\frac{dF_h}{d\alpha_i} \frac{dF_l}{d\beta_{i'}} - \frac{dF_h}{d\beta_{i'}} \frac{dF_l}{d\alpha_i} \right) (\alpha_i, \beta_{i'}) + \sum_{i,i'} \left(\frac{dF_h}{d\beta_i} \frac{dF_l}{d\beta_{i'}} - \frac{dF_h}{d\beta_{i'}} \frac{dF_l}{d\beta_i} \right) (\beta_i, \beta_{i'}).$$

Вслѣдствіе уравненій (57) и (64) первая и послѣдняя изъ написанныхъ суммъ уничтожаются тождественно; средняя же на основаніи уравненій (59) и (60) обращается въ слѣдующую:

$$(84)\quad \frac{1}{\frac{dF}{dA}} \sum_{i=1}^{i=n-1} \left[\frac{dF_h}{d\alpha_i} \frac{dF_l}{d\beta_i} - \frac{dF_h}{d\beta_i} \frac{dF_l}{d\alpha_i} + \beta_i \left(\frac{dF_h}{dA} \frac{dF_l}{d\beta_i} - \frac{dF_h}{d\beta_i} \frac{dF_l}{dA} \right) \right],$$

такъ что уравненіе (83) можетъ быть написано въ видѣ

$$(85)\quad \left\{ \begin{aligned} & \frac{dF_h}{d\alpha_1} \frac{dF_l}{d\beta_1} - \frac{dF_h}{d\beta_1} \frac{dF_l}{d\alpha_1} + \frac{dF_h}{d\alpha_2} \frac{dF_l}{d\beta_2} - \frac{dF_h}{d\beta_2} \frac{dF_l}{d\alpha_2} + \cdots \\ & \qquad + \frac{dF_h}{d\alpha_{n-1}} \frac{dF_l}{d\beta_{n-1}} - \frac{dF_h}{d\beta_{n-1}} \frac{dF_l}{d\alpha_{n-1}} \\ & + \frac{dF_h}{dA} \left(\beta_1 \frac{dF_l}{d\beta_1} + \beta_2 \frac{dF_l}{d\beta_2} + \cdots + \beta_{n-1} \frac{dF_l}{d\beta_{n-1}} \right) \\ & - \frac{dF_l}{dA} \left(\beta_1 \frac{dF_h}{d\beta_1} + \beta_2 \frac{dF_h}{d\beta_2} + \cdots + \beta_{n-1} \frac{dF_h}{d\beta_{n-1}} \right) \end{aligned} \right\} = 0,$$

ибо $\frac{dF}{dA}$ не есть безконечность.

Уравненіе (85) показываетъ, что скобки, составленныя изъ какихъ угодно двухъ функцій ряда (78), тождественно уничтожаются; поэтому система

(79) $$F_2 = b_2,\ \ F_3 = b_3, \ldots,\ \ F_g = b_g,$$

гдѣ $\alpha_1, \alpha_2, \ldots, \alpha_{n-1}$ будутъ перемѣнными независимыми и A неизвѣстною функціею, есть нормальная.

15. Положимъ, что мы нашли величину A какъ функцію отъ $\alpha_1, \alpha_2, \ldots, \alpha_{n-1}$, удовлетворяющую системѣ (79). Тогда изъ уравненій

$$\frac{dF}{d\alpha_1} + \frac{dF}{dA}\frac{dA}{d\alpha_1} = 0,\quad \frac{dF}{d\alpha_2} + \frac{dF}{dA}\frac{dA}{d\alpha_2} = 0, \ldots.$$
$$\frac{dF}{d\alpha_{n-1}} + \frac{dF}{dA}\frac{dA}{d\alpha_{n-1}} = 0$$

мы опредѣлимъ $\alpha_1, \alpha_2, \ldots, \alpha_{n-1}$, а слѣдовательно и A, въ функціяхъ отъ $q_1, q_2, \ldots, q_n$. Подставивъ найденныя величины $\alpha_1, \alpha_2, .., \alpha_{n-1}, A$ въ выраженіе $V = F(q_1, q_2, .., q_n, \alpha_1, \alpha_2, .., \alpha_{n-1}, \mathrm{A})$, мы опредѣлимъ функцію V, удовлетворяющую всѣмъ уравненіямъ системы (74). Такимъ образомъ нахожденіе общаго рѣшенія системы (74) приводится къ интегрированію системы (79), въ которой число уравненій есть $g - 1$, а число перемѣнныхъ независимыхъ $n - 1$. Систему (79) можно преобразовать въ новую съ $n - 2$ перемѣнными независимыми и $g - 2$ уравненіями. Продолжая поступать такимъ образомъ далѣе, мы придемъ къ одному уравненію съ $n - g + 1$ перемѣнными независимыми. Интегрированіемъ его мы опредѣлимъ неизвѣстныя функціи всѣхъ системъ, чрезъ которыя мы перешли. Его полный интегралъ будетъ содержать $n - g + 1$ постоянныхъ произвольныхъ, которыя введутся интегрированіемъ. Тѣже постоянныя произвольныя войдутъ и во всѣ упомянутыя неизвѣстныя функціи, а слѣдовательно и въ V. Полученное выраженіе V въ $q_1, q_2, \ldots, q_n$, и этихъ постоянныхъ произвольныхъ и будетъ полнымъ интеграломъ системы (74). Пусть онъ будетъ

$$V = \varphi(q_1, q_2, \ldots, q_n, h_1, h_2, \ldots, h_{n-g}, H),$$

гдѣ $h_1, h_2, \ldots, h_{n-g}, H$ суть упомянутыя постоянныя, которыя, какъ легко видѣть, будутъ всѣ различны; тогда общій интегралъ системы (74) опредѣлится уравненіями

$$V=\varphi,\quad \frac{d\varphi}{dh_1}+\frac{d\varphi}{dH}\frac{dH}{dh_1}=0,\quad \frac{d\varphi}{dh_2}+\frac{d\varphi}{dH}\frac{dH}{dh_2}=0,\ldots$$
$$\frac{d\varphi}{dh_{n-g}}+\frac{d\varphi}{dH}\frac{dH}{dh_{n-g}}=0,$$

въ которыхъ подъ H разумѣется произвольная функція величинъ $h_1, h_2, \ldots, h_{n-g}$.

16. Въ томъ случаѣ, когда $b_1, b_2, \ldots, b_g$ равны нулю нашъ методъ интегрированія нисколько не измѣняется, хотя доказательство его требуетъ нѣкоторыхъ добавленій. Въ самомъ дѣлѣ, тогда уравненія (57), (59), (60), (64) и (82) имѣютъ мѣсто вообще на основаніи уравненія $f_1=0$, а не тождественно. Притомъ на основаніи того же уравненія можетъ быть нулемъ величина $\frac{df_1}{dp_1}$. Чтобы дополнить доказательство, мы замѣтимъ, что исключая изъ нашихъ изслѣдованій особенныя рѣшенія, мы можемъ рѣшить уравненіе $f_1=0$ относительно p_1 и представить его въ видѣ

$$p_1+\psi(q_1, q_2, \ldots, q_n, V, p_2, p_3, \ldots, p_n)=0;$$

тогда $\frac{df_1}{dp_1}=1$ и, слѣдовательно, не можетъ быть нулемъ на основаніи уравненія $f_1=0$. Въ этомъ случаѣ уравненіе (82) показываетъ, что $\frac{dF_i}{dq_1}$ обращается въ нуль въ силу уравненія $f_1=0$; но сіе послѣднее не даетъ никакого отношенія между величинами (77), такъ какъ функція f_1, будучи въ нихъ выражена, тождественно обращается въ нуль; слѣдовательно $\frac{dF_i}{dq_1}$ также тождественно уничтожается и F_i не будетъ зависѣть отъ q_1.

Уравненіе (85), котораго первая часть есть функція количествъ

$$\alpha_1, \alpha_2, \ldots, \alpha_{n-1}, A, \beta_1, \beta_2, \ldots, \beta_{n-1}$$

имѣетъ мѣсто тождественно, такъ какъ между этими количествами нѣтъ ни одной зависимости, свободной отъ перемѣнныхъ (70).

Такимъ образомъ предложенія n^0 13 и n^0 14 будутъ имѣть мѣсто безъ всякаго измѣненія въ томъ случаѣ, когда $b_1 = 0$, $b_2 = 0, \ldots, b_g = 0$.

17. Посмотримъ, какія перемѣны слѣдуетъ сдѣлать въ нашемъ методѣ, когда нѣкоторыя изъ уравненій данной нормальной системы не будутъ зависѣть отъ нѣкоторыхъ изъ величинъ

$$p_1, p_2, \ldots, p_n. \tag{86}$$

Къ такой системѣ мы можемъ придти, слѣдуя пути, указанному въ n^0 8. Въ самомъ дѣлѣ, отъ уравненій данныхъ, общее рѣшеніе которыхъ слѣдуетъ найти, мы приходимъ къ замкнутой системѣ

$$f_1 = 0, \; f_2 = 0, \ldots, f_g = 0 \tag{87}$$

въ томъ случаѣ, когда оно существуетъ. Рѣшимъ уравненія этой системы относительно $p_1, p_2, \ldots, p_g$ и представимъ ихъ въ видѣ

$$p_1 + \varphi_1 = 0, \; p_2 + \varphi_2 = 0, \ldots, \; p_g + \varphi_g = 0, \tag{88}$$

гдѣ величины $\varphi_1, \varphi_2, \ldots, \varphi_g$ суть функціи количествъ

$$q_1, q_2, \ldots, q_n, V, p_{g+1}, p_{g+2}, \ldots, p_n. \tag{89}$$

Система (88) есть преобразованіе системы (87); она будетъ нормальною, какъ мы видѣли въ n^0 8.

Отысканіе общаго рѣшенія данныхъ уравненій приводится поэтому къ интегрированію системы (88).

Я покажу, какимъ образомъ она можетъ быть интегрирована, опуская доказательства для избѣжанія повтореній; эти доказательства читатель легко можетъ дать самъ, на основаніи соображеній, изложенныхъ въ n^0 11, 13 и 14.

Находимъ полный интегралъ уравненія

$$p_1 + \varphi_1 = 0.$$

Пусть онъ будетъ

$$V = F(q_1, q_2, \ldots, q_n, \alpha_1, \alpha_2, \ldots, \alpha_{n-g}, A)$$

гдѣ $\alpha_1, \alpha_2, \ldots, \alpha_{n-g}, A$ суть постоянныя произвольныя. Рѣшаемъ уравненія

$$(90)\quad \begin{cases} F = V,\ \dfrac{dF}{dq_1} = p_1,\ \dfrac{dF}{dq_{g+1}} = p_{g+1}, \ldots \ \dfrac{dF}{dq_n} = p_n, \\ \dfrac{dF}{dq_2} + \dfrac{dF}{dA}\dfrac{dA}{dq_2} = p_2,\ \dfrac{dF}{dq_3} + \dfrac{dF}{dA}\dfrac{dA}{dq_3} = p_3, \ldots \\ \dfrac{dF}{dq_g} + \dfrac{dF}{dA}\dfrac{dA}{dq_g} = p_g, \\ \dfrac{dF}{d\alpha_1} + \dfrac{dF}{dA}\dfrac{dA}{d\alpha_1} = 0,\ \dfrac{dF}{d\alpha_2} + \dfrac{dF}{dA}\dfrac{dA}{d\alpha_2} = 0, \ldots \\ \dfrac{dF}{d\alpha_{n-g}} + \dfrac{dF}{dA}\dfrac{dA}{d\alpha_{n-g}} = 0 \end{cases}$$

относительно величинъ

$$(91)\qquad q_{g+1}, q_{g+2}, \ldots, q_n, V, p_1, p_2, \ldots, p_n,$$

которыя выразятся въ количествахъ

$$(92)\quad \begin{cases} q_1, q_2, \ldots, q_g, \alpha_1, \alpha_2, \ldots, \alpha_{n-g}, A, \\ \dfrac{dA}{dq_2}, \dfrac{dA}{dq_3}, \ldots, \dfrac{dA}{dq_g}, \dfrac{dA}{d\alpha_1}, \dfrac{dA}{d\alpha_2}, \ldots, \dfrac{dA}{d\alpha_{n-g}}. \end{cases}$$

Подставивъ эти выраженія въ уравненія системы (88), мы увидимъ, что первое изъ нихъ обратится въ тождество. Каждое изъ остальныхъ, напримѣръ $p_i + \varphi_i = 0$, не будетъ зависѣть отъ q_1, но будетъ содержать другія изъ количествъ (92), а именно:

$$(93)\quad q_2, q_3, \ldots, q_g, \alpha_1, \alpha_2, \ldots, \alpha_{n-g}, A, \frac{dA}{dq_i}, \frac{dA}{d\alpha_1}, \frac{dA}{d\alpha_2}, \ldots, \frac{dA}{d\alpha_{n-g}},$$

такъ что функція $p_i + \varphi_i$ обратится послѣ упомянутой подстановки въ функцію перемѣнныхъ (93). Пусть эта послѣдняя будетъ ψ_i; тогда система

$$(94)\qquad \psi_2 = 0,\ \psi_3 = 0, \ldots,\ \psi_g = 0$$

будетъ нормальною, принимая въ ней A за неизвѣстную функцію отъ величинъ

$$(95)\qquad q_2, q_3, \ldots, q_g, \alpha_1, \alpha_2, \ldots, \alpha_{n-g}.$$

Система (94) можетъ быть приведена къ виду, который имѣетъ система (88), если мы каждое ея уравненіе раздѣлимъ на величину $\frac{dF}{dA}$, выраженную въ количествахъ (92); $\frac{dF}{dA}$, въ силу сказаннаго сейчасъ, будетъ зависѣть только отъ количествъ

$$(96)\quad q_2, q_3, \ldots, q_g, \alpha_1, \alpha_2, \ldots, \alpha_{n-g}, A, \frac{dA}{d\alpha_1}, \frac{dA}{d\alpha_2}, \ldots, \frac{dA}{d\alpha_{n-g}}.$$

Такимъ образомъ система (94) приведется къ виду

$$(97)\quad \frac{dA}{dq_2} + \omega_2 = 0,\ \frac{dA}{dq_3} + \omega_3 = 0, \ldots, \ \frac{dA}{dq_g} + \omega_g = 0$$

гдѣ $\omega_1, \omega_2, \ldots, \omega_g$ будутъ функціями величинъ (96).

Число уравненій системы (97) будетъ $g-1$, число же перемѣнныхъ независимыхъ $n-1$. Если A, какъ функція перемѣнныхъ (96), удовлетворяющая системъ (97), извѣстна, то мы легко получимъ и V, выражая посредствомъ уравненій

$$\frac{dF}{d\alpha_1} + \frac{dF}{dA}\frac{dA}{d\alpha_1} = 0,\ \frac{dF}{d\alpha_2} + \frac{dF}{dA}\frac{dA}{d\alpha_2} = 0, \ldots.$$
$$\frac{dF}{d\alpha_{n-g}} + \frac{dF}{dA}\frac{dA}{d\alpha_{n-g}} = 0$$

величины $\alpha_1, \alpha_2, \ldots, \alpha_{n-g}$, а, слѣдовательно, и A, въ функціяхъ отъ $q_1, q_2, \ldots, q_n$ и подставляя эти выраженія въ уравненіе $V = F$.

Найденная величина V удовлетворитъ системѣ (88).

Поступая съ системою (97) точно также, какъ съ системою (88), мы придемъ къ системѣ съ $n-2$ перемѣнными независимыми и $g-2$ уравненіями. Продолжая переходить отъ одной системы къ другой, какъ мы это дѣлали въ n^0 15, мы придемъ къ одному уравненію съ $n-g+1$ перемѣнными независимыми, интегрированіемъ котораго мы опредѣлимъ неизвѣстныя функціи всѣхъ частныхъ системъ, черезъ которыя мы переходили.

Такимъ же образомъ, какъ въ n^0 15, мы получимъ полный интегралъ системы (88), а изъ него выведемъ и общій. Въ общемъ интегралѣ будутъ заключаться всѣ общія рѣшенія данныхъ уравненій, исключая особенныя.

Изъ этого мы видимъ, что всякая замкнутая система, состоящая изъ g уравненій, имѣетъ общее рѣшеніе, содержащее $n-g+1$ постоянныхъ произвольныхъ различныхъ, или такъ называемый полный интегралъ. Отсюда уже само собою слѣдуетъ, что необходимое условіе, поставленное нами въ n^0 6, будетъ вмѣстѣ съ тѣмъ и достаточнымъ.

18. Задачу объ интегрированіи совокупныхъ уравненій съ частными производными можно разсматривать съ различныхъ точекъ зрѣнія. Каждое уравненіе данной системы можно считать зависимостью между неизвѣстною функціею V и ея частными производными, принимая, какъ ту, такъ и другія за различныя неизвѣстныя функціи, удовлетворяющія нѣкоторымъ условіямъ. Вопросъ будетъ рѣшенъ, если число зависимостей будетъ равно числу неизвѣстныхъ функцій. Смотря съ этой точки зрѣнія на предметъ, Якоби и Буръ показали, какимъ образомъ, примѣняя теорему Пуассона къ одному изъ интеграловъ какого либо уравненія системы, можно перейти отъ системы съ какимъ ни есть числомъ g уравненій къ системѣ съ $g+1$ уравненіями. Поэтому, слѣдуя ихъ методу, мы будемъ постепенно увеличивать число уравненій по мѣрѣ приближенія вопроса къ концу. Не трудно видѣть, что прибавленіе одного уравненія къ системѣ, даетъ возможность исключить двѣ перемѣнныхъ изъ совокупныхъ уравненій, къ которымъ приводится интегрированіе какого либо уравненія системы. Въ самомъ дѣлѣ возьмемъ систему того вида, къ какому Якоби приводитъ свои уравненія, то есть вида (88). Система совокупныхъ уравненій, къ которой приводится интегрированіе какого либо изъ уравненій (88), напримѣръ $p_i+\varphi_i=0$, будетъ равносильна частному дифференціальному уравненію

$$(98) \qquad (p_i+\varphi_i, W)=(\varphi_i, W)-\frac{dW}{dq_i}=0.$$

Въ немъ можно предполагать W независящимъ отъ $p_1, p_2, \ldots, p_g$, и содержащимъ только перемѣнныя

(99) $$q_i, q_{g+1}, q_{g+2}, \ldots, q_n, p_{g+1}, p_{g+2}, \ldots, p_n,$$

такъ какъ Якобіевы уравненія не должны зависѣть отъ V, и слѣдовательно функція φ_i заключаетъ въ себѣ только величины

$$q_1, q_2, \ldots, q_n, p_{g+1}, p_{g+2}, \ldots, p_n.$$

Такимъ образомъ въ это уравненіе перемѣнныя независимыя (99) входятъ въ числѣ $2n - 2g + 1$. Если число уравненій системы (88) увеличится на единицу, то уравненія, подобныя (98), будутъ заключать $2n - 2(g+1) + 1$ перемѣнныхъ независимыхъ, т. е. на двѣ менѣе противъ прежняго. Слѣдуя пути, указанному Якоби и Буромъ, мы при каждой операціи будемъ прибавлять къ имѣющимся у насъ уравненіямъ между величинами

(100) $$q_1, q_2, \ldots, q_n, p_1, p_2, \ldots, p_n$$

по одному; вмѣстѣ съ тѣмъ, давая всякій разъ системѣ видъ (88), мы будемъ уменьшать на двѣ единицы число перемѣнныхъ независимыхъ, въ уравненіяхъ подобныхъ (98), къ которымъ приводится интегрированіе отдѣльныхъ уравненій разсматриваемой системы. Окончательно мы придемъ къ системѣ съ n уравненіями, изъ которыхъ опредѣлимъ $p_1, p_2, \ldots, p_n$ въ функціяхъ отъ $q_1, q_2, \ldots, q_n$ и найдемъ V по уравненію

$$V = \int (p_1 dq_1 + p_2 dq_2 + \cdots + p_n dq_n).$$

Съ этой точки зрѣнія смотрѣли на вопросъ всѣ, занимавшіеся теоріею интегрированія совокупныхъ уравненій перваго порядка съ частными производными. Отсюда слѣдовало, что несмотря на нѣкоторыя измѣненія частностей методы Якоби и Бура, сущность осталась таже самая: послѣдовательное прибавленіе уравненій къ данной системѣ, посредствомъ приложенія теоремы Пуассона къ найденнымъ интеграламъ какого либо изъ уравненій данной системы. Это прибавленіе уравненій дѣлаетъ рѣшительно невозможнымъ приложеніе метода къ нѣкоторымъ вопросамъ, зависящимъ однако существенно отъ интегрированія совокупныхъ уравненій съ частными производными. Оно даетъ возможность рѣшить вопросъ только тогда, когда всѣ неизвѣстныя функціи дѣйствительно можно получить, то есть, когда вопросъ приведенъ или къ квадратурѣ, или къ алгебраическимъ исключеніямъ. До тѣхъ поръ, пока этого нѣтъ, мы ничего не можемъ сказать о формѣ неизвѣстныхъ функцій. Между тѣмъ есть задачи, гдѣ невозможно вполнѣ опредѣлить неизвѣстную функцію, но тѣмъ не менѣе можно до нѣкоторой степени опредѣлить ея форму, въ чемъ единственно и состоитъ вопросъ въ подобныхъ случаяхъ.

Разсматриваніе этихъ вопросовъ приводитъ къ другой точкѣ зрѣнія, съ которой можно смотрѣть на задачу объ интегрированіи совокупныхъ уравненій. Каждое изъ заданныхъ уравненій между перемѣнными независимыми, неизвѣстною функціею и ея частными производными можно считать условіемъ, которому должна удовлетворить неизвѣстная функція. Найдемъ общій интегралъ одного изъ этихъ уравненій; тогда мы освободимъ ее отъ одного изъ данныхъ условій, если, пользуясь этимъ интеграломъ, сдѣлаемъ преобразованіе n^0 12, такъ какъ при этомъ одно изъ уравненій обращается въ тождество. Поставляя такимъ образомъ вопросъ я пришелъ къ методу, изложенному выше. Слѣдуя ему, мы изъ данныхъ уравненій составляемъ нормальную систему

$$(101) \qquad f_1 = 0,\ f_2 = 0, \ldots,\ f_g = 0,$$

въ которой число перемѣнныхъ независимыхъ есть n. Система обыкновенныхъ совокупныхъ уравненій, или равносильное ей частное дифференціальное уравненіе

$$(102) \qquad (W, f_i) = 0,$$

къ которому приводится интегрированіе какого либо уравненія $f_i = 0$ нормальной системы, будетъ имѣть перемѣнными независимыми величины

$$q_1, q_2, \ldots, q_n, V, p_1, p_2, \ldots, p_n$$

въ числѣ $2n+1$. Интегрируемъ одно изъ уравненій системы (101), напримѣръ $f_1 = 0$; потомъ дѣлаемъ преобразованіе n^0 12, которое дастъ намъ возможность придти къ системѣ

(103) $$F_2 = 0,\ F_3 = 0, \ldots\ F_g = 0,$$

гдѣ число перемѣнныхъ независимыхъ будетъ уже $n-1$, а число уравненій $g-1$. Уравненіе

(104) $$(W, F_i) = 0$$

будетъ содержать только $2n-1$ перемѣнныхъ

$$\alpha_1, \alpha_2, \ldots, \alpha_{n-1}, A, \beta_1, \beta_2, \ldots, \beta_{n-1}.$$

Такимъ образомъ и въ моемъ методѣ при каждой операціи число перемѣнныхъ въ уравненіяхъ, подобныхъ (102) и (104), уменьшается на двѣ единицы; но при этомъ особенно важно то обстоятельство, что число уравненій въ новой системѣ (103) однимъ меньше, чѣмъ въ прежней (101). Оно то именно и даетъ возможность рѣшать вопросы, о которыхъ мы говорили.

Мой методъ совершенно независитъ отъ теоремы Пуассона, которая служитъ основаніемъ методу Якоби и Бура.

19. Я покажу здѣсь, какъ исходя изъ началъ, изложенныхъ мною выше, можно было бы интегрировать какую угодно систему

(104′) $$f_1 = 0,\ f_2 = 0, \ldots\ f_g = 0,$$

которая можетъ быть незамкнутою и ненормальною.

Найдемъ особенныя рѣшенія этихъ уравненій и посмотримъ, не удовлетворяютъ ли нѣкоторыя изъ нихъ всѣмъ уравненіямъ данной системы. Всѣ остальныя общія рѣшенія системы (104′) будутъ заключаться въ общемъ интегралѣ, котораго угодно изъ ея уравненій. Интегрируемъ уравненіе $f_1 = 0$ и дѣлаемъ преобразованіе, указанное въ n^0 12. Тогда функціи $f_2, f_3, \ldots, f_g$

обратятся соотвѣтственно въ $F_2, F_3, \ldots, F_g$. Каждая изъ нихъ будетъ зависѣть отъ перемѣнныхъ

(105) $$q_1, \alpha_1, \alpha_2, \ldots, \alpha_{n-1}, A, \beta_1, \beta_2, \ldots, \alpha_{n-1}$$

и уравненія системы (104′) обратятся съ слѣдующія

(106) $$F_2 = 0,\ F_3 = 0, \ldots,\ F_g = 0.$$

Отберемъ изъ нихъ тѣ, которыя не зависятъ отъ q_1. Изъ остальныхъ возьмемъ какое нибудь, напр. $F_i = 0$. Если существуютъ рѣшенія системы (104′), незаключающіяся между упомянутыми особенными, то функція A должна удовлетворить уравненію $F_i = 0$, независимо отъ q_1. Откуда слѣдуетъ, что она должна удовлетворить и всѣмъ слѣдующимъ

$$\frac{dF_i}{dq_1} = 0,\ \frac{d^2F_i}{dq_1^2} = 0,\ \frac{d^3F_i}{dq_1^3} = 0, \ldots.$$

также при всякомъ q_1. Сдѣлавъ, поэтому, q_1 постояннымъ произвольнымъ q_1^0 въ уравненіяхъ

$$F_i = 0,\ \frac{dF_i}{dq_1} = 0,\ \frac{d^2F_i}{dq_1^2} = 0, \ldots.$$

и подставивъ вмѣсто количествъ

(107) $$\alpha_1, \alpha_2, \ldots, \alpha_{n-1}, A, \beta_1, \beta_2, \ldots, \beta_{n-1}$$

ихъ выраженія въ перемѣнныхъ $q_1, q_2, \ldots, q_n, V, p_1, p_2, \ldots, p_n$, мы получимъ одно или нѣсколько уравненій новыхъ, связывающихъ эти послѣднія перемѣнныя, но непремѣнно покрайнѣй мѣрѣ одно. Эти новыя уравненія будутъ зависѣть только отъ величинъ (107) и слѣдовательно отнесутся къ подобнымъ же уравненіямъ, отобраннымъ нами послѣ преобразованія отъ уравненій данной системы.

Дѣлаемъ тоже самое, что съ уравненіемъ $F_i = 0$, съ каждымъ изъ остальныхъ уравненій, зависящихъ отъ q_1. Тогда мы прибавимъ къ отобраннымъ уравненіямъ еще нѣсколько новыхъ. Число всѣхъ уравненій, полученныхъ нами, между количествами

(107), или превышаетъ, или не превышаетъ n. Въ первомъ случаѣ предложенная система (104$'$) не имѣетъ другихъ рѣшеній, кромѣ особенныхъ. Пусть во второмъ случаѣ число уравненій будетъ h; тогда h будетъ не менѣе $g-1$. Въ крайнемъ случаѣ, когда $h=g-1$, ни одно изъ уравненій (106) не зависитъ отъ q_1. Положимъ же, что наши уравненія между величинами (107) будутъ

$$(108) \qquad \varphi_1=0,\ \varphi_2=0,\ldots,\ \varphi_h=0,$$

гдѣ h не менѣе $g-1$. Съ системою (108), въ которой перемѣнныхъ независимыхъ только $n-1$, мы можемъ поступить совершенно также какъ съ данною, интегрируя одно изъ ея уравненій, напримѣръ $\varphi_1=0$, и дѣлая преобразованіе n^0 12; тогда мы придемъ къ новой системѣ, въ которой будетъ $n-2$ перемѣнныхъ независимыхъ, а уравненій будетъ не менѣе $g-2$. Продолжая поступать такимъ образомъ далѣе, мы придемъ къ одному изъ слѣдующихъ случаевъ:

1) или мы получимъ систему, въ которой число уравненій превышаетъ число перемѣнныхъ независимыхъ, сложенное съ единицею, и тогда предложенная система (104$'$) не имѣетъ рѣшеній другихъ, кромѣ упомянутыхъ особенныхъ;

2) или мы придемъ къ одному уравненію, въ которомъ число перемѣнныхъ независимыхъ не будетъ превышать $n-g+1$. Интегрированіемъ его, какъ въ n^0 15, опредѣлимъ неизвѣстныя функціи всѣхъ системъ, черезъ которыя мы перешли, и слѣдовательно опредѣлимъ V, какъ функцію удовлетворяющую всѣмъ уравненіямъ системы (104$'$). Число содержащихся въ выраженіи V различныхъ постоянныхъ произвольныхъ величинъ будетъ равно числу перемѣнныхъ независимыхъ въ окончательномъ уравненіи, рѣшающемъ вопросъ, то есть не болѣе $n-g+1$;

3) или мы придемъ болѣе, чѣмъ къ одному уравненію, *съ одною* перемѣнною независимою. Число уравненій будетъ не менѣе $g-(n-1)$, или $g-n+1$, и по крайней мѣрѣ ихъ будетъ два. Оно не можетъ быть болѣе двухъ, потому что тогда мы

попадемъ на первый случай. Поэтому число g будетъ равно $n+1$. Но если $g=n+1$, то мы, не предпринимая интегрированій, найдемъ V, какъ было показано въ n^0 9.

Такимъ образомъ для интегрированія данной системы (104′) нѣтъ необходимости знать напередъ согласны ли ея уравненія между собою, то есть имѣетъ ли она рѣшеніе или нѣтъ. Мой методъ можетъ быть приложенъ прямо къ какой угодно системѣ, которую нѣтъ необходимости непремѣнно преобразовывать въ нормальную.

20. Изъ общаго способа, относящагося къ какимъ угодно уравненіямъ перваго порядка, я выведу нѣкоторыя слѣдствія для линейныхъ уравненій. Они могутъ быть всегда приведены къ виду

$$(109)\qquad X(V)=X_1\frac{dV}{dq_1}+X_2\frac{dV}{dq_2}+\cdots\cdots+X_n\frac{dV}{dq_n}=0,$$

гдѣ $X_1, X_2, \ldots, X_n$ суть нѣкоторыя функціи отъ $q_1, q_2, \ldots, q_n$, а V неизвѣстная функція этихъ перемѣнныхъ. Пусть будутъ

$$\psi_1=\beta_1,\ \psi_2=\beta_2,\ldots,\ \psi_{n-1}=\beta_{n-1}$$

интегралы системы совокупныхъ уравненій

$$(110)\qquad \frac{dq_1}{X_1}=\frac{dq_2}{X_2}=\cdots\cdots=\frac{dq_n}{X_n},$$

въ которыхъ $\beta_1, \beta_2, \ldots, \beta_n$ суть постоянныя произвольныя. Тогда общій интегралъ уравненія (109) можетъ быть выраженъ совокупностью уравненій

$$(111)\quad \begin{cases} V=\alpha_1\beta_1+\alpha_2\beta_2+\cdots\cdots+\alpha_{n-1}\beta_{n-1}-A, \\ \psi_1-\beta_1=0,\ \psi_2-\beta_2=0,\ldots,\ \psi_{n-1}-\beta_{n-1}=0, \end{cases}$$

гдѣ уже подъ $\beta_1, \beta_2, \ldots, \beta_{n-1}$ разумѣются частныя производныя произвольной функціи A, а именно $\frac{dA}{d\alpha_1}, \frac{dA}{d\alpha_2}, \ldots, \frac{dA}{d\alpha_{n-1}}$.

Положимъ теперь, что разыскивается общій интегралъ системы

$$(112)\quad X(V)=0,\ X'(V)=0,\ X''(V)=0,\ldots.\ X^{(g-1)}(V)=0,$$

гдѣ вообще сдѣлано

$$X^{(i)}(V) = X_1^{(i)}\frac{dV}{dq_1} + X_2^{(i)}\frac{dV}{dq_2} + \cdots + X_n^{(i)}\frac{dV}{dq_n},$$

и предположимъ, что система эта есть нормальная. Тогда, по общему способу, слѣдуетъ интегрировать одно изъ ея уравненій, напримѣръ $X(V)=0$; потомъ выразить величины $q_2, q_3, \ldots, q_n$, $p_1, p_2, \ldots, p_n$ въ функціяхъ отъ $\alpha_1, \alpha_2, \ldots, \alpha_{n-1}$, $\beta_1, \beta_2, \ldots, \beta_{n-1}$ изъ уравненій

$$(113)\quad \left\{\begin{aligned} &\psi_1-\beta_1=0,\ \psi_2-\beta_2=0,\ldots,\ \psi_{n-1}-\beta_{n-1}=0,\\ &p_1=\sum_{j=1}^{j=n-1}\alpha_j\frac{d\psi_j}{dq_1},\ p_2=\sum_{j=1}^{j=n-1}\alpha_j\frac{d\psi_j}{dq_2},\ldots,\ p_n=\sum_{j=1}^{j=n-1}\alpha_j\frac{d\psi_j}{dq_n}\end{aligned}\right.$$

и подставить эти выраженія въ остальныя уравненія системы.

Тогда уравненіе $X^{(i)}(V)=0$ приметъ видъ

$$Y^{(i)} = Y_1^{(i)}\alpha_1 + Y_2^{(i)}\alpha_2 + \cdots + Y^{(i)}_{n-1}\alpha_{n-1} = 0,$$

гдѣ $Y_1^{(i)}, Y_2^{(i)}, \ldots, Y^{(i)}_{n-1}$ суть функціи только отъ величинъ $\beta_1, \beta_2, \ldots, \beta_{n-1}$.

Такимъ образомъ мы получимъ систему нелинейныхъ уравненій

$$(114)\qquad Y'=0,\ Y''=0,\ldots,\ Y^{(g-1)}=0$$

съ неизвѣстною функціею A и съ перемѣнными независимыми $\alpha_1, \alpha_2, \ldots, \alpha_n$. Система (114) будетъ нормальною (смотри n^0 14).

Чтобы опять получить линейныя уравненія, мы возьмемъ за перемѣнныя независимыя количества $\beta_1, \beta_2, \ldots, \beta_n$ и за неизвѣстную функцію прежнюю функцію V. Тогда изъ уравненія

$$(115)\qquad V = \alpha_1\beta_1 + \alpha_2\beta_2 + \cdots + \alpha_{n-1}\beta_{n-1} - A$$

мы будемъ имѣть

$$\alpha_1 = \frac{dV}{d\beta_1},\ \alpha_2 = \frac{dV}{d\beta_2},\ \ldots,\ \alpha_{n-1} = \frac{dV}{d\beta_{n-1}}$$

и, поэтому, каждое уравненіе $Y^{(i)}=0$ системы (114) будетъ линейное; именно слѣдующее:

$$(116)\quad Y^{(i)} = Y_1^{(i)}\frac{dV}{d\beta_1} + Y_2^{(i)}\frac{dV}{d\beta_2} + \cdots + Y_{n-1}^{(i)}\frac{dV}{d\beta_{n-1}} = 0.$$

Изъ сказаннаго мы получаемъ такое предложеніе:

Если въ линейной нормальной системѣ

$$X(V)=0,\ X'(V)=0,\ X''(V)=0,\ldots,\ X^{(g-1)}(V)=0$$

интегралы $\beta_1, \beta_2, \ldots, \beta_{n-1}$ одного изъ ея уравненій, напримѣръ $X(V)=0$, примемъ за перемѣнныя независимыя, оставляя прежнюю неизвѣстную функцію V, то остальныя уравненія обратятся соотвѣтственно въ слѣдующія:

$$Y'=0,\ Y''=0,\ldots,\ Y^{(g-1)}=0,$$

гдѣ вообще сдѣлано

$$Y^{(i)} = Y_1^{(i)}\frac{dV}{d\beta_1} + Y_2^{(i)}\frac{dV}{d\beta_2} + \cdots + Y_{n-1}^{(i)}\frac{dV}{d\beta_{n-1}}$$

и величины $Y_1^{(i)}, Y_2^{(i)}, \ldots Y_{n-1}^{(i)}$ суть функціи перемѣнныхъ $\beta_1, \beta_2, \ldots, \beta_n$.

Новая система есть линейная нормальная.

Предложеніе это даетъ возможность интегрировать какую угодно линейную нормальную систему объ g уравненіяхъ и объ n перемѣнныхъ независимыхъ. На основаніи его мы можемъ уменьшить въ системѣ и число уравненій и число перемѣнныхъ независимыхъ на одинаковое число единицъ. Такимъ образомъ окончательно придемъ къ одному линейному уравненію съ $n-g+1$ перемѣнными. Его интегралы будутъ функціями отъ $q_1, q_2, \ldots, q_n$ и число ихъ есть $n-g$. Означимъ ихъ буквами

$$\varphi_1,\ \varphi_2, \ldots,\ \varphi_{n-g};$$

тогда самое общее выраженіе V, удовлетворяющее данной

системѣ (112), очевидно, будетъ слѣдующее:

$$V = \Pi(\varphi_1, \varphi_2, \ldots, \varphi_{n-g}),$$

гдѣ П есть знакъ произвольной функціи.

21. Способъ, предложенный мною въ n^0 19, для интегрированія какихъ угодно системъ перваго порядка прилагается и къ линейнымъ системамъ. Объ этихъ послѣднихъ можно сказать тоже самое, что и о какихъ угодно системахъ; но на основаніи n^0 20 можно измѣнить преобразованіе, необходимое для перехода отъ одной системы къ другой. Въ самомъ дѣлѣ, послѣ интегрированія перваго уравненія системы, можно, оставивъ прежнюю неизвѣстную функцію, взять за перемѣнныя независимыя интегралы этого уравненія $\beta_1, \beta_2, \ldots, \beta_{n-1}$. Тогда, послѣ преобразованія, остальныя уравненія можно раздѣлить на двѣ группы: одни, зависящія только отъ $\beta_1, \beta_2, \ldots, \beta_{n-1}, \frac{dV}{d\beta_1}, \frac{dV}{d\beta_2}, \ldots, \frac{dV}{d\beta_{n-1}}$ и другія, зависящія отъ этихъ величинъ и отъ q_1. Каждое изъ уравненій второй группы даетъ одно или нѣсколько уравненій между этими величинами. Такимъ образомъ мы придемъ къ новой системѣ, въ которой число перемѣнныхъ независимыхъ будетъ $n-1$, число же уравненій будетъ не менѣе числа уравненій прежней системы, уменьшеннаго единицею. Какъ перейти отъ этой системы къ общему выраженію V, сказано въ n^0 20.

Не останавливаясь на частныхъ случахъ, допускающихъ многія упрощенія, я перейду къ нѣкоторымъ приложеніямъ методовъ, изложенныхъ выше, которые уяснятъ способъ примѣненія этихъ методовъ къ практическимъ вопросамъ.

ГЛАВА II.

Приложенія.

Интегралы, общіе многимъ задачамъ о движеніи свободной точки въ плоскости.

1. Я разсмотрю здѣсь вопросъ о нахожденіи силъ, при которыхъ задача о движеніи свободной точки въ плоскости имѣетъ одинъ или нѣсколько интеграловъ общихъ съ другими подобными задачами. Въ тѣхъ случаяхъ, когда эти интегралы имѣютъ опредѣленный видъ, а не произвольныя функціи координатъ и скоростей движущейся точки, мы найдемъ самыя общія ихъ выраженія. Частные случаи этого вопроса были разсмотрѣны Бертраномъ въ мемуарѣ: Sur les intégrales communes à plusieurs problèmes de Mécanique (Journ. de Math. tome XVII). Здѣсь, сколько мнѣ извѣстно, рѣшенъ въ первый разъ одинъ изъ общихъ вопросовъ, относящихся существенно къ интегрированію совокупныхъ уравненій перваго порядка съ частными производными. Бертранъ предполагаетъ, что силы не зависятъ отъ скоростей. Въ этомъ замѣчательномъ случаѣ каждый интегралъ, вообще говоря, опредѣляетъ задачу. Тѣ же, которые не имѣютъ этого свойства, принадлежатъ многимъ задачамъ. Для отысканія этихъ послѣднихъ Бертранъ даетъ простой и изящный методъ, который онъ потомъ прилагаетъ къ движенію одной точки по какой угодно поверхности и къ движенію одной же точки въ пространствѣ. Изъ выраженій интеграловъ, общихъ многимъ задачамъ, Бертранъ выводитъ условія, которымъ должны удовлетворять силы для того, чтобы задача допускала эти интегралы. Я, разсматривая общій вопросъ, когда силы зависятъ и отъ координатъ и отъ скоростей, долженъ былъ поставить его иначе нежели Бертранъ. Въ самомъ дѣлѣ, есть случаи, гдѣ интегралъ, общій многимъ задачамъ, произвольнымъ образомъ зависитъ отъ координатъ и скоростей, и, тѣмъ не менѣе, силы должны удовлетворять нѣкоторымъ условіямъ, для того, чтобы онъ имѣлъ мѣсто для многихъ задачъ. По этой причинѣ я разыскиваю условія для силъ, и изъ нихъ уже нахожу форму интеграловъ. Мнѣ кажется, что изслѣдованіе Бертрана должно быть дополнено. Въ самомъ дѣлѣ есть случаи, входящіе въ это изслѣдованіе, въ которыхъ имѣетъ мѣсто форма интеграла, различная отъ двухъ формъ, данныхъ Бертраномъ: форма, которую можно разсматривать, какъ нѣкоторую комбинацію Бертрановыхъ формъ, если произвольной функціи, въ нее входящей, дать неопредѣленный видъ $\frac{0}{0}$. Послѣднее обстоятельство замѣтилъ мнѣ П. Л. Чебышевъ. Методъ Бертрана совсѣмъ не прилагается къ общему вопросу; онъ можетъ быть распространенъ только на нѣкоторые случаи, въ которыхъ силы зависятъ явнымъ образомъ отъ скоростей; по этой причинѣ, я считалъ полезнымъ привести, въ видѣ примѣра, нѣсколько предложеній, относящихся къ этому общему вопросу. Что касается движенія точки по поверхности, то его можно очень легко привести къ движенію точки на плоскости. Поэтому результаты, выведенные для сего послѣдняго, примѣняются къ первому, которое требуетъ кромѣ того спеціальныхъ изслѣдованій, относящихся исключительно къ поверхностямъ, по которымъ движется точка. Этого случая я здѣсь не разсматриваю, такъ какъ имѣю цѣлью только дать примѣръ на приложеніе методовъ, изложенныхъ въ предыдущей главѣ.

Пусть будутъ x и y прямоугольныя координаты движущейся точки, массу которой примемъ за единицу, X и Y проэкціи силы на оси координатъ и x', y' величины $\frac{dx}{dt}$ и $\frac{dy}{dt}$. Тогда уравненія движенія точки будутъ

$$(1) \qquad \frac{d^2x}{dt^2} = X, \quad \frac{d^2y}{dt^2} = Y.$$

Они могутъ быть замѣнены системою совокупныхъ уравненій

$$(2) \qquad \frac{dx}{dt} = x', \quad \frac{dy}{dt} = y', \quad \frac{dx'}{dt} = X, \quad \frac{dy'}{dt} = Y,$$

или частнымъ дифференціальнымъ уравненіемъ

$$(3) \qquad \frac{dV}{dt} + x'\frac{dV}{dx} + y'\frac{dV}{dy} + X\frac{dV}{dx'} + Y\frac{dV}{dy'} = 0.$$

Силы X и Y, опредѣляющія задачу, мы будемъ считать функціями отъ x, y, x' и y', но независящими отъ t.

Положимъ, что нѣкоторая другая задача о движеніи свободной точки въ плоскости опредѣляется силами X_1 и Y_1. Тогда интегралы ея будутъ вмѣстѣ съ тѣмъ интегралами уравненія

$$(4) \qquad \frac{dV}{dt} + x'\frac{dV}{dx} + y'\frac{dV}{dy} + X_1\frac{dV}{dx'} + Y_1\frac{dV}{dy'} = 0.$$

Если двѣ задачи, приводящіяся къ уравненіямъ (3) и (4), имѣютъ одинъ или нѣсколько интеграловъ общихъ, то эти интегралы должны удовлетворять разомъ тому и другому уравненію.

Общія рѣшенія уравненій (3) и (4) не могутъ быть независимы отъ обѣихъ скоростей x' и y', исключая рѣшеніе $V=$ постоянному, которое удовлетворяетъ всѣмъ уравненіямъ линейнымъ, относительно частныхъ производныхъ неизвѣстной функціи и безъ послѣдняго члена. Это рѣшеніе не доставляетъ ни одного интеграла, отвѣчающаго задачамъ.

Можно предположить, что упомянутыя общія рѣшенія зависятъ отъ той и отъ другой скорости. Въ самомъ дѣлѣ, если какое либо изъ нихъ зависитъ, напримѣръ, только отъ x' и не зависитъ отъ y', то, измѣняя координаты, мы можемъ его сдѣлать зависящимъ отъ x' и отъ y'. Такимъ образомъ при изслѣдованіи общихъ рѣшеній уравненій (3) и (4) мы можемъ предполагать, что величины $\frac{dV}{dx'}$ и $\frac{dV}{dy'}$ не равны нулю.

Мы раздѣлимъ эти общія рѣшенія на тѣ, которыя не зависятъ отъ времени и на тѣ, которыя отъ него зависятъ. Послѣднія будутъ имѣть видъ

$$V = -t + W$$

гдѣ W есть функція отъ x, y, x', y'; такъ что они будутъ удовлетворять двумъ уравненіямъ

$$(5)\qquad \begin{cases} x'\dfrac{dW}{dx} + y'\dfrac{dW}{dy} + X\dfrac{dW}{dx'} + Y\dfrac{dW}{dy'} = 1, \\ x'\dfrac{dW}{dx} + y'\dfrac{dW}{dy} + X_1\dfrac{dW}{dx'} + Y_1\dfrac{dW}{dy'} = 1. \end{cases}$$

Рѣшенія же, независящія отъ времени, будутъ удовлетворять уравненіямъ

$$(6)\qquad \begin{cases} x'\dfrac{dV}{dx} + y'\dfrac{dV}{dy} + X\dfrac{dV}{dx'} + Y\dfrac{dV}{dy'} = 0, \\ x'\dfrac{dV}{dx} + y'\dfrac{dV}{dy} + X_1\dfrac{dV}{dx'} + Y_1\dfrac{dV}{dy'} = 0. \end{cases}$$

Мы будемъ предполагать двѣ задачи различными; тогда не можетъ быть въ одно и то же время $X = X_1$ и $Y = Y_1$. Въ слѣдствіи нашихъ предположеній относительно общихъ рѣшеній уравненій (3) и (4) мы можемъ не разсматривать задачъ, въ которыхъ или $X = X_1$, или $Y = Y_1$, ибо тогда эти рѣшенія не будутъ зависѣть отъ y', или отъ x'. Такимъ образомъ у насъ будетъ X различно отъ X_1 и Y различно отъ Y_1.

Каждая задача о движеніи свободной точки въ плоскости имѣетъ четыре интеграла: три независящихъ отъ времени и одинъ съ временемъ. Въ нашихъ предположеніяхъ всѣ три интеграла, независящіе отъ времени, не могутъ быть общими двумъ разсматриваемымъ задачамъ, потому что тогда обѣ задачи будутъ тождественны; точно также, какъ мы увидимъ въ послѣдствіи, если обѣ задачи имѣютъ общій интегралъ съ временемъ, то онѣ могутъ имѣть кромѣ него не болѣе одного интеграла, независящаго отъ времени. Поэтому, при изслѣдованіи рѣшеній общихъ нашимъ задачамъ мы приходимъ съ слѣдующимъ случаямъ: обѣ задачи могутъ имѣть

1) два интеграла общихъ, независящихъ отъ времени;

2) только одинъ интегралъ общій, независящій отъ времени;

3) два интеграла общихъ: одинъ съ временемъ, другой безъ времени;

4) одинъ только интегралъ общій съ временемъ.

Мы разсмотримъ эти случаи послѣдовательно.

I-й случай: два интеграла общихъ, независящихъ отъ времени.

2. Разсмотримъ систему (6), которая теперь должна быть замкнутою. Сдѣлаемъ для сокращенія

$$(7)\quad k=\frac{Y-Y_1}{X-X_1},\ l=\frac{XY_1-X_1Y}{X-X_1}=Y-kX=Y_1-kX_1;$$

тогда уравненія (6) могутъ быть преобразованы въ слѣдующія

$$(8)\quad \left\{\begin{aligned} \frac{dV}{dx'}+k\frac{dV}{dy'}&=0,\\ x'\frac{dV}{dx}+y'\frac{dV}{dy}+l\frac{dV}{dy'}&=0.\end{aligned}\right.$$

Система (8) должна быть въ настоящемъ случаѣ также замкнутою, какъ мы видѣли въ n^0 7-омъ 1-ой главы. Выразимъ это обстоятельство. Составляя скобки изъ первыхъ частей уравненій системы (8), мы будемъ имѣть уравненіе

$$(9)\quad \frac{dV}{dx}+k\frac{dV}{dy}+\left(\frac{dl}{dx'}+k\frac{dl}{dy'}-x'\frac{dk}{dx}-y'\frac{dk}{dy}-l\frac{dk}{dy'}\right)\frac{dV}{dy'}=0,$$

которое должно быть слѣдствіемъ уравненій (8). Сдѣлаемъ для сокращенія

$$(10)\qquad m=\frac{dl}{dx'}+k\frac{dl}{dy'}-x'\frac{dk}{dx}-y'\frac{dk}{dy}-l\frac{dk}{dy'};$$

въ такомъ случаѣ, означая черезъ λ и μ неопредѣленные коэффиціенты, мы получимъ при какихъ угодно величинахъ производныхъ $\frac{dV}{dx}, \frac{dV}{dy}, \frac{dV}{dx'}, \frac{dV}{dy'}$, тождественно

$$\frac{dV}{dx}+k\frac{dV}{dy}+m\frac{dV}{dy'}=\lambda\left(\frac{dV}{dx'}+k\frac{dV}{dy'}\right)+\mu\left(x'\frac{dV}{dx}+y'\frac{dV}{dy}+l\frac{dV}{dy'}\right).$$

Откуда имѣемъ уравненія

(11) $$1=\mu x',\ k=\mu y',\ 0=\lambda,\ m=\lambda k+\mu l.$$

Изъ первыхъ двухъ мы получаемъ

(12) $$\mu=\frac{1}{x'},\ k=\frac{y'}{x'}.$$

Вслѣдствіе же этихъ уравненій и величины $\lambda=0$, послѣднее изъ уравненій (11) принимаетъ видъ

$$\frac{dl}{dx'}+\frac{y'}{x'}\frac{dl}{dy'}-\frac{1}{x'}l=\frac{1}{x'}l,$$

или, иначе,

$$x'\frac{dl}{dx'}+y'\frac{dl}{dy'}=2l.$$

Отсюда, означая черезъ Π произвольную функцію, получаемъ

(13) $$l=x'^2\,\Pi\left(x,y,\frac{y'}{x'}\right).$$

Если k и l будутъ имѣть найденныя величины, то двѣ разсматриваемыя задачи будутъ имѣть два интеграла общихъ, независящихъ отъ времени. Эти величины для k и l необходимы для того, чтобы послѣднее обстоятельство имѣло мѣсто.

Такимъ образомъ необходимыя и достаточныя условія, при которыхъ настоящій случай имѣетъ мѣсто, выражаются уравненіями (12) и (13). Эти уравненія могутъ быть замѣнены слѣдующими

(14) $$x'Y-y'X=x'Y_1-y'X_1=x'^3\,\Pi\left(x,y,\frac{y'}{x'}\right).$$

При условіяхъ (14) система (8) принимаетъ видъ

$$(15)\qquad \begin{cases} \dfrac{dV}{dx'}+\dfrac{y'}{x'}\dfrac{dV}{dy'}=0, \\ \dfrac{dV}{dx}+\dfrac{y'}{x'}\dfrac{dV}{dy}+x'\Pi\left(x,y,\dfrac{y'}{x'}\right)\dfrac{dV}{dy'}=0. \end{cases}$$

Система (15), очевидно, есть нормальная.

Интегрируя первое ея уравненіе, мы получаемъ

$$V=\Phi\left(x,y,\frac{y'}{x'}\right).$$

Принимая теперь за перемѣнныя независимыя количества

$$x,\ y,\ \frac{y'}{x'},$$

изъ которыхъ послѣднее обозначаемъ черезъ β, и, оставляя ту же неизвѣстную функцію, мы обратимъ второе изъ уравненій (15) въ слѣдующее

$$(16)\qquad \frac{d\Phi}{dx}+\beta\frac{d\Phi}{dy}+\Pi(x,y,\beta)\frac{d\Phi}{d\beta}=0.$$

Уравненіе (16) имѣетъ два интеграла, которые и будутъ общими той и другой задачѣ. Его можно замѣнить системою совокупныхъ уравненій

$$(17)\qquad dx=\frac{dy}{\beta}=\frac{d\beta}{\Pi(x,y,\beta)},$$

или же обыкновеннымъ дифференціальнымъ уравненіемъ

$$(18)\qquad \frac{d^2y}{dx^2}=\Pi\left(x,y,\frac{dy}{dx}\right).$$

Первые интегралы этого уравненія второго порядка и будутъ искомые два интеграла. Они, очевидно, будутъ произвольными функціями отъ x, y, $\dfrac{dy}{dx}$, такъ какъ уравненіе (18) представляетъ произвольное уравненіе второго порядка.

Пусть они будутъ

$$(19) \qquad \Phi_1\left(x, y, \frac{y'}{x'}\right) = c_1, \quad \Phi_2\left(x, y, \frac{y'}{x'}\right) = c_2;$$

тогда функція Π опредѣлится по второму изъ уравненій (15), въ которомъ нужно сдѣлать $V = \Phi_1$ или $V = \Phi_2$.

Если же задана функція Π, то интегралы (19) опредѣлятся интегрированіемъ уравненія (18).

Уравненіе траэкторіи движущейся точки получится исключеніемъ отношенія $\frac{y'}{x'}$ изъ уравненій (19). Оно будетъ, слѣдовательно, содержать только два постоянныя произвольныя c_1 и c_2.

Уравненія (14) выражаютъ, что проэкція на нормаль къ траэкторіи силы, дѣйствующей на точку, въ той и другой задачѣ есть однородная функція второй степени отъ скоростей x' и y'. Она будетъ слѣдующая:

$$x'^2 \frac{\Pi\left(x, y, \frac{y'}{x'}\right)}{\sqrt{1 + \frac{y'^2}{x'^2}}}.$$

Такимъ образомъ мы имѣемъ слѣдующую теорему:

Условіе, необходимое и достаточное, при которомъ задача имѣетъ два интеграла, независимыхъ отъ времени, общихъ съ другими задачами, состоитъ въ томъ, что проэкціи на оси координатъ силы, дѣйствующей на движущуюся точку, удовлетворяютъ уравненію

$$x' Y - y' X = x'^3 \Pi\left(x, y, \frac{y'}{x'}\right).$$

Оно выражаетъ, что проэкція этой силы на нормаль къ траэкторіи есть однородная функція второй степени отъ скоростей x' и y'.

Упомянутые два интеграла суть первые интегралы обыкновеннаго уравненія второго порядка

$$\frac{d^2y}{dx^2} = \Pi\left(y, x, \frac{dy}{dx}\right).$$

Они будутъ однородными функціями нулевой степени относительно скоростей.

II-й случай: одинъ интегралъ общій, независящій отъ времени.

3. Здѣсь два уравненія (8) n^0 2 имѣютъ только одинъ интегралъ общій, слѣдовательно между частными производными V будетъ еще одно уравненіе, отличное отъ уравненій (8), которое получится, если мы соединимъ въ скобки первыя части сихъ послѣднихъ; однимъ словомъ, это будетъ уравненіе (9). Система

$$
(20) \quad \left\{ \begin{aligned} & \frac{dV}{dx'} + k\frac{dV}{dy'} = 0, \\ & x'\frac{dV}{dx} + y'\frac{dV}{dy} + l\frac{dV}{dy'} = 0, \\ & \frac{dV}{dx} + k\frac{dV}{dy} + m\frac{dV}{dy'} = 0, \end{aligned} \right.
$$

гдѣ m имѣетъ величину (10), должна быть замкнутою. Замѣтимъ здѣсь, что по n^0 5-омъ 1-ой главы, послѣднее уравненіе системы (20) будетъ удовлетворено всякою величиною V, удовлетворяющею первымъ двумъ уравненіямъ. Съ другой стороны, очевидно, всегда можно взять коэффиціенты k и l, зависящіе отъ силъ такъ, что V будучи какою угодно функціею x, y, x', y' будетъ удовлетворять первому и второму, а слѣдовательно, и третьему уравненію системы (20). Для этой цѣли стоитъ только взять

$$
(21) \qquad k = -\frac{\frac{dV}{dx'}}{\frac{dV}{dy'}}, \quad l = -\frac{x'\frac{dV}{dx} + y'\frac{dV}{dy}}{\frac{dV}{dy'}}.
$$

Поэтому мы будемъ имѣть слѣдующую теорему:

Всякая задача о движеніи свободной точки въ плоскости имѣетъ по крайней мѣрѣ одинъ интегралъ, независимый отъ времени, общій съ нѣкоторыми другими подобными задачами. Изъ интеграловъ, независящихъ отъ времени, онъ будетъ един-

ственный общій, если силы этой задачи не удовлетворяютъ условію теоремы n^0 2.

4. Коэффиціенты k и l уравненій системы (20) зависятъ одинъ отъ другого. Для того, чтобы найти уравненія ихъ связывающія, нужно выразить, что система (20) есть замкнутая. Мы могли бы это сдѣлать точно также, какъ въ n^0 2 для системы (8). Но выкладки будутъ короче, если мы систему (20) обратимъ въ нормальную, по правиламъ n^0 8-омъ 1-ой главы, и выразимъ это обстоятельство. Уравненія (20), очевидно, могутъ быть замѣнены слѣдующими:

$$(22)\quad \begin{cases} \dfrac{dV}{dx'} + k\dfrac{dV}{dy'} = 0, \\ \dfrac{dV}{dx} + \dfrac{my' - kl}{y' - kx'}\dfrac{dV}{dy'} = 0, \\ \dfrac{dV}{dy} + \dfrac{l - mx'}{y' - kx'}\dfrac{dV}{dy'} = 0. \end{cases}$$

Система (22) есть преобразованная (20). Она должна быть нормальною; слѣдовательно должно быть

$$(23)\quad \begin{cases} \dfrac{d}{dx'}\left(\dfrac{my' - kl}{y' - kx'}\right) + k\dfrac{d}{dy'}\left(\dfrac{my' - kl}{y' - kx'}\right) = \dfrac{dk}{dx} + \dfrac{my' - kl}{y' - kx'}\dfrac{dk}{dy'}, \\ \dfrac{d}{dx'}\left(\dfrac{l - mx'}{y' - kx'}\right) + k\dfrac{d}{dy'}\left(\dfrac{l - mx'}{y' - kx'}\right) = \dfrac{dk}{dy} + \dfrac{l - mx'}{y' - kx'}\dfrac{dk}{dy'}, \\ \dfrac{d}{dx}\left(\dfrac{l - mx'}{y' - kx'}\right) + \dfrac{my' - kl}{y' - kx'}\dfrac{d}{dy'}\left(\dfrac{l - mx'}{y' - kx'}\right) = \\ \dfrac{d}{dy}\left(\dfrac{my' - kl}{y' - kx'}\right) + \dfrac{l - mx'}{y' - kx'}\dfrac{d}{dy'}\left(\dfrac{my' - kl}{y' - kx'}\right). \end{cases}$$

Уравненія (23) и будутъ тѣ, которыя мы желали вывести. Они будутъ второго порядка относительно k и l. Самые общіе конечные ихъ интегралы выражаются уравненіями (21), гдѣ V есть произвольная функція отъ x, y, x' и y', не однородная нулевой степени относительно x' и y', потому что въ этомъ послѣднемъ случаѣ уравненія (23) дѣлаются неопредѣленными.

5. Уравненія (21) показываютъ, что k можетъ быть произвольною функціею отъ x, y, x' и y', но не должно быть равно $\frac{y'}{x'}$, причемъ мы попадемъ на предыдущей случай. Мы можемъ, слѣдовательно, задать напередъ величину k, какъ функцію отъ x, y, x', y', и искать, какія задачи съ силами X_1, Y_1 будутъ имѣть интегралъ, независимый отъ времени общій съ задачею, опредѣляемою силами X, Y, при этой величинѣ k. Силы X_1 и Y_1 будутъ связаны между собою уравненіемъ

(24) $$Y - kX = Y_1 - kX_1.$$

Съ другой стороны общая величина l выраженій $Y - kX$, $Y_1 - kX_1$ должна удовлетворять уравненіямъ (23). Нашедши l, мы получимъ группу задачъ, которыя всѣ имѣютъ одинъ и тотъ же интегралъ общій, независящій отъ времени, содержащій одну произвольную функцію.

Опредѣленіе его приводится къ интегрированію системы (20), или (22). Первое уравненіе этихъ системъ

(25) $$\frac{dV}{dx'} + k\frac{dV}{dy'} = 0$$

можетъ быть легко интегрировано, если k удовлетворяетъ уравненію

(26) $$\psi(x, y, y' - kx', k) = 0,$$

гдѣ ψ есть знакъ произвольной функціи. Это будетъ, напримѣръ, тотъ случай, когда система (20) есть нормальная. Положимъ, что изъ уравненія (26) можно получить k въ функціи отъ x, y, $y' - kx'$ и пусть будетъ $k = \varphi(x, y, y' - kx')$. Тогда, взявъ величины

(27) $$x, y, x', \omega = y' - kx'$$

за перемѣнныя независимыя и обозначивъ черезъ Λ функцію V, выраженную въ этихъ перемѣнныхъ, мы будемъ имѣть

$$(28)\quad \begin{cases} \dfrac{dk}{dx}=\dfrac{\dfrac{d\varphi}{d\omega}}{1+x'\dfrac{d\varphi}{d\omega}}, \quad \dfrac{dk}{dy}=\dfrac{\dfrac{d\varphi}{dy}}{1+x'\dfrac{d\varphi}{d\omega}}, \\ \dfrac{dk}{dx'}=-\dfrac{\varphi\dfrac{d\varphi}{d\omega}}{1+x'\dfrac{d\varphi}{d\omega}}, \quad \dfrac{dk}{dy'}=\dfrac{\dfrac{d\varphi}{d\omega}}{1+x'\dfrac{d\varphi}{d\omega}}, \\ \dfrac{dV}{dx}=\dfrac{d\Lambda}{dx}-\dfrac{x'\dfrac{d\varphi}{dx}}{1+x'\dfrac{d\varphi}{d\omega}}\dfrac{d\Lambda}{d\omega}, \quad \dfrac{dV}{dy}=\dfrac{d\Lambda}{dy}-\dfrac{x'\dfrac{d\varphi}{dy}}{1+x'\dfrac{d\varphi}{d\omega}}\dfrac{d\Lambda}{d\omega}, \\ \dfrac{dV}{dx'}=\dfrac{d\Lambda}{dx'}-\dfrac{\varphi}{1+x'\dfrac{d\varphi}{d\omega}}\dfrac{d\Lambda}{d\omega}, \quad \dfrac{dV}{dy'}=\dfrac{1}{1+x'\dfrac{d\varphi}{d\omega}}\dfrac{d\Lambda}{d\omega}. \end{cases}$$

Изъ уравненій (28) и (25) слѣдуетъ

$$\frac{dV}{dx'}+k\frac{dV}{dy'}=\frac{d\Lambda}{dx'}=0.$$

Такимъ образомъ интегралъ $V=\Lambda$ долженъ зависѣть только отъ величинъ x, y и $\omega=y'-kx'$.

Замѣтимъ здѣсь, что преобразованіе, сдѣланное нами не всегда возможно. Перемѣнныя (27) тогда только возможно взять за независимыя, когда величина ω или $y'-kx'$ не будетъ функціею отъ остальныхъ изъ количествъ (27). Это же обстоятельство непремѣнно будетъ имѣть мѣсто, если функція $\psi(x, y, \omega, k)$ не будетъ зависѣть отъ k. Въ этомъ случаѣ ω будетъ функціею отъ x, y. Пусть $\omega=f(x, y)$; тогда

$$k=\frac{y'-f(x,y)}{x'},$$

и мы изъ уравненія (25) получимъ

$$x'\frac{dV}{dx'}+[y'-f(x,y)]\frac{dV}{dy'}=0;$$

откуда

$$(29)\qquad V=\Phi\left(\frac{y'-f(x,y)}{x'}, x, y\right),$$

гдѣ Φ есть знакъ произвольной функціи.

Итакъ, если k удовлетворяетъ уравненію (26), или, что одно и то же, уравненію

$$(30) \qquad \frac{dk}{dx'} + k\frac{dk}{dy'} = 0,$$

то интегралъ принимаетъ двѣ формы: одна изъ нихъ есть (29), а другая слѣдующая:

$$(31) \qquad V = \Lambda(y' - kx', x, y).$$

Замѣтимъ, что въ частномъ случаѣ k можетъ не зависѣть отъ x' и y'. Это случится, напримѣръ, если силы не зависятъ отъ скоростей x', y'.

6. Положимъ, что V имѣетъ форму (31); тогда второе уравненіе системы (20) на основаніи уравненій (28) принимаетъ видъ

$$(32) \quad \omega\frac{d\Lambda}{dy} + l\frac{d\Lambda}{d\omega} + x'\left[\frac{d\Lambda}{dx} + \varphi\frac{d\Lambda}{dy} - \omega\frac{d\varphi}{dy}\frac{d\Lambda}{d\omega} + \omega\frac{d\varphi}{d\omega}\frac{d\Lambda}{dy}\right]$$
$$+ x'^2\left[\frac{d\varphi}{d\omega}\left(\frac{d\Lambda}{dx} + \varphi\frac{d\Lambda}{dy}\right) - \frac{d\Lambda}{d\omega}\left(\frac{d\varphi}{dx} + \varphi\frac{d\varphi}{dy}\right)\right] = 0.$$

Отсюда видно непосредственно, что величина l будетъ вида

$$(33) \qquad l = P + Qx' + Rx'^2,$$

гдѣ P, Q и R суть функціи только отъ x, y, ω, удовлетворяющія уравненіямъ:

$$-\frac{\omega\frac{d\Lambda}{dy}}{\frac{d\Lambda}{d\omega}} = P, \quad -\frac{\frac{d\Lambda}{dx} + \left(\varphi + \omega\frac{d\varphi}{d\omega}\right)\frac{d\Lambda}{dy} - \omega\frac{d\varphi}{d\omega}\frac{d\Lambda}{d\omega}}{\frac{d\Lambda}{d\omega}} = Q,$$

$$-\frac{\frac{d\varphi}{d\omega}\left(\frac{d\Lambda}{dx} + \varphi\frac{d\Lambda}{dy}\right) - \frac{d\Lambda}{d\omega}\left(\frac{d\varphi}{dx} + \varphi\frac{d\varphi}{dy}\right)}{\frac{d\Lambda}{d\omega}} = R,$$

или, что одно и то же, слѣдующимъ:

$$(34) \quad \begin{cases} \omega\frac{d\Lambda}{dy} + P\frac{d\Lambda}{d\omega} = 0, \\ \frac{d\Lambda}{dx} + \left(\varphi + \omega\frac{d\varphi}{d\omega}\right)\frac{d\Lambda}{dy} + \left(Q - \omega\frac{d\varphi}{dy}\right)\frac{d\Lambda}{d\omega} = 0, \\ \frac{d\varphi}{d\omega}\frac{d\Lambda}{dx} + \varphi\frac{d\varphi}{d\omega}\frac{d\Lambda}{dy} + \left(R - \frac{d\varphi}{dx} - \varphi\frac{d\varphi}{dy}\right)\frac{d\Lambda}{d\omega} = 0. \end{cases}$$

Одно изъ этихъ уравненій должно быть слѣдствіемъ остальныхъ двухъ, ибо, въ противномъ случаѣ, будетъ $\frac{d\Lambda}{dx}=0$, $\frac{d\Lambda}{dy}=0$, $\frac{d\Lambda}{d\omega}=0$, и Λ будетъ постоянною. Выразимъ, что третье уравненіе есть слѣдствіе первыхъ двухъ; тогда, означивъ черезъ λ и μ неопредѣленные множители, мы будемъ имѣть

$$\frac{d\varphi}{d\omega}=\mu,\ \ \varphi\frac{d\varphi}{d\omega}=\omega\lambda+\left(\varphi+\omega\frac{d\varphi}{d\omega}\right)\mu,$$

$$R-\frac{d\varphi}{dy}-\varphi\frac{d\varphi}{dy}=P\lambda+\left(Q-\omega\frac{d\varphi}{dy}\right)\mu;$$

откуда, исключивъ λ и μ, выводимъ

$$(35)\qquad R=\frac{d\varphi}{dx}+\varphi\frac{d\varphi}{dy}-P\left(\frac{d\varphi}{d\omega}\right)^2+\left(Q-\omega\frac{d\varphi}{dy}\right)\frac{d\varphi}{d\omega}.$$

Такимъ образомъ коэффиціентъ R выраженія (33) величины l выражается въ двухъ другихъ P и Q.

Величины P и Q должны быть таковы, чтобы два уравненія

$$\omega\frac{d\Lambda}{dy}+P\frac{d\Lambda}{d\omega}=0,$$

$$\frac{d\Lambda}{dx}+\left(\varphi+\omega\frac{d\varphi}{d\omega}\right)\frac{d\Lambda}{dy}+\left(Q-\omega\frac{d\varphi}{dy}\right)\frac{d\Lambda}{d\omega}=0,$$

или, что одно и то же, два слѣдующихъ:

$$(36)\quad\left\{\begin{aligned}&\frac{d\Lambda}{dy}+\frac{P}{\omega}\frac{d\Lambda}{d\omega}=0,\\&\frac{d\Lambda}{dx}+\left[Q-\omega\frac{d\varphi}{dy}-\frac{P}{\omega}\left(\varphi+\omega\frac{d\varphi}{d\omega}\right)\right]\frac{d\Lambda}{d\omega}=0,\end{aligned}\right.$$

были совмѣстны, то есть, имѣли общее рѣшеніе Λ.

Для этого уже необходимо и достаточно, чтобы P и Q удовлетворяли уравненію

$$(37)\quad\left\{\begin{aligned}&\frac{d}{dy}\left[Q-\frac{P}{\omega}\left(\varphi+\omega\frac{d\varphi}{d\omega}\right)-\omega\frac{d\varphi}{dy}\right]\\&+\frac{P}{\omega}\frac{d}{d\omega}\left[Q-\frac{P}{\omega}\left(\varphi+\omega\frac{d\varphi}{d\omega}\right)-\omega\frac{d\omega}{dy}\right]\\&=\frac{d}{dx}\left(\frac{P}{\omega}\right)+\left[Q-\frac{P}{\omega}\left(\varphi+\omega\frac{d\varphi}{d\omega}\right)-\omega\frac{d\varphi}{dy}\right]\frac{d}{d\omega}\left(\frac{P}{\omega}\right),\end{aligned}\right.$$

которое будетъ перваго порядка относительно P и Q. Одну изъ этихъ величинъ можно дать произвольно; тогда другая опредѣлится изъ уравненія (37) интегрированіемъ. По опредѣленіи P и Q, интегралъ Λ найдется интегрированіемъ системы (36).

7. Разсмотримъ теперь форму (29). Въ этомъ случаѣ можно принять за перемѣнныя независимыя слѣдующія величины:

$$x,\ y,\ x' \text{ и } k = \frac{y' - f(x, y)}{x'};$$

тогда мы будемъ имѣть

$$\frac{dV}{dx} = \frac{d\Phi}{dx} - \frac{1}{x'}\,\frac{df}{dx}\,\frac{d\Phi}{dk},$$

$$\frac{dV}{dy} = \frac{d\Phi}{dy} - \frac{1}{x'}\,\frac{df}{dy}\,\frac{d\Phi}{dk},$$

$$\frac{dV}{dy'} = \frac{1}{x'}\,\frac{d\Phi}{dk}.$$

Подставляя эти величины въ уравненіе

$$x'\frac{dV}{dx} + y'\frac{dV}{dy} + l\frac{dV}{dy'} = 0,$$

мы получимъ слѣдующее:

$$(38)\qquad \left\{\begin{aligned} l\frac{d\Phi}{dk} = f\frac{df}{dy}\frac{d\Phi}{dk} - x'\left[f\frac{d\Phi}{dy} - \left(\frac{df}{dx} + f\frac{df}{dy}\right)\frac{d\Phi}{dk}\right]\\ - x'^2\left(\frac{d\Phi}{dx} + k\frac{d\Phi}{dy}\right). \end{aligned}\right.$$

Отсюда прямо видно, что величина l будетъ вида

$$(39)\qquad l = f\frac{df}{dy} + Qx' + Rx'^2,$$

гдѣ Q и R удовлетворяютъ уравненіямъ

$$(40)\qquad \left\{\begin{aligned} f\frac{d\Phi}{dy} + \left(Q - \frac{df}{dx} - f\frac{df}{dy}\right)\frac{d\Phi}{dk} = 0,\\ \frac{d\Phi}{dx} + \left(R - k\,\frac{Q - \frac{df}{dx} - f\frac{df}{dy}}{f}\right)\frac{d\Phi}{dk} = 0. \end{aligned}\right.$$

Эти уравненія должны быть совмѣстны; слѣдовательно R и Q должны удовлетворять условію

$$(41)\quad \begin{cases} \dfrac{d}{dx}\left(\dfrac{Q-\frac{df}{dx}-f\frac{df}{dy}}{f}\right)+\left(R-k\dfrac{Q-\frac{df}{dx}-f\frac{df}{dy}}{f}\right)\dfrac{d}{dk}\left(\dfrac{Q-\frac{df}{dx}-f\frac{df}{dy}}{f}\right) \\ =\dfrac{d}{dy}\left(R-k\dfrac{Q-\frac{df}{dx}-f\frac{df}{dy}}{f}\right)+\dfrac{Q-\frac{df}{dx}-f\frac{df}{dy}}{f}\dfrac{d}{dk}\left(R-k\dfrac{Q-\frac{df}{dx}-f\frac{df}{dy}}{f}\right). \end{cases}$$

Изъ уравненія (41) опредѣлится одно изъ количествъ Q и R по другому.

Интегралъ Ф найдется интегрированіемъ системы (40).

Результаты n^0 5, n^0 6 и n^0 7 даютъ слѣдующую теорему:

Если величина $k=\dfrac{Y-Y_1}{X-X_1}$ *удовлетворяетъ уравненію*

$$\frac{dk}{dx'}+k\frac{dk}{dy'}=0$$

или, что одно и то же, уравненію

$$\psi(x,\ y,\ y'-kx',\ k)=0,$$

въ которомъ ψ *есть произвольная функція, то интегралъ общій двумъ задачамъ, одной съ силами* X, Y *и другой съ силами* X_1, Y_1, *можетъ принять двѣ формы*

$$\Lambda(y'-kx',\ x,\ y) \quad \text{и} \quad \Phi\left(\frac{y'-f(x,y)}{x'},\ x,\ y\right),$$

смотря потому, будетъ ли величина k *функціею отъ* $x, y, y'-kx'$, *или* $y'-kx'$ *функціею отъ* x, y.

Въ первомъ случаѣ величина $l=Y-kX=Y_1-kX_1$ *будетъ вида*

$$l=P+Qx'+Rx'^2,$$

гдѣ P, Q, R *суть функціи отъ* x, y, $y'-kx'$ *и* R *выражается въ* P *и* Q *посредствомъ уравненія* (35). *Величины* P *и* Q *связаны одна съ другою уравненіемъ* (37), *содержащимъ ихъ частныя производныя перваго порядка. Во второмъ случаѣ величина* l

принимаетъ видъ

$$l = f\frac{df}{dy} + Qx' + Rx'^2,$$

гдѣ Q *и* R *суть функціи отъ* x, y, $\frac{y' - f(x, y)}{x'}$, *связанныя уравненіемъ* (41), *которое содержитъ ихъ производныя перваго порядка.*

8. Возьмемъ теперь частный случай, который разсматривалъ Бертранъ, а именно тотъ, когда силы въ изслѣдуемыхъ задачахъ не зависятъ отъ скоростей. Мы предположимъ, поэтому, что въ задачахъ, общій интегралъ которыхъ, независящій отъ времени, мы ищемъ, силы X, Y, X_1, Y_1, и, слѣдовательно, величины k и l суть функціи только отъ x, y.

Въ этомъ случаѣ k удовлетворяетъ уравненію

$$\psi(x, y, y' - kx', k) = 0,$$

въ которомъ функція ψ не должна зависѣть отъ $y' - kx'$. Поэтому настоящій случай заключается какъ частный въ изслѣдованномъ нами случаѣ. Теперь искомый интегралъ будетъ имѣть видъ

$$V = \Lambda(y' - kx', x, y).$$

Другой видъ, указанный въ теоремѣ n^0 7, невозможенъ въ настоящемъ случаѣ, такъ какъ у насъ теперь k не зависитъ отъ x' и y'.

Съ другой стороны l, будучи функціею только отъ x, y, приметъ видъ $l = P$. Величины Q и R будутъ равны нулю. Сдѣлавъ въ уравненіи (35)

$$Q = 0, \quad R = 0, \quad \frac{d\varphi}{d\omega} = 0,$$

мы будемъ имѣть

(42) $$\frac{d\varphi}{dx} + \varphi\frac{d\varphi}{dy} = 0.$$

Сдѣлавъ тѣ же положенія въ уравненіи (37), мы получимъ

$$-\frac{d}{dy}\left(\frac{P\varphi}{\omega}+\omega\frac{d\varphi}{dy}\right)-\frac{P}{\omega}\frac{d}{d\omega}\left(\frac{P\varphi}{\omega}+\omega\frac{d\varphi}{dy}\right)$$
$$=\frac{d}{dx}\left(\frac{P}{\omega}\right)-\left(\frac{P\varphi}{\omega}+\omega\frac{d\varphi}{dy}\right)\frac{d}{d\omega}\left(\frac{P}{\omega}\right),$$

или, замѣчая, что ни φ, ни P не зависятъ отъ ω, мы получимъ

$$\frac{dP}{dx}+\varphi\frac{dP}{dy}=-3P\frac{d\varphi}{dy}-\omega^2\frac{d^2\varphi}{dy^2};$$

откуда выводимъ

(43) $$\frac{d^2\varphi}{dy^2}=0,\ \frac{dP}{dx}+\varphi\frac{dP}{dy}=-3P\frac{d\varphi}{dy}.$$

Изъ уравненія (42), соединеннаго съ уравненіемъ $\frac{d^2\varphi}{dy^2}=0$, мы будемъ имѣть

(44) $$k=\varphi=\frac{y+C'}{x+C}$$

гдѣ C и C' суть постоянныя произвольныя.

Подставивъ во второе изъ уравненій (43) найденную величину k, мы получимъ P, или l; а именно, будетъ

(45) $$P=l=\frac{1}{(x+C)^3}\Pi\left(\frac{y+C'}{x+C}\right),$$

гдѣ Π есть знакъ произвольной функціи.

Уравненія (44) и (45) могутъ быть замѣнены слѣдующими:

(46) $$\left\{\begin{aligned}&(x+C)\,Y-(y+C')\,X=(x+C)\,Y_1-(y+C')\,X_1\\&\qquad=\frac{1}{(x+C)^2}\Pi\left(\frac{y+C'}{x+C}\right).\end{aligned}\right.$$

Теперь слѣдуетъ опредѣлить Λ изъ системы (36), которая въ настоящемъ случаѣ будетъ

(47) $$\left\{\begin{aligned}&\frac{d\Lambda}{dy}+\frac{P}{\omega}\frac{d\Lambda}{d\omega}=0,\\&\frac{d\Lambda}{dx}-\left(\frac{P\varphi}{\omega}+\omega\frac{d\varphi}{dy}\right)\frac{d\Lambda}{d\omega}=0.\end{aligned}\right.$$

Интегрируемъ первое изъ этихъ уравненій, которое при величинѣ (45) функціи P обращается въ слѣдующее:

$$\frac{d\Lambda}{dy} + \frac{1}{\omega(x+C)^3}\Pi\left(\frac{y+C'}{x+C}\right)\frac{d\Lambda}{d\omega} = 0.$$

Обозначимъ черезъ $\Pi_1(x)$ функцію $\int \Pi x dx$; тогда одинъ его интегралъ будетъ

$$\beta = \frac{\omega^2}{2} - \frac{1}{(x+C)^2}\Pi_1\left(\frac{y+C'}{x+C}\right),$$

а общій интегралъ будетъ

(48) $$\Lambda = M(\beta, x).$$

Возьмемъ теперь во второмъ уравненіи системы (47) величины x и β за перемѣнныя независимыя; тогда мы будемъ имѣть

$$\frac{d\Lambda}{dx} = \frac{dM}{dx} + \frac{dM}{d\beta}\left[\frac{2}{(x+C)^3}\Pi_1\left(\frac{y+C'}{x+C}\right) + \frac{y+C'}{(x+C)^4}\Pi\left(\frac{y+C'}{x+C}\right)\right],$$

$$\frac{d\Lambda}{d\omega} = \omega\frac{dM}{d\beta},$$

$$\frac{P\varphi}{\omega} + \omega\frac{d\varphi}{dy} = \frac{y+C'}{\omega(x+C)^4}\Pi\left(\frac{y+C'}{x+C}\right) + \frac{\omega}{x+C}.$$

Подставляя эти величины въ разсматриваемое уравненіе, мы обратимъ его въ слѣдующее:

$$\frac{dM}{dx} - \frac{2\beta}{x+C}\frac{dM}{d\beta} = 0,$$

котораго общій интегралъ будетъ

$$M = \text{произвольной функціи отъ } \beta(x+C)^2.$$

Уравнявъ его постоянной произвольной и сдѣлавъ для сокращенія

$$-2\Pi_1\left(\frac{y+C'}{x+C}\right) = \Psi\left(\frac{y+C'}{x+C}\right),$$

мы получимъ слѣдующій интегралъ общій задачѣ, опредѣляемой

силами X, Y съ другими задачами:

$$2\beta (x+C)^2 = [y'(x+C) - x'(y+C')]^2 + \Psi\left(\frac{x+C'}{x+C}\right) = \text{постоян.}$$

Такимъ образомъ находимъ теорему, выведенную Бертраномъ въ упомянутомъ мемуарѣ, а именно слѣдующую:

Интегралъ, независящій отъ времени, общій многимъ задачамъ о движеніи свободной точки въ плоскости, при дѣйствіи силъ независящихъ отъ скоростей, имѣетъ такой видъ

$$[y'(x+C) - x'(y+C')]^2 + \Psi\left(\frac{y+C'}{x+C}\right) = \text{постоянному},$$

гдѣ Ψ *есть знакъ произвольной функціи.*

Силы X *и* Y, *независящія отъ скоростей, всякой задачи, имѣющей этотъ интегралъ, удовлетворяютъ условію*

$$(x+C)\,Y - (y+C')\,X = -\frac{1}{2(x+C)^2}\,\Psi'\left(\frac{y+C'}{x+C}\right)$$

гдѣ $\Psi' x$ *есть производная отъ* Ψx.

На оборотъ, если это условіе удовлетворено, задача, опредѣляемая силами X *и* Y, *имѣетъ упомянутый интегралъ.*

Вообразимъ себѣ постоянную точку, опредѣляемую координатами $-C$ и $-C'$; тогда предыдущее условіе выражаетъ, что *моментъ силы, дѣйствующей въ задачѣ, взятый относительно этой точки, есть однородная функція минусъ второй степени отъ разностей координатъ движущейся точки и упомянутой постоянной точки.*

9. Изъ нашего анализа легко найти задачи съ силами, зависящими отъ скоростей, имѣющія Бертрановъ интегралъ. Опредѣляя эти задачи, мы будемъ имѣть группу вопросовъ о движеніи свободной точки въ плоскости, въ которую войдутъ и вопросы съ силами, независящими отъ скоростей. Всѣ задачи этой группы будутъ имѣть одинъ только интегралъ общій, независимый отъ времени. Всякая задача, не принадлежащая къ группѣ, не будетъ имѣть ни одного интеграла общаго, независящаго отъ времени, съ задачами группы.

Мы видѣли въ n^0 3, что, если интегралъ, общій нѣсколькимъ задачамъ, данъ, то величины k и l опредѣляются уравненіями (21).

Въ настоящемъ случаѣ будетъ

$$V = [y'(x+C) - x'(y+C')]^2 + \Psi\left(\frac{y+C'}{x+C}\right).$$

Изъ него выводимъ

$$\frac{dV}{dx'} = -2(y+C')[y'(x+C) - x'(y+C')]$$

$$\frac{dV}{dy'} = 2(x+C)[y'(x+C) - x'(y+C')]$$

$$x'\frac{dV}{dx} + y'\frac{dV}{dy} = \frac{y'(x+C) - x'(y+C')}{(x+C)^2}\Psi'\left(\frac{y+C'}{x+C}\right).$$

Подставляя эти величины въ уравненія (21), находимъ

$$k = \frac{y+C'}{x+C}, \quad l = -\frac{1}{2(x+C)^3}\Psi'\left(\frac{y+C'}{x+C}\right);$$

поэтому величины k и l будутъ прежнія.

Такимъ образомъ мы выводимъ слѣдующую теорему:

Условіе необходимое и достаточное, при которомъ задача о движеніи свободной точки въ плоскости имѣетъ интегралъ

$$[y'(x+C) - x'(y+C')]^2 + \Psi\left(\frac{y+C'}{x+C}\right) = \text{постоянному},$$

заключается въ уравненіи

$$(x+C)Y - (y+C')X = -\frac{1}{2(x+C)^2}\Psi'\left(\frac{y+C'}{x+C}\right),$$

которому должны удовлетворять силы X *и* Y; *эти силы могутъ зависѣть, или не зависѣть отъ скоростей* x' *и* y'.

Всякая задача, не удовлетворяющая поставленному условію, не можетъ имѣть интеграловъ общихъ, независящихъ отъ времени, съ задачами ему удовлетворяющими, а слѣдовательно по предыдущей теоремѣ и съ тѣми, въ которыхъ дѣйствующія силы не зависятъ отъ скоростей.

Интегралъ, поставленный въ началѣ теоремы, есть единственный общій всѣмъ задачамъ разсматриваемой группы изъ интеграловъ независящихъ отъ времени.

Замѣтимъ здѣсь, что, если интегралъ V въ уравненіяхъ (21) данъ, то величины k и l опредѣлены, а слѣдовательно опредѣлены и условія, которымъ должны удовлетворять силы въ задачахъ, имѣющихъ этотъ интегралъ.

Перейдемъ къ слѣдующему случаю.

III-й случай: два интеграла общихъ: одинъ съ временемъ, другой безъ времени.

10. Возьмемъ уравненія (3) и (4) двухъ какихъ угодно задачъ. Если онѣ имѣютъ общій интегралъ съ временемъ, то эти уравненія должны имѣть общее рѣшеніе, зависящее отъ t. Изъ нихъ выводимъ два другія:

$$(49)\qquad \begin{cases} \dfrac{dV}{dx'} + k\dfrac{dV}{dy'} = 0, \\ \dfrac{dV}{dt} + x'\dfrac{dV}{dx} + y'\dfrac{dV}{dy} + l\dfrac{dV}{dy'} = 0. \end{cases}$$

Уравненія (49) не могутъ составлять нормальной системы, ибо скобки, составленныя изъ первыхъ ихъ частей даютъ уравненіе

$$(50)\qquad \frac{dV}{dx} + k\frac{dV}{dy} + m\frac{dV}{dy'} = 0,$$

а это уравненіе не есть тождество. Замкнутою система (49) также быть не можетъ. Поэтому, всѣ три уравненія (49) и (50) различны, и должны имѣть мѣсто въ одно и то же время. Замѣтивъ, слѣдовательно, что всѣхъ интеграловъ въ каждой задачѣ четыре, изъ которыхъ одинъ съ временемъ, что двѣ разсматриваемыя задачи имѣютъ каждая этотъ интегралъ съ временемъ, и, что три уравненія (49) и (50) не могутъ имѣть болѣе двухъ интеграловъ общихъ, мы выводимъ теорему:

Всѣ задачи о движеніи свободной точки въ плоскости, имѣю-

щія нѣкоторый общій интегралъ съ временемъ, или вовсе не будутъ имѣть другихъ общихъ интеграловъ, или же будутъ имѣть еще одинъ интегралъ общій, независящій отъ времени.

11. Мы разсмотримъ теперь, когда двѣ задачи могутъ имѣть общими одинъ интегралъ съ временемъ и другой безъ времени. Въ этомъ случаѣ три уравненія (49) и (50) должны составлять систему замкнутую. Поэтому скобки, составленныя изъ перваго уравненія съ третьимъ и изъ второго съ третьимъ, должны уничтожаться на основаніи уравненій (49) и (50). Скобки же двухъ уравненій (49) составляютъ уравненіе (50), и поэтому не дадутъ никакихъ условій относительно замкнутости системы (49) и (50).

Мы введемъ здѣсь знакоположенія

$$(51)\qquad \begin{cases} A(V)=\dfrac{dV}{dx'}+k\dfrac{dV}{dy'}, \\ B(V)=\dfrac{dV}{dt}+x'\dfrac{dV}{dx}+y'\dfrac{dV}{dy}+l\dfrac{dV}{dy'}, \\ C(V)=\dfrac{dV}{dx}+k\dfrac{dV}{dy}+m\dfrac{dV}{dy'}. \end{cases}$$

Величина m можетъ быть представлена въ видѣ:

$$(52)\qquad m=A(l)-B(k),$$

(смотри уравненіе (10) n^0 2), а символъ $C(V)$ такъ:

$$(53)\qquad C(V)=A[B(V)]-B[A(V)].$$

Скобки, составленныя изъ $A(V)$ и $C(V)$, потомъ изъ $B(V)$ и $C(V)$, будучи уравнены нулю, дадутъ уравненія

$$(53')\qquad \begin{cases} A(k)\dfrac{dV}{dy}+[A(m)-C(k)]\dfrac{dV}{dy'}=0, \\ [B(k)-m]\dfrac{dV}{dy}+[B(m)-C(l)]\dfrac{dV}{dy'}=0, \end{cases}$$

которыя не могутъ имѣть мѣста иначе, какъ тождественно. Такимъ образомъ система

$$(54)\qquad A(V)=0,\ B(V)=0,\ C(V)=0,$$

должна быть нормальною, и это будетъ при соблюденіи условій:

(55) $A(k)=0,\ A(m)-C(k)=0,\ B(k)-m=0,\ B(m)-C(l)=0.$

Очевидно, второе изъ этихъ уравненій есть слѣдствіе перваго и третьяго.

Въ самомъ дѣлѣ, изъ уравненія $m=B(k)$ имѣемъ

$$A(m)=A[B(k)];$$

притомъ, такъ какъ $A(k)$, а, слѣдовательно, и $B[A(k)]$ равны нулю, то мы можемъ написать

$$A(m)=A[B(k)]-B[A(k)];$$

это же уравненіе, на основаніи (53), обращается въ такое

$$A(m)=C(k).$$

Такимъ образомъ второе изъ уравненій (55) есть слѣдствіе перваго и третьяго. Поэтому необходимыя и достаточныя условія, при которыхъ система (54) имѣетъ рѣшеніе, будутъ слѣдующія:

(56) $$A(k)=0,\ m=B(k),\ C(l)=B(m)=B[B(k)].$$

Возьмемъ первое изъ нихъ. Оно, будучи написано въ обыкновенномъ видѣ, будетъ слѣдующее:

(57) $$\frac{dk}{dx'}+k\frac{dk}{dy'}=0.$$

Общій интегралъ уравненія (57) выразится уравненіемъ

(58) $$\psi(x,\ y,\ y'-kx',\ k)=0,$$

изъ котораго заключаемъ, что интегралъ, независящій отъ времени, системы (54) будетъ двухъ видовъ, которые найдены въ n^0 5; а именно:

(59) $$V=\Lambda(y'-kx',\ x,\ y),$$

(60) $$V=\Phi\left(\frac{y'-f(x,y)}{x'},\ x,\ y\right).$$

Если этотъ интегралъ будетъ вида (60), то величина k выразится такъ

(61) $$k = \frac{y' - f(x, y)}{x'}.$$

Разсматривая оба случая разомъ, мы можемъ изобразить интегралъ въ видѣ $V = F(\xi, x, y)$, разумѣя подъ ξ въ первомъ случаѣ величину $y' - kx'$, а во второмъ величину k, данную уравненіемъ (61).

Пусть будутъ

$$F(\xi, x, y) = \alpha, \quad F_1(\xi, x, y) = t + \beta$$

два интеграла одинъ безъ времени, другой съ временемъ, общіе двумъ разсматриваемымъ задачамъ. Подъ α и β разумѣются постоянныя произвольныя.

Положимъ, что изъ перваго выходитъ $\xi = \lambda(\alpha, x, y)$; тогда будетъ тождественно

$$\xi = \lambda[F, x, y].$$

Подставляя эту величину ξ въ интегралъ съ временемъ, мы представимъ его въ видѣ

$$t + \beta = \mu(F, x, y).$$

Дифференцируемъ это уравненіе по времени; тогда, замѣчая, что

$$\frac{dF}{dt} = \frac{dF}{dx} x' + \frac{dF}{dy} y' + \frac{dF}{d\xi} \frac{d\xi}{dt} = 0,$$

мы будемъ имѣть

(62) $$1 = \frac{d\mu}{dx} x' + \frac{d\mu}{dy} y'.$$

Это уравненіе должно быть тождествомъ, если въ немъ подъ F разумѣемъ функцію $F(\xi, x, y)$, такъ какъ оно есть результатъ дифференцированія интеграла задачи. Если вмѣсто F подставимъ въ уравненіе (62) величину α, то оно сдѣлается равнозначущимъ съ уравненіемъ $F(\xi, x, y) = \alpha$, то есть, сдѣлается его преобразованіемъ.

Такимъ образомъ интегралъ

$$(63) \qquad F(\xi, x, y) = \alpha$$

мы можемъ замѣнить уравненіемъ (62), ему равнозначущимъ, въ которомъ букву F нужно замѣнить буквою α. Интегралъ съ временемъ

$$(64) \qquad t + \beta = \mu(\alpha, x, y)$$

есть не что иное, какъ интегрированное уравненіе (62), или, что одно и то же, (63). Уравненіе (64) не можетъ получиться интегрированіемъ уравненія (63) иначе, какъ посредствомъ квадратуры.

Такимъ образомъ мы получимъ слѣдующую теорему:

Возьмемъ группу задачъ о движеніи свободной точки въ плоскости, имѣющихъ два интеграла общихъ: одинъ съ временемъ, другой безъ времени. Интегралъ, независящій отъ времени, представляетъ уравненіе, которое можетъ быть интегрировано, независимо отъ выраженій координатъ въ функціяхъ отъ времени. Интегрированіе это приводится къ квадратурѣ. Интегралъ упомянутаго уравненія есть ни что иное, какъ интегралъ съ временемъ, общій задачамъ разсматриваемой группы.

12. Разсмотримъ теперь форму (60) интеграла безъ времени, которая проще формы (59). Пусть будетъ этотъ интегралъ

$$\Phi\left[\frac{y' - f(x, y)}{x'}, x, y\right] = \alpha.$$

Изъ него можно вывести величину $\frac{y' - f(x, y)}{x'}$ въ функціи отъ x, y, α.

Пусть

$$\frac{y' - f(x, y)}{x'} = \lambda(\alpha, x, y).$$

Отсюда имѣемъ

$$y' - \lambda x' = f,$$

или

$$\frac{dy - \lambda dx}{dt} = f.$$

Изъ послѣдняго уравненія слѣдуетъ

$$dt = -\frac{\lambda}{f}dx + \frac{1}{f}dy.$$

Выраженіе, стоящее въ правой части этого уравненія, по предыдущей теоремѣ есть полный дифференціалъ. Слѣдовательно будетъ

$$\frac{d\left(\frac{1}{f}\right)}{dx} = -\frac{d\left(\frac{\lambda}{f}\right)}{dy},$$

или, иначе,

$$\frac{d\left(\frac{\lambda}{f}\right)}{dy} = \frac{1}{f^2}\,\frac{df}{dx}.$$

Отсюда получаемъ

(65) $$\lambda = f\left[\int \frac{df}{dx}\,\frac{dy}{f^2} + \Pi(x, \alpha)\right],$$

гдѣ Π есть знакъ произвольной функціи. Подставляя эту величину λ въ уравненіе

$$dt = -\frac{\lambda}{f}dx + \frac{1}{f}dy,$$

мы получимъ интегралъ съ временемъ въ видѣ

(66) $$t + \beta = \int\left[\frac{dy}{f} - \left(\int \frac{df}{dx}\,\frac{dy}{f^2} + \Pi(x, \alpha)\right)dx\right].$$

Уравненіе (65) даетъ интегралъ безъ времени въ слѣдующемъ видѣ:

(67) $$\frac{y' - f(x,y)}{x' f(x,y)} = \int \frac{df(x,y)}{dx}\,\frac{dy}{[f(x,y)]^2} + \Pi(x, \alpha).$$

Если изъ уравненія (67) найдемъ α въ функціи отъ x, y, $\frac{y'-f}{x'}$, то величина l выразится посредствомъ α такъ:

(68) $$l = -\frac{x'\frac{d\alpha}{dx} + y'\frac{d\alpha}{dy}}{\frac{d\alpha}{dy'}}.$$

Такимъ образомъ получимъ теорему:

Если задача о движенiи свободной точки въ плоскости имѣетъ два интеграла, общiе ей съ другими такими же задачами, одинъ съ временемъ, другой безъ времени, то интегралъ безъ времени можетъ быть только двухъ видовъ:

$$\Phi\left(\frac{y'-f(x,y)}{x'},\ x,\ y\right)=\alpha,$$

$$\Lambda(y'-kx',\ x,\ y)=\alpha,$$

гдѣ k удовлетворяетъ уравненiю вида

$$k=\varphi(y'-kx',\ x,\ y),$$

и α постоянное произвольное.

Въ первомъ случаѣ интегралъ безъ времени есть выраженiе величины α въ функцiи отъ $\dfrac{y'-f(x,y)}{x'}$, x, y, слѣдующее изъ уравненiя

$$\frac{y'-f(x,y)}{x'f(x,y)}=\Pi(x,\ \alpha)+\int\frac{df(x,y)}{dx}\frac{dy}{[f(x,y)]^2},$$

гдѣ Π есть произвольная функцiя, а интегралъ съ временемъ выражается такъ:

$$\beta=-t+\int\left[\frac{dy}{f(x,y)}-\left(\int\frac{df(x,y)}{dx}\frac{dy}{[f(x,y)]^2}+\Pi(x,\ \alpha)\right)dx\right].$$

Условiе необходимое и достаточное для того, чтобы задача съ силами X, Y имѣла эти два интеграла, заключается въ уравненiи

$$x'Y-[y'-f(x,y)]X=-x'\frac{x'\dfrac{d\alpha}{dx}+y'\dfrac{d\alpha}{dy}}{\dfrac{d\alpha}{dy'}}.$$

13. Разсмотримъ теперь вторую форму интеграла безъ времени и пусть, попрежнему, будетъ

(69) $$y'-kx'=\omega,\quad k=\varphi(y'-kx',\ x,\ y);$$

тогда можно взять x, y, x' ω за перемѣнныя независимыя и ввести ихъ въ условiя (56). Отъ перваго изъ нихъ мы уже освободились, найдя величины функціи k. Остальныя на основаніи обозначеній (51) можно написать въ видѣ:

$$(70)\qquad m - x'\frac{dk}{dx} - y'\frac{dk}{dy} - l\frac{dk}{dy'} = 0,$$

$$(71)\qquad \frac{dl}{dx} + k\frac{dl}{dy} + m\frac{dl}{dy'} - x'\frac{dm}{dx} - y'\frac{dm}{dy} - l\frac{dm}{dy'} = 0,$$

гдѣ величина m выражается такъ:

$$(72)\qquad m = A(l) - B(k) = \frac{dl}{dx'} + k\frac{dl}{dy'} - x'\frac{dk}{dx} - y'\frac{dk}{dy} - l\frac{dk}{dy'}.$$

Уравненіямъ (70) и (71), изъ которыхъ первое перваго, а второе второго порядка относительно функцій k и l, нужно удовлетворить для того, чтобы разсматриваемыя задачи имѣли общими одинъ интегралъ съ временемъ и другой безъ времени.

Мы здѣсь попадаемъ на одну изъ задачъ, непосредственное рѣшеніе которой можетъ показаться труднымъ. Уравненія (70) и (71) суть частныя дифференціальныя съ двумя неизвѣстными функціями k и l и одно изъ нихъ второго порядка, не линейное.

Я покажу, какъ обойти эти трудности, разсматривая интегрированіе уравненій (70) и (71) въ связи съ интегрированіемъ системы (54).

Возьмемъ формулы (2) n^0 5 настоящей главы. На основаніи этихъ формулъ уравненіе (70) обращается въ слѣдующее:

$$(73)\qquad \frac{dl}{dx'} = \frac{2\left[\frac{d\varphi}{d\omega}l + \omega\frac{d\varphi}{dy} + x'\left(\frac{d\varphi}{dx} + \varphi\frac{d\varphi}{dy}\right)\right]}{1 + x'\frac{d\varphi}{d\omega}}.$$

Уравненіе (73) есть обыкновенное линейное дифференціальное уравненіе перваго порядка относительно l и можетъ быть легко интегрировано. Означимъ черезъ $\Pi(\omega, x, y)$ произвольную функцію отъ ω, x, y; тогда общій интегралъ уравненія (73) выразится такъ:

$$(74)\quad l=\left[\Pi-\frac{\frac{d\varphi}{dx}+\varphi\frac{d\varphi}{dy}+\omega\frac{d\varphi}{dy}\frac{d\varphi}{d\omega}}{\left(\frac{d\varphi}{d\omega}\right)^2}\right]$$

$$+2\left[\frac{d\varphi}{d\omega}\,\Pi-\frac{\frac{d\varphi}{dx}+\varphi\frac{d\varphi}{dy}}{\frac{d\varphi}{d\omega}}\right]x'+\left(\frac{d\varphi}{d\omega}\right)^2\Pi x'^2.$$

Такого результата и слѣдовало ожидать à priori, такъ какъ мы знаемъ изъ теоремы n^0 7, что l представляется въ видѣ

$$l=P+Qx'+Rx'^2,$$

гдѣ P, Q и R означаютъ нѣкоторыя функціи отъ ω, x, y, связанныя между собою условіями (35) и (36) n^0 6.

14. Въ нашемъ случаѣ будетъ

$$(75)\quad \begin{cases} P=\Pi-\dfrac{\frac{d\varphi}{dx}+\varphi\frac{d\varphi}{dy}+\omega\frac{d\varphi}{dy}\frac{d\varphi}{d\omega}}{\left(\frac{d\varphi}{d\omega}\right)^2},\quad Q=2\left(\dfrac{d\varphi}{d\omega}\,\Pi-\dfrac{\frac{d\varphi}{dx}+\varphi\frac{d\varphi}{dy}}{\frac{d\varphi}{d\omega}}\right); \\ R=\left(\dfrac{d\varphi}{d\omega}\right)^2\Pi. \end{cases}$$

Подставляя эти величины въ уравненіе (35) n^0 6, мы увидимъ, что оно обращается въ тождество.

Подставляемъ величины (75) въ уравненіе (37) того же n^0; тогда получимъ уравненіе перваго порядка, которое послужитъ для опредѣленія функціи Π по данному φ.

Вмѣсто неизвѣстной Π намъ удобнѣе будетъ взять за неизвѣстную функцію P, изъ которой Π получается непосредственно. Изъ уравненій (75) мы легко заключаемъ:

$$(76)\qquad Q=2\left(\frac{d\varphi}{d\omega}P+\omega\frac{d\varphi}{dy}\right),$$

и эту величину Q мы введемъ въ упомянутое уравненіе (37).

Мы будемъ имѣть

$$Q-\frac{\varphi+\omega\frac{d\varphi}{d\omega}}{\omega}P-\omega\frac{d\varphi}{dy}=\left(\frac{d\varphi}{d\omega}-\frac{1}{\omega}\varphi\right)P+\omega\frac{d\varphi}{dy}.$$

Означивъ первую часть этого уравненія черезъ S, получимъ

$$\frac{dS}{d\omega}=\left(\frac{d\varphi}{d\omega}-\frac{1}{\omega}\varphi\right)\frac{dP}{d\omega}+\left(\frac{d^2\varphi}{d\omega^2}-\frac{1}{\omega}\frac{d\varphi}{d\omega}+\frac{1}{\omega^2}\varphi\right)P+\frac{d\varphi}{dy}+\omega\frac{d^2\varphi}{dyd\omega},$$

$$\frac{dS}{dy}=\left(\frac{d\varphi}{d\omega}-\frac{1}{\omega}\varphi\right)\frac{dP}{dy}+\left(\frac{d^2\varphi}{dyd\omega}-\frac{1}{\omega}\frac{d\varphi}{dy}\right)P+\omega\frac{d^2\varphi}{dy^2}.$$

Кромѣ того будетъ

$$\frac{d}{dx}\left(\frac{P}{\omega}\right)=\frac{1}{\omega}\frac{dP}{dx},\quad \frac{d}{d\omega}\left(\frac{P}{\omega}\right)=\frac{1}{\omega}\frac{dP}{d\omega}-\frac{1}{\omega^2}P.$$

Подставляя эти величины въ уравненіе (37) мы обратимъ его въ слѣдующее:

$$(77)\quad \frac{dP}{dx}+\left(\varphi-\omega\frac{d\varphi}{d\omega}\right)\frac{dP}{dy}+\omega\frac{d\varphi}{dy}\frac{dP}{d\omega}$$
$$=\omega^2\frac{d^2\varphi}{dy^2}+\left(2\omega\frac{d^2\varphi}{dyd\omega}+\frac{d\varphi}{dy}\right)P+\frac{d^2\varphi}{d\omega^2}P^2.$$

Подставляя вмѣсто Q его величину (76) въ уравненія системы (36), мы получимъ для опредѣленія интеграла $V=\Lambda$ слѣдующія два уравненія:

$$(78)\quad \begin{cases} \dfrac{d\Lambda}{dy}+\dfrac{P}{\omega}\dfrac{d\Lambda}{d\omega}=0, \\ \dfrac{d\Lambda}{dx}+\left[\left(\dfrac{d\varphi}{d\omega}-\dfrac{1}{\omega}\varphi\right)P+\omega\dfrac{d\varphi}{dy}\right]\dfrac{d\Lambda}{d\omega}=0. \end{cases}$$

Теперь слѣдуетъ обратиться къ уравненію (71); но я покажу, что оно уже удовлетворено. Въ самомъ дѣлѣ величинами

$$k=\varphi(\omega, x, y),$$

$$(78')\quad l=P+2\left(\frac{d\varphi}{d\omega}P+\omega\frac{d\varphi}{dy}\right)x'$$
$$+\left[\left(\frac{d\varphi}{d\omega}\right)^2P+\frac{d\varphi}{dx}+\varphi\frac{d\varphi}{dy}+\omega\frac{d\varphi}{dy}\frac{d\varphi}{d\omega}\right]x'^2,$$

изъ которыхъ послѣдняя слѣдуетъ изъ уравненій (74), (75), (76), мы удовлетворили первымъ двумъ уравненіямъ (56). Посему, такъ какъ уравненіе

$$A(m) - C(k) = 0$$

есть слѣдствіе этихъ двухъ, система (53′) обращается въ одно

$$(79) \qquad [B(m) - C(l)]\frac{dV}{dy'} = 0.$$

Съ другой стороны, взявъ уравненія (35), (36) и (37) n^0 6, мы выразили, что система (54) имѣетъ рѣшеніе $V = \Lambda(\omega, x, y)$. Поэтому скобки, составленныя изъ первыхъ частей ея уравненій, должны уничтожиться; такъ какъ притомъ величина $\frac{dV}{dy'} = \frac{d\Lambda}{d\omega}$ не нуль, то въ уравненіи (79) должно быть

$$B(m) - C(l) = 0,$$

для упомянутыхъ величинъ k и l; то есть, условіе (71) удовлетворено.

Тоже самое мы увидѣли бы, если бы подставили прямо величину (78′) функціи l въ уравненіе (71), обусловивъ величину P уравненіемъ (77). Выраженіе, стоящее въ лѣвой части равенства (71), обратилось бы въ тождество, на основаніи уравненій (77) и (78′).

Если k не зависитъ отъ ω, то есть, $\frac{d\varphi}{d\omega} = 0$, то уравненія (74) и (75) сдѣлаются неопредѣленными. Тѣмъ не менѣе мы изъ уравненія (73) находимъ

$$l = P + 2\omega\frac{d\varphi}{dy}x' + \left(\frac{d\varphi}{dx} + \varphi\frac{d\varphi}{dy}\right)x'^2,$$

гдѣ P есть функція ω, x, y, введенная интегрированіемъ. Эта величина l есть частный случай (78′), и въ ней коэффиціентъ P долженъ удовлетворять уравненію (77), гдѣ нужно сдѣлать $\frac{d\varphi}{d\omega} = 0$, равно какъ и въ уравненіяхъ (78).

Такимъ образомъ, принявъ во вниманіе теорему n^0 12, мы получимъ слѣдующую:

Если группа задачъ имѣетъ два интеграла: одинъ съ време-

немъ, другой безъ времени и второго вида

$$\Lambda(y' - kx', x, y) = \alpha,$$

то силы X, Y *каждой задачи этой группы должны удовлетворять условію*

$$Y - \varphi(\omega, x, y) X = P + 2\left(\frac{d\varphi}{d\omega} P + \omega \frac{d\varphi}{dy}\right) x'$$
$$+ \left[\left(\frac{d\varphi}{d\omega}\right)^2 P + \frac{d\varphi}{dx} + \varphi \frac{d\varphi}{dy} + \omega \frac{d\varphi}{dy} \frac{d\varphi}{d\omega}\right] x'^2,$$

гдѣ ω *есть величина* $y' - kx'$, $k = \varphi$ *произвольная функція отъ* ω, x, y, *а* P *функція тѣхъ же перемѣнныхъ, удовлетворяющая уравненію*

$$\frac{dP}{dx} + \left(\varphi - \omega \frac{d\varphi}{d\omega}\right) \frac{dP}{dy} + \omega \frac{d\varphi}{dy} \frac{dP}{d\omega}$$
$$= \omega^2 \frac{d^2\varphi}{dy^2} + \left(2\omega \frac{d^2\varphi}{dy\,d\omega} + \frac{d\varphi}{dy}\right) P + \frac{d^2\varphi}{d\omega^2} \cdot P^2.$$

Это условіе есть необходимое и достаточное.

Интегралъ $\Lambda(\omega, x, y)$ *получается интегрированіемъ нормальной системы*

$$\frac{d\Lambda}{dy} + \frac{P}{\omega} \frac{d\Lambda}{d\omega} = 0,$$

$$\frac{d\Lambda}{dx} + \left[\left(\frac{d\varphi}{d\omega} - \frac{\varphi}{\omega}\right) P + \omega \frac{d\varphi}{dy}\right] \frac{d\Lambda}{d\omega} = 0.$$

Интегралъ съ временемъ находится по теоремѣ n^0 11.

Настоящая теорема и теорема n^0 12 вполнѣ рѣшаютъ вопросъ о задачахъ, имѣющихъ два интеграла: одинъ съ временемъ, другой безъ времени.

15. Приложимъ сказанное къ частнымъ случаямъ, и во первыхъ найдемъ задачи съ силами, независящими отъ скоростей, имѣющія два интеграла общихъ. Здѣсь мы встрѣтимся съ интеграломъ, которымъ, по моему мнѣнію, слѣдуетъ дополнить изслѣдованіе Бертрана.

Ищемъ сначала интегралъ безъ времени въ предположеніи k и l независящихъ отъ скоростей. Тогда $\frac{d\varphi}{d\omega} = 0$, и выраженіе (78′) величины l должно обратиться въ количество P, которое не должно зависѣть отъ ω. Поэтому изъ уравненія (78′) мы будемъ имѣть

$$\frac{d\varphi}{dx} + \varphi \frac{d\varphi}{dy} = 0, \quad \omega \frac{d\varphi}{dy} = 0;$$

откуда находимъ, что $k = \varphi$ есть величина постоянная. Далѣе, изъ уравненія (77) выводимъ

$$\frac{dP}{dx} + \varphi \frac{dP}{dy} = 0,$$

откуда заключаемъ, что

$$P = l = \Pi(y - \varphi x),$$

гдѣ Π есть знакъ произвольной функціи. Подставляемъ эту величину P въ два уравненія системы (78) и мы будемъ имѣть для опредѣленія Λ систему

$$(79) \quad \begin{cases} \dfrac{d\Lambda}{dy} + \dfrac{\Pi(y - \varphi x)}{\omega} \dfrac{d\Lambda}{d\omega} = 0, \\ \dfrac{d\Lambda}{dx} - \dfrac{\varphi \Pi(y - \varphi x)}{\omega} \dfrac{d\Lambda}{d\omega} = 0. \end{cases}$$

Одинъ интегралъ перваго изъ этихъ уравненій будетъ

$$\beta_1 = \frac{\omega^2}{2} - \Pi_1(y - \varphi x),$$

гдѣ функція $\Pi_1 x$ есть $\int \Pi x dx$. Сдѣлаемъ теперь

$$\Lambda = \mathrm{M}(\beta_1, x);$$

тогда будетъ

$$\frac{d\Lambda}{dx} = \frac{d\mathrm{M}}{dx} + \varphi \Pi(y - \varphi x) \frac{d\mathrm{M}}{d\beta_1}, \quad \frac{d\Lambda}{d\omega} = \omega \frac{d\mathrm{M}}{d\beta_1}.$$

Подставивъ эти величины во второе изъ уравненій (79), мы

обратимъ его въ слѣдующее:

$$\frac{dM}{dx} = 0,$$

откуда заключаемъ, что $\Lambda = M$ будетъ произвольною функціею отъ β_1. Такимъ образомъ интегралъ безъ времени въ настоящемъ случаѣ будетъ

$$(79') \qquad \frac{(y' - \varphi x')^2}{2} - \Pi_1(y - \varphi x) = \alpha,$$

или иначе

$$(80) \qquad y' - \varphi x' = \sqrt{2}\sqrt{\Pi_1(y - \varphi x) + \alpha}.$$

Отсюда выводимъ слѣдующій интегралъ съ временемъ по теоремѣ n^0 11:

$$(81) \qquad t + \beta = \frac{1}{\sqrt{2}} \int \frac{d(y - \varphi x)}{\sqrt{\Pi_1(y - \varphi x) + \alpha}}.$$

Сюда, по взятіи квадратуры, нужно подставить вмѣсто α его величину (79').

Интегралъ (81) есть именно тотъ, который не находится у Бертрана въ изслѣдованіи задачъ съ силами не зависящими отъ скоростей. Изъ его интеграла съ временемъ

$$(82) \qquad C_1[(x + C)y' - (y + C')x'] = t + \beta,$$

гдѣ C_1, C, C' и β суть постоянныя произвольныя, не можетъ слѣдовать интегралъ (81), какія бы величины ни приписывали постояннымъ произвольнымъ. Мы увидимъ, что Бертрановъ интегралъ соотвѣтствуетъ тѣмъ задачамъ, у которыхъ онъ есть единственный общій. Интегралъ (81) можно разсматривать какъ нѣкоторую комбинацію двухъ Бертрановыхъ формъ — комбинацію, которая имѣетъ мѣсто, когда интегралъ (82) не имѣетъ мѣста.

Вспомнивъ теперь замѣчаніе въ концѣ n^0 9, мы получимъ слѣдующую теорему:

Задачи съ силами X, Y, не зависящими отъ скоростей, имѣющія два интеграла общихъ: одинъ съ временемъ, другой безъ вре-

мени, должны удовлетворять условію

$$Y - kX = \Pi(y - kx),$$

гдѣ k *постоянное произвольное и* Π *произвольная функція. Условіе это есть необходимое и достаточное. При соблюденіи его два интеграла, общіе разсматриваемымъ задачамъ будутъ*

$$(y' - kx')^2 - 2\Pi_1(y - kx) = 2\alpha,$$

$$-t + \frac{1}{\sqrt{2}}\int\frac{dy - kdx}{\sqrt{\Pi_1(y - kx) + \alpha}} = \beta,$$

гдѣ $\Pi_1 x = \int \Pi x dx$.

Задачи съ силами, зависящими отъ скоростей, которыя удовлетворяютъ упомянутому условію, будутъ также имѣть эти два интеграла; если же задача ему не удовлетворяетъ, то и не будетъ имѣть, ни того, ни другого интеграла.

16. Приложимъ еще теоремы n^0 12 и n^0 14 къ изслѣдованію задачъ въ одной и той же сопротивляющей срединѣ. Мы предположимъ, что на движущуюся точку дѣйствуетъ сила, которой проэкціи на оси координатъ суть M и N, и сопротивленіе средины, направленное по касательной, есть функція только отъ скорости точки. Мы будемъ предполагать, что M и N зависятъ только отъ координатъ x и y движущейся точки. Пусть будетъ $F(x'^2 + y'^2)$ сопротивленіе средины. Его проэкціи на оси координатъ будутъ: $x'\dfrac{F(x'^2 + y'^2)}{\sqrt{x'^2 + y'^2}}$ и $y'\dfrac{F(x'^2 + y'^2)}{\sqrt{(x'^2 + y'^2)}}$. Мы для сокращенія означимъ функцію $\dfrac{F(x'^2 + y'^2)}{\sqrt{x'^2 + y'^2}}$ такъ: $f(x'^2 + y'^2)$, а величину $x'^2 + y'^2$ означимъ черезъ v.

Пусть другая задача съ тою же срединою имѣетъ силы M_1 и N_1; тогда

$$k = \frac{N - N_1}{M - M_1}, \quad l = \frac{MN_1 - M_1 N}{M - M_1} + (y' - kx')fv.$$

Откуда видимъ, что k не зависитъ отъ x' и y'; что же касается величины l, то означивъ буквою n функцію $\dfrac{MN_1 - M_1 N}{M - M_1}$, зависящую только отъ x, y, мы будемъ имѣть, согласно съ прежними обозначеніями,

(83) $$l = n + \omega f v,$$

гдѣ

(84) $$v = x'^2 + y'^2 = \omega^2 + 2\omega k x' + (1 + k^2) x'^2.$$

Интегралъ безъ времени, который имѣютъ двѣ разсматриваемыя задачи, долженъ быть по n^0 5 вида

$$V = \Lambda(\omega, x, y),$$

а величина l вида

(85) $$l = P + Qx' + Rx'^2,$$

гдѣ P, Q и R суть функціи отъ ω, x, y, удовлетворяющія уравненіямъ (35) и (37). Сравнивая выраженія (83) и (85) величины l, мы легко находимъ, что функція fv должна быть вида

(86) $$fv = A + Bv = (A + B\omega^2) + 2B\omega k x' + B(1 + k^2) x'^2,$$

гдѣ A и B постоянныя количества. Отсюда находимъ

$$P = n + A\omega + B\omega^3, \quad Q = 2B\omega^2 k, \quad R = B(1 + k^2)\omega.$$

Подставляя эти величины въ уравненія (35) и (37), мы будемъ имѣть

$$\omega B(1 + k^2) = \frac{dk}{dx} + k\frac{dk}{dy},$$

откуда, такъ какъ k не зависитъ отъ ω, выводимъ

$$B = 0 \quad \text{и} \quad \frac{dk}{dx} + k\frac{dk}{dy} = 0.$$

Такимъ образомъ fv обращается въ постоянное A; Q и R въ нули, а l въ $n + A\omega$. Подставляя величины $Q = 0$ и $P = n + A\omega$ въ уравненіе (37), мы найдемъ слѣдующее:

$$2A\frac{dk}{dy} + \omega\frac{d^2k}{dy^2} + \frac{1}{\omega}\left(\frac{dn}{dx} + k\frac{dn}{dy} + 3n\frac{dk}{dy}\right) = 0.$$

Такъ какъ A есть постоянное, а k и n не зависятъ отъ ω, то это уравненіе распадается на три

$$(87) \qquad 2A\frac{dk}{dy}=0, \quad \frac{d^2k}{dy^2}=0, \quad \frac{dn}{dx}+k\frac{dn}{dy}+3n\frac{dk}{dy}=0.$$

Такъ какъ сопротивленіе средины не нуль, то A не нуль. Тогда первое изъ этихъ уравненій будетъ

$$\frac{dk}{dy}=0,$$

и самая общая величина, удовлетворяющая уравненіямъ (87) и уравненію $\frac{dk}{dx}+k\frac{dk}{dy}=0$ будетъ, слѣдовательно, $k=$ постоянному.

Подставляя эту величину въ третье уравненіе (87) и интегрируя его, мы получимъ

$$(88) \qquad n=\Pi(y-kx).$$

Откуда заключаемъ, имѣя въ виду уравненіе (83), что

$$(89) \qquad l=P=\Pi(y-kx)+A\omega.$$

Здѣсь Π означаетъ произвольную функцію.

Величина (89) функціи P удовлетворяетъ уравненію (77) при постоянномъ $k=\varphi$, поэтому разсматриваемыя задачи имѣютъ, кромѣ интеграла безъ времени, еще одинъ интегралъ общій съ временемъ.

Интегралъ безъ времени получится по теоремѣ n^0 14 интегрированіемъ системы

$$(90) \qquad \begin{cases} \dfrac{d\Lambda}{dy}+\left[A+\dfrac{\Pi(y-kx)}{\omega}\right]\dfrac{d\Lambda}{d\omega}=0, \\ \dfrac{d\Lambda}{dx}-k\left[A+\dfrac{\Pi(y-kx)}{\omega}\right]\dfrac{d\Lambda}{d\omega}=0, \end{cases}$$

или, что одно и то же, системы

$$\frac{d\Lambda}{dy}=-\frac{1}{k}\frac{d\Lambda}{dx}=-\left[A+\frac{\Pi(y-kx)}{\omega}\right]\frac{d\Lambda}{d\omega}.$$

Отсюда видимъ, что Λ есть функція отъ ω и $y-kx$. Означая

$y - kx$ буквою p и подставляя величину Λ, выраженную въ перемѣнныхъ ω и p, въ первое изъ уравненій (90), мы обратимъ его въ слѣдующее:

$$\frac{d\Lambda}{dp} + \left[A + \frac{\Pi(p)}{\omega}\right]\frac{d\Lambda}{d\omega} = 0, \tag{91}$$

интегрированіе котораго приводится къ интегрированію обыкновеннаго уравненія

$$dp = \frac{\omega d\omega}{A\omega + \Pi(p)}. \tag{92}$$

Интегралъ уравненія (92) по замѣненіи въ немъ величины p количествомъ $y - kx$ и будетъ искомымъ интеграломъ безъ времени. Изъ него, найдя $y' - kx'$ въ функціи отъ $y - kx$ и постояннаго произвольнаго, мы получимъ по теоремѣ n^0 11 интегралъ съ временемъ квадратурою.

Изъ уравненія $fv = A$, получается $F(x'^2 + y'^2) = A\sqrt{x'^2 + y'^2}$, и, слѣдовательно, задачи съ одною сопротивляющеюся срединою и съ силами M и N, не зависящими отъ скоростей, только тогда будутъ имѣть общій интегралъ, независимый отъ времени, когда сопротивленіе средины пропорціонально первой степени скорости. Разумѣется, мы исключаемъ случай $M = 0$, $N = 0$, когда движеніе будетъ прямолинейное. Въ этомъ случаѣ задачи съ какою угодно срединою будутъ имѣть два интеграла общихъ, независящихъ отъ времени и не будутъ имѣть интеграла общаго съ временемъ.

Предыдущіе результаты даютъ теорему:

Возьмемъ всѣ задачи о движеніи свободной точки въ плоскости, при одной и той же сопротивляющейся рединѣ, съ силами не зависящими отъ скоростей. Такія задачи могутъ имѣть только тогда интегралы общіе, не зависящіе отъ времени, когда, или сопротивленіе средины пропорціонально первой степени скорости, или же сила, дѣйствующая въ задачѣ есть нуль, то есть, движеніе происходитъ только въ слѣдствіе начальной скорости по прямой линіи.

Въ первомъ случаѣ силы M и N каждой задачи должны удовлетворять условію

$$N - kM = \Pi(y - kx),$$

гдѣ k есть постоянная, а $\Pi(y - kx)$ произвольная функція.

При исполненіи этого условія задачи будутъ имѣть одинъ интегралъ общій безъ времени, который будетъ интеграломъ обыкновеннаго уравненія перваго порядка

$$dp = \frac{\omega d\omega}{A\omega + \Pi(p)},$$

гдѣ черезъ p означена величина $y - kx$, а черезъ ω величина $y' - kx'$.

Кромѣ него они будутъ имѣть еще общій интегралъ съ временемъ, выводящійся изъ интеграла безъ времени посредствомъ квадратуры.

Во второмъ случаѣ, каковъ бы ни былъ законъ сопротивленія средины, задачи будутъ имѣть два интеграла общихъ безъ времени

$$y' = \alpha x', \quad y - x\frac{y'}{x'} = \beta,$$

выражающихъ, что движеніе происходитъ по прямой.

IV-й случай: одинъ интегралъ съ временемъ.

17. Здѣсь мы разсмотримъ случай, когда задачи будутъ имѣть только одинъ общій интегралъ, а именно, интегралъ съ временемъ. Такъ какъ онъ имѣетъ видъ $V = -t + W$, гдѣ W есть функція четырехъ перемѣнныхъ x', y', x, y, то нужно искать W. Мы видѣли въ n^0 1, что она удовлетворяетъ двумъ уравненіямъ (5), изъ которыхъ можно вывести слѣдующія:

$$(93) \quad \begin{cases} \dfrac{dW}{dx'} + k\dfrac{dW}{dy'} = 0, \\ x'\dfrac{dW}{dx} + y'\dfrac{dW}{dy} + l\dfrac{dW}{dy'} = 1. \end{cases}$$

Система (93) есть преобразованіе системы (5).

Изъ этихъ уравненій мы заключаемъ, что k и l совершенно опредѣлены, если функція W извѣстна, то есть, если извѣстенъ общій интегралъ съ временемъ. Съ другой стороны, какова бы ни была W, величины k и l имѣютъ опредѣленныя значенія. Поэтому, мы видимъ, что

Интегралъ съ временемъ всякой задачи о движеніи свободной точки въ плоскости будетъ общимъ ей и нѣкоторымъ другимъ такимъ же задачамъ. Если силы этой задачи не удовлетворяютъ условіямъ теоремы n^0 14, то она, имѣя интегралъ съ временемъ, общій ей и упомянутымъ другимъ задачамъ, не будетъ съ ними имѣть другихъ интеграловъ общихъ.

Если мы составимъ скобки изъ первыхъ частей уравненій (93), то получимъ

$$\frac{dW}{dx} + k\frac{dW}{dy} + m\frac{dW}{dy'} = 0. \tag{94}$$

Введемъ знакоположенія n^0 11; тогда скобки перваго и втораго уравненій (93) съ уравненіемъ (94) будутъ

$$\left\{\begin{aligned} &A(k)\frac{dW}{dy} + [A(m) - C(k)]\frac{dW}{dy'} = 0,\\ &[B(k) - m]\frac{dW}{dy} + [B(m) - C(l)]\frac{dW}{dy'} = 0. \end{aligned}\right. \tag{95}$$

Изъ этихъ уравненій одно должно быть слѣдствіемъ другого; поэтому, величины k и l должны удовлетворять условію

$$\frac{A(k)}{B(k) - m} = \frac{A(m) - C(k)}{B(m) - C(l)}. \tag{96}$$

При исполненіи этого условія два уравненія (95) обращаются въ одно и тогда система уравненій (93), (94), (95) будетъ имѣть одинъ только интегралъ общій, если обѣ части условія (96) не обращаются въ $\frac{0}{0}$. Въ этомъ послѣднемъ случаѣ три уравненія (93) и (94) будутъ имѣть рѣшеніе съ произвольною функціею, и задачи, кромѣ интеграла съ временемъ, будутъ еще имѣть общій интегралъ безъ времени.

Исключивъ этотъ случай, мы будемъ имѣть систему

$$
(97)\quad \begin{cases}
\dfrac{dW}{dx'} + k\dfrac{dW}{dy'} = 0, \\
x'\dfrac{dW}{dx} + y'\dfrac{dW}{dy} + l\dfrac{dW}{dy'} = 1, \\
\dfrac{dW}{dx} + k\dfrac{dW}{dy} + m\dfrac{dW}{dy'} = 0, \\
A(k)\dfrac{dW}{dy} + [A(m) - C(k)]\dfrac{dW}{dy'} = 0, \\
\text{или}\ [B(k) - m]\dfrac{dW}{dy} + [B(m) - C(l)]\dfrac{dW}{dy'} = 0,
\end{cases}
$$

которая будетъ имѣть рѣшеніе, если k и l удовлетворяютъ условію (96). Это рѣшеніе получится посредствомъ квадратуры, если k и l даны.

18. Мы разберемъ частный случай, когда k не зависитъ отъ x' и y', а величина l будетъ вида

$$l = n + \omega f v,$$

какъ въ n^0 16.

Общая величина W, слѣдующая изъ перваго уравненія системы (97), есть

$$W = \Lambda(\omega, x, y).$$

Подставляя ее во второе и третье уравненія этой системы, мы получимъ слѣдующія:

$$(98)\quad \omega\frac{d\Lambda}{dy} + (n + \omega f v)\frac{d\Lambda}{d\omega} + x'\left(\frac{d\Lambda}{dx} + k\frac{d\Lambda}{dy} - \omega\frac{dk}{dy}\frac{d\Lambda}{d\omega}\right) - x'^2\left(\frac{dk}{dx} + k\frac{dk}{dy}\right)\frac{d\Lambda}{d\omega} = 1$$

$$(99)\quad \frac{d\Lambda}{dx} + k\frac{d\Lambda}{dy} + x'\left(\frac{m}{x'} - \frac{dk}{dx} - k\frac{dk}{dy}\right)\frac{d\Lambda}{d\omega} = 0.$$

Изъ уравненія (98) заключаемъ, что fv имѣетъ величину

$$fv = A + Bv;$$

и, слѣдовательно, будетъ

(100) $l = n + \omega f v = n + A\omega + B\omega^3 + 2Bk\omega^2 x' + B(1+k^2)\omega x'^2.$

Подставляя эту величину въ уравненіе (98) и уравнивая въ немъ коэффиціенты при x' и x'^2 нулю, а независимый отъ x' единицѣ, мы получимъ

$$\omega \frac{d\Lambda}{dy} + (n + A\omega + B\omega^3)\frac{d\Lambda}{d\omega} = 1,$$

$$\frac{d\Lambda}{dx} + k\frac{d\Lambda}{dy} + \omega\left(2Bk\omega - \frac{dk}{dy}\right)\frac{d\Lambda}{d\omega} = 0,$$

$$B\omega(1+k^2) - \left(\frac{dk}{dx} + k\frac{dk}{dy}\right) = 0.$$

Изъ послѣдняго заключаемъ

(100′) $$B = 0, \quad \frac{dk}{dx} + k\frac{dk}{dy} = 0,$$

такъ какъ k не зависитъ отъ ω, по условію. Предыдущія уравненія обращаются, поэтому, въ слѣдующія:

(101) $$\begin{cases} \dfrac{d\Lambda}{dy} + \left(\dfrac{n}{\omega} + A\right)\dfrac{d\Lambda}{d\omega} = \dfrac{1}{\omega}, \\ \dfrac{d\Lambda}{dx} + k\dfrac{d\Lambda}{dy} - \omega\dfrac{dk}{dy}\,\dfrac{d\Lambda}{d\omega} = 0. \end{cases}$$

Величина m обращается въ $-\omega\frac{dk}{dy}$; слѣдовательно, уравненіе (99) будетъ тождественно со вторымъ изъ уравненій (101).

Далѣе мы имѣемъ

$$B(k) = \omega\frac{dk}{dy}, \quad B(k) - m = 2\omega\frac{dk}{dy},$$

$$-B(m) = x'\frac{d\left((y'-kx')\frac{dk}{dy}\right)}{dx} + (\omega + kx')\frac{d\left((y'-kx')\frac{dk}{dy}\right)}{dy} + (n + A\omega)\frac{dk}{dy}\,\frac{d(y'-kx')}{dy'}$$

$$= -x'^2\left[\frac{dk}{dx}\frac{dk}{dy} + k\left(\frac{dk}{dy}\right)^2\right] + \omega x'\left[\frac{d^2k}{dxdy} - \left(\frac{dk}{dy}\right)^2 + k\frac{d^2k}{dy^2}\right]$$

$$+ \omega^2\frac{d^2k}{dy^2} + (n + A\omega)\frac{dk}{dy}.$$

Эта величина, на основаніи уравненія (100′), обращается въ болѣе простую

$$-B(m)=\left[\omega^2\frac{d^2k}{dy^2}+(n+A\omega)\frac{dk}{dy}\right]-2\omega\left(\frac{dk}{dy}\right)^2 x'.$$

Точно также

$$C(l)=C(n+A\omega)=C(n)+AC(y'-kx')=\frac{dn}{dx}+k\frac{dn}{dy}-A\omega\frac{dk}{dy};$$

слѣдовательно

$$B(m)-C(l)=2\omega\left(\frac{dk}{dy}\right)^2 x'-\left(\omega^2\frac{d^2k}{dy^2}+n\frac{dk}{dy}+\frac{dn}{dx}+k\frac{dn}{dy}\right).$$

Подставляя вычисленныя величины въ послѣднее уравненіе системы (97), мы получимъ

$$(102)\quad 2\omega\frac{dk}{dy}\frac{d\Lambda}{dy}-\left(\frac{dn}{dx}+k\frac{dn}{dy}+n\frac{dk}{dy}+\omega^2\frac{d^2k}{dy^2}\right)\frac{d\Lambda}{d\omega}=0.$$

Изъ уравненій (101) и (102) мы выводимъ слѣдующее уравненіе для опредѣленія $\frac{d\Lambda}{d\omega}$:

$$(103)\quad 2\frac{dk}{dy}-\left(\frac{dn}{dx}+k\frac{dn}{dy}+3n\frac{dk}{dy}+2A\omega\frac{dk}{dy}+\omega^2\frac{d^2k}{dy^2}\right)\frac{d\Lambda}{d\omega}=0,$$

которое также можно было получить и прямо, составляя скобки изъ двухъ уравненій (101), рѣшенныхъ относительно $\frac{d\Lambda}{dx}$ и $\frac{d\Lambda}{dy}$.

Изъ уравненій (101) и (103) находимъ слѣдующія величины для $\frac{d\Lambda}{dy}$ и $\frac{d\Lambda}{d\omega}$:

$$(104)\quad \begin{cases} \dfrac{d\Lambda}{d\omega}=\dfrac{2\dfrac{dk}{dy}}{\dfrac{dn}{dx}+k\dfrac{dn}{dy}+3n\dfrac{dk}{dy}+2A\omega\dfrac{dk}{dy}+\omega^2\dfrac{d^2k}{dy^2}}, \\ \dfrac{d\Lambda}{dy}=\dfrac{1}{\omega}-\dfrac{2\left(A+\dfrac{n}{\omega}\right)\dfrac{dk}{dy}}{\dfrac{dn}{dx}+k\dfrac{dn}{dy}+3n\dfrac{dk}{dy}+2A\omega\dfrac{dk}{dy}+\omega^2\dfrac{d^2k}{dy^2}}. \end{cases}$$

Составляемъ теперь уравненіе

$$(104')\qquad \frac{d}{dy}\left(\frac{d\Lambda}{d\omega}\right)-\frac{d}{d\omega}\left(\frac{d\Lambda}{dy}\right)=0,$$

освобождаемъ его отъ знаменателей и располагаемъ его по степенямъ ω. Такъ какъ функціи k и n не зависятъ отъ ω, то коэффиціенты при различныхъ степеняхъ ω въ этомъ уравненіи должны быть равны нулю. Такимъ образомъ коэффиціентъ при ω^4 даетъ

$$(105) \qquad 3\left(\frac{d^2k}{dy^2}\right)^2 - \frac{dk}{dy}\frac{d^3k}{dy^3} = 0.$$

Уравненіе (105) имѣетъ общимъ интеграломъ слѣдующее:

$$k = \frac{B}{A-y} + C$$

и частнымъ интеграломъ

$$k = Gy + H,$$

гдѣ A, B, C, G, H суть функціи отъ x. Общій интегралъ въ соединеніи съ уравненіемъ

$$(106) \qquad \frac{dk}{dx} + k\frac{dk}{dy} = 0,$$

доставляетъ для k величину постоянную, при конечныхъ значеніяхъ A, B и C. При безконечно большихъ значеніяхъ этихъ величинъ изъ общаго мы получаемъ упомянутый частный, который въ соединеніи съ уравненіемъ (106) даетъ величину

$$(107) \qquad k = \frac{y + C'}{x + C},$$

гдѣ C и C' суть постоянныя произвольныя.

Далѣе коэффиціенты при ω^3 въ упомянутомъ уравненіи дадутъ тождество, а при ω^2 и ω дадутъ уравненія, которыя, на основаніи величины (107), обращаются въ слѣдующія:

$$(107') \qquad \frac{d}{dy}\left(\frac{dn}{dx} + \frac{y + C'}{x + C}\frac{dn}{dy} + \frac{3n}{x + C}\right) = 0,$$

$$(108) \qquad A\left(\frac{dn}{dx} + \frac{y + C'}{x + C}\frac{dn}{dy} + \frac{n}{x + C}\right) = 0.$$

Коэффиціентъ же независимый отъ ω даетъ

$$(109)\quad \left(\frac{dn}{dx}+\frac{y+C'}{x+C}\frac{dn}{dy}+\frac{3n}{x+C}\right)\left(\frac{dn}{dx}+\frac{y+C'}{x+C}\frac{dn}{dy}+\frac{n}{x+C}\right)=0.$$

Мы не будемъ здѣсь разсматривать случая, когда C и C' равны безконечности, причемъ k обращается въ постоянное. Легко видѣть, что тогда условіе, при которомъ два интеграла одинъ съ временемъ, другой безъ времени, будутъ общими разсматриваемымъ задачамъ, будетъ удовлетворено.

Мы попадемъ, такимъ образомъ, на прежній случай, именно на тотъ, который мы разбирали въ n^0 16.

Уравненія (107′), (108) и (109) ведутъ къ двумъ предположеніямъ

$$1)\quad \frac{dn}{dx}+\frac{y+C'}{x+C}\frac{dn}{dy}+\frac{3n}{x+C}=0,$$

$$2)\quad \frac{dn}{dx}+\frac{y+C'}{x+C}\frac{dn}{dy}+\frac{n}{x+C}=0.$$

Первое можетъ имѣть мѣсто только, если $A=0$, то есть, если сопротивленіе средины нуль. Но и тогда изъ уравненія (103) получаемъ $\frac{dk}{dy}=0$, и, слѣдовательно, по уравненію (106) будетъ $\frac{dk}{dx}=0$, то есть, k есть постоянное.

Этотъ случай нами исключенъ.

Второе предположеніе даетъ намъ для n величину

$$n=\frac{\Pi\left(\frac{y+C'}{x+C}\right)}{x+C}.$$

По уравненію (107′) должно быть при этой величинѣ

$$\frac{d}{dy}\left(\frac{2n}{x+C}\right)=\frac{2\Pi'\left(\frac{y+C'}{x+C}\right)}{(x+C)^3}=0,$$

гдѣ Π' есть производная функціи Π. Мы видимъ, слѣдовательно, что $\Pi'\left(\frac{y+C'}{x+C}\right)=0$, то есть $\Pi\left(\frac{y+C'}{x+C}\right)$ будетъ постоянною.

Обозначимъ се черезъ L; тогда уравненія (101) и (103) при величинахъ

$$k=\frac{y+C'}{x+C}, \quad l=n+A\omega=A\omega+\frac{L}{x+C}$$

дадутъ

(110) $$\frac{d\Lambda}{d\omega}=\frac{x+C}{L+A\omega(x+C)}, \quad \frac{d\Lambda}{dy}=0, \quad \frac{d\Lambda}{dx}=\frac{\omega}{L+A\omega(x+C)}.$$

Составляя уравненія

$$\frac{d}{dx}\left(\frac{d\Lambda}{d\omega}\right)=\frac{d}{d\omega}\left(\frac{d\Lambda}{dx}\right), \quad \frac{d}{dx}\left(\frac{d\Lambda}{dy}\right)=\frac{d}{dy}\left(\frac{d\Lambda}{dx}\right),$$

мы увидимъ, что они обращаются въ тождества.

Функція Λ получается посредствомъ квадратуры

(111) $$\Lambda=\int\frac{(x+C)\,d\omega+\omega dx}{L+A\omega(x+C)}.$$

Если A не нуль, то мы получимъ

$$\Lambda=\frac{1}{A}\log\left[L+A\omega(x+C)\right]+E.$$

Если же $A=0$, то будетъ

$$\Lambda=\frac{(x+C)\,\omega}{L}+E.$$

Въ обоихъ случаяхъ величина E есть постоянная произвольная.

Такимъ образомъ интегралъ съ временемъ, при существованіи сопротивляющейся средины, будетъ

$$t+\beta=\frac{1}{A}\log\left[L+A\left(y'(x+C)-x'(y+C')\right)\right].$$

Для задачъ же въ пустотѣ онъ будетъ

$$t+\beta=C_1\left[y'(x+C)-x'(y+C')\right],$$

гдѣ $C_1=\frac{1}{L}\cdot$

Такимъ образомъ мы выводимъ теорему:

Задачи при одной и той же сопротивляющейся срединѣ тогда только могутъ имѣть общій интегралъ съ временемъ, когда сопротивленіе средины пропорціонально первой степени скорости.

Условіе необходимое и достаточное, при которомъ эти задачи будутъ имѣть только одинъ общій интегралъ, и, именно, съ временемъ, состоитъ въ томъ, что силы M и N каждой задачи, не зависящія отъ x' и y', должны удовлетворять уравненію

$$(x+C)N-(y+C')M=L,$$

гдѣ L, C и C' суть постоянныя.

Упомянутый интегралъ есть слѣдующій:

$$\beta=-t+\frac{1}{A}\log\left\{L+A\left[y'(x+C)-x'(y+C')\right]\right\}.$$

Въ немъ A есть постоянный коэффиціентъ, зависящій отъ сопротивленія средины.

Силы X и Y задачъ, безъ сопротивляющейся средины, не зависящія отъ x' и y', должны удовлетворять условію

$$(x+C)Y-(y+C')X=L,$$

для того, чтобы эти задачи имѣли одинъ только интегралъ общій: интегралъ съ временемъ. Если условіе это исполнено, то онъ будетъ

$$\beta=-t+\frac{1}{L}\left[y'(x+C)-x'(y+C')\right].$$

Послѣдній интегралъ находится также у Бертрана, только представленъ имъ въ иномъ видѣ.

3.

SUR LES ÉQUATIONS SIMULTANÉES AUX DIFFÉRENCES PARTIELLES DU PREMIER ORDRE.

(COMPTES RENDUS, LE 21 JUIN 1869).

Parmi plusieurs méthodes fécondes que Bour a proposées dans son Mémoire sur les équations différentielles[1]), une des plus remarquables est celle qu'il a désignée sous le nom de la *Seconde méthode d'abaissement*, et dont il attribue l'idée première a Jacobi.

Les développements que Bour a fait sur ce sujet peuvent servir de base à une méthode générale d'intégration des équations simultanées aux différences partielles du premier ordre, dont je vais exposer ici le procédé.

Soient $q_1, q_2, \ldots, q_n$ les variables indépendantes; V leur fonction connue;

$$p_1 = \frac{\partial V}{\partial q_1}, \quad p_2 = \frac{\partial V}{\partial q_2}, \ldots, \quad p_n = \frac{\partial V}{\partial q_n}$$

les dérivées partielles de V; $f_1, f_2, \ldots, f_i$ les fonctions données de

$$q_1, q_2, \ldots, q_n, \; V, \; p_1, p_2, \ldots, p_n,$$

qui satisfont *identiquement* à l'équation

$$\frac{\partial f_k}{\partial q_1}\frac{\partial f_l}{\partial p_1} - \frac{\partial f_k}{\partial p_1}\frac{\partial f_l}{\partial q_1} + \frac{\partial f_k}{\partial q_2}\frac{\partial f_l}{\partial p_2} - \frac{\partial f_k}{\partial p_2}\frac{\partial f_l}{\partial q_2} + \cdots$$
$$+ \frac{\partial f_k}{\partial q_n}\frac{\partial f_l}{\partial p_n} - \frac{\partial f_k}{\partial p_n}\frac{\partial f_l}{\partial q_n} + \frac{\partial f_k}{\partial V}\left(p_1\frac{\partial f_l}{\partial p_1} + p_2\frac{\partial f_l}{\partial p_2} + \cdots + p_n\frac{\partial f_l}{\partial p_n}\right)$$
$$- \frac{\partial f_l}{\partial V}\left(p_1\frac{\partial f_k}{\partial p_1} + p_2\frac{\partial f_k}{\partial p_2} + \cdots + p_n\frac{\partial f_k}{\partial p_n}\right) = 0$$

---

[1]) *Journal de l'École Polytechnique*, 39-e cahier, 1862.

pour toutes les valeurs des indices k et l contenues dans la suite $1, 2, 3, \ldots, i$; enfin $a_1, a_2, \ldots, a_i$ des constantes quelconques, le nombre i étant moindre que n, ou égal à n.

Supposons de plus que les équations

$$(1) \qquad f_1 = a_1, \quad f_2 = a_2, \ldots, \quad f_i = a_i$$

ne donnent par l'élimination de $p_1, p_2, \ldots, p_n, V$ aucune relation entre $q_1, q_2, \ldots, q_n$.

Ces équation ont une solution commune, et pour la déterminer il faut procéder comme il suit:

Intégrons une des équations (1), par exemple $f_1 = a_1$, et supposons d'abord qu'aucune des quantités $p_1, p_2, \ldots$ ne manque dans la fonction f_1. Soit

$$(2) \qquad V = F(q_1, q_2, \ldots, q_n, \alpha_1, \alpha_2, \ldots, \alpha_{n-1}, A)$$

une intégrale complète de l'équation $f_1 = a_1$, contenant n constantes arbitraires $\alpha_1, \alpha_2, \ldots, \alpha_{n-1}, A$ indépendantes entre elles. L'intégrale générale s'en déduit en regardant une de ces constantes, par exemple A, comme une fonction arbitraire des autres $\alpha_1, \alpha_2, \ldots, \alpha_{n-1}$, et ces dernières comme des fonctions de $q_1, q_2, \ldots, q_n$ qui satisfont aux équations

$$(3) \quad \frac{\partial F}{\partial \alpha_1} + \frac{\partial F}{\partial A}\frac{\partial A}{\partial \alpha_1} = 0, \quad \frac{\partial F}{\partial \alpha_2} + \frac{\partial F}{\partial A}\frac{\partial A}{\partial \alpha_2} = 0, \ldots, \quad \frac{\partial F}{\partial \alpha_{n-1}} + \frac{\partial F}{\partial A}\frac{\partial A}{\partial \alpha_{n-1}} = 0.$$

Pour que la valeur (2) de V soit une intégrale complète, il faut qu'il soit impossible de déduire des équations (3), par l'élimination de $q_1, q_2, \ldots, q_n$, aucune relation de la forme

$$\Pi\left(\alpha_1, \alpha_2, \ldots, \alpha_{n-1}, A, \frac{\partial A}{\partial \alpha_1}, \frac{\partial A}{\partial \alpha_2}, \ldots, \frac{\partial A}{\partial \alpha_{n-1}}\right) = 0$$

indépendante de $q_1, q_2, \ldots, q_n$. C'est dans ce sens que j'ai entendu l'indépendance des constantes $\alpha_1, \alpha_2, \ldots, \alpha_{n-1}, A$.

L'intégrale générale de l'équation $f_1 = \alpha_1$ est exprimée par l'ensemble des équations (2) et (3). Substituons la dans toutes les équations du système (1).

A cet effet, résolvons les équations

$$(4)\quad \begin{cases} F(q_1, q_2, \ldots, q_n, \alpha_1, \alpha_2, \ldots, \alpha_{n-1}, A) = V, \\ \dfrac{\partial F}{\partial q_1} = p_1, \quad \dfrac{\partial F}{\partial q_2} = p_2, \ldots, \quad \dfrac{\partial F}{\partial q_n} = p_n, \\ \dfrac{\partial F}{\partial \alpha_1} + \dfrac{\partial F}{\partial A}\dfrac{\partial A}{\partial \alpha_1} = 0, \quad \dfrac{\partial F}{\partial \alpha_2} + \dfrac{\partial F}{\partial A}\dfrac{\partial A}{\partial \alpha_2} = 0, \ldots, \\ \dfrac{\partial F}{\partial \alpha_{n-1}} + \dfrac{\partial F}{\partial A}\dfrac{\partial A}{\partial \alpha_{n-1}} = 0, \end{cases}$$

par rapport aux quantités

$$(5)\qquad q_2, q_3, \ldots, q_n, \; V, \; p_1, p_2, \ldots, p_n,$$

ce qui est toujours possible. Les quantités (5) s'exprimeront en fonctions de

$$q_1, \alpha_1, \alpha_2, \ldots, \alpha_{n-1}, A, \frac{\partial A}{\partial \alpha_1}, \frac{\partial A}{\partial \alpha_2}, \ldots, \frac{\partial A}{\partial \alpha_{n-1}}.$$

Substituons leurs valeurs dans les équations (1). La première d'elles, $f_1 = a_1$, deviendra une identité. Quant aux autres, elles ne contiendront plus la variable q_1, de sorte que, si $F_2, F_3, \ldots, F_i$ sont les valeurs respectives de $f_2, f_3, \ldots, f_i$ aprés la substitution, les quantités $F_2, F_3, \ldots, F_i$ ne dépendent que de

$$\alpha_1, \alpha_2, \ldots, \alpha_{n-1}, A, \frac{\partial A}{\partial \alpha_1}, \frac{\partial A}{\partial \alpha_2}, \ldots, \frac{\partial A}{\partial \alpha_{n-1}}.$$

Ainsi le système proposé consistant en i équation et contenant n variables indépendantes $q_1, q_2, \ldots, q_n$ sera transformé dans le suivant:

$$(6)\qquad F_2 = a_2, \quad F_3 = a_3, \ldots, \quad F_i = a_i,$$

dont le nombre des équations est $i-1$, et celui des variables indépendantes $n-1$, ces dernières étant $\alpha_1, \alpha_2, \ldots, \alpha_{n-1}$. La fonction inconnue dans les équations (6) est A.

Il est remarquable que le système (6) présente les mêmes circonstances que le proposé, c'est-à-dire, en désignant, pour abréger, les quantités

$$\frac{\partial A}{\partial \alpha_1}, \quad \frac{\partial A}{\partial \alpha_2}, \ldots\ldots, \quad \frac{\partial A}{\partial \alpha_{n-1}}$$

respectivement par $\beta_1, \beta_2, \ldots\ldots, \beta_{n-1}$, l'équation

$$\frac{\partial F_k}{\partial \alpha_1}\frac{\partial F_l}{\partial \beta_1} - \frac{\partial F_k}{\partial \beta_1}\frac{\partial F_l}{\partial \alpha_1} + \frac{\partial F_k}{\partial \alpha_2}\frac{\partial F_l}{\partial \beta_2} - \frac{\partial F_k}{\partial \beta_2}\frac{\partial F_l}{\partial \alpha_2} + \ldots\ldots$$
$$+ \frac{\partial F_k}{\partial \alpha_{n-1}}\frac{\partial F_l}{\partial \beta_{n-1}} - \frac{\partial F_k}{\partial \beta_{n-1}}\frac{\partial F_l}{\partial \alpha_{n-1}}$$
$$+ \frac{\partial F_k}{\partial A}\left(\beta_1 \frac{\partial F_l}{\partial \beta_1} + \beta_2 \frac{\partial F_l}{\partial \beta_2} + \ldots\ldots + \beta_{n-1}\frac{\partial F_l}{\partial \beta_{n-1}}\right)$$
$$- \frac{\partial F_l}{\partial A}\left(\beta_1 \frac{\partial F_k}{\partial \beta_1} + \beta_2 \frac{\partial F_k}{\partial \beta_2} + \ldots\ldots + \beta_{n-1}\frac{\partial F_k}{\partial \beta_{n-1}}\right) = 0$$

aura lieu *identiquement* pour toutes les valeurs des indices k et l comprises dans la suite $2, 3, \ldots\ldots, i$.

Tout se réduit donc à trouver A comme fonction de $\alpha_1, \alpha_2, \ldots, \alpha_{n-1}$ qui satisfont aux équations (6). Connaissant la valeur de A, on aura celle de V en résolvant les équations (3) par rapport à $\alpha_1, \alpha_2, \ldots\ldots, \alpha_{n-1}$ qui seront exprimées alors en fonctions de $q_1, q_2, \ldots\ldots, q_n$ et des quantités qui figurent dans la fonction A, supposée connue.

En vertu des valeurs de $\alpha_1, \alpha_2, \ldots\ldots, \alpha_{n-1}, A$, comme leur fonction, sera aussi exprimée en $q_1, q_2, \ldots\ldots, q_n$; en substituant les valeurs trouvées de $\alpha_1, \alpha_2, \ldots\ldots, \alpha_{n-1}, A$ dans l'équation (2) on aura l'expression cherchée de V.

Or, pour déterminer A, nous n'avons qu'à traiter le système (6) absolument de la même manière que le proposé. En intégrant une de ses équations, par exemple $F_2 = a_2$, on le transformera dans un autre, dont le nombre des équations sera $i - 2$ et celui des variables indépendantes $n - 2$, la fonction inconnue étant nouvelle. En continuant de procéder toujours de la même manière et de passer de système en système, on se trouvera réduit à la fin à une seule équation dont le nombre des variables indépendantes sera $n - i + 1$. Son intégrale complète contiendra $n - i + 1$ constantes arbitraires indépendantes entre elles. Connaissant cette intégrale, nous trouverons, au moyen des différentiations et des simples opérations algébriques, les fonctions inconnues de tous les systèmes par lesquels nous avons passé. Nous aurons aussi la valeur de V dans laquelle figureront les $n-i+1$ constantes mentionnées. Soit

$$(7)\qquad V=\varphi(q_1,q_2,\ldots,q_n,h_1,h_2,\ldots,h_{n-i},H)$$

cette valeur, $h_1,h_2,\ldots,h_{n-i},H$ étant les constantes. On aura la valeur la plus générale de V en regardant H comme fonction de $h_1,h_2,\ldots,h_{n-i}$ et combinant l'équation (7) avec celles-ci:

$$\frac{\partial\varphi}{\partial h_1}+\frac{\partial\varphi}{\partial H}\frac{\partial H}{\partial h_1}=0,\quad \frac{\partial\varphi}{\partial h_2}+\frac{\partial\varphi}{\partial H}\frac{\partial H}{\partial h_2}=0,\ldots,$$
$$\frac{\partial\varphi}{\partial h_{n-i}}+\frac{\partial\varphi}{\partial H}\frac{\partial H}{\partial h_{n-i}}=0.$$

Supposons maintenant que quelques unes des quantités p_1, $p_2,\ldots,p_n$, par exemple $p_1,p_2,\ldots,p_k$, manquent dans la fonction f_1. Alors, dans l'intégrale complète de l'équation $f_1=a_1$, les quantités $q_1,q_2,\ldots,q_k$ figureront comme constantes. Soit

$$V=F(q_{k+1},q_{k+2},\ldots,q_n,\alpha_1,\alpha_2,\ldots,\alpha_{n-k-1},q_1,q_2,\ldots,q_k,A)$$

cette intégrale, $\alpha_1,\alpha_2,\ldots,\alpha_{n-k-1},A$ étant des constantes introduites par l'intégration.

La modification qui est à faire dans la méthode, consiste à prendre au lieu des équations (4) les suivantes:

$$(8)\quad\left\{\begin{aligned}
&F=V,\quad \frac{\partial F}{\partial q_{k+1}}=p_{k+1},\quad \frac{\partial F}{\partial q_{k+2}}=p_{k+2},\ldots,\quad \frac{\partial F}{\partial q_n}=p_n,\\
&\frac{\partial F}{\partial q_1}+\frac{\partial F}{\partial A}\frac{\partial A}{\partial q_1}=0,\quad \frac{\partial F}{\partial q_2}+\frac{\partial F}{\partial A}\frac{\partial A}{\partial q_2}=0,\ldots,\\
&\frac{\partial F}{\partial q_k}+\frac{\partial F}{\partial A}\frac{\partial A}{\partial q_k}=0,\\
&\frac{\partial F}{\partial \alpha_1}+\frac{\partial F}{\partial A}\frac{\partial A}{\partial \alpha_1}=0,\quad \frac{\partial F}{\partial \alpha_2}+\frac{\partial F}{\partial A}\frac{\partial A}{\partial \alpha_2}=0,\ldots,\\
&\frac{\partial F}{\partial \alpha_{n-k-1}}+\frac{\partial F}{\partial A}\frac{\partial A}{\partial \alpha_{n-k-1}}=0,
\end{aligned}\right.$$

dans lesquelles A est regardé comme fonction de

$$\alpha_1, \alpha_2, \ldots, \alpha_{n-k-1}, q_1, q_2, \ldots, q_k.$$

Résolvons les équations (8), dont le nombre est $2n-k$, par rapport à autant d'inconnues

$$p_1, p_2, \ldots, p_n, \; V, \; q_{k+2}, q_{k+3}, \ldots, q_n,$$

et substituons les expressions trouvées de ces inconnues dans les équations du système proposé. La première $f_1 = a_1$ sera une identité. Les autres aprés la transformation

$$f_2 = a_2, \quad f_3 = a_3, \ldots, \quad f_i = a_i$$

ne dépendront que des quantités

$$\alpha_1, \alpha_2, \ldots, \alpha_{n-k-1}, q_1, q_2, \ldots, q_k, \; A, \; \frac{\partial A}{\partial \alpha_1}, \frac{\partial A}{\partial \alpha_2}, \ldots, \frac{\partial A}{\partial \alpha_{n-k-1}},$$
$$\frac{\partial A}{\partial q_1}, \frac{\partial A}{\partial q_2}, \ldots, \frac{\partial A}{\partial q_k},$$

et la variable q_{k+1} disparaîtra totalement.

(21 juin 1869).

4.

SUR LES INTÉGRALES DES ÉQUATIONS DU MOUVEMENT D'UN POINT MATÉRIEL.

(MATHEMATISCHE ANNALEN, BD. II, 1870).

Les questions sur les intégrales communes à plusieurs problèmes de Mécanique se rapportent essentiellement à la théorie des équations simultanées aux dérivées partielles. M. Bertrand a pour la première fois résolu une question générale de ce genre, en donnant une méthode simple et très-élegante pour traiter les problèmes de Mécanique dans lesquelles les forces motrices ne dépendent que des coordonnées des points mobiles. L'application de cette méthode au mouvement d'un seul point a été l'objet des recherches remarquables de M. Bertrand et de celles de M. Rouché. Je reprends ici les équations du mouvement d'un point sur une surface pour faire étude du cas plus général dans lequel les forces appliquées au mobile sont des fonctions quelconques de ses coordonnées et des composantes de sa vitesse. Or, si une seule intégrale est commune à plusieurs problèmes, sa forme est arbitraire par rapport à ces quantités. C'est pourquoi je me suis borné au cas dans lequel les problèmes admettent deux intégrales communes.

La question se réduit à la recherche des expressions générales des fonctions X, Y de quatre variables $x, y, \frac{dx}{dt}, \frac{dy}{dt}$, telles que les équations différentielles

$$\frac{d^2 x}{dt^2} = X, \quad \frac{d^2 y}{dt^2} = Y$$

puissent avoir deux intégrales communes avec des équations de même forme

$$\frac{d^2 x}{dt^2} = X_1, \quad \frac{d^2 y}{dt^2} = Y_1.$$

La méthode de M. Bertrand n'étant point appliquable à cette question, je fais usage d'une autre, qui est fondée sur un théorème bien connue relatif aux équations simultanées aux dérivées partielles. Ce théorème peut être énoncé comme il suit:

Soient

$$q_1, q_2, \ldots, q_n$$

les variables indépendantes, V leur fonction,

$$p_1 = \frac{\partial V}{\partial q_1}, \quad p_2 = \frac{\partial V}{\partial q_2}, \ldots, \quad p_n = \frac{\partial V}{\partial q_n}$$

ses dérivées partielles du premier ordre,

$$\varphi_1, \varphi_2, \ldots, \varphi_\mu$$

des fonctions de $q_1, q_2, \ldots, q_n, p_1, p_2, \ldots, p_n$ linéaires et homogènes par rapport à $p_1, p_2, \ldots, p_n$.

Supposons, que des équations

$$(1) \qquad \varphi_1 = 0, \quad \varphi_2 = 0, \ldots, \quad \varphi_\mu = 0$$

on ne puisse déduire par l'élimination de $p_1, p_2, \ldots, p_n$ aucune relation de la forme

$$\Pi(q_1, q_2, \ldots, q_n) = 0,$$

et que parmi ces équations il n'y en ait aucune, qui soit la conséquence des autres. Alors le système d'équations (1), en y regardant V comme inconnue, sera satisfait par $n - \mu$ fonctions de $q_1, q_2, \ldots, q_n$ indépendantes entre elles, si les conditions

$$(2) \quad \frac{\partial \varphi_i}{\partial q_1}\frac{\partial \varphi_j}{\partial p_1} - \frac{\partial \varphi_i}{\partial p_1}\frac{\partial \varphi_j}{\partial q_1} + \frac{\partial \varphi_i}{\partial q_2}\frac{\partial \varphi_j}{\partial p_2} - \frac{\partial \varphi_i}{\partial p_2}\frac{\partial \varphi_j}{\partial q_2} + \cdots + \frac{\partial \varphi_i}{\partial q_n}\frac{\partial \varphi_j}{\partial p_n} - \frac{\partial \varphi_i}{\partial p_n}\frac{\partial \varphi_j}{\partial q_n} = 0$$

sont remplies soit identiquement, soit en vertu des équations (1) pour toutes les valeurs de i et j contenues dans la suite $1, 2, 3 \ldots n$.

L'expression qui se trouve dans le premier terme de l'équation (2) est celle de Poisson. On la désigne ordinairement par le symbole (φ_i, φ_j).

Il importe de distinguer le cas où les équations (2) sont identiques de celui où elles n'ont lieu qu'en vertu du système (1). Dans le premier cas je nommerai l'ensemble des équations (1) **le système normal** et dans le second **le système fermé.**

Soient maintenant ξ, η, ζ les coordonnées rectangulaires du point mobile, dont nous supposons la masse égale à l'unité; t le temps; ξ', η', ζ' les dérivées

$$\frac{d\xi}{dt}, \frac{d\eta}{dt}, \frac{d\xi}{dt};$$

$$f(\xi, \eta, \zeta) = 0 \tag{3}$$

l'équation de la surface sur laquelle le point est assujeti à rester, et H, K, L les composantes de la force qui agit sur le mobile. Nous supposons que H, K, L sont des fonctions quelconques de $\xi, \eta, \zeta, \xi', \eta', \zeta'$.

On peut regarder ξ, η, ζ, comme trois fonctions de deux variables x et y telles que leurs valeurs satisfassent à l'équation $f(\xi, \eta, \zeta) = 0$, quels que soient x et y. D'après cette supposition les quantités $\xi', \eta', \zeta', H, K, L$ seront des fonctions de $x, y, \frac{dx}{dt}$ et $\frac{dy}{dt}$. Pour abréger faisons

$$\frac{dx}{dt} = x', \quad \frac{dy}{dt} = y'.$$

Le carré de l'élement linéaire sur la surface (3)

$$ds^2 = d\xi^2 + d\eta^2 + d\zeta^2$$

prendra la forme

$$ds^2 = Edx^2 + 2F\,dx\,dy + Gdy^2,$$

et on aura pour l'expression de la force vive

$$\frac{1}{2}\frac{ds^2}{dt^2} = T = \frac{1}{2}(Ex'^2 + 2Fx'y' + Gy'^2).$$

Parmi les divers systèmes x, y de coordonnées sur la surface un des plus remarquables est celui pour lequel les coëfficients E et G sont égaux à zéro. C'est le système que Bour a nommé le système de coordonnées symmétriques. Nous en fairons usage dans la suite.

Faisons
$$M = H\frac{\partial\xi}{\partial x} + K\frac{\partial\eta}{\partial x} + L\frac{\partial\zeta}{\partial x},$$
$$N = H\frac{\partial\xi}{\partial y} + K\frac{\partial\eta}{\partial y} + L\frac{\partial\zeta}{\partial y};$$

les quantités M et N seront, dans nos suppositions, des fonctions quelconques de x, y, x' et y'.

Les équations du mouvement prennent maintenant la forme bien connue

$$(4) \qquad \frac{d}{dt}\left(\frac{\partial T}{\partial x'}\right) - \frac{\partial T}{\partial x} = M, \quad \frac{d}{dt}\left(\frac{\partial T}{\partial y'}\right) - \frac{\partial T}{\partial y} = N.$$

Dans la suite nous fairons constamment usage du signe d pour exprimer la différentiation complète et du signe ∂ pour désigner des différentiations partielles.

Les équations (4) étant développées et résolues par rapport à

$$\frac{d^2 x}{dt^2} \text{ et } \frac{d^2 y}{dt^2}$$

deviennent

$$(5)\left\{\begin{aligned}
(EG-F^2)\frac{d^2 x}{dt^2} &= GM - FN + \left(F\frac{\partial F}{\partial x} - \frac{1}{2}F\frac{\partial E}{\partial y} - \frac{1}{2}G\frac{\partial E}{\partial x}\right)x'^2 \\
&+ \left(F\frac{\partial G}{\partial x} - G\frac{\partial E}{\partial y}\right)x'y' + \left(\frac{1}{2}F\frac{\partial G}{\partial y} + \frac{1}{2}G\frac{\partial G}{\partial x} - G\frac{\partial F}{\partial y}\right)y'^2, \\
(EG-F^2)\frac{d^2 y}{dt^2} &= EN - FM + \left(\frac{1}{2}F\frac{\partial E}{\partial x} + \frac{1}{2}E\frac{\partial E}{\partial y} - E\frac{\partial F}{\partial x}\right)x'^2 \\
&+ \left(F\frac{\partial E}{\partial y} - E\frac{\partial G}{\partial x}\right)x'y' + \left(F\frac{\partial F}{\partial y} - \frac{1}{2}F\frac{\partial G}{\partial x} - \frac{1}{2}E\frac{\partial G}{\partial y}\right)y'^2.
\end{aligned}\right.$$

Nous les écrirons plus simplement ainsi

$$\frac{d^2 x}{dt^2} = X, \quad \frac{d^2 y}{dt^2} = Y,$$

en désignant par X et Y des fonctions de x, y, x', y' dont les expressions dépendent de celles de M, N, E, F, G. Si x et y sont des coordonnées symmétriques, les valeurs de X et Y sont

$$X = \frac{N}{F} - \frac{\partial \log F}{\partial x} x'^2, \quad Y = \frac{M}{F} - \frac{\partial \log F}{\partial y} y'^2. \tag{6}$$

Nous désignerons le problème défini par X et Y simplement comme problème (X, Y) et les quantités X et Y comme forces de ce problème. Nous désignerons également x' et y' comme vitesses du mobile.

1. Les équations

$$\frac{d^2 x}{dt^2} = X, \quad \frac{d^2 y}{dt^2} = Y$$

du problème (X, Y) ont les mêmes intégrales que le système d'équations différentielles ordinaires

$$\frac{dx}{dt} = x', \quad \frac{dy}{dt} = y', \quad \frac{dx'}{dt} = X, \quad \frac{dy'}{dt} = Y,$$

ou l'équation aux dérivées partielles

$$\frac{\partial V}{\partial t} + x' \frac{\partial V}{\partial x} + y' \frac{\partial V}{\partial y} + X \frac{\partial V}{\partial x'} + Y \frac{\partial V}{\partial y'} = 0.$$

C'est cette dernière équation qui nous servira pour définir les intégrales du problème (X, Y).

Supposons que V soit une intégrale commune à deux problèmes (X, Y) et (X_1, Y_1). Elle doit satisfaire simultanément à deux équations

$$\frac{\partial V}{\partial t} + x' \frac{\partial V}{\partial x} + y' \frac{\partial V}{\partial y} + X \frac{\partial V}{\partial x'} + Y \frac{\partial V}{\partial y'} = 0,$$

$$\frac{\partial V}{\partial t} + x' \frac{\partial V}{\partial x} + y' \frac{\partial V}{\partial y} + X_1 \frac{\partial V}{\partial x'} + Y_1 \frac{\partial V}{\partial y'} = 0,$$

ou, ce qui est le même, à ces deux autres

$$\left\{\begin{aligned} &\frac{\partial V}{\partial t} + x' \frac{\partial V}{\partial x} + y' \frac{\partial V}{\partial y} + X \frac{\partial V}{\partial x'} + Y \frac{\partial V}{\partial y'} = 0, \\ &\qquad (X - X_1) \frac{\partial V}{\partial x'} + (Y - Y_1) \frac{\partial V}{\partial y'} = 0, \end{aligned}\right. \tag{7}$$

L'intégrale V dépend nécessairement au moins d'une seule des vitesses x', y'. En effet, dans le cas contraire, en supposant

$$\frac{\partial V}{\partial x'} = 0, \quad \frac{\partial V}{\partial y'} = 0,$$

le système (7) se réduira à une seule équation

$$\frac{\partial V}{\partial t} + x' \frac{\partial V}{\partial x} + y' \frac{\partial V}{\partial y} = 0,$$

qui étant differentiée par rapport à x' et y' donne

$$\frac{\partial V}{\partial x} = 0, \quad \frac{\partial V}{\partial x} = 0,$$

et par conséquent $\frac{\partial V}{\partial t} = 0$. De là il résulte que V est une constante.

Chaque problème (X, Y) a quatre intégrales, savoir, trois qui sont des fonctions de x, y, x', y' et une seule de la forme

$$-t + F(x, y, x', y').$$

Il est évident que les problèmes (X, Y) et (X_1, Y_1) ne peuvent point avoir trois intégrales communes sans devenir identiques, c'est-à-dire, sans qu'on ait $X = X_1$, $Y = Y_1$. Nous allons nous occuper des problèmes qui ont deux intégrales communes.

2. Le premier cas et le plus simple est celui où l'une des vitesses x', y' ne figure pas dans les intégrales en question.

Soient V et W ces intégrales, et supposons, par exemple,

$$\frac{\partial V}{\partial y'} = 0;$$

alors le système (7) donne

$$(X - X_1) \frac{\partial V}{\partial x'} = 0,$$

et comme on ne peut pas avoir en même temps

$$\frac{\partial V}{\partial x'} = 0 \text{ et } \frac{\partial V}{\partial y'} = 0,$$

il faut que l'on ait

$$X = X_1.$$

L'intégrale W qui doit satisfaire à l'équation

$$(X - X_1)\frac{\partial W}{\partial x'} + (Y - Y_1)\frac{\partial W}{\partial y'} = 0,$$

ou, ce qui est le même, à l'équation

$$(Y - Y_1)\frac{\partial W}{\partial y'} = 0,$$

ne peut pas dépendre de y', car autrement on aurait $Y = Y_1$, et les deux problèmes (X, Y) et (X_1, Y_1) seraient identiques. Ainsi V et W ne contiennent pas y'.

Il est très facile de démontrer que l'une de ces intégrales dépend de t, et que ni l'une ni l'autre ne dépendent de y. En effet, soit

$$V = f(x, y, x') = \alpha, \quad W = F(x, y, x') - \gamma t = \beta,$$

α et β étant des constantes arbitraires et γ désignant zéro ou un.

Résolvons l'équation

$$f(x, y, x') = \alpha$$

par rapport à x', et soit

$$x' = \lambda(x, y, \alpha)$$

sa valeur.

Substituons-la dans l'équation

$$F(x, y, x') = \gamma t + \beta$$

et désignons la fonction

$$F[x, y, \lambda(x, y, \alpha)]$$

par $\mu(x, y, \alpha)$; il viendra

$$\mu(x, y, \alpha) = \gamma t + \beta.$$

En différentiant cette équation par rapport à t, on a

(8) $$x'\frac{\partial \mu}{\partial x} + y'\frac{\partial \mu}{\partial y} = \gamma.$$

L'équation (8) doit devenir identique, si l'on substitue au lieu de α sa valeur $f(x, y, x')$, car alors elle sera le résultat de la différentiation complète de l'intégrale

$$F(x, y, x') = \gamma t + \beta.$$

Par conséquent la valeur $\alpha = f(x, y, x')$ satisfait à l'équation (8); or $f(x, y, x')$ ne contenant pas y' on doit avoir

$$\frac{\partial \mu}{\partial y} = 0$$

et par suite

$$x' \frac{\partial \mu}{\partial x} = \gamma.$$

Il est évident maintenant que γ n'est point zéro, car dans le cas contraire on aurait $\frac{\partial \mu}{\partial x} = 0$ et l'intégrale W serait une fonction de V; par conséquent on a $\gamma = 1$ et

$$x' \frac{\partial \mu}{\partial x} = 1.$$

La fonction $\alpha = f(x, y, x')$ satisfaisant à cette équation ne saurait contenir y, car μ est indépendant de y. Ainsi les deux intégrales dont nous nous occupons sont de la forme

$$V = f(x, x') = \alpha, \quad W = F(x, x') - t = \beta.$$

Il est évident que l'équation

$$\frac{d^2 x}{dt^2} = X,$$

est équivalente à celle-ci

$$x' \frac{\partial f}{\partial x} + \frac{\partial f}{\partial x'} \frac{d^2 x}{dt^2} = 0,$$

qui s'obtient en différentiant l'intégrale

$$f(x, x') = \alpha,$$

et que X est une fonction de x et x' seuls.

Les deux intégrales V et W sont les intégrales premières de l'équation

$$\frac{d^2 x}{dt^2} = X.$$

Nous aurons le cas absolument semblable à celui que nous venons de considérer, si les deux intégrales communes V et W ne dépendent pas de x'.

Dans la suite nous ferons abstraction de ces cas et nous supposerons qu'aucune des dérivées

$$\frac{\partial V}{\partial x'}, \quad \frac{\partial V}{\partial y'}$$

ne soit égale à zéro, V étant toujours une intégrale commune à deux problèmes.

Cela posé il est facile de voir que les problèmes (X, Y) et $(X_1\ Y_1)$ n'étant point identiques X est différent de X_1 et Y de Y_1. En effet l'équation

$$(X - X_1)\frac{\partial V}{\partial x'} + (Y - Y_1)\frac{\partial V}{\partial y'} = 0,$$

se reduit à

$$(Y - Y_1)\frac{\partial V}{\partial y'} = 0,$$

si nous supposons $X = X_1$, et à

$$(X - X_1)\frac{\partial V}{\partial x'} = 0,$$

si l'on a $Y = Y_1$. Or $\frac{\partial V}{\partial y'}$ et $\frac{\partial V}{\partial x'}$ différant de zéro, on doit avoir $Y = Y_1$ dans le premier cas et $X = X_1$ dans le second. Par conséquent dans tous les cas les problèmes (X, Y) et (X_1, Y_1) seront identiques, contrairement à la supposition.

3. Les équations (7) peuvent être transformées en les deux suivantes

$$\frac{\partial V}{\partial x'} + \frac{Y - Y_1}{X - X_1}\frac{\partial V}{\partial y'} = 0,$$

$$\frac{\partial V}{\partial t} + x'\frac{\partial V}{\partial x} + y'\frac{\partial V}{\partial y} + \frac{XY_1 - X_1 Y}{X - X_1}\frac{\partial V}{\partial y'} = 0.$$

Désignons pour abréger par k la quantité

$$\frac{Y - Y_1}{X - X_1}$$

et par l la quantité

$$\frac{XY_1 - X_1 Y}{X - X_1} = Y - kX = Y_1 - kX_1;$$

alors les deux équations ci-dessus deviennent

$$(9)\qquad \left\{ \begin{array}{c} \dfrac{\partial V}{\partial x'} + k\dfrac{\partial V}{\partial y'} = 0, \\ \dfrac{\partial V}{\partial t} + x'\dfrac{\partial V}{\partial x} + y'\dfrac{\partial V}{\partial y} + l\dfrac{\partial V}{\partial y'} = 0. \end{array} \right.$$

Notre recherche se réduira à assigner aux quantités k et l les valeurs nécessaires et suffisantes pour que le problème (X, Y) puisse avoir deux intégrales communes avec d'autres problèmes. Ces valeurs nous donneront sur-le-champ les conditions pour les forces X et Y; car si nous avons

$$k = \varphi, \quad l = \psi,$$

nous aurons en vertu des expressions de k et l en X, Y, X_1, Y_1,

$$Y - \varphi X = \psi;$$

c'est la condition cherchée.

Les valeurs de k et l ne sont jamais infinies d'après les suppositions sur les forces X, Y, X_1, Y_1, que nous avons faites au nº 2.

Composons la fonction de Poisson avec les deux expressions

$$\frac{\partial V}{\partial x'} + k\frac{\partial V}{\partial y'}, \quad \frac{\partial V}{\partial t} + x'\frac{\partial V}{\partial x} + y'\frac{\partial V}{\partial y} + l\frac{\partial V}{\partial y'};$$

nous formerons l'équation

$$(10)\quad \frac{\partial V}{\partial x} + k\frac{\partial V}{\partial y} + \left(\frac{\partial l}{\partial x'} + k\frac{\partial l}{\partial y'} - l\frac{\partial k}{\partial y'} - x'\frac{\partial k}{\partial x} - y'\frac{\partial k}{\partial y}\right)\frac{\partial V}{\partial y'} = 0,$$

qui est satisfaite par toutes les valeurs de k, l et V qui satisfont au système (9). Composons la fonction de Poisson avec les premiers termes des équations (10) et (9), et nous aurons deux nouvelles équations qui seront satisfaites par les mêmes valeurs de k, l et V. Or, d'après notre supposition, le nombre des intégrales communes à toutes ces équations étant deux, il faut que quelques-unes d'entre elles soient identiques ou des conséquences des autres. Ainsi nous aurons des équations de condition pour k et l, qui nous permettront de trouver les valeurs générales de ces quantités.

Nous distinguerons le cas où les deux intégrales communes ne dépendent pas du temps de celui où l'une d'elles contient le temps.

4. Le premier de ces cas est très-simple. Les deux intégrales en question ne dépendant pas de t, le système (9) se réduit au suivant

$$\frac{\partial V}{\partial x'} + k\frac{\partial V}{\partial y'} = 0,$$

$$x'\frac{\partial V}{\partial x} + y'\frac{\partial V}{\partial y} + l\frac{\partial V}{\partial y'} = 0,$$

ou, ce qui est le même,

$$(11)\qquad \begin{cases} \dfrac{\partial V}{\partial x'} + k\dfrac{\partial V}{\partial y'} = 0, \\ \dfrac{\partial V}{\partial x} + \dfrac{y'}{x'}\dfrac{\partial V}{\partial y} + \dfrac{l}{x'}\dfrac{\partial V}{\partial y'} = 0. \end{cases}$$

Ces deux équations étant combinées pour former la fonction de Poissons, donnent

$$(12)\quad \left(\frac{k}{x'} - \frac{y'}{x'^2}\right)\frac{\partial V}{\partial y} + \left(\frac{1}{x'}\frac{\partial l}{\partial x'} + \frac{k}{x'}\frac{\partial l}{\partial y'} - \frac{l}{x'^2} - \frac{l}{x'}\frac{\partial k}{\partial y'} - \frac{\partial k}{\partial x} - \frac{y'}{x'}\frac{\partial k}{\partial y}\right)\frac{\partial V}{\partial y'} = 0.$$

Or l'existence de deux intégrales communes, fonctions de quatre variables x, y, x', y', exige, d'après le théorème énoncé plus haut, que le système (11) soit fermé ou normal. Il ne saurait être fermé, car l'équation (12) n'a pas lieu en vertu des équations (11); il doit donc être normal et l'équation (12) identique; par conséquent on a

$$\frac{k}{x'} - \frac{y'}{x'^2} = 0, \quad \frac{1}{x'}\frac{\partial l}{\partial x'} + \frac{k}{x'}\frac{\partial l}{\partial y'} - \frac{l}{x'^2} - \frac{l}{x'}\frac{\partial k}{\partial y'} - \frac{\partial k}{\partial x} - \frac{y'}{x'}\frac{\partial k}{\partial y} = 0,$$

et il en résulte

$$k = \frac{y'}{x'}, \quad x'\frac{\partial l}{\partial x'} + y'\frac{\partial l}{\partial y'} = 2l.$$

La dernière équation a pour intégrale générale

$$l = x'^2 \Pi\left(x, y, \frac{y'}{x'}\right),$$

Π désignant une fonction arbitraire.

Les valeurs trouvées de k et l donnent pour les forces X et Y la condition suivante

$$(13) \qquad x'Y - y'X = x'^3 \Pi\left(x, y, \frac{y'}{x'}\right),$$

qui est nécessaire et suffisante.

Pour avoir les intégrales cherchées substituons au lieu de X et Y respectivement

$$\frac{d^2x}{dt^2} \text{ et } \frac{d^2y}{dt^2}$$

dans l'équation (13). En prenant alors x pour variable indépendante il viendra

$$\frac{d^2y}{dx^2} = \Pi\left(x, y, \frac{dy}{dx}\right).$$

Les deux intégrales premières de cette équation sont aussi les intégrales communes que nous cherchons. La fonction Π étant arbitraire, elles n'ont pas la forme déterminée comme fonction de $x, y, \frac{y'}{x'}$.

5. Il nous reste à étudier le cas dans lequel une des deux intégrales communes dépend de t. Reprenons les équations (9) et (10), qui ont lieu pour toute intégrale commune V. En désignant, pour abréger, par m l'expression

$$\frac{\partial l}{\partial x'}+k\frac{\partial l}{\partial y'}-l\frac{\partial k}{\partial y'}-x'\frac{\partial k}{\partial x}-y'\frac{\partial k}{\partial y},$$

ces équations formeront le système

$$(14)\qquad\left\{\begin{aligned}\frac{\partial V}{\partial x'}+k\frac{\partial V}{\partial y'}&=0,\\ \frac{\partial V}{\partial t}+x'\frac{\partial V}{\partial x}+y'\frac{\partial V}{\partial y}+l\frac{\partial V}{\partial y'}&=0,\\ \frac{\partial V}{\partial x}+k\frac{\partial V}{\partial y}+m\frac{\partial V}{\partial y'}&=0,\end{aligned}\right.$$

qui dans le cas dont nous nous occupons doit être fermé ou normal. Faisons pour abréger

$$A(V)=\frac{\partial V}{\partial x'}+k\frac{\partial V}{\partial y'},$$

$$B(V)=\frac{\partial V}{\partial t}+x'\frac{\partial V}{\partial x}+y'\frac{\partial V}{\partial y}+l\frac{\partial V}{\partial y'},$$

$$C(V)=\frac{\partial V}{\partial x}+k\frac{\partial V}{\partial y}+m\frac{\partial V}{\partial y'},$$

$A(V)$, $B(V)$, $C(V)$ désignant des opérations différentielles complétement déterminées, executées sur la fonction V dont la dernière peut être représentée ainsi

$$(15)\qquad C(V)=A[B(V)]-B[A(V)].$$

Combinons $A(V)$ et $C(V)$ pour former la fonction de Poisson, faisons le même avec $B(V)$ et $C(V)$ et nous aurons les deux équations

$$(16)\qquad\left\{\begin{aligned}A(k)\frac{\partial V}{\partial y}+[A(m)-C(k)]\frac{\partial V}{\partial y'}&=0,\\ [B(k)-m]\frac{\partial V}{\partial y}+[B(m)-C(l)]\frac{\partial V}{\partial y'}&=0,\end{aligned}\right.$$

qui doivent être identiques. En effet, le système (14) étant fermé ou normal et les équations (16) n'ayant point lieu en vertu de ce système, il faut qu'elles aient lieu identiquement. Ainsi il vient

(17) $A(k)=0,\ A(m)-C(k)=0,\ B(k)-m=0,\ B(m)-C(l)=0.$

Or il est facile de faire voir que l'équation

$$A(m)-C(k)=0$$

est la conséquence des deux autres

$$A(k)=0, \qquad B(k)-m=0.$$

En effet, de l'équation

$$m=B(k)$$

on déduit

$$A(m)=A[B(k)],$$

et, comme on a $A(k)=0$, il vient

$$A(m)=A[B(k)]-B[A(k)],$$

ou, d'après (15),

$$A(m)=C(k).$$

Les équations (17) se réduiront donc aux suivantes

(18) $$A(k)=0, \quad m=B(k), \quad B(m)-C(l)=0.$$

Elles représentent les conditions nécessaires et suffisantes pour que le système (14) ait deux intégrales communes, et déterminent les valeurs générales de k et l.

6. L'intégrale générale de l'équation

$$A(k)=\frac{\partial k}{\partial x'}+k\frac{\partial k}{\partial y'}=0,$$

est donnée par la formule

(19) $$\psi(x, y, y'-kx', k)=0,$$

ψ étant une fonction arbitraire.

De là on peut déduire

$$k = \varphi(x, y, y' - kx') \tag{20}$$

dans tous les cas excepté celui, où la dernière des quatre quantités

$$x, y, y' - kx', k$$

ne figure pas dans l'équation (19).

Dans ce cas on obtient

$$y' - kx' = f(x, y)$$

et, par conséquent,

$$k = \frac{y' - f(x, y)}{x'}. \tag{21}$$

La fonction ψ étant arbitraire, les fonctions φ et f le sont également. Nous supposerons que f ne soit pas zéro, car en faisant $f(x, y) = 0$, on aurait $k = \frac{y'}{x'}$ et l'on obtiendrait le cas considéré au n^0 4.

Les deux valeurs (20) et (21) de k conduisent à deux formes des intégrales.

Considérons d'abord la valeur (20) de k et prenons $y' - kx'$ pour une des variables indépendantes au lieu de y', ce qui est possible, k étant défini par l'équation (20).

Introduisons la nouvelle variable dans l'équation

$$\frac{\partial V}{\partial x'} + k \frac{\partial V}{\partial y'} = 0.$$

En désignant par z la quantité $y' - kx'$ et par Λ la fonction V exprimée en t, x, y, z et x', on aura

$$\frac{\partial V}{\partial x'} = \frac{\partial \Lambda}{\partial x'} + \frac{\partial \Lambda}{\partial z} \frac{\partial z}{\partial x'},$$

$$\frac{\partial V}{\partial y'} = \frac{\partial \Lambda}{\partial z} \frac{\partial z}{\partial y'}.$$

Or de l'équation

$$z = y' - kx'$$

on déduit

$$\frac{\partial z}{\partial x'} = -\left(k + x'\frac{\partial k}{\partial x'}\right), \quad \frac{\partial z}{\partial y'} = 1 - x'\frac{\partial k}{\partial y'};$$

et par conséquent il vient

$$\frac{\partial V}{\partial x'} = \frac{\partial \Lambda}{\partial x'} - \left(k + x'\frac{\partial k}{\partial x'}\right)\frac{\partial \Lambda}{\partial z},$$

$$\frac{\partial V}{\partial y'} = \left(1 - x'\frac{\partial k}{\partial y'}\right)\frac{\partial \Lambda}{\partial z}.$$

De là on obtient

$$\frac{\partial V}{\partial x'} + k\frac{\partial V}{\partial y'} = \frac{\partial \Lambda}{\partial x'} - x'\left(\frac{\partial k}{\partial x'} + k\frac{\partial k}{\partial y'}\right)\frac{\partial \Lambda}{\partial z} = 0,$$

et, en vertu de l'équation

$$\frac{\partial k}{\partial x'} + k\frac{\partial k}{\partial y'} = 0,$$

on déduit

$$\frac{\partial \Lambda}{\partial x'} = 0.$$

Il résulte de là que l'intégrale indépendante de t, que nous désignerons dorénavant par V, est de la forme

$$V = \Lambda(x, y, z) \tag{22}$$

et l'intégrale, dans laquelle figure t, a la forme

$$-t + \mathrm{M}(x, y, z).$$

Adoptant maintenant la valeur

$$k = \frac{y' - f(x, y)}{x'},$$

on aura

$$\frac{\partial V}{\partial x'} + k\frac{\partial V}{\partial y'} = \frac{\partial V}{\partial x'} + \frac{y' - f(x, y)}{x'}\frac{\partial V}{\partial y'} = 0.$$

De cette équation on obtient

$$V = \Lambda\left(x, y, \frac{y' - f(x,y)}{x'}\right) \tag{23}$$

Λ étant une fonction arbitraire.

L'intégrale avec le temps est de la forme

$$-t + \mathrm{M}\left(x, y, \frac{y' - f(x,y)}{x'}\right).$$

7. Nous allons maintenant chercher la dépendance mutuelle des deux intégrales communes, et pour embrasser ensemble les deux cas considérés dans le n° précédent désignons par ξ la quantité z, si V est de la forme (22) et la quantité

$$\frac{y' - f(x,y)}{x'}$$

si la forme de V est donnée par la formule (23). Soient

$$\Lambda(x, y, \xi) = \alpha, \qquad -t + \mathrm{M}(x, y, \xi) = \beta$$

les deux intégrales en question, α et β étant des constantes arbitraires, et

$$\xi = \lambda(x, y, \alpha)$$

la valeur de ξ, déduite de l'équation

$$\Lambda(x, y, \xi) = \alpha.$$

Substituons-la dans l'équation

$$\mathrm{M}(x, y, \xi) = t + \beta$$

et supposons que celle-ci, après la substitution, devienne

$$\mu(x, y, \alpha) = t + \beta.$$

Différentions cette équation par rapport à t, il viendra

$$\frac{\partial \mu}{\partial x} x' + \frac{\partial \mu}{\partial y} y' = 1. \tag{24}$$

Ce résultat devient une identité, si l'on y remplace α par la fonction $\Lambda(x, y, \xi)$, car alors il sera le résultat de la différentiation complète de l'intégrale

$$M(x, y, \xi) = t + \beta,$$

dans lequel on a substitué au lieu de

$$\frac{d^2 x}{dt^2} \text{ et } \frac{d^2 y}{dt^2}$$

respectivement X et Y ou X_1 et Y_1.

La valeur $\Lambda(x, y, \xi)$ de α satisfaisant à l'équation (24) ou, ce qui est le même, à celle-ci

$$(25) \qquad dt = \frac{\partial \mu}{\partial x} dx + \frac{\partial \mu}{\partial y} dy,$$

il est facile de démontrer que l'équation (25) donne pour dt la même valeur qu'on obtiendrait de l'intégrale

$$\Lambda(x, y, \xi) = \alpha$$

en la résolvant par rapport à dt. Soit cette dernière

$$(26) \qquad dt = Adx + Bdy$$

A et B étant des fonctions de x, y, α, savoir

$$A = -\frac{\varphi(x, y, \lambda)}{\lambda}, \quad B = \frac{1}{\lambda},$$

si l'on fait $\xi = z$, et

$$A = -\frac{\lambda}{f(x, y)}, \quad B = \frac{1}{f(x, y)},$$

si l'on suppose

$$\xi = \frac{y' - f(x, y)}{x'},$$

λ dans tous les cas désignant $\lambda(x, y, \alpha)$.

La valeur $\alpha = \Lambda(x, y, \xi)$ satisfaisant aux équations (25) et

(26) satisfaira aussi à l'équation

$$\left(A-\frac{\partial\mu}{\partial x}\right)dx+\left(B-\frac{\partial\mu}{\partial y}\right)dy=0,$$

ou à cette autre

$$A-\frac{\partial\mu}{\partial x}+\left(B-\frac{\partial\mu}{\partial y}\right)\frac{y'}{x'}=0.$$

Or celle-ci ne peut être satisfaite par la valeur mentionnée qu'en faisant

$$A-\frac{\partial\mu}{\partial x}=0,\quad B-\frac{\partial\mu}{\partial y}=0;$$

car, dans le cas contraire, $\Lambda(x, y, \xi)$ serait une fonction de $x, y, \frac{y'}{x'}$ ce qui n'a pas lieu.

Ainsi on a

$$A=\frac{\partial\mu}{\partial x},\quad B=\frac{\partial\mu}{\partial y}.$$

De là il résulte que l'équation

$$\Lambda(x, y, \xi)=\alpha,$$

étant résolue par rapport à dt, devient

$$dt=\frac{\partial\mu}{\partial x}dx+\frac{\partial\mu}{\partial y}dy$$

intégrable par quadrature. Son intégrale

$$t+\beta=\mu(x, y, \alpha)$$

n'est autre que l'intégrale commune avec le temps.

Ainsi la recherche des intégrales communes se réduit à celle de l'intégrale indépendante du temps.

8. Considérons d'abord la forme

$$V=\Lambda(x, y, z),$$

z désignant la quantité $y'-kx'$ et k étant défini par l'équation

(27) $$k=\varphi(x, y, z).$$

La première des conditions (18)

$$A(k) = 0$$

est satisfaite par la valeur (27) de k; quant à la seconde

$$m - B(k) = 0,$$

qui étant développée devient

$$\frac{\partial l}{\partial x'} + k\frac{\partial l}{\partial y'} - 2\left(x'\frac{\partial k}{\partial x} + y'\frac{\partial k}{\partial y} + l\frac{\partial k}{\partial y'}\right) = 0, \tag{28}$$

elle nous donnera la valeur de l.

Prenons x, y, x', z pour variables indépendantes et composons d'abord les dérivées partielles de k au moyen de l'équation (27), ensuite celles d'une fonction quelconque V_1 de x, y, x', y'. En désignant par Λ_1 la fonction V_1 exprimée en x, y, x' et z, nous aurons

$$\tag{29} \left\{ \begin{aligned} &\frac{\partial k}{\partial x} = \frac{\frac{\partial \varphi}{\partial x}}{1 + x'\frac{\partial \varphi}{\partial z}}, && \frac{\partial k}{\partial y} = \frac{\frac{\partial \varphi}{\partial y}}{1 + x'\frac{\partial \varphi}{\partial z}}, \\ &\frac{\partial k}{\partial x'} = -\frac{\varphi\frac{\partial \varphi}{\partial z}}{1 + x'\frac{\partial \varphi}{\partial z}}, && \frac{\partial k}{\partial y'} = \frac{\frac{\partial \varphi}{\partial z}}{1 + x'\frac{\partial \varphi}{\partial z}}, \\ &\frac{\partial V_1}{\partial x} = \frac{\partial \Lambda_1}{\partial x} - \frac{x'\frac{\partial \varphi}{\partial x}}{1 + x'\frac{\partial \varphi}{\partial z}}\frac{\partial \Lambda_1}{\partial z}, && \frac{\partial V_1}{\partial y} = \frac{\partial \Lambda_1}{\partial y} - \frac{x'\frac{\partial \varphi}{\partial y}}{1 + x'\frac{\partial \varphi}{\partial z}}\frac{\partial \Lambda_1}{\partial z}, \\ &\frac{\partial V_1}{\partial x'} = \frac{\partial \Lambda_1}{\partial x} - \frac{\varphi}{1 + x'\frac{\partial \varphi}{\partial z}}\frac{\partial \Lambda_1}{\partial z}, && \frac{\partial V_1}{\partial y'} = \frac{1}{1 + x'\frac{\partial \varphi}{\partial z}}\frac{\partial \Lambda_1}{\partial z}. \end{aligned} \right.$$

En faisant $V_1 = l$ on aura les dérivées de l. Substituons-les dans l'équation (28); il viendra

$$\frac{1}{2}\frac{\partial l}{\partial x'} = \frac{\frac{\partial \varphi}{\partial z}l + z\frac{\partial \varphi}{\partial y} + x'\left(\frac{\partial \varphi}{\partial x} + \varphi\frac{\partial \varphi}{\partial y}\right)}{1 + x'\frac{\partial \varphi}{\partial z}}.$$

On peut regarder cette équation comme ordinaire à une seule variable x'. Elle est linéaire et du premier ordre. Son intégrale générale se trouve facilement et peut être représentée ainsi

$$(30) \qquad l = z\Phi + 2z\left(\frac{\partial\varphi}{\partial z}\Phi + \frac{\partial\varphi}{\partial y}\right)x'$$
$$+ \left[\left(\frac{\partial\varphi}{\partial z}\right)^2 z\Phi + \frac{\partial\varphi}{\partial x} + \varphi\frac{\partial\varphi}{\partial y} + z\frac{\partial\varphi}{\partial y}\frac{\partial\varphi}{\partial z}\right]x'^2,$$

Φ étant une fonction arbitraire de x, y, z.

La valeur
$$V = \Lambda(x, y, z)$$
de l'intégrale cherchée satisfait à la première équation
$$\frac{\partial V}{\partial x'} + k\frac{\partial V}{\partial y'} = 0$$
du système (14); il nous faut encore satisfaire à la seconde

$$(31) \qquad x'\frac{\partial V}{\partial x} + y'\frac{\partial V}{\partial y} + l\frac{\partial V}{\partial y'} = 0,$$

le terme $\frac{\partial V}{\partial t}$ étant maintenant égal à zéro. Quant à la troisième, elle aura lieu en vertu des deux premières.

Pour satisfaire à l'équation (31) transformons-la au moyen des formules (29) en y faisant $V_1 = V$, $\Lambda_1 = \Lambda$; elle se réduit alors à la suivante

$$z\frac{\partial\Lambda}{\partial y} + l\frac{\partial\Lambda}{\partial z} + x'\left[\frac{\partial\Lambda}{\partial x} + \left(\varphi + z\frac{\partial\varphi}{\partial z}\right)\frac{\partial\Lambda}{\partial y} - z\frac{\partial\varphi}{\partial y}\frac{\partial\Lambda}{\partial z}\right] +$$
$$+ x'^2\left[\frac{\partial\varphi}{\partial z}\left(\frac{\partial\Lambda}{\partial x} + \varphi\frac{\partial\Lambda}{\partial y}\right) - \frac{\partial\Lambda}{\partial z}\left(\frac{\partial\varphi}{\partial x} + \varphi\frac{\partial\varphi}{\partial y}\right)\right] = 0.$$

Substituons ici la valeur (30) de l; il viendra

$$z\left(\frac{\partial\Lambda}{\partial y} + \Phi\frac{\partial\Lambda}{\partial z}\right) + x'\left[\frac{\partial\Lambda}{\partial x} + \left(\varphi + z\frac{\partial\varphi}{\partial z}\right)\frac{\partial\Lambda}{\partial y} + z\left(2\Phi\frac{\partial\varphi}{\partial z} + \frac{\partial\varphi}{\partial y}\right)\frac{\partial\Lambda}{\partial z}\right]$$
$$+ x'^2\frac{\partial\varphi}{\partial z}\left[\frac{\partial\Lambda}{\partial x} + \varphi\frac{\partial\Lambda}{\partial y} + z\left(\Phi\frac{\partial\varphi}{\partial z} + \frac{\partial\varphi}{\partial y}\right)\frac{\partial\Lambda}{\partial z}\right] = 0.$$

Les fonctions φ, Φ et Λ sont indépendantes de x'; par conséquent le coëfficient de x', celui de x'^2 et la somme des termes, dans lesquels x' ne figure pas, sont séparement égaux à zéro. Ainsi nous aurons trois équations qui se réduisent à deux indépendantes entre elles

$$\frac{\partial\Lambda}{\partial y} + \Phi\frac{\partial\Lambda}{\partial z} = 0,$$

$$\frac{\partial\Lambda}{\partial x} + \varphi\frac{\partial\Lambda}{\partial y} + z\left(\Phi\frac{\partial\varphi}{\partial z} + \frac{\partial\varphi}{\partial y}\right)\frac{\partial\Lambda}{\partial z} = 0.$$

Étant résolues par rapport à

$$\frac{\partial\Lambda}{\partial x} \text{ et } \frac{\partial\Lambda}{\partial y}$$

elles deviennent

$$(32) \qquad \begin{cases} \dfrac{\partial\Lambda}{\partial y} + \Phi\dfrac{\partial\Lambda}{\partial z} = 0, \\ \dfrac{\partial\Lambda}{\partial x} + \left[z\left(\Phi\dfrac{\partial\varphi}{\partial z} + \dfrac{\partial\varphi}{\partial y}\right) - \varphi\Phi\right]\dfrac{\partial\Lambda}{\partial z} = 0. \end{cases}$$

Pour satisfaire à l'équation (31) il faut que Λ satisfasse simultanément aux équations (32). Le nombre des variables du système (32) étant trois, et ce système, n'étant point fermé, il faut qu'il soit normal. Combinant donc les expressions

$$\frac{\partial\Lambda}{\partial y} + \Phi\frac{\partial\Lambda}{\partial z}, \quad \frac{\partial\Lambda}{\partial x} + \left[z\left(\Phi\frac{\partial\varphi}{\partial z} + \frac{\partial\varphi}{\partial y}\right) - \varphi\Phi\right]\frac{\partial\Lambda}{\partial z}$$

pour en former la fonction de Poisson et égalant le résultat à zéro, on aura

$$(33) \qquad \frac{\partial\Phi}{\partial x} + \left[z\left(\Phi\frac{\partial\varphi}{\partial z} + \frac{\partial\varphi}{\partial y}\right) - \varphi\Phi\right]\frac{\partial\Phi}{\partial z} =$$

$$= \frac{\partial}{\partial y}\left[z\left(\Phi\frac{\partial\varphi}{\partial z} + \frac{\partial\varphi}{\partial y}\right) - \varphi\Phi\right] + \Phi\frac{\partial}{\partial z}\left[z\left(\Phi\frac{\partial\varphi}{\partial z} + \frac{\partial\varphi}{\partial y}\right) - \varphi\Phi\right]$$

ou en développant

$$(34) \quad \frac{\partial\Phi}{\partial x} + \left(\varphi - z\frac{\partial\varphi}{\partial z}\right)\frac{\partial\Phi}{\partial y} + z\frac{\partial\varphi}{\partial y}\frac{\partial\Phi}{\partial z} = z\left(\frac{\partial^2\varphi}{\partial y^2} + 2\Phi\frac{\partial^2\varphi}{\partial y\partial z} + \Phi^2\frac{\partial^2\varphi}{\partial z^2}\right).$$

C'est la condition nécessaire et suffisante pour que le système (32) ait une solution.

Maintenant les valeurs (27) de k, (30) de l et $\Lambda\,(x, y, z)$ de V satisfont au système (14), les fonctions φ et Φ étant assujeties à la condition (34).

9. Nous allons maintenant chercher les conditions nécessaires et suffisantes qu'il faut imposer aux forces X et Y. Elles sont exprimées par l'équation

$$Y - kX = l,$$

qui dans le cas dont nous nous occupons devient

$$(35)\qquad Y - \varphi X = z\Phi + 2z\left(\frac{\partial\varphi}{\partial z}\Phi + \frac{\partial\varphi}{\partial y}\right)x' +$$

$$+\left[\frac{\partial\varphi}{\partial x} + \varphi\frac{\partial\varphi}{\partial y} + z\frac{\partial\varphi}{\partial y}\frac{\partial\varphi}{\partial z} + z\Phi\left(\frac{\partial\varphi}{\partial z}\right)^2\right]x'^2,$$

φ et Φ étant des fonctions de x, y, z liées entre elles par l'équation

$$(36)\quad \frac{\partial\Phi}{\partial x} + \left(\varphi - z\frac{\partial\varphi}{\partial z}\right)\frac{\partial\Phi}{\partial y} + z\frac{\partial\varphi}{\partial y}\frac{\partial\Phi}{\partial z} = z\left(\frac{\partial^2\varphi}{\partial y^2} + 2\Phi\frac{\partial^2\varphi}{\partial y\,\partial z} + \Phi^2\frac{\partial^2\varphi}{\partial z^2}\right)$$

et la variable z s'exprimant en x, y, x', y' à l'aide des équations

$$(37)\qquad z = y' - kx', \quad k = \varphi\,(x, y, z).$$

Pour avoir l'expression la plus générale des forces X, Y, il nous faut avoir recours à l'intégrale générale de l'équation (36) qui peut être exprimée, comme il est très-facile de le vérifier, de la manière suivante:

Soit u une variable auxiliaire et $F(x, y, u)$ une fonction quelconque de x, y, u. Substituons $F(x, y, u)$ dans les formules

$$(38)\qquad \Phi = \frac{\partial F}{\partial y}, \quad \varphi = F\left[\psi(x, u) - \int\frac{\partial\left(\frac{1}{F}\right)}{\partial x}dy\right],$$

$\psi(x, u)$ étant une fonction arbitraire, et après avoir fait les différentiations et l'intégration, indiquées dans ces formules, remplaçons u par sa valeur en fonction de x, y, z, qui suit de l'équation

$$z = F(x, y, u);$$

alors les formules (38) donneront pour Φ et φ les valeurs les plus générales que ces fonctions puissent avoir, et qui satisfont à l'équation (36).

Si nous substituons ces valeurs dans l'équation (35), nous aurons l'expression la plus générale des forces X, Y en supposant l'une d'elles arbitraire et l'autre définie par cette équation.

Les fonctions arbitraires $F(x, y, u)$ et $\psi(x, u)$ qui y entrent ne dépendent point l'une de l'autre.

Supposons maintenant que l'on donne une des fonctions Φ, φ. La détermination de l'autre dépend alors de l'intégration des équations différentielles ordinaires.

En effet, soit

$$\Phi\,(x, y, z)$$

l'expression donnée de Φ. Nous trouverons $F(x, y, u)$ en intégrant l'équation ordinaire du premier ordre

$$\frac{\partial F}{\partial y} = \Phi\,(x, y, F),$$

et remplaçant la constante arbitraire, qui entrera dans l'intégrale générale par une fonction arbitraire de x et u.

Ensuite nous déterminerons φ en substituant l'expression trouvée de F dans l'équation

$$\varphi = F\left[\psi\,(x, u) - \int \frac{\partial\left(\frac{1}{F}\right)}{\partial x}\,dy\right].$$

Si c'est la fonction φ, qui est donnée en x, y, z, l'autre fonction Φ sera déterminée par l'intégration de l'équation (36). Or cette intégration se réduit à celle du système d'équations ordinaires

$$dx = \frac{dy}{\varphi - z\,\frac{\partial \varphi}{\partial z}} = \frac{dz}{z\,\frac{\partial \varphi}{\partial y}} = \frac{d\Phi}{z\left(\frac{\partial^2 \varphi}{\partial y^2} + 2\Phi\,\frac{\partial^2 \varphi}{\partial y\,\partial z} + \Phi^2\,\frac{\partial^2 \varphi}{\partial z^2}\right)}.$$

Il n'est point nécessaire d'intégrer toutes les trois équations de ce système; les deux équations

$$(39) \qquad dx = \frac{dy}{\varphi - z\frac{\partial\varphi}{\partial z}} = \frac{dz}{z\frac{\partial\varphi}{\partial y}}$$

suffisent. En effet, soit $\varphi(x, y, z)$ l'expression donnée de φ. La fonction $F(x, y, u)$ se déduit alors de l'équation

$$\frac{\varphi(x, y, F)}{F} = \psi(x, u) - \int \frac{\partial\left(\frac{1}{F}\right)}{\partial x} dy,$$

ou de cette autre

$$\frac{\partial}{\partial y}\left(\frac{\varphi(x, y, F)}{F}\right) = -\frac{\partial\left(\frac{1}{F}\right)}{\partial x},$$

qui, en la développant, devient

$$F\left(\frac{\partial\varphi}{\partial y} + \frac{\partial\varphi}{\partial F}\frac{\partial F}{\partial y}\right) - \varphi\frac{\partial F}{\partial y} = \frac{\partial F}{\partial x}.$$

Or l'intégration de cette équation, qui peut être représentée ainsi

$$\frac{\partial F}{\partial x} + \left(\varphi - F\frac{\partial\varphi}{\partial F}\right)\frac{\partial F}{\partial y} = F\frac{\partial\varphi}{\partial y},$$

se réduit à celle du système d'équations ordinaires

$$(40) \qquad dx = \frac{dy}{\varphi - F\frac{\partial\varphi}{\partial F}} = \frac{\partial F}{F\frac{\partial\varphi}{\partial y}}.$$

Ce système n'est autre que (39) dans laquelle z est remplacé par F.

Ainsi la fonction φ étant donnée, nous n'avons qu'à intégrer les équations (39) ou (40). Soient

$$\omega(x, y, F) = \text{Constante},$$

$$\sigma(x, y, F) = \text{Constante}$$

les deux intégrales du système (40). Nous aurons la fonction F

de l'équation

$$\Pi[\omega(x, y, F), \quad \sigma(x, y, F), u] = 0,$$

Π désignant une fonction arbitraire. Quant à Φ on l'obtiendra de l'équation

$$\Phi = \frac{\partial F}{\partial y}.$$

10. Quand on veut reconnaître, si les forces données X et Y satisfont aux conditions du cas qui nous occupe, on sera quelquefois conduit à des opérations algébriques difficiles.

Soient

$$X(x, y, x', y'), \quad Y(x, y, x', y')$$

les expressions données de X et Y. La quantité $Y - \varphi X$ étant exprimée en x, y, x', z, φ, au moyen de l'équation

$$z = y' - x'\varphi$$

devient égale à la fonction

$$Y(x, y, x', z + x'\varphi) - \varphi X(x, y, x', z + x'\varphi),$$

que nous désignerons pour abréger par l.

Le seul cas dont nous nous occuperons est celui dans lequel les fonctions

$$l, \quad \frac{\partial l}{\partial x'}, \quad \frac{\partial^2 l}{\partial x'^2}$$

ne deviennent point infinies pour $x' = 0$, quels que soient x, y, z, φ. Alors l'équation (35) fait voir que l'expression de l est de la forme

$$l = zP + 2Qx' + Rx'^2, \tag{41}$$

P, Q et R étant indépendants de x', et ayant respectivement les valeurs que prennent les fonctions

$$\frac{l}{z}, \quad \frac{1}{2}\frac{\partial l}{\partial x'}, \quad \frac{1}{2}\frac{\partial^2 l}{\partial x'^2}$$

pour $x' = 0$. Par conséquent P, Q, R sont des fonctions données de x, y, z et φ. Il est très-facile de s'assurer qu'elles sont de la forme

$$(42)\qquad \begin{cases} P = m + n\varphi, \\ Q = p + q\varphi + r\varphi^2, \\ R = s + t\varphi + u\varphi^2 + v\varphi^3, \end{cases}$$

les coëfficients $m, n, p, q, r, s, t, u, v$ étant des fonctions déterminées de x, y, z.

En comparant les valeurs (41) et (35) de l on aura

$$(43)\qquad \begin{cases} \Phi = P, \qquad z\left(\dfrac{\partial\varphi}{\partial z}\Phi + \dfrac{\partial\varphi}{\partial y}\right) = Q, \\ \dfrac{\partial\varphi}{\partial x} + \varphi\dfrac{\partial\varphi}{\partial y} + z\dfrac{\partial\varphi}{\partial y}\dfrac{\partial\varphi}{\partial z} + z\Phi\left(\dfrac{\partial\varphi}{\partial z}\right)^2 = R. \end{cases}$$

Tout se réduit donc à savoir s'il existe une valeur convenable de φ, qui satisfait aux équations (43), (41) et (36). Les équations (43) en vertu de la valeur P de Φ deviennent

$$z\left(\frac{\partial\varphi}{\partial z}P + \frac{\partial\varphi}{\partial y}\right) = Q, \quad \frac{\partial\varphi}{\partial x} + \varphi\frac{\partial\varphi}{\partial y} + z\frac{\partial\varphi}{\partial y}\frac{\partial\varphi}{\partial z} + zP\left(\frac{\partial\varphi}{\partial z}\right)^2 = R.$$

En les résolvant par rapport à

$$\frac{\partial\varphi}{\partial x} \text{ et } \frac{\partial\varphi}{\partial y}$$

on obtient

$$(44)\quad \frac{\partial\varphi}{\partial y} + P\frac{\partial\varphi}{\partial z} + \frac{Q}{z} = 0, \quad \frac{\partial\varphi}{\partial x} + (Q - \varphi P)\frac{\partial\varphi}{\partial z} + \frac{\varphi Q}{z} - R = 0.$$

Quant à l'équation (36) elle peut d'abord être écrite dans la forme (33), savoir,

$$\begin{aligned} \frac{\partial\Phi}{\partial x} + \left[z\left(\Phi\frac{\partial\varphi}{\partial z} + \frac{\partial\varphi}{\partial y}\right) - \varphi\Phi\right]\frac{\partial\Phi}{\partial z} &= \frac{\partial}{\partial y}\left[z\left(\Phi\frac{\partial\varphi}{\partial z} + \frac{\partial\varphi}{\partial y}\right) - \varphi\Phi\right] \\ &+ \Phi\frac{\partial}{\partial z}\left[z\left(\Phi\frac{\partial\varphi}{\partial z} + \frac{\partial\varphi}{\partial y}\right) - \varphi\Phi\right] \end{aligned}$$

et ensuite, en vertu des équations

$$\Phi = P, \quad z\left(\Phi\frac{\partial\varphi}{\partial z} + \frac{\partial\varphi}{\partial y}\right) - \varphi\Phi = Q - \varphi P,$$

dans la forme

$$\frac{\partial P}{\partial x}+\frac{\partial P}{\partial \varphi}\frac{\partial \varphi}{\partial x}+(Q-\varphi P)\left(\frac{\partial P}{\partial z}+\frac{\partial P}{\partial \varphi}\frac{\partial \varphi}{\partial z}\right)$$
$$=\frac{\partial}{\partial y}(Q-\varphi P)+P\frac{\partial}{\partial z}(Q-\varphi P).$$

Cette équation se réduit en la développant à la suivante

$$\frac{\partial P}{\partial x}+(Q-\varphi P)\frac{\partial P}{\partial z}+\frac{\partial P}{\partial \varphi}\left(\frac{\partial \varphi}{\partial x}+(Q-\varphi P)\frac{\partial \varphi}{\partial z}\right)=$$
$$=\frac{\partial Q}{\partial y}-\varphi\frac{\partial P}{\partial y}+P\left(\frac{\partial Q}{\partial z}-\varphi\frac{\partial P}{\partial z}\right)+\left(\frac{\partial Q}{\partial \varphi}-P-\varphi\frac{\partial P}{\partial \varphi}\right)\left(\frac{\partial \varphi}{\partial y}+P\frac{\partial \varphi}{\partial z}\right),$$

et, en vertu des équations (44), à cette autre

$$(45)\quad \frac{\partial P}{\partial x}+\varphi\frac{\partial P}{\partial y}+Q\frac{\partial P}{\partial z}+R\frac{\partial P}{\partial \varphi}=\frac{\partial Q}{\partial y}+P\frac{\partial Q}{\partial z}+\frac{Q}{z}\frac{\partial Q}{\partial \varphi}-\frac{PQ}{z}.$$

Les dérivées partielles qui figurent dans cette équation sont prises en regardant les variables x, y, z, φ comme indépendantes.

La valeur cherchée de φ doit être une des racines de l'équation (45) qui dans le cas général sera du troisième dégré.

Il est très-facile de composer une autre équation à laquelle φ doit satisfaire. En effet, φ étant une solution du système (44), il faut que la fonction de Poisson composée en combinant les deux expressions

$$\frac{\partial \varphi}{\partial y}+P\frac{\partial \varphi}{\partial z}-\frac{Q}{z},\quad \frac{\partial \varphi}{\partial x}+(Q-\varphi P)\frac{\partial \varphi}{\partial z}+\frac{\varphi Q}{z}-R$$

donne zéro pour résultat soit identiquement soit en vertu de la valeur cherchée de φ. Nous aurons ainsi une équation qui, en ayant égard à l'équation (45), se réduit à celle-ci

$$\frac{\partial}{\partial x}\left(\frac{Q}{z}\right)+\frac{\partial}{\partial y}\left(\frac{\varphi Q}{z}-R\right)+(Q-\varphi P)\frac{\partial}{\partial z}\left(\frac{Q}{z}\right)+P\frac{\partial}{\partial z}\left(\frac{\varphi Q}{z}-R\right)=0,$$

et en la développant on obtient d'après les équations (44)

$$(46)\quad \frac{\partial Q}{\partial x}+\varphi\frac{\partial Q}{\partial y}+Q\frac{\partial Q}{\partial z}+R\frac{\partial Q}{\partial \varphi}=z\left(\frac{\partial R}{\partial y}+P\frac{\partial R}{\partial z}\right)+Q\frac{\partial R}{\partial \varphi}.$$

Cette équation, dans laquelle les dérivées partielles sont prises dans le même sens que dans l'équation (45), doit être satisfait par la fonction φ. Dans le cas général elle sera du quatrième degré par rapport à φ.

La résultante obtenue en éliminant φ des équations (45), (46) doit avoir lieu identiquement. Cela nous donnera une équation entre les quantités

$$m,\ n,\ p,\ q,\ r,\ s,\ t,\ u,\ v$$

et leurs dérivées partielles.

Si aucune des équations (45), (46) n'est identique nous essayerons chacune de leurs racines communes en les substituant dans le système (44) et dans l'équation

$$l = zP + 2Qx' + Rx'^2.$$

Si quelques-unes d'entre elles y satisfont, les forces données X et Y satisfont à l'équation (35), qui exprime les conditions du problème. Dans le cas contraire X, Y ne conviennent point.

Si une seule des équations (45), (46) devient identique, nous essayerons d'une manière semblable les racines de l'autre.

Si toutes les deux sont des identités, le système (44) aura une solution, et il faut qu'elle satisfasse identiquement à l'équation

$$l = zP + 2Qx' + Rx'^2.$$

11. Dans tous les cas les deux intégrales cherchées seront trouvées en intégrant d'abord le système normal

$$(47)\qquad \left\{\begin{aligned} &\frac{\partial\Lambda}{\partial y} + \Phi\frac{\partial\Lambda}{\partial z} = 0,\\ &\frac{\partial\Lambda}{\partial x} + \left[z\left(\Phi\frac{\partial\varphi}{\partial z} + \frac{\partial\varphi}{\partial y}\right) - \varphi\Phi\right]\frac{\partial\Lambda}{\partial z} = 0,\end{aligned}\right.$$

pour obtenir sa solution $\Lambda(x, y, z)$, ensuite en résolvant l'équation

$$\Lambda(x, y, z) = \alpha$$

par rapport à dt au moyen des équations

$$z = \frac{dy - kdx}{dt}, \quad k = \varphi(x, y, z)$$

et enfin en prenant une quadrature.

Quant à l'intégration du système (47) elle se réduit à celle de deux équations ordinaires du premier ordre, dont la première est

$$\frac{dz}{dy} = \Phi. \tag{48}$$

La variable x doit être traitée ici comme une constante. Soit

$$\text{Constante} = \omega(x, y, z)$$

l'intégrale générale de l'équation (48); alors en prenant pour variables indépendantes x, y, ω au lieu de x, y, z dans la seconde équation du système (47) on obtiendra une équation linéaire et homogène par rapport aux dérivées

$$\frac{\partial \Lambda}{\partial x}, \quad \frac{\partial \Lambda}{\partial \omega}$$

dans laquelle les quantités

$$y, \quad \frac{\partial \Lambda}{\partial y}$$

ne figureront pas. L'intégration d'une telle équation peut toujours être ramenée à celle d'une équation ordinaire du premier ordre.

Son intégrale générale donne la fonction cherchée $\Lambda(x, y, z)$.

12. Considérons maintenant la forme (23) de l'intégrale V. Soit donc

$$V = \Lambda\left(x, y, \frac{y' - f(x, y)}{x'}\right) = \alpha.$$

De là on déduit

$$\frac{y' - f(x, y)}{x'} = \lambda(x, y, \alpha) \tag{48}$$

et de cette équation, en la résolvant par rapport à dt, on obtient

$$dt = -\frac{\lambda}{f}\,dx + \frac{1}{f}\,dy.$$

En vertu de ce que nous avons dit au n° 7 il faut que cette

expression de dt soit une différentielle complète, et par conséquent il faut que l'on ait

$$-\frac{\partial\left(\frac{\lambda}{f}\right)}{\partial y}=\frac{\partial\left(\frac{1}{f}\right)}{\partial x}.$$

On déduit de là la valeur de λ

$$\lambda=f\left[\Pi(x,\alpha)-\int\frac{\partial\left(\frac{1}{f}\right)}{\partial x}dy\right],$$

$\Pi(x,\alpha)$ étant une fonction arbitraire.

Nous n'avons qu'à substituer la valeur trouvée de λ dans l'équation (48) pour avoir l'intégrale V; elle sera déterminée par la résolution de l'équation

$$(49)\qquad \frac{y'-f}{x'f}=\Pi(x,\alpha)-\int\frac{\partial\left(\frac{1}{f}\right)}{\partial x}dy$$

par rapport à α.

De l'équation (49) on déduit facilement la valeur de dt

$$dt=\frac{dy}{f}-\left[\Pi(x,\alpha)-\int\frac{\partial\left(\frac{1}{f}\right)}{\partial x}dy\right]dx$$

et l'intégrale avec le temps

$$t+\beta=\int\left\{\frac{dy}{f}-\left[\Pi(x,\alpha)-\int\frac{\partial\left(\frac{1}{f}\right)}{\partial x}dy\right]dx\right\}.$$

Pour obtenir les conditions pour les forces X et Y il nous faut avoir la valeur de l. Nous l'aurons facilement de l'équation

$$(50)\qquad x'\frac{\partial V}{\partial x}+y'\frac{\partial V}{\partial y}+l\frac{\partial V}{\partial y'}=0.$$

Faisons pour abréger

$$\zeta=\frac{y'-f}{x'f}+\int\frac{\partial\left(\frac{1}{f}\right)}{\partial x}dy$$

et soit

$$\alpha = V = \Omega(x, \zeta)$$

la valeur de V qu'on déduit de l'équation (49).

Composons les dérivées de V pour les substituer dans l'équation (50); nous aurons

$$\frac{\partial V}{\partial x} = \frac{\partial \Omega}{\partial x} - \left[\frac{y'}{x' f^2} \cdot \frac{\partial f}{\partial x} - \frac{\partial}{\partial x} \int \frac{\partial\left(\frac{1}{f}\right)}{\partial x} dy\right] \frac{\partial \Omega}{\partial \zeta},$$

$$\frac{\partial V}{\partial y} = -\frac{1}{x' f^2}\left(x' \frac{\partial f}{\partial x} + y' \frac{\partial f}{\partial y}\right) \frac{\partial \Omega}{\partial \zeta},$$

$$\frac{\partial V}{\partial y'} = \frac{1}{x' f} \frac{\partial \Omega}{\partial \zeta}.$$

En désignant maintenant par $\omega(x, \zeta)$ le quotient

$$-\frac{\partial \Omega}{\partial x} : \frac{\partial \Omega}{\partial \zeta},$$

on aura de l'équation (50) la valeur suivante de l

$$l = x'^2 \left[\omega(x, \zeta) - \frac{\partial}{\partial x} \int \frac{\partial\left(\frac{1}{f}\right)}{\partial x} dy\right] + 2x' y' \frac{\partial \log f}{\partial x} + y'^2 \frac{\partial \log f}{\partial y}.$$

Les conditions nécessaires et suffisantes auxquelles X et Y doivent satisfaire dans le cas en question sont exprimées par l'équation

$$Y - \frac{y' - f}{x'} X = x'^2 \left[\omega(x, \zeta) - \frac{\partial}{\partial x} \int \frac{\partial\left(\frac{1}{f}\right)}{\partial x} dy\right] + 2x' y' \frac{\partial \log f}{\partial x} + y'^2 \frac{\partial \log f}{\partial y},$$

$\omega(x, \zeta)$ étant une fonction arbitraire de x, et de

$$\zeta = \frac{y' - f}{x' f} + \int \frac{\partial\left(\frac{1}{f}\right)}{\partial x} dy.$$

L'intégrale $V = \Omega(x, \zeta)$ sera déterminée par l'équation

$$\frac{\partial \Omega}{\partial x} + \omega(x, \zeta) \frac{\partial \Omega}{\partial \zeta} = 0.$$

13. Nous allons maintenant appliquer les formules générales au mouvement d'un point sur un plan et sur une surface quelconque sous l'influence des forces H, K, L, qui ne dépendent que des coordonnées du mobile.

Quant au mouvement d'un point sur un plan, on peut prendre les coordonnées rectangulaires dans ce plan pour x, y et faire dans les formules (5)

$$E=1, \quad F=0, \quad G=1.$$

Alors on aura

(51) $$\frac{d^2x}{dt^2}=M, \quad \frac{d^2y}{dt^2}=N,$$

M et N ne contenant point x' et y'. Les valeurs de k et l seront données par les formules

$$k=\frac{N-N_1}{M-M_1}, \quad l=\frac{MN_1-M_1N}{M-M_1},$$

d'où l'on voit que ces quantités ne dépendent pas non plus de x' et y'. Or maintenant k étant une fonction de x, y, il faut prendre les formules des nos 8 et 9 et faire

$$k=\varphi(x,y).$$

En exprimant que la valeur (30) de l ne dépend pas de z et en y supposant $\frac{\partial\varphi}{\partial z}=0$, on aura

(52) $$\frac{\partial\varphi}{\partial x}+\varphi\frac{\partial\varphi}{\partial y}=0, \quad \frac{\partial\varphi}{\partial y}=0,$$

et l'on doit que Φ est de la forme

$$\Phi=\frac{\sigma(x,y)}{z},$$

$\sigma(x,y)$ étant indépendant de z.

On déduit des équations (52)

$$\frac{\partial\varphi}{\partial x}=0, \quad \frac{\partial\varphi}{\partial y}=0,$$

et on conclut de là que k est une constante.

L'équation (34) en vertu de la valeur constante de φ devient

$$\frac{\partial \sigma(x, y)}{\partial x} + k \frac{\partial \sigma(x, y)}{\partial y} = 0,$$

L'intégrale générale de cette équation

$$\sigma(x, y) = \Pi(y - kx),$$

dans laquelle $\Pi(y - kx)$ est une fonction arbitraire, donne pour l la valeur

$$l = z\Phi = \Pi(y - kx).$$

De là nous aurons les conditions pour M et N exprimées par l'équation

$$(53) \qquad N - kM = \Pi(y - kx).$$

Pour avoir les deux intégrales communes au problème (M, N) et à d'autres problèmes, le plus simple est de substituer au lieu de M et N respectivement les dérivées

$$\frac{d^2 x}{dt^2}, \quad \frac{d^2 y}{dt^2}$$

dans l'équation (53). Nous aurons de la sorte

$$(54) \qquad \frac{d^2(y - kx)}{dt^2} = \Pi(y - kx).$$

En intégrant cette équation et désignant par $\Pi_1(x)$ la fonction $\int \Pi(x)\,dx$, les deux intégrales en question seront exprimées ainsi

$$\frac{1}{2}(y' - kx')^2 - \Pi_1(y - kx) = \alpha,$$

$$-t + \frac{1}{\sqrt{2}} \int \frac{d(y - kx)}{\sqrt{\alpha + \Pi_1(y - kx)}} = \beta.$$

Dans la dernière équation, après avoir fait l'intégration, on doit remplacer α par sa valeur

$$\frac{1}{2}(y' - kx')^2 - \Pi_1(y - kx).$$

Considérons maintenant le mouvement d'un point sur une surface. Désignons par x, y les coordonnées symétriques sur cette surface; alors d'après les formules (6) nous aurons

$$X = \frac{N}{F} - \frac{\partial \log F}{\partial x} x'^2, \quad Y = \frac{M}{F} - \frac{\partial \log F}{\partial y} y'^2.$$

Soient M_1, N_1 les quantités analogues à M et N qui se rapportent à un autre problème $(X_1\, Y_1)$ sur la même surface, ayant deux intégrales communes avec le problème (X, Y). Nous supposons que M_1 et N_1 ne dépendent point de x', y'. Nous aurons semblablement

$$X_1 = \frac{N_1}{F} - \frac{\partial \log F}{\partial x} x'^2, \quad Y_1 = \frac{M_1}{F} - \frac{\partial \log F}{\partial y} y'^2.$$

En désignant par n la quantité

$$\frac{NM_1 - MN_1}{F(N - N_1)}$$

nous déduisons des formules précédentes

$$k = \frac{Y - Y_1}{X - X_1} = \frac{M - M_1}{N - N_1},$$

$$(55) \qquad l = \frac{Y_1 X - X_1 Y}{X - X_1} = n + k \frac{\partial \log F}{\partial x} x'^2 - \frac{\partial \log F}{\partial y} y'^2.$$

La quantité k est maintenant de la forme $\varphi(x, y)$, par conséquent il faut prendre les formules du n° 8 et n° 9. En faisant

$$y' = z + x'\varphi$$

dans l'équation (55) pour exprimer l en fonction de x, y, z, nous aurons

$$l = \left(n - z^2 \frac{\partial \log F}{\partial y}\right) - 2\varphi \frac{\partial \log F}{\partial y} z x' + \varphi \left(\frac{\partial \log F}{\partial x} - \varphi \frac{\partial \log F}{\partial y}\right) x'^2.$$

Comparons maintenant cette valeur de l avec celle du n° 8

$$l = z\Phi + 2z\left(\frac{\partial \varphi}{\partial z}\Phi + \frac{\partial \varphi}{\partial y}\right) x' + \left[\frac{\partial \varphi}{\partial x} + \varphi \frac{\partial \varphi}{\partial y} + z \frac{\partial \varphi}{\partial y}\frac{\partial \varphi}{\partial z} + z\Phi\left(\frac{\partial \varphi}{\partial z}\right)^2\right] x'^2;$$

il viendra

$$\Phi = \frac{n}{z} - z\frac{\partial \log F}{\partial y}, \quad \frac{\partial\varphi}{\partial z}\Phi + \frac{\partial\varphi}{\partial y} = -\varphi\frac{\partial \log F}{\partial y},$$

$$\frac{\partial\varphi}{\partial x} + \varphi\frac{\partial\varphi}{\partial y} + z\frac{\partial\varphi}{\partial y}\frac{\partial\varphi}{\partial z} + z\Phi\left(\frac{\partial\varphi}{\partial z}\right)^2 = \varphi\left(\frac{\partial \log F}{\partial x} - \varphi\frac{\partial \log F}{\partial y}\right).$$

Or en remarquant que $\frac{\partial\varphi}{\partial z}$ est égale à zéro, on aura

$$(56)\quad \begin{cases} \Phi = \frac{n}{z} - z\frac{\partial \log F}{\partial y}, \quad \frac{\partial\varphi}{\partial y} = -\varphi\frac{\partial \log F}{\partial y}; \\ \frac{\partial\varphi}{\partial x} + \varphi\frac{\partial\varphi}{\partial y} = \varphi\left(\frac{\partial \log F}{\partial x} - \varphi\frac{\partial \log F}{\partial y}\right). \end{cases}$$

Les fonctions Φ et φ satisfont à l'équation (34) du n° 8. En vertu de la valeur actuelle de Φ elle devient

$$\frac{1}{z}\left(\frac{\partial n}{\partial x} + \varphi\frac{\partial n}{\partial y} - n\frac{\partial\varphi}{\partial y}\right) - z\left(\frac{\partial^2 \log F}{\partial x\partial y} + \varphi\frac{\partial^2 \log F}{\partial y^2} + \frac{\partial\varphi}{\partial y}\frac{\partial \log F}{\partial y} + \frac{\partial^2\varphi}{\partial y^2}\right) = 0.$$

Les quantités φ, F, n ne dépendant point de z, on aura séparément

$$(57)\quad \begin{cases} \frac{\partial n}{\partial x} + \varphi\frac{\partial n}{\partial y} - n\frac{\partial\varphi}{\partial y} = 0, \\ \frac{\partial^2 \log F}{\partial x\partial y} + \varphi\frac{\partial^2 \log F}{\partial y^2} + \frac{\partial\varphi}{\partial y}\frac{\partial \log F}{\partial y} + \frac{\partial^2\varphi}{\partial y^2} = 0. \end{cases}$$

Les fonctions φ et F satisfont donc aux équations

$$(58)\quad \begin{cases} \frac{\partial\varphi}{\partial y} = -\varphi\frac{\partial \log F}{\partial y}, \\ \frac{\partial\varphi}{\partial x} + \varphi\frac{\partial\varphi}{\partial y} = \varphi\left(\frac{\partial \log F}{\partial x} - \varphi\frac{\partial \log F}{\partial y}\right), \\ \frac{\partial^2 \log F}{\partial x\partial y} + \varphi\frac{\partial^2 \log F}{\partial y^2} + \frac{\partial\varphi}{\partial y}\frac{\partial \log F}{\partial y} + \frac{\partial^2\varphi}{\partial y^2} = 0. \end{cases}$$

Les deux premières de ces équations étant représentées ainsi

$$\frac{\partial \log(\varphi F)}{\partial y} = 0, \quad \frac{\partial \log\left(\frac{\varphi}{F}\right)}{\partial x} = -\varphi\frac{\partial \log(\varphi F)}{\partial y},$$

s'intégrent facilement et l'on obtient

(59) $$\varphi = \frac{\omega x}{\psi y}, \quad F = \omega x . \psi y$$

ωx et ψy étant des fonctions arbitraires.

Les valeurs (59) satisfont à la troisième équation (58). La première des équations (57) en vertu des valeurs (59) devient

$$\frac{1}{\omega x}\frac{\partial \log n}{\partial x} + \frac{1}{\psi y}\frac{\partial \log n}{\partial y} = -\frac{\psi' y}{(\psi y)^2}.$$

Elle peut être facilement intégrée. Son intégrale générale est exprimée par l'équation

(60) $$n = \frac{1}{\psi y}\,\Pi\left(\int \omega x\, dx - \int \psi y\, dy\right),$$

Π désignant une fonction arbitraire. Les équations (59) et (60) conduisent immédiatement à la condition nécessaire et suffisante qu'il faut imposer aux quantités M, N. En effet, d'après les valeurs de k et n nous aurons

$$k = \frac{M - M_1}{N - N_1} = \frac{\omega x}{\psi y},$$

$$n = \frac{NM_1 - MN_1}{F(M - M_1)} = \frac{1}{\omega x . \psi y}\left(M - \frac{M - M_1}{N - N_1} N\right) = \frac{1}{\omega x . \psi y}\left(M - \frac{\omega x}{\psi y} N\right)$$
$$= \frac{1}{\psi y}\,\Pi\left(\int \omega x\, dx - \int \psi y\, dy\right).$$

Cela nous donne

(61) $$\frac{M}{\omega x} - \frac{N}{\psi y} = \Pi\left(\int \omega x\, dx - \int \psi y\, dy\right).$$

C'est la condition cherchée.

Pour avoir les deux intégrales dont nous nous occupons, substituons dans l'équation (61) au lieu de $\frac{M}{\omega x}$ et $\frac{N}{\psi y}$ leurs valeurs qu'on obtient des équations

$$\frac{d^2 x}{dt^2} = \frac{N}{F} - \frac{\partial \log F}{\partial x} x'^2, \quad \frac{d^2 y}{dt^2} = \frac{M}{F} - \frac{\partial \log F}{\partial y} y'^2.$$

En vertu de l'équation

$$F = \omega x . \psi y$$

elles deviennent

$$\frac{M}{\omega x} = \frac{d^2 y}{dt^2} \psi y + y'^2 \psi' y = \frac{d(\psi y\, y')}{dt},$$

$$\frac{N}{\psi y} = \frac{d^2 x}{dt^2} \omega x + x'^2 \omega' x = \frac{d(\omega x\, x')}{dt}.$$

En les substituant dans l'équation (61), il viendra

$$-\frac{d^2 (\int \omega x\, dx - \int \psi y\, dy)}{dt^2} = \Pi \left(\int \omega x\, dx - \int \psi y\, dy \right).$$

Par l'intégration de cette équation on obtient les deux intégrales en question. Elles sont

$$(x' \omega x - y' \psi y)^2 + 2\Pi_1 (\int \omega x\, dx - \int \psi y\, dy) = \alpha,$$

$$-t + \int \frac{\omega x\, dx - \psi y\, dy}{\sqrt{\alpha - 2\Pi_1 (\int \omega x\, dx - \int \psi y\, dy)}} = \beta.$$

Nous avons désigné par $\Pi_1 x$ la fonction $\int \Pi x dx$. Après avoir fait l'intégration dans la dernière équation on remplacera α par sa valeur.

L'équation

$$F = \omega x . \psi y$$

fait voir que la surface sur laquelle reste le mobile doit être développable.

Les cas particuliers, auxquels nous avons fait l'application des formules générales, peuvent aussi être très facilement traités par la méthode de M. Bertrand.

5.

SUR LE THÉORÈME DE POISSON ET SON RÉCIPROQUE.

(MÉLANGES MATHÉMATIQUES ET ASTRONOMIQUES TIRÉS DU BULLETIN DE L'ACADÉMIE DES SCIENCES DE ST.-PÉTERSBOURG, T. IV, 1872; LU LE 20 AVRIL 1871).

On démontre dans les traités de Mécanique Analytique que, φ et ψ étant deux intégrales quelconques d'un système canonique, la fonction (φ, ψ) en est également une intégrale. Mais la proposition réciproque de ce théorème célèbre n'a pas encore été démontrée. Il est remarquable, qu'en supposant que l'expression (φ, ψ) devienne une intégrale d'un certain système dont φ et ψ sont deux intégrales quelconques, on est obligé d'admettre la forme canonique de ce système.

Je vais démontrer dans cette note les deux théorèmes en les réunissant dans une seule démonstration.

Quand il s'agit des intégrales d'un système d'équations de la forme

$$(1) \qquad dx = \frac{dx_1}{X_1} = \frac{dx_2}{X_2} = \cdots = \frac{dx_n}{X_n},$$

$x, x_1, x_2, \ldots x_n$ étant les variables et $X_1, X_2, \ldots X_n$ leurs fonctions, on peut considérer l'équation correspondante aux différences partielles

$$(2) \qquad \frac{\partial v}{\partial x} + X_1 \frac{\partial v}{\partial x_1} + X_2 \frac{\partial v}{\partial x_2} + \cdots + X_n \frac{\partial v}{\partial x_n} = 0,$$

dont les intégrales appartiennent au système (1) et réciproquement.

Je me servirai ici constamment de l'équation aux différences partielles au lieu du système qui lui correspond.

Cherchons d'abord quelles sont les conditions nécessaires et suffisantes pour que la formule

$$Y_1 \frac{\partial v}{\partial x_1} + Y_2 \frac{\partial v}{\partial x_2} + \cdots + Y_n \frac{\partial v}{\partial x_n},$$

dont les coëfficients

$$Y_1,\ Y_2, \ldots, Y_n$$

sont des fonctions de $x, x_1, x_2, \ldots, x_n$, devienne une intégrale de l'équation (2) pour toutes les intégrales v de cette équation.

En adoptant l'algorithme de Jacobi, désignons les expressions

$$\frac{\partial v}{\partial x} + X_1 \frac{\partial v}{\partial x_1} + X_2 \frac{\partial v}{\partial x_2} + \cdots + X_n \frac{\partial v}{\partial x_n},$$

$$Y_1 \frac{\partial v}{\partial x_1} + Y_2 \frac{\partial v}{\partial x_2} + \cdots + Y_n \frac{\partial v}{\partial x_n}$$

respectivement par

$$X(v), \qquad Y(v);$$

nous aurons identiquement pour toute fonction v[1])

$$X(Y(v)) - Y(X(v)) =$$

$$[X(Y_1) - Y(X_1)] \frac{\partial v}{\partial x_1} + [X(Y_2) - Y(X_2)] \frac{\partial v}{\partial x_2} + \cdots$$

$$+ [X(Y_n) - Y(X_n)] \frac{\partial v}{\partial x_n}.$$

En supposant maintenant que v et $Y(v)$ soient des intégrales de l'équation (2), il viendra

$$(3) \quad \left\{ \begin{aligned} &[X(Y_1) - Y(X_1)] \frac{\partial v}{\partial x_1} + [X(Y_2) - Y(X_2)] \frac{\partial v}{\partial x_2} + \cdots \\ &\qquad + [X(Y_n) - Y(X_n)] \frac{\partial v}{\partial x_n} = 0, \end{aligned} \right.$$

---

1) Nova methodus etc. par Jacobi. Journal de Crelle, t. LX, p. 36.

et comme v représente toutes les intégrales possibles de (2), l'équation (3) ne peut avoir lieu qu'en faisant

$$(4)\qquad \begin{cases} X(Y_1) - Y(X_1) = 0, \ X(Y_2) - Y(X_2) = 0, \\ \qquad X(Y_n) - Y(X_n) = 0. \end{cases}$$

Les conditions (4) sont donc nécessaires. Elles sont suffisantes, car en les admettant, on aura

$$X(Y(v)) - Y(X(v)) = 0,$$

et en supposant que v soit une intégrale de l'équation (2), on obtiendra

$$X(v) = 0, \ Y(X(v)) = 0, \ X(Y(v)) = 0.$$

L'expression $Y(v)$ est donc une intégrale de (2).

Passons maintenant à la démonstration du théorème concernant les équations canoniques.

Désignons par

$$(5)\qquad t, \ q_1, q_2, \ldots, q_m, \quad p_1, p_2, \ldots, p_m$$

les variables indépendantes et supposons que l'expression

$$(v, \psi) = \begin{cases} \dfrac{\partial\psi}{\partial p_1}\dfrac{\partial v}{\partial q_1} + \dfrac{\partial\psi}{\partial p_2}\dfrac{\partial v}{\partial q_2} + \cdots + \dfrac{\partial\psi}{\partial p_m}\dfrac{\partial v}{\partial q_m} \\ -\dfrac{\partial\psi}{\partial q_1}\dfrac{\partial v}{\partial p_1} - \dfrac{\partial\psi}{\partial q_2}\dfrac{\partial v}{\partial p_2} + \cdots - \dfrac{\partial\psi}{\partial q_m}\dfrac{\partial v}{\partial p_m} \end{cases}$$

soit une intégrale d'une équation de la forme

$$(6)\qquad \begin{cases} \dfrac{\partial v}{\partial t} + A_1\dfrac{\partial v}{\partial q_1} + A_2\dfrac{\partial v}{\partial q_2} + \cdots + A_m\dfrac{\partial v}{\partial q_m} \\ + B_1\dfrac{\partial v}{\partial p_1} + B_2\dfrac{\partial v}{\partial p_2} + \cdots + B_m\dfrac{\partial v}{\partial p_m} = 0 \end{cases}$$

pour toutes les intégrales v et ψ de cette équation.

Je suppose que les coëfficients

$$(7)\qquad A_1, A_2, \ldots, A_m, \quad B_1, B_2, \ldots, B_m$$

soient des fonctions des variables (5), et je vais chercher leur forme.

Désignons la formule

$$\frac{\partial v}{\partial t} + A_1 \frac{\partial v}{\partial q_1} + A_2 \frac{\partial v}{\partial q_2} + \cdots + A_m \frac{\partial v}{\partial q_m}$$
$$+ B_1 \frac{\partial v}{\partial p_1} + B_2 \frac{\partial v}{\partial p_2} + \cdots + B_m \frac{\partial v}{\partial p_m}$$

par $A(v)$.

En vertu des conditions (4) nous aurons

$$(8) \quad \begin{cases} A\left(\dfrac{\partial \psi}{\partial p_i}\right) - (A_i, \psi) = 0, \\ A\left(-\dfrac{\partial v}{\partial q_i}\right) - (B_i, \psi) = -A\left(\dfrac{\partial \psi}{\partial q_i}\right) - (B_i, \psi) = 0 \end{cases}$$

pour toutes les valeurs 1, 2, 3, ... , m de i.

Or de l'équation

$$A(\psi) = 0$$

on déduit, en la différentiant par rapport à p_i et q_i,

$$A\left(\frac{\partial \psi}{\partial p_i}\right) = -\sum_{\mu=1}^{\mu=m}\left(\frac{\partial A_\mu}{\partial p_i}\frac{\partial \psi}{\partial q_\mu} + \frac{\partial B_\mu}{\partial p_i}\frac{\partial \psi}{\partial p_\mu}\right),$$

$$-A\left(\frac{\partial \psi}{\partial q_i}\right) = \sum_{\mu=1}^{\mu=m}\left(\frac{\partial A_\mu}{\partial q_i}\frac{\partial \psi}{\partial q_\mu} + \frac{\partial B_\mu}{\partial q_i}\frac{\partial \psi}{\partial p_\mu}\right).$$

On a encore

$$(A_i, \psi) = \sum_{\mu=1}^{\mu=m}\left(\frac{\partial A_i}{\partial q_\mu}\frac{\partial \psi}{\partial p_\mu} - \frac{\partial A_i}{\partial q_\mu}\frac{\partial \psi}{\partial q_\mu}\right),$$

$$(B_i, \psi) = \sum_{\mu=1}^{\mu=m}\left(\frac{\partial B_i}{\partial q_\mu}\frac{\partial \psi}{\partial p_\mu} - \frac{\partial B_i}{\partial p_\mu}\frac{\partial \psi}{\partial q_\mu}\right).$$

En substituant maintenant ces expressions dans les équations (8), il viendra

$$\sum_{\mu=1}^{\mu=m}\left[\left(\frac{\partial A_i}{\partial p_\mu}-\frac{\partial A_\mu}{\partial p_i}\right)\frac{\partial\psi}{\partial q_\mu}-\left(\frac{\partial A_i}{\partial q_\mu}+\frac{\partial B_\mu}{\partial p_i}\right)\frac{\partial\psi}{\partial p_\mu}\right]=0,$$

$$\sum_{\mu=1}^{\mu=m}\left[\left(\frac{\partial A_\mu}{\partial q_i}+\frac{\partial B_i}{\partial p_\mu}\right)\frac{\partial\psi}{\partial q_\mu}+\left(\frac{\partial B_\mu}{\partial q_i}-\frac{\partial B_i}{\partial q_\mu}\right)\frac{\partial\psi}{\partial p_\mu}\right]=0.$$

Ces équations étant satisfaites par toutes les intégrales ψ de l'équation (7), elles sont des identités, et l'on aura

$$(9)\quad \frac{\partial A_i}{\partial p_\mu}-\frac{\partial A_\mu}{\partial p_i}=0,\quad \frac{\partial B_\mu}{\partial q_i}-\frac{\partial B_i}{\partial q_\mu}=0,\quad \frac{\partial A_i}{\partial q_\mu}+\frac{\partial B_\mu}{\partial p_i}=0,$$

i et μ étant deux nombres quelconques de la suite $1, 2, 3, \ldots, m$.

Les trois équations (9) prennent la place des équations (8) et représentent les conditions nécessaires et suffisantes pour que la formule (v, ψ) soit une intégrale de l'équation (6). Leur intégrations fournira les valeurs les plus générales des coëfficients (7).

Les équations

$$\frac{\partial A_i}{\partial p_\mu}-\frac{\partial A_\mu}{\partial p_i}=0,\quad \frac{\partial B_\mu}{\partial q_i}-\frac{\partial B_i}{\partial q_\mu}=0$$

donnent facilement

$$A_i=\frac{\partial L}{\partial p_i},\quad B_i=\frac{\partial M}{\partial q_i},$$

L, M désignant des fonctions arbitraires des variables (5). Faisons

$$M=K-L$$

et l'équation

$$\frac{\partial A_i}{\partial q_\mu}+\frac{\partial B_\mu}{\partial p_i}=0$$

deviendra

$$\frac{\partial^2 K}{\partial p_i\,\partial q_\mu}=0.$$

De là on obtient

$$K=\varphi(t, q_1, q_2, \ldots, q_m)+\omega(t, p_1, p_2, \ldots, p_m),$$

φ et ω étant des fonctions arbitraires. Cela étant on aura

$$A_i = \frac{\partial L}{\partial p_i}, \quad B_i = -\frac{\partial L}{\partial q_i} + \frac{\partial K}{\partial q_i} = -\frac{\partial L}{\partial q_i} + \frac{\partial \varphi}{\partial q_i}.$$

Soit maintenant

$$H = L - \varphi(t, q_1, q_2, \ldots, q_m);$$

on obtiendra définitivement

$$A_i = \frac{\partial H}{\partial p_i}, \quad B_i = -\frac{\partial H}{\partial q_i}.$$

En vertu de ces valeurs l'équation (6) s'écrira simplement

$$(10) \qquad \frac{\partial v}{\partial t} + (v, H) = 0,$$

et représente une équation canonique quelconque, car H est une fonction entièrement arbitraire de

$$t, q_1, q_2, \ldots, q_m, \; p_1, p_2, \ldots, p_m.$$

En appliquant maintenant le théorème démontré au système canonique correspondant à l'équation (10), on a la proposition suivante:

Soient φ et ψ deux intégrales quelconques du système d'équations

$$dt = \frac{dq_1}{A_1} = \frac{dq_2}{A_2} = \cdots = \frac{dq_m}{A_m} = \frac{dp_1}{B_1} = \frac{dp_2}{B_2} = \cdots = \frac{dp_m}{B_m};$$

et supposons que la formule

$$(\varphi, \psi)$$

en soit aussi une intégrale. Alors ce système est canonique et les coëfficients A_i, B_i ont la forme

$$A_i = \frac{\partial H}{\partial p_i}, \quad B_i = -\frac{\partial H}{\partial q_i}.$$

Réciproquement, A_i et B_i ayant ces valeurs, deux intégrales, φ et ψ, du système donnent la troisième (φ, ψ).

6.

SUR LES FORMES

QUADRATIQUES POSITIVES QUATERNAIRES.

(PAR A. KORKINE ET G. ZOLOTAREFF; MATHEMATISCHE ANNALEN, BD. V, 1872).

La recherche des limites précises des minima des formes quadratiques positives de déterminant donné, les variables étant des nombres entiers, présente des grandes difficultés et constitue un des points les plus importants dans la théorie de ces formes. Jusqu'à présent on ne connaît les limites précises des minima que pour les formes binaires et ternaires. Dans nos efforts de trouver ces limites pour des formes avec un nombre plus grand des variables nous avons obtenu quelques résultats non sans importance pour la solution du problème, que nous nous sommes proposé, — résultats, que nous fairons connaître dans un autre mémoire.

Dans cette note nous allons nous occuper des formes quaternaires, et comme premier résultat de nos recherches nous allons démontrer la limite précise de leurs minima. Il est très remarquable qu'elle suit immédiatement de la limite connue pour les formes ternaires.

Soit

$$f = \sum_{i=1, k=1}^{i=4, k=4} a_{ik} x_i x_k$$

une forme quaternaire positive de déterminant $-D$.

Il est permis de supposer que le coefficient a_{11} soit le minimum de f, car dans le cas contraire on peut trouver une forme équivalente à f, qui satisfait à cette condition.

Cela posé, considérons la forme

$$F(X_1, X_2, X_3, X_4)$$

qui se déduit de f par la substitution

$$\begin{aligned} x_1 &= X_1 + l\,X_2 + m\,X_3 + n\,X_4, \\ x_2 &= \phantom{X_1 +{}} l_1 X_2 + m_1 X_3 + n_1 X_4, \\ x_3 &= \phantom{X_1 +{}} l_2 X_2 + m_2 X_3 + n_2 X_4, \\ x_4 &= \phantom{X_1 +{}} l_3 X_2 + m_3 X_3 + n_3 X_4. \end{aligned}$$

Les coefficients de cette substitution $l, m\ldots.$ sont des entiers, qui ne sont assujettis qu'à la seule condition

$$(1) \qquad \begin{vmatrix} l_1, & m_1, & n_1 \\ l_2, & m_2, & n_2 \\ l_3, & m_3, & n_3 \end{vmatrix} = \pm 1.$$

Il est évident, que le minimum commun a_{11} de f et F figure dans F comme le coefficient de X_1^2.

Faisons dans F

$$X_4 = 0,$$

en laissant les autres variables quelconques, et désignons par $-\Delta$ le déterminant de la forme ternaire

$$F\,(X_1,\ X_2,\ X_3,\ 0).$$

Il est facile de voir que le minimum de cette forme est aussi a_{11}, et par conséquent en vertu de la limite connue des minima des formes ternaires nous aurons

$$(2) \qquad a_{11} \leqq \sqrt[3]{2\Delta}.$$

Soient maintenant

$$y_1,\ y_2,\ y_3,\ y_4$$

les variables de la forme

$$\varphi\,(y_1,\ y_2,\ y_3,\ y_4)$$

adjointe à f, respectivement correspondantes à x_1, x_2, x_3, x_4, c'est à dire, soit $\varphi\,(y_1, y_2, y_3, y_4)$ le produit $Df\,(x_1, x_2, x_3, x_4)$ transformé par la substitution:

$$y_1 = \frac{1}{2}\frac{\partial f}{\partial x_1},\quad y_2 = \frac{1}{2}\frac{\partial f}{\partial x_2},\quad y_3 = \frac{1}{2}\frac{\partial f}{\partial x_3},\quad y_4 = \frac{1}{2}\frac{\partial f}{\partial x_4}.$$

Le nombre Δ est representé *) par la forme φ en y faisant

$$\begin{aligned} y_1 &= 0, \\ y_2 &= m_2 l_3 - m_3 l_2, \\ y_3 &= m_3 l_1 - m_1 l_3, \\ y_4 &= m_1 l_2 - m_2 l_1, \end{aligned}$$

où les quantités

$$l_1,\ l_2,\ l_3,\ m_1,\ m_2,\ m_3$$

ne sont assujetties qu'à la condition (1), à laquelle on peut évidemment satisfaire par le choix convenable de n_1, n_2, n_3, si les nombres

$$\begin{aligned} &m_2 l_3 - m_3 l_2, \\ &m_3 l_1 - m_1 l_3, \\ &m_1 l_2 - m_2 l_1, \end{aligned}$$

n'ont point de diviseur commun.

Nous disposerons de l_1, l_2, l_3, m_1, m_2, m_3 de sorte que la forme ternaire

$$\varphi\ (0,\ y_2,\ y_3,\ y_4)$$

reçoive la valeur minimum en y posant

$$\begin{aligned} y_2 &= m_2 l_3 - m_3 l_2, \\ y_3 &= m_3 l_1 - m_1 l_3, \\ y_4 &= m_1 l_2 - m_2 l_1. \end{aligned}$$

Cela est toujours possible en vertu du théorème connu *), et les nombres y_2, y_3, y_4, qui donnent le minimum de φ, n'ayant point

*) Mathematische Werke von Jacobi, Band 2. — Hermite, première lettre sur la théorie des nombres, p. 223.

**) Gauss: Disquisitiones Arithmeticae, art. 279.

de diviseur commun, la condition unique pour les entiers

$$l_1, l_2, l_3, m_1, m_2, m_3$$

est satisfaite.

Ainsi le minimum de

$$\varphi(0, y_2, y_3, y_4) \tag{3}$$

sera précisement la quantité Δ et par conséquent, en ayant égard à ce que le déterminant de la forme (3) est $-D^2 a_{11}$, il viendra

$$\Delta \leqq \sqrt[3]{2D^2 a_{11}}. \tag{4}$$

Les inégalités (2) et (4) donnent

$$a_{11} \leqq \sqrt[4]{4D}.$$

La limite $\sqrt[4]{4D}$ est précise, car il est le minimum de la forme positive

$$\sqrt[4]{4D}\,[x_1^2 + x_2^2 + x_3^2 + x_4^2 + x_1 x_2 + x_1 x_3 + x_1 x_4]$$

de déterminant $-D$.

Nous avons donc le théorème suivant: *On peut assigner aux variables de toute forme quadratique positive quaternaire de déterminant $-D$ des valeurs entieres telles, que la valeur de la forme ne surpasse point la quantité*

$$\sqrt[4]{4D},$$

et il existe de telles formes dont les minima sont égaux à

$$\sqrt[4]{4D}.$$

7.

SUR LES FORMES QUADRATIQUES.

(PAR A. KORKINE ET G. ZOLOTAREFF; MATHEMATISCHE ANNALEN, BD. VI, 1873).

Dans la théorie arithmétique des formes on attribue aux variables des valeurs entières arbitraires. Quant à leurs coëfficients on les suppose ordinairement aussi entiers, mais quelques recherches arithmétiques et en particulier celles dont nous nous occupons dans ce Mémoire demandent la considération des formes à coëfficients réels quelconques. Ne considérant d'abord que les formes quadratiques positives et faisant abstraction de la valeur zéro qu'elles obtiennent quand toutes les variables s'annulent, on voit facilement que de toutes les autres valeurs d'une telle forme il existe la plus petite.

Ce minimum est complétement déterminé lorsque les coëfficients de la forme sont donnés; par conséquent il en est une fonction.

Considérons l'ensemble de toutes les formes positives à n variables de déterminant — D. On les obtient toutes en faisant varier d'une manière continue les coëfficients de l'une d'elles. Le minimum de cette forme, comme fonction des coëfficients variera aussi d'une manière continue, et reviendra aux mêmes valeurs pour toutes les formes équivalentes. Il est évident, qu'il peut avoir des valeurs aussi petites qu'on voudra.

Il atteindra en variant un ou plusieurs maxima, qui correspondent aux formes non équivalentes et dont le nombre dépend essentiellement de n. Pour démontrer leur existence nous en donnons ici quelques uns. Les quantités

$$(a) \qquad 2\sqrt[n]{\frac{D}{n+1}}, \quad \sqrt[n]{2^{n-2}D}, \quad 2\sqrt[n]{D}, \quad 2\sqrt[6]{\frac{D}{3}}, \quad \sqrt[7]{64D},$$

sont en effet des maxima du minimum de la forme considérée comme fonction des coëfficients, si dans la première on suppose $n \geqq 2$, dans la deuxième $n \geqq 3$, dans la troisième $n \geqq 8$; la quatrième n'est le maximum que pour $n = 6$, et la cinquième que pour $n = 7$.

On peut se rendre compte de l'existence de ces maxima en considérant les formes suivantes de déterminant — D.

$$U_n = 2\sqrt[n]{\frac{D}{n+1}}\left[\sum_{i=1}^{i=n} x_i^2 + \sum_{j,k} x_j x_k\right]^{*)},$$

$$V_n = \sqrt[n]{2^{n-2}D}\left[\sum_{i=1}^{i=n} x_i^2 + \sum_{j,k} x_j x_k - x_1 x_2\right],$$

$$W_n = 2\sqrt[n]{D}\left[\sum_{i=1}^{i=n} x_i^2 + \sum_{j,k} x_j x_k - x_1 x_2 - x_2 x_n + \frac{n-8}{8} x_n^2\right],$$

$$T_n = 2\sqrt[n]{D}\left[\sum_{i=1}^{i=n} x_i^2 + \sum_{j,k} x_j x_k - x_1 x_2 - x_2 x_n - \frac{1}{2} x_{n-1} x_n + \frac{n-9}{8} x_n^2\right],$$

$$X = 2\sqrt[6]{\frac{D}{3}}\left[\left(x_1 + \frac{x_3+x_4+x_5+x_6}{2}\right)^2 + \left(x_2 + \frac{x_3+x_4+x_5}{2}\right)^2 \right.$$
$$\left. + \frac{1}{2}\left(x_3 + \frac{x_6}{2}\right)^2 + \frac{1}{2}\left(x_4 + \frac{x_6}{2}\right)^2 + \frac{1}{2}\left(x_5 + \frac{x_6}{2}\right)^2 + \frac{3}{8} x_6^2\right],$$

$$Y = \sqrt[7]{64D}\left[\left(x_1 + \frac{x_3+x_4+x_5+x_6+x_7}{2}\right)^2 + \left(x_2 + \frac{x_3+x_4+x_5+x_6}{2}\right)^2 \right.$$
$$+ \frac{1}{2}\left(x_3 + \frac{x_7}{2}\right)^2 + \frac{1}{2}\left(x_4 + \frac{x_7}{2}\right)^2 + \frac{1}{2}\left(x_5 + \frac{x_7}{2}\right)^2$$
$$\left. + \frac{1}{2}\left(x_6 + \frac{x_7}{2}\right)^2 + \frac{1}{4} x_7^2\right].$$

La somme

$$\sum_{j,k} x_j x_k$$

---

*) La forme U_n a été donnée pour la première fois dans un Mémoire intitulé: «Sur une certaine équation indéterminée du troisième dégré» (en russe) par Zolotareff.

s'étend à toutes les valeurs 1, 2, 3,...n des entiers j et k differents entre eux.

Pour que les minima de W_n et T_n aient la valeur

$$2\sqrt[n]{D}$$

il faut que n soit pair et supérieure à 7 dans W_n et impair et supérieur à 8 dans T_n.

On peut vérifier immédiatement le déterminant de U_n, V_n, W_n, T_n en les représentant par les sommes

$$U_n = 2\sqrt[n]{\frac{D}{n+1}}\left[\left(x_1+\frac{x_2+x_3+\cdots+x_n}{2}\right)^2+\frac{3}{4}\left(x_2+\frac{x_3+\cdots+x_n}{3}\right)^2+\cdots\right.$$
$$\left.+\frac{i+1}{2i}\left(x_i+\frac{x_{i+1}+\cdots+x_n}{i+1}\right)^2+\cdots+\frac{n+1}{2n}x_n^2\right],$$

$$V_n = \sqrt[n]{2^{n-2}D}\left[\left(x_1+\frac{x_3+x_4+\cdots+x_n}{2}\right)^2+\left(x_2+\frac{x_3+x_4+\cdots+x_n}{2}\right)^2\right.$$
$$\left.+\frac{x_3^2}{2}+\frac{x_4^2}{2}+\cdots+\frac{x_n^2}{2}\right],$$

$$W_n = 2\sqrt[n]{D}\left[\left(x_1+\frac{x_3+x_4+\cdots+x_n}{2}\right)^2+\left(x_2+\frac{x_3+x_4+\cdots x_{n-1}}{2}\right)^2\right.$$
$$+\frac{1}{2}\left(x_3+\frac{x_n}{2}\right)^2+\frac{1}{2}\left(x_4+\frac{x_n}{2}\right)^2+\cdots+\frac{1}{2}\left(x_{n-1}+\frac{x_n}{2}\right)^2$$
$$\left.+\frac{1}{8}x_n^2\right],$$

$$T_n = 2\sqrt[n]{D}\left[\left(x_1+\frac{x_3+x_4+\cdots+x_n}{2}\right)^2+\left(x_2+\frac{x_3+x_4+\cdots x_{n-1}}{2}\right)^2\right.$$
$$+\frac{1}{2}\left(x_3+\frac{x_n}{2}\right)^2+\frac{1}{2}\left(x_4+\frac{x_n}{2}\right)^2+\cdots+\frac{1}{2}\left(x_{n-2}+\frac{x_n}{2}\right)^2$$
$$\left.+\frac{1}{2}x_{n-1}^2+\frac{1}{8}x_n^2\right].$$

Le nombre n étant assujettie aux restrictions dont nous avons dit, les formes

$$U_n,\ V_n,\ W_n,\ T_n,\ X,\ Y,$$

ont une propriété commune fondamentale: leurs minima diminuent nécessairement quelles que soient les variations infiniment petites que subissent leurs coëfficients, pourvue qu'elles laissent leur déterminant invariable.

Nous nommerons *forme extrême* toute forme qui jouit de cette propriété. Les quantités (a), étant des minima des formes extrêmes, sont effectivement des maxima comme il a été dit.

La limite

$$2\sqrt[n]{\frac{D}{n+1}}$$

a été donnée pour la première fois par M. Hermite. Dans une lettre de l'illustre auteur à Jacobi on trouve une conjecture énoncée en ces termes: «Mes premières recherches dans le cas d'une forme à n variables de déterminant D m'avaient donné la limite

$$\left(\frac{4}{3}\right)^{\frac{1}{2}(n-1)}\sqrt[n]{D},$$

je suis porté à présumer, mais sans pouvoir le démontrer que le coëfficient numérique

$$\left(\frac{4}{3}\right)^{\frac{1}{2}(n-1)}$$

doit être remplacé par $\dfrac{2}{\sqrt[n]{n+1}}$».

En essayant de verifier cette conjecture nous sommes parvenus à démontrer que la quantité $2\sqrt[n]{\dfrac{D}{n+1}}$ est effectivement le minimum de la forme extrême ou, ce qui revient au même, la limite précise pour un certain groupe de formes. Mais on voit de ce qui précède qu'il y a des minima qui la surpassent et, par conséquent, elle ne s'étend pas à toutes les formes à n variables de déterminant $-D$. La limite précise pour l'ensemble de ces formes est le plus grand des minima des formes extrêmes, qui y sont contenues.

Le nombre de représentations de ces minima par des formes

correspondantes est surtout à remarquer: Convenons de compter comme une seule les deux représentations, qui s'obtiennent l'une de l'autre en changeant les signes de toutes les variables. Cela posé, le minimum de U_n aura $\frac{n(n+1)}{2}$ représentations; ceux de V_n, W_n et T_n en auront chacun $n(n-1)$, n étant supérieur à 8 dans W_n et à 9 dans T_n; quant aux formes W_8, T_9, X et Y, leur correspondent respectivement les nombres 120, 136, 36, 63.

En général la propriété caractéristique de la forme extrême à n variables est d'avoir au moins $\frac{n(n+1)}{2}$ représentations de son minimum.

Les limites que nous avons considérées ci-dessus sont encore utiles dans la théorie des formes indéterminées.

En effet, soit Ω une quantité quelconque non inférieure à la limite précise de minimum de toute forme positive à n variables de déterminant $-D$; il est facile de démontrer qu'on peut assigner aux variables d'une forme indéterminée, dont n est le nombre de variables et $\pm D$ le déterminant, des valeurs telles que celle de la forme ne surpassera pas Ω. Soit

$$f = \pm A_1 X_1^2 \pm A_2 X_2^2 + \cdots \pm A_n X_n^2$$

cette forme, $A_1, A_2, \ldots, A_n$ étant des quantités positives et $X_1, X_2, \ldots, X_n$ des fonctions linéaires homogènes à coëfficients réels.

Considérons la forme positive

$$\varphi = A_1 X_1^2 + A_2 X_2^2 + \cdots + A_n X_n^2$$

dont le déterminant est évidemment $-D$, c'est à dire égal à celui de f en valeur absolue.

En attribuant aux variables des valeurs pour lesquelles φ est minimum, on aura immédiatement la valeur absolue de

$$f \leqq \varphi \leqq \Omega.$$

On peut de cette manière obtenir plusieurs limites pour des

valeurs des formes indéterminées, mais ici, comme dans la théorie des formes positives, il est à rechercher des limites précises.

Ainsi pour les formes binaires de déterminant positif D une telle limite est

$$\sqrt{\frac{4}{5}D}.$$

Or relativement à ces limites se manifeste encore une grande différence entre les formes indéterminées et déterminées. Pour la faire voir en ce qui concerne les formes binaires et la limite $\sqrt{\frac{4}{5}D}$ nous ajoutons que si l'on exclue la forme

$$\sqrt{\frac{4}{5}D}\,(x^2 + xy - y^2)$$

et ses équivalentes, la limite précise pour les autres formes de même déterminant est $\sqrt{\frac{D}{2}}$.

En nous bornant dans ce Mémoire aux formes positives, nous nous servons d'une méthode particulière de réduction que nous appelons le développement des formes suivant les minima.

En préferant de nous restreindre à ce qui nous est strictement nécessaire, nous n'entrons point ici dans toutes les détails de cette réduction. Nous considérons en particulier les formes ternaires et les conséquences qu'on peut tirer de leur théorie pour des formes à un nombre plus grand de variables.

Comme application des formes binaires nous donnons une nouvelle démonstration du théorème important de M. Hermite concernant la limite

$$\left(\frac{4}{3}\right)^{\frac{n-1}{2}}\sqrt[n]{D}$$

des minima des formes positives.

De la théorie des formes ternaires nous déduisons une nouvelle limite pour ces minima plus approchée à la précise que celle de M. Hermite.

Pour les formes binaires, ternaires et quaternaires elle est effectivement précise*).

A partir des formes à cinq variables il en diffère, ce que nous démontrons au moyen d'une certaine proposition relative à ces formes.

---

nº 1. Dans ses lettres à Jacobi, M. Hermite en considérant les formes quadratiques à coëfficients entiers de déterminant donné a démontré qu'elles se laissent distribuer en un nombre fini de classes. Cela se tire de la possibilité de choisir de toutes les formes équivalentes une forme dont les coëfficients sont limités, leurs limites s'exprimant en fonction du déterminant commun.

La recherche de telles formes constitue la théorie de réduction.

Quant aux formes quadratiques positives, il existe une méthode de réduction d'après laquelle les limitations des coëfficients des formes à un nombre quelconque de variables s'obtiennent immédiatement de la théorie des formes binaires.

Cette méthode consiste en ce qui suit: Etant donnée une forme f quadratique positives à n variables, on trouvera une forme équivalente à f dans laquelle le coëfficient du carré de la première variable sera le minimum de la forme.

Soit

$$Ax_1^2+By^2+Cz^2+\cdots\cdots+Et^2+2kxy+2lxz+\cdots\cdots+2myz+\cdots\cdots$$

cette forme et A son minimum. En la représentant ainsi:

$$A\left(x_1+\frac{k}{A}y+\frac{l}{A}z+\cdots\cdots\right)^2+\varphi\,(y, z, \ldots, t)$$

considérons la forme $\varphi\,(y, z, \ldots . t)$ à $n-1$ variables $y, z, \ldots, t$.

---

*) Nous avons donné une autre démonstration pour la limite précise des minima des formes quaternaires dans une Note «Sur les formes quadratiques positives quaternaires» Mathematische Annalen, Band V., Seite 581.

Soit A' son minimum et

$$A'(x_2 + \lambda z' + \mu u' + \cdots + \rho t')^2 + \psi(z', u', \ldots, t')$$

une forme à $n-1$ variables x_2, z', u', ..., t' équivalente à φ, $\psi(z', u', \ldots, t')$ étant une forme à $n-2$ variables $z', u', \ldots, t'$. Nous pouvons opérer avec la forme ψ comme nous avons fait avec f et φ. En continuant la même marche, nous aurons en définitive une forme

$$(1)\quad A(x_1 + \alpha x_2 + \beta x_3 + \cdots + \gamma x_n)^2 + A'(x_2 + \delta x_3 + \cdots + \zeta x_n)^2$$
$$+ \cdots + A^{(n-2)}(x_{n-1} + \sigma x_n)^2 + A^{(n-1)} x_n^2$$

équivalente à f, A étant son minimum; A' le minimum de la forme

$$A'(x_2 + \delta x_3 + \cdots + \zeta x_n)^2 + \cdots + A^{(n-2)}(x_{n-1} + \sigma x_n) + A^{(n-1)} x_n^2$$

et ainsi de suite; enfin $A^{(n-2)}$ le minimum de la forme binaire

$$A^{(n-2)}(x_{n-1} + \sigma x_n)^2 + A^{(n-1)} x_n^2.$$

Quant aux coëfficients

$$\alpha,\ \beta,\ \gamma,\ \delta, \ldots, \zeta, \ldots\ \sigma,$$

on peut supposer leurs valeurs numériques être non supérieures à $\frac{1}{2}$. Car, si quelques-uns d'eux surpassent $\frac{1}{2}$, on les rabaissera en faisant la substitution

$$\begin{aligned}
x_1 &= X_1 + lX_2 + mX_3 + \cdots + pX_n,\\
x_2 &= \qquad\ X_2 + qX_3 + \cdots + rX_n,\\
&\cdots\cdots\cdots\cdots\cdots\cdots\cdots\\
x_{n-1} &= \qquad\qquad\qquad X_{n-1} + sX_n,\\
x_n &= \qquad\qquad\qquad\qquad\quad X_n,
\end{aligned}$$

où les entiers l, m, n, p, q ...., r, ... s ont des valeurs convenables.

Ce mode de représentation de f par une forme (1) à elle équivalente nous nommerons le développement de f suivant les minima.

Nous ne déterminons pas complétement la forme (1), quoiqu'on pût fixer les signes de quelques coëfficients

$$\alpha, \beta, \gamma, \delta \ldots, \zeta, \ldots \sigma.$$

Il existera ainsi plusieurs développements suivant les minima pour une forme donnée.

Dans quelques cas il existe même plusieurs systèmes des coëfficients devant les carrés. Mais pour la démonstration des propositions que nous donnons dans ce Mémoire il sera indifférent lequel de plusieurs développements suivant les minima nous aurons à considérer.

Pour abréger le discours nous nommerons A — le premier coëfficient, A' le deuxième et ainsi de suite.

Le développement de la forme suivant les minima jouit de cette propriété remarquable qu'en retranchant de la forme développée la somme de quelques carrés consécutifs à partir du premier, le reste sera aussi développé suivant les minima. De même en supposant dans ce reste toutes les variables x_λ, $x_{\lambda+1} \ldots, x_n$ à partir d'une variable quelconque x_λ jusqu'à x_n égales à zéro, on obtient une nouvelle forme développée suivant les minima.

n° 2. Considérons maintenant une forme binaire

$$f = k(x + \lambda y)^2 + ly^2,$$

k étant son minimum.

Le nombre $k\lambda^2 + l$ représenté par la forme f, si l'on y fait $x = 0$, $y = 1$, ne sera pas moindre que le minimum k de f. Cela nous donne l'inégalité

$$k\lambda^2 + l \geqq k$$

ou

$$l \geqq k(1 - \lambda^2).$$

Il suit de là, en vertu de ce que λ^2 ne surpasse pas $\frac{1}{4}$, l'inégalité

$$l \geqq \frac{3}{4} k$$

qui nous donne la limite inférieure précise du second coëfficient dans le développement des formes binaires.

n° 3. Cette limite de l étant connue, on obtient facilement des limitations des coëfficients dans le développement des formes suivant les minima. En effet, soit

$$f = A(x_1 + \alpha x_2 + \beta x_3 + \cdots + \gamma x_n)^2 + A'(x_2 + \delta x_3 + \cdots + \zeta x_n)^2$$
$$+ \cdots + A^{(n-2)}(x_{n-1} + \sigma x_n)^2 + A^{(n-1)} x_n^2$$

ce développement pour une forme f de déterminant $-D$. Il en résulte, que $A, A', \ldots, A^{(n-2)}$ sont les minima des formes binaires

$$A(x_1 + \alpha x_2)^2 + A' x_2^2,$$
$$A'(x_2 + \delta x_3)^2 + A'' x_3^2,$$
$$\cdots\cdots\cdots\cdots$$
$$A^{(n-2)}(x_{n-1} + \sigma x_n)^2 + A^{(n-1)} x_n^2$$

et, par conséquent, on aura

$$A' \geqq \frac{3}{4} A,\ A'' \geqq \frac{3}{4} A' \geqq \left(\frac{3}{4}\right)^2 A, \ldots,\ A^{(n-1)} \geqq \frac{3}{4} A^{(n-2)} \geqq \left(\frac{3}{4}\right)^{n-1} A.$$

D'où, en vertu de l'équation

$$AA'A'' \ldots A^{(n-1)} = D,$$

il viendra

$$A \leqq \left(\frac{4}{3}\right)^{\frac{n-1}{2}} \sqrt[n]{D}.$$

Cette limite de minima a été donnée pour la première fois par M. Hermite*).

n° 4. Considérons une forme ternaire f au minimum A; soit

$$\frac{f}{A} = (x + \lambda y + \mu z)^2 + k(y + \sigma z)^2 + l z^2$$

---

*) Hermite «Première lettre sur la théorie des nombres», Mathematische Werke von Jacobi, Band II.

le développement suivant les minima du rapport $\frac{f}{A}$ qui est une forme dont le minimum est égal à l'unité.

En changeant s'il est nécessaire le signe de y et de z, on peut faire λ et μ positifs.

Quant au signe de σ, il est à distinguer deux cas:

$$\sigma \leqq 0 \quad \text{et} \quad \sigma > 0.$$

Dans le premier nous aurons les inégalités

(1) $$k + \lambda^2 \geqq 1,$$

(2) $$l + k\sigma^2 + \mu^2 \geqq 1,$$

$$l + k(1 + \sigma)^2 + (1 - \lambda - \mu)^2 \geqq 1,$$

qui expriment que les valeurs de $\frac{f}{A}$ pour

$$x = 0, \quad y = 1, \quad z = 0,$$
$$x = 0, \quad y = 0, \quad z = 1,$$
$$x = -1, \quad y = 1, \quad z = 1$$

ne sont pas moindre que son minimum. Ajoutons-y l'inégalité

(3) $$l + k\sigma^2 \geqq k$$

exprimant que la valeur de la forme binaire

$$k(y + \sigma z)^2 + lz^2$$

pour

$$y = 1, \quad z = 1$$

n'est pas inférieur à son minimum. Les inégalités (1) et (3) nous donne d'abord

$$k \geqq 1 - \lambda^2 \geqq \frac{3}{4}$$

et ensuite

$$k \leqq \frac{l}{1 - \sigma^2}$$

$$l \geqq k(1 - \sigma^2) \geqq (1 - \lambda^2)(1 - \sigma^2),$$

$$1 - \lambda^2 \leqq \frac{l}{1-\sigma^2},$$

(4) $$\lambda^2 \geqq 1 - \frac{l}{1-\sigma^2}.$$

De l'inégalité (2) nous aurons

$$l \geqq 1 - k\sigma^2 - \mu^2 \geqq 1 - \mu^2 - \frac{l\sigma^2}{1-\sigma^2},$$

(5) $$\mu^2 \geqq 1 - \frac{l}{1-\sigma^2}.$$

Ayant en vue de démontrer que l n'est pas moindre que $\frac{2}{3}$, nous pouvons supposer

$$\frac{l}{1-\sigma^2} < 1.$$

Car dans le cas contraire on aurait

$$l \geqq 1 - \sigma^2 \geqq \frac{3}{4}$$

et la proposition aurait lieu d'elle même. Par la même raison on peut supposer

$$-\sigma \geqq \frac{1}{3}.$$

En effet, si l'on avait $-\sigma < \frac{1}{3}$, l'inégalité

$$l \geqq k(1-\sigma^2)$$

donnerait

$$l > \frac{8}{9} k \geqq \frac{8}{9} \; \frac{3}{4} = \frac{2}{3}.$$

Cela posé, nous aurons en vertu de (4) et (5),

$$\lambda \geqq \sqrt{1 - \frac{l}{1-\sigma^2}},$$

$$\mu \geqq \sqrt{1 - \frac{l}{1-\sigma^2}}.$$

Maintenant dans l'inégalité

$$l + k(1+\sigma)^2 + (1-\lambda-\mu)^2 \geqq 1$$

on peut substituer au lieu de k la valeur

$$\frac{l}{1-\sigma^2},$$

qui n'est pas moindre que k, et au lieu de λ et μ la quantité

$$\sqrt{1-\frac{l}{1-\sigma^2}}$$

qui ne surpasse pas λ et μ.

Il suit de la sorte

$$l+\frac{1+\sigma}{1-\sigma}l+\left(1-2\sqrt{1-\frac{l}{1-\sigma^2}}\right)^2 \geqq 1$$

ou en réduisant

$$2-\frac{l}{1+\sigma} \geqq 2\sqrt{1-\frac{l}{1-\sigma^2}}.$$

De là on tire

$$\frac{l}{1+\sigma}\left(\frac{l}{1+\sigma}+\frac{4\sigma}{1-\sigma}\right) \geqq 0$$

et enfin

$$(6) \qquad l \geqq -\frac{4\sigma(1+\sigma)}{1-\sigma}.$$

Cette inégalité donne la limite inférieure précise du coëfficient l en fonction de σ. En faisant varier σ de $-\frac{1}{3}$ jusqu'à $-\frac{1}{2}$, on voit que le minimum de la fonction

$$-\frac{4\sigma(1+\sigma)}{1-\sigma}$$

est égal à $\frac{2}{3}$ et correspond aux valeurs $\sigma=-\frac{1}{3}$ et $\sigma=-\frac{1}{2}$. Ainsi nous aurons

$$l \geqq \frac{2}{3}.$$

Supposons maintenant $\sigma > 0$.

Nous aurons les inégalités

$$(7) \qquad \begin{cases} k+\lambda^2 \geqq 1, \quad l+k\sigma^2 \geqq k, \\ l+k\sigma^2+\mu^2 \geqq 1, \end{cases}$$

comme dans le cas précédent, et encore

$$l + k(1-\sigma)^2 + (\lambda - \mu)^2 \geqq 1. \tag{8}$$

De trois inégalités (7) il viendra comme précédemment

$$k \leqq \frac{l}{1-\sigma^2}, \quad \lambda \geqq \sqrt{1-\frac{l}{1-\sigma^2}}, \quad \mu \geqq \sqrt{1-\frac{l}{1-\sigma^2}}.$$

En remplaçant dans (8) k par $\frac{l}{1-\sigma^2}$, λ par $\frac{1}{2}$ et μ par $\sqrt{1-\frac{l}{1-\sigma^2}}$, ce qui est permis, nous aurons

$$l + \frac{1-\sigma}{1+\sigma} l + \left(\frac{1}{2} - \sqrt{1-\frac{l}{1-\sigma^2}}\right)^2 \geqq 1,$$

ou en réduisant

$$\frac{1}{4} + \frac{1-2\sigma}{1-\sigma^2} l \geqq \sqrt{1-\frac{l}{1-\sigma^2}}.$$

En faisant maintenant pour abréger

$$u = \frac{1-2\sigma}{1-\sigma^2} l,$$

l'inégalité précédente donnera

$$u^2 + \frac{3-2\sigma}{2(1-2\sigma)} u \geqq \frac{15}{16}.$$

On voit de là que u ne doit pas être inférieur à la racine positive de l'équation

$$u^2 + \frac{3-2\sigma}{2(1-2\sigma)} u - \frac{15}{16} = 0$$

et, par conséquent, on aura

$$u \geqq \frac{-3 + 2\sigma + 2\sqrt{2}\sqrt{3-9\sigma+8\sigma^2}}{4(1-2\sigma)}.$$

Cela nous donne la limite inférieure précise pour l en fonction de σ. Nous aurons en effet

$$l \geqq \frac{1-\sigma^2}{4(1-2\sigma)^2}\left[-3 + 2\sigma + 2\sqrt{2}\sqrt{3-9\sigma+8\sigma^2}\right]. \tag{9}$$

La quantité σ variant de $\frac{1}{3}$ à $\frac{1}{2}$, le minimum du second terme de cette inégalité correspondra à $\sigma = \frac{1}{3}$ et sera égal à $\frac{2}{3}$. Ainsi dans le cas actuel on a aussi $l \geqq \frac{2}{3}$.

Nous obtenons donc le théorème suivant: *Dans le développement du rapport d'une forme quadratique positive à son minimum le second coëfficient n'est pas inférieur à* $\frac{3}{4}$ *et le troisième à* $\frac{2}{3}$.

n° 5. Cherchons maintenant quelles sont les formes ternaires $\frac{f}{A}$, dont le dernier coëfficient dans leurs développements suivant les minima

$$\frac{f}{A} = (x + \lambda y + \mu z)^2 + k(y + \sigma z)^2 + lz^2$$

est égal à $\frac{2}{3}$.

Les inégalités (6) et (9) du n° 4 montrent que cela n'est possible que dans les deux cas $\sigma = \pm \frac{1}{3}$ et $\sigma = -\frac{1}{2}$.

Supposons, en premier lieu, $\sigma = \pm \frac{1}{3}$, $l = \frac{2}{3}$. Les inégalités

$$\lambda \geqq \sqrt{1 - \frac{l}{1-\sigma^2}}, \quad \mu \geqq \sqrt{1 - \frac{l}{1-\sigma^2}},$$

$$k \geqq 1 - \lambda^2, \quad k \leqq \frac{l}{1-\sigma^2}$$

du même *n*° donnent d'abord

$$\lambda \geqq \frac{1}{2}, \quad \mu \geqq \frac{1}{2}$$

et, comme λ et μ ne surpassent pas $\frac{1}{2}$, nous aurons $\lambda = \frac{1}{2}$, $\mu = \frac{1}{2}$.

Elles donnent ensuite

$$k \geqq \frac{3}{4}, \quad k \leqq \frac{\frac{2}{3}}{1 - \left(\frac{1}{3}\right)^2} = \frac{3}{4},$$

d'où il viendra $k = \frac{3}{4}$.

On a donc deux formes

$$\frac{f}{A} = \left(x + \frac{1}{2} y + \frac{1}{2} z\right)^2 + \frac{3}{4}\left(y + \frac{1}{3} z\right)^2 + \frac{2}{3} z^2,$$

$$\frac{f}{A} = \left(x + \frac{1}{2} y + \frac{1}{2} z\right)^2 + \frac{3}{4}\left(y - \frac{1}{3} z\right)^2 + \frac{2}{3} z^2.$$

Elles sont évidemment équivalentes, la première se transformant dans la seconde si l'on substitue dans elle $x + y$ au lieu de x et $-y$ au lieu de y. En désignant par $-D$ le déterminant de la forme f, celui de $\frac{f}{A}$ sera $-\frac{D}{A^3}$ et, comme il est égal à $-\frac{1}{2}$, nous aurons $\frac{D}{A^3} = \frac{1}{2}$, $A = \sqrt[3]{2D}$.

Soient, en second lieu, $\sigma = -\frac{1}{2}$ et $l = \frac{2}{3}$.

Les inégalités

$$\lambda \geqq \sqrt{1 - \frac{l}{1 - \sigma^2}}, \quad \mu \geqq \sqrt{1 - \frac{l}{1 - \sigma^2}}, \quad k \leqq \frac{l}{1 - \sigma^2}$$

deviennent

$$\lambda \geqq \frac{1}{3}, \quad \mu \geqq \frac{1}{3}, \quad k \leqq \frac{8}{9}.$$

D'ailleurs la valeur de la forme $\frac{f}{A}$ pour $x = -1$, $y = 1$, $z = 1$ n'est pas inférieure à l'unité, c'est à dire on a

$$(1 - \lambda - \mu)^2 + \frac{1}{4} k + \frac{2}{3} \geqq 1.$$

Dans cette inégalité on peut faire $\lambda = \frac{1}{3}$, $\mu = \frac{1}{3}$, ces valeurs étant des minima des coëfficients λ et μ. On obtient de cette manière

$$\frac{1}{9} + \frac{1}{4} k + \frac{2}{3} \geqq 1$$

et de là

$$k \geqq \frac{8}{9}.$$

Les inégalités $k \geqq \frac{8}{9}$ et $k \leqq \frac{8}{9}$ donnent $k = \frac{8}{9}$. Cette valeur n'est possible que si l'on suppose $\lambda = \frac{1}{3}$ et $\mu = \frac{1}{3}$.

Ainsi nous obtenons une autre forme $\frac{f}{A}$, dont le dernier coëfficient est $\frac{2}{3}$:

$$\frac{f}{A} = \left(x + \frac{1}{3}y + \frac{1}{3}z\right)^2 + \frac{8}{9}\left(y - \frac{1}{2}z\right)^2 + \frac{2}{3}z^2.$$

En désignant par — D le déterminant de f, nous aurons aisément

$$A = \frac{3}{2}\sqrt[3]{\frac{D}{2}}.$$

On obtient donc le théorème suivant: *Les formes quadratiques positives ternaires de déterminant — D, dont le dernier coëfficient dans le développement suivant les minima du rapport de la forme à son minimum est égal à $\frac{2}{3}$, constituent deux classes représentées par les formes*

$$\sqrt[3]{2D}\left[\left(x + \frac{1}{2}y + \frac{1}{2}z\right)^2 + \frac{3}{4}\left(y + \frac{1}{3}z\right)^2 + \frac{2}{3}z^2\right],$$

$$\frac{3}{2}\sqrt[3]{\frac{D}{2}}\left[\left(x + \frac{1}{3}y + \frac{1}{3}z\right)^2 + \frac{8}{9}\left(y - \frac{1}{2}z\right)^2 + \frac{2}{3}z^2\right].$$

n° 6. Nous avons vu dans le n° 3, comment le théorème de M. Hermite concernant une limite

$$\left(\frac{4}{3}\right)^{\frac{n-1}{2}}\sqrt[n]{D}$$

se déduit du développement des formes suivant les minima. Nous allons maintenant démontrer qu'au moyen du même développement on obtient une autre limite plus approchée à la limite précise.

Soit, en effet, ce développement

$$AX_1^2 + A'X_2^2 + \cdots + A^{(n-1)}X_n^2$$

pour une forme f à n variables $x_1, x_2, \ldots, x_n$, où

$$\begin{aligned}
X_1 &= x_1 + \alpha x_2 + \beta x_3 + \cdots + \gamma x_n, \\
X_2 &= \qquad x_2 + \delta x_3 + \cdots + \zeta x_n, \\
&\cdots\cdots\cdots\cdots\cdots\cdots \\
X_n &= \qquad\qquad\qquad x_n.
\end{aligned}$$

Cela posé, nous allons appliquer le théorème du n° 4 aux formes ternaires qui se déduisent de f et des formes

$$A' X_2^2 + A'' X_3^2 + \cdots + A^{(n-1)} X_n^2, \tag{10}$$

$$A'' X_3^2 + \cdots + A^{(n-1)} X_n^2, \tag{11}$$

$$\cdots\cdots\cdots\cdots\cdots\cdots$$

en posant dans f

$$x_4 = 0, \ldots, x_n = 0,$$

dans la forme (10)

$$x_5 = 0, \ldots, x_n = 0,$$

dans la forme (11)

$$x_6 = 0, \ldots, x_n = 0$$

et ainsi de suite.

Ces formes ternaires nous donnent les inégalités

$$A' \geqq \frac{3}{4} A,$$

$$A'' \geqq \frac{2}{3} A,$$

$$A''' \geqq \frac{2}{3} A' \geqq \frac{2}{3}\,\frac{3}{4} A,$$

$$A^{\text{IV}} \geqq \frac{2}{3} A'' \geqq \left(\frac{2}{3}\right)^2 A.$$

Il en résulte

$$\left\{\begin{aligned}
&A^{(2i-1)} \geqq \frac{3}{4}\left(\frac{2}{3}\right)^{i-1} A, \\
&A^{2i} \geqq \left(\frac{2}{3}\right)^{i} A.
\end{aligned}\right. \tag{12}$$

Au moyen de ces inégalités on obtient la limite de A en fonction de déterminant — D de la forme. En effet, on a

$$AA' \dots A^{(n-1)} = D.$$

Si n est pair $= 2m$, nous aurons, en ayant égard aux inégalités (12),

$$A \leqq \frac{3^{\frac{m-2}{2}}}{2^{\frac{m-3}{2}}} \sqrt[n]{D}$$

et, si n est impair $= 2m + 1$, il viendra

$$A \leqq \sqrt[n]{\frac{3^{m(m-1)}}{2^{m(m-2)}} D}$$

c. a. d.

Dans le développement suivant les minima d'une forme positive

$$f = AX_1^2 + A'X_2^2 + \dots + A^{(n-1)} X_n^2$$

de déterminant — D, *les limites inférieures des coëfficients*

$$A', A'', \dots, A^{(n-1)}$$

en fonction de A *sont données par les inégalités*

$$A^{(2i-1)} \geqq \frac{3}{4} \left(\frac{2}{3}\right)^{i-1} A, \quad A^{2i} \geqq \left(\frac{2}{3}\right)^{i} A.$$

Quant au minimum A *de* f, *il ne surpasse pas la limite*

(13) $$\frac{3^{\frac{m-2}{2}}}{2^{\frac{m-3}{2}}} \sqrt[n]{D}$$

n *étant pair* $= 2m$, *et la limite*

(14) $$\sqrt[n]{\frac{3^{m(m-1)}}{2^{m(m-2)}} D},$$

si n *est impair* $= 2m + 1$.

n° 7. Il suit de ce théorème que le dernier coëfficient dans le développement d'une forme quaternaire suivant les minima ne peut pas surpasser $\frac{1}{2}$ de son minimum.

Soit f cette forme et A son minimum. Soit aussi

$$\frac{f}{A} = (x + \alpha y + \beta z + \gamma t)^2 + k(y + \delta z + \varepsilon t)^2 + l(z + \zeta t)^2 + mt^2$$

le développement de $\frac{f}{A}$ suivant les minima.

Supposons $m = \frac{1}{2}$ et cherchons les formes $\frac{f}{A}$ qui ont cette quantité pour leur dernier coëfficient. D'abord, l étant le minimum de la forme binaire

$$l(z + \zeta t)^2 + mt^2,$$

on a

$$m \geqq \frac{3}{4} l, \quad l \leqq \frac{4}{3} m = \frac{2}{3}.$$

Or l ne peut pas être inférieur à $\frac{2}{3}$; par conséquent $l = \frac{2}{3}$.

Pour cette valeur de l, en vertu du théorème du n° 5, on a $k = \frac{8}{9}$ ou $k = \frac{3}{4}$.

Or on ne peut pas supposer $k = \frac{8}{9}$, car on a dans ce cas

$$m \geqq \frac{2}{3} k, \quad k \leqq \frac{3}{2} m,$$

c'est à dire

$$\frac{8}{9} \leqq \frac{3}{2} \, \frac{1}{2} = \frac{3}{4}$$

ce qui est absurde.

Ainsi $k = \frac{3}{4}$. Maintenant la forme

$$(y + \delta z + \varepsilon t)^2 + \frac{l}{k}(z + \zeta t)^2 + \frac{m}{k} t^2$$

a les coëfficients

$$1, \quad \frac{l}{k} = \frac{8}{9}, \quad \frac{m}{k} = \frac{2}{3}$$

devant les carrés; par conséquent en supposant δ et ε positifs, ce qui est toujours possible de faire en disposant convenablement des signes de z et de t, on aura d'après le théorème précédent

$$\delta = \frac{1}{3}, \quad \varepsilon = \frac{1}{3}, \quad \zeta = -\frac{1}{2}.$$

La forme ternaire

$$(x + \alpha y + \beta z)^2 + k(y + \delta z)^2 + lz^2,$$

qu'on obtient de $\frac{f}{A}$ en supposant $t = 0$, a pour les coëfficients des carrés les nombres

$$1, \quad k = \frac{3}{4}, \quad l = \frac{2}{3};$$

on a d'ailleurs $\delta = \frac{1}{3}$; par suite, en vertu du théorème mentionné, on doit avoir

$$\alpha = \pm \frac{1}{2}, \quad \beta = \pm \frac{1}{2}.$$

On peut supposer

$$\alpha = \frac{1}{2}, \quad \beta = \frac{1}{2},$$

car dans les autres cas

$$\alpha = \frac{1}{2}, \quad \beta = -\frac{1}{2},$$

$$\alpha = -\frac{1}{2}, \quad \beta = \frac{1}{2},$$

$$\alpha = -\frac{1}{2}, \quad \beta = -\frac{1}{2}$$

on substituerait au lieu de x dans le premier cas $x + z$, dans le second $x + y$ et dans le troisième $x + y + z$ et on aura toujours $\alpha = \frac{1}{2}$, $\beta = \frac{1}{2}$. La valeur de $\frac{f}{A}$ pour

$$x = 0, \quad y = 0, \quad z = 0, \quad t = 1$$

ne doit pas être inférieure à l'unité; par conséquent, on a

$$\gamma^2 + \frac{3}{4} \geqq 1, \quad \gamma^2 \geqq \frac{1}{4}.$$

Or la valeur numérique de γ ne pouvant surpasser $\frac{1}{2}$, il viendra

$$\gamma^2 = \frac{1}{4}, \quad \gamma = \pm \frac{1}{2}.$$

On peut supposer $\gamma = \frac{1}{2}$, car dans le cas contraire on substituera $x + t$ au lieu de x et on aura $\gamma = \frac{1}{2}$. Maintenant tous les coëfficients de la forme $\frac{f}{A}$ sont déterminés.

En désignant le déterminant de f par $-D$, on trouve

$$A = \sqrt[4]{4D}.$$

Nous avons donc le théorème suivant: *Les formes quadratiques positives quaternaires de déterminant $-D$, dont le dernier coëfficient dans le développement suivant les minima est égal à $\frac{1}{2}$ de leur minima, constituent une seule classe représentée par la forme*

$$\sqrt[4]{4D}\left[\left(x + \frac{1}{2}y + \frac{1}{2}z + \frac{1}{2}t\right)^2 + \frac{3}{4}\left(y + \frac{1}{3}z + \frac{1}{3}t\right)^2 + \frac{2}{3}\left(z - \frac{1}{2}t\right)^2 + \frac{1}{2}t^2\right].$$

n° 8. Le théorème connu de M. Seeber concernant les limites du produit des coëfficients des carrés des variables dans la forme ternaire réduite d'après sa méthode est lié intimement à notre développement des formes suivant les minima. Cette liaison ressortira évidemment de la démonstration de ce théorème que nous allons donner.

Convenons de représenter désormais par (u) la valeur numérique de la quantité u.

Cela posé, nous aurons le théorème: *Si dans la forme*

$$\varphi = x^2 + y^2 + z^2 + 2\lambda yz + 2\lambda' zx + 2\lambda'' xy,$$

réduite à la manière de M. Seeber, on a

$$(15) \qquad (\lambda) \leqq (\lambda') \leqq (\lambda''),$$

la représentation de φ par la somme

$$\varphi = (x + \lambda'' y + \lambda' z)^2 + (1 - \lambda''^2)\left(y + \frac{\lambda - \lambda'\lambda''}{1 - \lambda''^2} z\right)^2 + \frac{1 - \lambda^2 - \lambda'^2 - \lambda''^2 + 2\lambda\lambda'\lambda''}{1 - \lambda''^2} z^2$$

sera son développement suivant les minima.

Les conditions de M. Seeber pour que la forme φ soit réduite consistent en ce que les coëfficients λ, λ', λ'' satisfont aux inégalités

$$(16) \qquad (\lambda) \leqq \frac{1}{2}, \quad (\lambda') \leqq \frac{1}{2}, \quad (\lambda'') \leqq \frac{1}{2}$$

et, s'ils sont tous négatifs, outre les inégalités (16) on aura encore

$$(17) \qquad (\lambda) + (\lambda') + (\lambda'') \leqq 1.$$

Pour démontrer le théorème énoncé, nous n'avons qu'à faire voir que $1 - \lambda''^2$ est le minimum de la forme binaire

$$(1 - \lambda''^2)\left(y + \frac{\lambda - \lambda'\lambda''}{1 - \lambda''^2} z\right)^2 + \frac{1 - \lambda^2 - \lambda'^2 - \lambda''^2 + 2\lambda\lambda'\lambda''}{1 - \lambda''^2} z^2$$
$$= (1 - \lambda''^2) y^2 + 2(\lambda - \lambda'\lambda'') yz + (1 - \lambda'^2) z^2.$$

Or cela sera évident, si nous démontrons que la valeur absolue du coëfficient

$$\frac{\lambda - \lambda'\lambda''}{1 - \lambda''^2}$$

ne surpasse pas $\frac{1}{2}$.

Pour abréger les raisonements, nous nous servirons des identités, qui résultent de l'analyse detaillée de nos minima où les variables satisfont à quelques inégalités de condition.

Considérons d'abord le premier cas

$$\lambda > 0, \quad \lambda' > 0, \quad \lambda'' > 0.$$

On verifiera sans difficulté les identités

$$(18)\quad \frac{1}{3} - \frac{\lambda - \lambda'\lambda''}{1 - \lambda''^2} = \frac{\lambda' - \lambda}{1 - \lambda''^2} + \frac{\lambda'' - \lambda'}{1 + \lambda''} + \frac{1 - 2\lambda''}{3(1 + \lambda'')}$$

$$(19)\quad \frac{1}{3} + \frac{\lambda - \lambda'\lambda''}{1 - \lambda''^2} = \frac{3\lambda + 3\lambda''(\lambda'' - \lambda') + (1 - 2\lambda'')(1 + 2\lambda'')}{3(1 - \lambda''^2)}.$$

Les seconds membres de ces égalités se composant des termes positifs, comme on voit par les conditions (15) et (16), la valeur absolue du coëfficient

$$\frac{\lambda - \lambda'\lambda''}{1 - \lambda''^2}$$

ne surpasse pas $\frac{1}{3}$ et à fortiori $\frac{1}{2}$.

Passons au second cas

$$\lambda < 0, \quad \lambda' < 0, \quad \lambda'' < 0.$$

On aura l'identité

$$\frac{1}{2} - \frac{\lambda'\lambda'' - \lambda}{1 - \lambda''^2} = \frac{1 + \lambda + \lambda' + \lambda''}{2(1 + \lambda'')} + \frac{\lambda - \lambda'}{2(1 - \lambda'')},$$

d'où l'on voit que le coëfficient mentionné ne surpasse pas $\frac{1}{2}$.

Le théorème proposé est donc démontré. Il résulte du théorème du n° 4 que le coëfficient

$$\frac{1 - \lambda^2 - \lambda'^2 - \lambda''^2 + 2\lambda\lambda'\lambda''}{1 - \lambda''^2},$$

que nous désignerons par p, ne sera pas inférieur à $\frac{2}{3}$. Cela se vérifie d'ailleurs par les inégalités que nous allons donner. Dans le premier cas

$$\lambda > 0, \quad \lambda' > 0, \quad \lambda'' > 0,$$

nous aurons

$$p = (1 - \lambda''^2)\left[1 - \left(\frac{\lambda - \lambda'\lambda''}{1 - \lambda''^2}\right)^2\right] + \lambda''^2 - \lambda'^2.$$

Or des identités (18) et (19) il vient

$$\left(\frac{\lambda - \lambda'\lambda''}{1 - \lambda''^2}\right)^2 \leqq \frac{1}{9}$$

et, par conséquent, l'équation précédente nous donne

$$p \geqq \frac{8}{9}(1-\lambda''^2) \geqq \frac{8}{9}\,\frac{3}{4} = \frac{2}{3}.$$

Dans le second cas

$$\lambda < 0, \quad \lambda' < 0, \quad \lambda'' < 0$$

nous aurons

$$p - \frac{2}{3} = -\frac{(\lambda+\lambda')(1+\lambda+\lambda'+\lambda'')}{1-\lambda''^2}$$

$$+\frac{\lambda'-\lambda''+(1+2\lambda')\,[1+\lambda+\lambda'+\lambda''+(\lambda-\lambda')+(\lambda-\lambda'')]}{3\,(1-\lambda'')}.$$

D'après les inégalités (15), (16) et (17) on voit que la différence

$$p - \frac{2}{3}$$

est positive ou zéro et, par conséquent,

$$p \geqq \frac{2}{3}.$$

Maintenant nous allons démontrer le théorème:

Si la forme positive

$$f = \xi^2 x^2 + \eta^2 y^2 + \zeta^2 z^2 + 2\lambda\eta\zeta yz + 2\lambda'\xi\zeta zx + 2\lambda''\xi\eta xy$$

aux variables x, y, z est réduite à la manière de M. Seeber, la forme

$$\varphi = x^2 + y^2 + z^2 + 2\lambda yz + 2\lambda' xz + 2\lambda'' xy$$

est également réduite.

Les conditions pour les coëfficients de f sont

$$(20) \qquad \xi \leqq \eta \leqq \zeta,$$

$$(21) \qquad (2\lambda) \leqq \frac{\eta}{\zeta}, \quad (2\lambda') \leqq \frac{\xi}{\zeta}, \quad (2\lambda'') \leqq \frac{\xi}{\eta}$$

dans le cas $\lambda > 0$, $\lambda' > 0$, $\lambda'' > 0$.

Il faut y ajouter encore la condition

$$(22) \qquad \xi^2 + \eta^2 + 2\lambda\eta\zeta + 2\lambda'\zeta\xi + 2\lambda''\xi\eta \geqq 0$$

dans le cas de

$$\lambda \leqq 0, \quad \lambda' \leqq 0, \quad \lambda'' \leqq 0.$$

Des inégalités (20) et (21) il résulte immédiatement

$$(23) \qquad (\lambda) \leqq \frac{1}{2}, \quad (\lambda') \leqq \frac{1}{2}, \quad (\lambda'') \leqq \frac{1}{2},$$

ce qui constitue les conditions de réduction pour la forme φ dans le premier cas.

L'identité

$$\begin{aligned} 2\eta\zeta(1 + \lambda + \lambda' + \lambda'') = (\eta - \xi)(\xi + 2\lambda'\zeta) + (\zeta - \xi)(\xi + 2\lambda''\eta) \\ + \xi^2 + \eta^2 + 2\lambda\eta\zeta + 2\lambda'\zeta\xi + 2\lambda''\xi\eta \\ + (\zeta - \eta)\eta + (\eta - \xi)(\zeta - \xi) \end{aligned}$$

fait voir que dans le second cas, outre les conditions (23), on aura encore

$$(\lambda) + (\lambda') + (\lambda'') \leqq 1,$$

d'où il suit le théorème énoncé.

En supposant que (λ) est le plus petit des coëfficients (λ), (λ'), (λ'') et (λ'') le plus grand, représentons f par la somme

$$\begin{aligned} f = \xi^2\left(x + \lambda''\frac{\eta}{\xi}y + \frac{\lambda'\zeta}{\xi}z\right)^2 + \eta^2(1 - \lambda''^2)\left(y + \frac{\lambda - \lambda'\lambda''}{1 - \lambda''^2}\frac{\zeta}{\eta}z\right)^2 \\ + \frac{1 - \lambda^2 - \lambda'^2 - \lambda''^2 + 2\lambda\lambda'\lambda''}{1 - \lambda''^2}\zeta^2 z^2. \end{aligned}$$

D'après le premier théorème de ce n^o nous avons

$$1 - \lambda''^2 \geqq \frac{3}{4}, \quad \frac{1 - \lambda^2 - \lambda'^2 - \lambda''^2 + 2\lambda\lambda'\lambda''}{1 - \lambda''^2} \geqq \frac{2}{3}.$$

Ensuite en désignant par $-D$ le déterminant de f, il viendra

$$D \geqq \frac{1}{2}\xi^2\eta^2\zeta^2,$$

ou, ce qui revient au même,

$$(24) \qquad \xi^2\eta^2\zeta^2 \leqq 2D.$$

On a évidemment encore

$$1-\lambda''^2 \leqq 1, \quad \frac{1-\lambda^2-\lambda'^2-\lambda''^2+2\lambda\lambda'\lambda''}{1-\lambda''^2} \leqq 1.$$

Il en résultera

$$\xi^2\eta^2\zeta^2 \geqq D.$$

L'inégalité (24) constitue le théorème de M. Seeber.

n° 9. Soit proposée une forme à cinq variables au minimum A. Supposons que le développement de $\frac{f}{A}$ suivant les minima s'exprime comme il suit:

$$\frac{f}{A}=(x+\alpha y+\beta z+\gamma t+\delta u)^2+k(y+\varepsilon z+\zeta t+\theta u)^2$$
$$+l(z+\xi t+\eta u)^2+m(t+\sigma u)^2+nu^2.$$

Il résulte du théorème du n° 6 que le nombre n n'est pas infèrieur à $\frac{4}{9}$.

Nous allons maintenant faire voir que n ne peut pas être égal à $\frac{4}{9}$. Supposons $n=\frac{4}{9}$ et démontrons que cela est impossible.

Comme nous avons $n \geqq \frac{2}{3}l$, il vient

$$l \leqq \frac{3}{2}n = \frac{3}{2}\,\frac{4}{9} = \frac{2}{3}.$$

Or l n'est pas inférieur à $\frac{2}{3}$; par conséquent on aura

$$l=\frac{2}{3}.$$

D'après le théorème du n° 5 dans la forme

$$l(z+\xi t+\eta u)^2+m(t+\sigma u)^2+nu^2,$$

dont le dernier coëfficient est égal à $\frac{2}{3}l = \frac{4}{9}$, le coëfficient m doit être égal à $\frac{3}{4}l = \frac{1}{2}$, ou encore à $\frac{8}{9}l = \frac{16}{27}$. D'après la même proposition dans la forme

$$(x + \alpha y + \beta z)^2 + k(y + \varepsilon z)^2 + lz^2$$

l étant égal à $\frac{2}{3}$, on a

$$k = \frac{3}{4}, \text{ ou encore } k = \frac{8}{9}.$$

Il résulte ainsi les quatre combinaisons

$$1)\ k = \frac{8}{9}, \quad l = \frac{2}{3}, \quad m = \frac{1}{2}, \quad n = \frac{4}{9};$$

$$2)\ k = \frac{8}{9}, \quad l = \frac{2}{3}, \quad m = \frac{16}{27}, \quad n = \frac{4}{9};$$

$$3)\ k = \frac{3}{4}, \quad l = \frac{2}{3}, \quad m = \frac{1}{2}, \quad n = \frac{4}{9};$$

$$4)\ k = \frac{3}{4}, \quad l = \frac{2}{3}, \quad m = \frac{16}{27}, \quad n = \frac{4}{9}.$$

Quant à la première combinaison, elle est évidemment impossible. En effet il doit être $m \geqq \frac{2}{3}k$ ou $\frac{1}{2} \geqq \frac{2}{3}\,\frac{8}{9} = \frac{16}{27}$, ce qui est absurde.

Passons à la seconde. Dans le cas actuel la forme quaternaire

$$(25) \qquad \frac{f}{A} - (x + \alpha y + \beta z + \gamma t + \delta u)^2$$

est d'après le théorème du n° 7 équivalente à celle-ci

$$(26) \qquad \frac{8}{9}\Big[\Big(y + \frac{1}{2}z + \frac{1}{2}t + \frac{1}{2}u\Big)^2 + \frac{3}{4}\Big(z + \frac{1}{3}t + \frac{1}{3}u\Big)^2 + \frac{2}{3}\Big(t - \frac{1}{2}u\Big)^2 + \frac{1}{2}u^2\Big].$$

Si la forme (25) n'est pas identique à (26), on peut les faire identiques en changeant y, z, t, u en d'autres variables au moyen de la transformation du module *un*.

On peut par conséquent faire

$$\frac{f}{A}=(x+\alpha y+\beta z+\gamma t+\delta u)^2+\frac{8}{9}\left(y+\frac{1}{2}z+\frac{1}{2}t+\frac{1}{2}u\right)^2$$
$$+\frac{2}{3}\left(z+\frac{1}{3}t+\frac{1}{3}u\right)^2+\frac{16}{27}\left(t-\frac{1}{2}u\right)^2+\frac{4}{9}u^2.$$

Pour déterminer α et β, considérons la forme

$$(x+\alpha y+\beta z)^2+\frac{8}{9}\left(y+\frac{1}{2}z\right)^2+\frac{2}{3}z^2.$$

En vertu du théorème du n° 5 il vient

$$\alpha=\pm\frac{1}{3}, \quad \beta=\mp\frac{1}{3}$$

où l'on doit prendre ensemble les signes supérieurs ou inférieurs. On peut supposer

$$\alpha=\frac{1}{3}, \quad \beta=-\frac{1}{3},$$

car dans le cas contraire on pourrait changer les signes des variables y, z, t, u ce qui ne change pas la forme (25).

La valeur de $\frac{f}{A}$ pour

$$x=0, \quad y=0, \quad z=0, \quad t=1, \quad u=0$$

n'est pas inférieure à l'unité, c'est à dire

$$\gamma^2+\frac{8}{9}\geqq 1,$$

d'où

$$(\gamma)\geqq\frac{1}{3}.$$

Les valeurs de $\frac{f}{A}$ pour

$$x=0, \quad y=1, \quad z=0, \quad t=-1, \quad u=0$$

et pour

$$x=0, \quad y=0, \quad z=1, \quad t=-1, \quad u=0$$

nous donnent comme précédemment

$$\left(\gamma - \frac{1}{3}\right)^2 \geqq \frac{1}{9}, \quad \left(\gamma + \frac{1}{3}\right)^2 \geqq \frac{1}{9}.$$

Quelque soit γ positif ou négatif, l'une de ces inégalités ne peut pas être satisfaite, puisque (γ) est comprise entre $\frac{1}{3}$ et $\frac{1}{2}$.

Ainsi il n'existe pas de valeur convenable de γ et la seconde combinaison est impossible. Dans la troisième combinaison on a

$$k = \frac{3}{4}, \quad l = \frac{2}{3}, \quad m = \frac{1}{2}, \quad n = \frac{4}{9}$$

et, par conséquent, en vertu du théorème du n° 7, la forme à quatre variables, qu'on obtient de $\frac{f}{A}$ en supposant $u = 0$, est équivalente à la suivante

$$\left(x + \frac{1}{2}y + \frac{1}{2}z + \frac{1}{2}t\right)^2 + \frac{3}{4}\left(y + \frac{1}{3}z + \frac{1}{3}t\right)^2 + \frac{2}{3}\left(z - \frac{1}{2}t\right)^2 + \frac{1}{2}t^2.$$

En transformant, s'il est nécessaire, les variables x, y, z, t on peut faire

$$\frac{f}{A} = \left(x + \frac{1}{2}y + \frac{1}{2}z + \frac{1}{2}t + \delta u\right)^2 + \frac{3}{4}\left(y + \frac{1}{3}z + \frac{1}{3}t + \theta u\right)^2 + \frac{2}{3}\left(z - \frac{1}{2}t + \eta u\right)^2 + \frac{1}{2}(t + \sigma u)^2 + \frac{4}{9}u^2.$$

Dans la forme ternaire

$$\frac{2}{3}\left(z - \frac{1}{2}t + \eta u\right)^2 + \frac{1}{2}(t + \sigma u)^2 + \frac{4}{9}u^2$$

$$= \frac{2}{3}\left[\left(z - \frac{1}{2}t + \eta u\right)^2 + \frac{3}{4}(t + \sigma u)^2 + \frac{2}{3}u^2\right],$$

d'après le théorème du n° 5, doit être

$$\sigma = \pm \frac{1}{3}, \quad \eta = \pm \frac{1}{2}.$$

On peut faire $\sigma = \frac{1}{3}$ en disposant de signe de u. De même on peut toujours supposer $\eta = \frac{1}{2}$, car le cas $\eta = -\frac{1}{2}$ se réduirait à celui-la en changeant x en $x + pu$, y en $y + qu$, z en $z + u$ et en déterminant les entiers p et q de sorte que les coëfficients de u sous le premier et le second carré ne soient pas supérieurs à $\frac{1}{2}$ en valeur absolue. De la valeur de la forme

$$\frac{f}{A} - \left(x + \frac{1}{2} y + \frac{1}{2} z + \frac{1}{2} t + \delta u\right)^2 \tag{27}$$

pour $y = 0$, $z = 0$, $t = 0$, $u = 1$, il vient

$$\frac{3}{4}\theta^2 + \frac{2}{3} \geqq \frac{3}{4},$$

d'oú il résulte

$$(\theta) \geqq \frac{1}{3}.$$

Maintenant les valeurs de la forme (27) pour

$$y = 0, \quad z = -1, \quad t = 0, \quad u = 1,$$
$$y = 1, \quad z = -1, \quad t = -1, \quad u = 1,$$

ne sont pas inférieures au minimum $\frac{3}{4}$ de la forme (27); ainsi on aura

$$\left(\theta - \frac{1}{3}\right)^2 \geqq \frac{1}{9}, \quad \left(\theta + \frac{1}{3}\right)^2 \geqq \frac{1}{9}.$$

Quelque soit le signe de θ, l'une de ces inégalités n'est pas satisfaite, car on a

$$(\theta) \geqq \frac{1}{3}, \quad (\theta) \leqq \frac{1}{2}.$$

Ainsi la troisième combinaison est impossible.

Passons à la dernière combinaison:

$$k = \frac{3}{4}, \quad l = \frac{2}{3}, \quad m = \frac{16}{27}, \quad n = \frac{4}{9}.$$

Dans le cas actuel la forme ternaire

$$l(z+\xi t+\eta u)^2+m(t+\sigma u)^2+nu^2$$

avec les coëfficients

$$l=\frac{2}{3},\quad m=\frac{2}{3}\,\frac{8}{9},\quad n=\frac{2}{3}\,\frac{2}{3}$$

est équivalente à la forme

$$(28)\qquad \frac{2}{3}\left[\left(z+\frac{1}{3}t+\frac{1}{3}u\right)^2+\frac{8}{9}\left(t-\frac{1}{2}u\right)^2+\frac{2}{3}u^2\right]$$

et l'on peut les faire identiques en transformant les variables z, t, u.

Ainsi nous aurons

$$\xi=\frac{1}{3},\quad \eta=\frac{1}{3},\quad \sigma=-\frac{1}{2}.$$

De même la forme

$$(x+\alpha y+\beta z)^2+\frac{3}{4}(y+\varepsilon z)^2+\frac{2}{3}z^2$$

est équivalente à la forme

$$\left(x+\frac{1}{2}y+\frac{1}{2}z\right)^2+\frac{3}{4}\left(y\pm\frac{1}{3}z\right)^2+\frac{2}{3}z^2.$$

Comme on peut changer les signes de z, t, u sans changer par cela la forme (28) nous en profiterons pour faire ε positif.

En vertu du nº 5 nous aurons

$$\alpha=\pm\frac{1}{2},\quad \beta=\pm\frac{1}{2},\quad \varepsilon=\frac{1}{3}.$$

On peut faire

$$\alpha=\frac{1}{2},\quad \beta=\frac{1}{2},$$

car les autres combinaisons des signes se réduisent à celle-ci.

En exprimant que les valeurs de la forme

$$\frac{f}{A}-\left(x+\frac{1}{2}y+\frac{1}{2}z+\gamma t+\delta u\right)^2$$

pour

$$y = 0, \quad z = 0, \quad t = 1, \quad u = 0$$

et pour

$$y = 0, \quad z = 0, \quad t = 0, \quad u = 1$$

ne sont pas inférieures à $\frac{3}{4}$, nous aurons

$$\zeta^2 \geqq \frac{1}{9}, \quad \theta^2 \geqq \frac{1}{9}$$

et par conséquent

$$(29) \qquad (\zeta) \geqq \frac{1}{3}, \quad (\theta) \geqq \frac{1}{3}.$$

De même les valeurs de $\frac{f}{A}$ pour

$$x = 0, \quad y = 0, \quad z = 0, \quad t = 1, \quad u = 0$$

et pour

$$x = 0, \quad y = 0, \quad z = 0, \quad t = 0, \quad u = 1$$

donnent

$$\gamma^2 + \frac{3}{4}\zeta^2 + \frac{2}{3} \geqq 1, \quad \delta^2 + \frac{3}{4}\theta^2 + \frac{2}{3} \geqq 1,$$

c'est à dire

$$(30) \qquad (\gamma) \geqq \sqrt{\frac{1}{3} - \frac{3}{4}\zeta^2}, \quad (\delta) \geqq \sqrt{\frac{1}{3} - \frac{3}{4}\theta^2}.$$

Faisons voir maintenant que ζ et θ ne peuvent pas être positifs. Soit d'abord

$$\gamma > 0.$$

La valeur de $\frac{f}{A}$ pour

$$x = 0, \quad y = 0, \quad z = -1, \quad t = 1, \quad u = 0$$

nous donne l'inégalité

$$(31) \qquad \left(\frac{1}{2} - \gamma\right)^2 + \frac{3}{4}\left(\zeta - \frac{1}{3}\right)^2 + \frac{8}{9} \geqq 1$$

qui sera satisfaite, si au lieu de γ on y substitue son minimum

$\sqrt{\frac{1}{3}-\frac{3}{4}\zeta^2}$, puisque $\gamma \leqq \frac{1}{3}$. Nous aurons donc

$$\left(\frac{1}{2}-\sqrt{\frac{1}{3}-\frac{3}{4}\zeta^2}\right)^2+\frac{3}{4}\left(\zeta-\frac{1}{3}\right)^2 \geqq \frac{1}{9}.$$

De là nous obtenons

$$\zeta^2-\frac{5}{9}\zeta-\frac{2}{81}\geqq 0.$$

Cette inégalité fait voir que ζ doit être supérieur à la racine positive

$$\frac{5+\sqrt{33}}{18}>\frac{1}{2}$$

de l'équation

$$\zeta^2-\frac{5}{9}\zeta-\frac{2}{81}=0,$$

ce qui est impossible, ou être supérieur en valeur absolue à sa racine négative. Ainsi ζ ne peut être positif.

Répétant la même analyse et considérant la valeur de $\frac{f}{A}$ pour

$$x=0,\quad y=0,\quad z=-1,\quad t=0,\quad u=1,$$

nous n'avons qu'à changer dans ce qui précéde γ en δ et ζ en θ et nous verrons que θ ne peut pas être positif pour $\delta>0$.

Soit maintenant

$$\gamma<0.$$

De la valeur de $\frac{f}{A}$ pour

$$x=1,\quad y=0,\quad z=-1,\quad t=1,\quad u=0$$

il viendra

$$\left(\frac{1}{2}-(\gamma)\right)^2+\frac{3}{4}\left(\zeta-\frac{1}{3}\right)^2+\frac{8}{9}\geqq 1.$$

Or cette inégalité est identique à (31) et il en résulte que ζ n'est pas positif. Si $\delta<0$, la valeur de $\frac{f}{A}$ pour

$$x=1,\quad y=0,\quad z=-1,\quad t=0,\quad u=1$$

fait voir de la même manière que θ n'est pas positif. Ainsi il est démontré que ζ et θ ne peuvent avoir que valeurs négatives.

Cela posé, nous allons fair voir que les valeurs négatives ζ et θ sont également impossibles. Considérons deux cas:

1) γ et δ sont de mêmes signes,

2) γ et δ sont des signes différents.

Soient, en premier lieu,

$$\gamma > 0, \quad \delta > 0.$$

De la valeur de la forme $\frac{f}{A}$ pour

$$x = -1, \quad y = 1, \quad z = -1, \quad t = 1, \quad u = 1$$

on déduit

$$(\gamma + \delta - 1)^2 + \frac{3}{4}\left(\frac{2}{3} + \zeta + \theta\right)^2 \geqq \frac{1}{3}. \tag{32}$$

Or en vertu de (30) il vient

$$\gamma + \delta \geqq 2\sqrt{\frac{1}{3} - \frac{3}{4}\,\frac{1}{2^2}} = \frac{1}{2}\sqrt{\frac{7}{3}};$$

par conséquent

$$1 - \gamma - \delta \leqq 1 - \frac{1}{2}\sqrt{\frac{7}{3}}.$$

De même en vertu de (29) on aura

$$0 \leqq -\left(\frac{2}{3} + \zeta + \theta\right) \leqq \frac{1}{3}$$

et, par suite, de l'inégalité (32) il vient

$$\left(1 - \frac{1}{2}\sqrt{\frac{7}{3}}\right)^2 + \frac{3}{4}\;\frac{1}{9} \geqq \frac{1}{3},$$

ce qui est impossible et, par conséquent, l'inégalité (32) est impossible.

Soient, en second lieu,

$$\gamma < 0, \quad \delta < 0.$$

La valeur de $\frac{f}{A}$ pour

$$x = 1, \quad y = 1, \quad z = -1, \quad t = 1, \quad u = 1$$

donnera

$$[(\gamma) + (\delta) - 1]^2 + \frac{3}{4}\left(\frac{2}{3} + \zeta + \theta\right)^2 \geqq \frac{1}{3}.$$

Cette inégalité coincide avec (31) et est également impossible.

Considérons maintenant le second cas où γ et δ sont de signes différents. Prenons la valeur de $\frac{f}{A}$ pour

$$x = 0, \quad y = 1, \quad z = -1, \quad t = 1, \quad u = 1.$$

Nous aurons

$$(33) \qquad (\gamma + \delta)^2 + \frac{3}{4}\left(\frac{2}{3} + \zeta + \theta\right)^2 \geqq \frac{1}{3}.$$

Or nous avons vu que

$$-\left(\frac{2}{3} + \zeta + \theta\right) \leqq \frac{1}{3}$$

et, en vertu de (30),

$$(\gamma + \delta)^2 \leqq \left(\frac{1}{2} - \frac{1}{4}\sqrt{\frac{7}{3}}\right)^2;$$

par conséquent l'inégalité (33) donne

$$\left(\frac{1}{2} - \frac{1}{4}\sqrt{\frac{7}{3}}\right)^2 + \frac{3}{4}\,\frac{1}{9} \geqq \frac{1}{3},$$

ce qui est impossible.

Ainsi ζ et θ ne peuvent pas être négatifs.

Nous avons donc le théorème suivant.

Dans le développement d'une forme quadratique positive suivant les minima le cinquième coëfficient surpasse toujours $\frac{4}{9}$ du minimum de la forme et leur différence est une quantité finie.

n° 10. Il suit de ce théorème que la limite donnée au n° 6 n'est précise que pour $n = 2, 3, 4$. A partir de $n = 5$ elle n'est plus précise.

En effet, les formules du n° 6 donnent pour $n = 5$ la limite $\sqrt[5]{9D}$. Or elle n'est possible qu'en supposant le cinquième coëfficient égal à $\frac{4}{9}$ du minimum de la forme et les autres coëfficients devant les carrés égaux à leurs valeurs minima. Cela est impossible en vertu du théorème du *n°* précédent. Il est évident à fortiori que les formules du n° 6 donnent pour $n > 5$ des limites qui ne sont pas précises.

8.

SUR UN CERTAIN MINIMUM.

(PAR MM. A. KORKINE ET G. ZOLOTAREFF; NOUVELLES ANNALES DE MATHÉMATIQUES, DEUXIÈME SÉRIE, T. XII, 1873).

1. Soit $f(x)$ une fonction entière de x de la forme

$$(1)\qquad f(x) = x^n + a_1 x^{n-1} + a_2 x^{n-2} + \cdots + a_n,$$

$a_1, a_2, \ldots, a_n$ étant des constantes réelles.

En désignant par

$$[A]$$

la valeur absolue de la quantité réelle A, nous nous proposons de déterminer les coefficients

$$a_1, a_2, \ldots, a_n$$

de $f(x)$, de sorte que l'intégrale

$$\int_{-1}^{+1} [f(x)]\, dx$$

ait la valeur minimum.

2. En supposant maintenant que, de tous les polynômes du $n^{ième}$ degré de la forme (1), $f(x)$ soit celui pour lequel l'intégrale

$$\int_{-1}^{+1} [f(x)]\, dx$$

est minimum, nous allons démontrer que toutes les n racines de l'équation

$$f(x) = 0$$

sont réelles, inégales et comprises entre -1 et $+1$.

On voit d'abord que cette équation n'a pas de racines imaginaires

En effet, en supposant

$$f(x) = \{(x-\alpha)^2 + \beta^2\}^p f_1(x),$$

$f_1(x)$ étant un polynôme du degré $n-2p$, qui n'est pas divisible par

$$(x-\alpha)^2 + \beta^2,$$

et p un nombre entier positif, on aura

$$\int_{-1}^{+1} [f(x)]\, dx = \int_{-1}^{+1} \{(x-\alpha)^2 + \beta^2\}^p [f_1(x)]\, dx.$$

Or, la quantité β étant différente de zéro, on peut diminuer β^2 sans changer la forme (1) du polynôme $f(x)$, et, par suite, on diminuera la valeur de l'intégrale

$$\int_{-1}^{+1} [f(x)]\, dx,$$

qui ne sera pas, par conséquent, minimum, contrairement à notre supposition.

On verra de la même manière que toutes le racines de l'équation

$$f(x) = 0$$

sont comprises entre -1 et $+1$.

En effet, si l'on avait

$$f(x) = (x-\alpha)^p \mathrm{F}(x),$$

α étant supérieur à 1 en valeur absolue, p un nombre entier positif et $\mathrm{F}(x)$ un polynôme entier du degré $n-p$, on pourrait diminuer la valeur absolue de α et, par suite, celle de l'intégrale

$$\int_{-1}^{+1} [f(x)]\, dx,$$

qui est égale à

$$\int_{-1}^{+1} \{[\alpha] - x\}^p [\mathrm{F}(x)]\, dx$$

dans le cas de α positif, et à

$$\int_{-1}^{+1} \{[\alpha] + x\}^p [\mathrm{F}(x)]\, dx$$

si α est négatif; ce qui est impossible en vertu de la supposition.

Il ne sera pas non plus difficile de démontrer que l'équation

$$f(x) = 0$$

a toutes ses racines inégales.

Supposons

$$f(x) = (x - \alpha)^2 \mathrm{F}_1(x),$$

α étant compris entre -1 et $+1$, et $\mathrm{F}_1(x)$ un polynôme du degré $n - 2$, qui peut être encore divisible par $x - \alpha$.

Considérons la fonction

$$f_1(x) = \{(x - \alpha)^2 - h^2\} \mathrm{F}_1(x),$$

où h est une quantité infiniment petite. Comme la valeur absolue de

$$(x - \alpha)^2 - h^2$$

est moindre que celle de

$$(x - \alpha)^2,$$

si x n'est pas compris entre

$$\alpha - h \text{ et } \alpha + h,$$

et la différence

$$(x - \alpha)^2 - \{(x - \alpha)^2 - h^2\}$$

est égale à h^2, l'intégrale

$$\int_{-1}^{+1} [f_1(x)]\, dx$$

est inférieure à l'intégrale

$$\int_{-1}^{+1} [f(x)]\, dx,$$

et leur différence est une quantité infiniment petite du second ordre par rapport à h; car les intégrales

$$\int_{\alpha-h}^{\alpha+h} [f(x)]\, dx, \quad \int_{\alpha-h}^{\alpha+h} [f_1(x)]\, dx$$

sont du troisième ordre.

Donc, en variant infiniment peu les coefficients de $f(x)$, on diminuera la valeur de l'intégrale

$$\int_{-1}^{+1} [f(x)]\, dx,$$

qui ne sera pas, par conséquent, minimum.

Ainsi toutes les racines de l'équation

$$f(x) = 0$$

sont réelles, inégales et comprises entre -1 et $+1$.

3. Soient

$$\alpha_1 < \alpha_2 < \alpha_3 < \cdots < \alpha_n$$

ces racines; on aura

$$\int_{-1}^{+1} [f(x)]\, dx = (-1)^n \left\{ \int_{-1}^{\alpha_1} f(x)\, dx - \int_{\alpha_1}^{\alpha_2} f(x)\, dx \right.$$

$$\left. + \int_{\alpha_2}^{\alpha_3} f(x)\, dx - \cdots + (-1)^n \int_{\alpha_n}^{1} f(x)\, dx \right\}.$$

En désignant, pour abréger, la formule

$$\int_{-1}^{\alpha_1}\varphi(x)\,dx-\int_{\alpha_1}^{\alpha_2}\varphi(x)\,dx+\int_{\alpha_2}^{\alpha_3}\varphi(x)\,dx-\ldots+(-1)^n\int_{\alpha_n}^{1}\varphi(x)\,dx$$

par

$$\mathrm{S}\varphi(x)\,dx,$$

il viendra

$$\int_{-1}^{+1}[f(x)]\,dx=(-1)^n\,\mathrm{S}f(x)\,dx.$$

L'intégrale

$$\int_{-1}^{+1}[f(x)]\,dx$$

peut être considérée comme fonction des coefficients

$$a_1,\ a_2,\ldots,\ a_n,$$

car les racines

$$\alpha_1,\ \alpha_2,\ldots,\ \alpha_n$$

en sont également des fonctions.

On déterminera les valeurs de

$$a_1,\ a_2,\ldots,\ a_n,$$

qui rendent l'intégrale

$$(-1)^n\,\mathrm{S}f(x)\,dx$$

minimum, par les équations

$$\frac{\partial \mathrm{S}f(x)\,dx}{\partial a_1}=0,\quad \frac{\partial \mathrm{S}f(x)\,dx}{\partial a_2}=0,\ldots,\quad \frac{\partial \mathrm{S}f(x)\,dx}{\partial a_n}=0,$$

d'après les règles connues du Calcul différentiel.

En effectuant les différentiations, on aura

$$\mathrm{S}x^{n-1}\,dx=0,\quad \mathrm{S}x^{n-2}\,dx=0,\ldots,\quad \mathrm{S}dx=0.$$

Ces équations, écrites dans l'ordre inverse, deviennent

$$(2)\qquad \begin{cases} \alpha_1 - \alpha_2 + \alpha_3 - \cdots \pm \alpha_n = \varepsilon_1, \\ \alpha_1^2 - \alpha_2^2 + \alpha_3^2 - \cdots \pm \alpha_n^2 = \varepsilon_2, \\ \dots\dots\dots\dots\dots\dots\dots\dots\dots, \\ \alpha_1^n - \alpha_2^n + \alpha_3^n - \cdots \pm \alpha_n^n = \varepsilon_n, \end{cases}$$

où, pour un indice quelconque λ, on a

$$\varepsilon_\lambda = \frac{(-1)^\lambda + (-1)^{n+1}}{2}.$$

4. Nous allons maintenant démontrer que les équations (2) ne peuvent être satisfaites que par un seul système de valeurs

$$\alpha_1, \ \alpha_2, \dots, \ \alpha_n,$$

dans lequel

$$\alpha_1 < \alpha_2 < \alpha_3 < \cdots < \alpha_n.$$

Supposant, en effet, qu'il y en ait deux

$$(3)\qquad \begin{cases} \alpha_1 < \alpha_2 < \alpha_3 < \cdots < \alpha_n, \\ \alpha_1' < \alpha_2' < \alpha_3' < \cdots < \alpha_n', \end{cases}$$

on aura aussi

$$\begin{aligned} &\alpha'_1 - \alpha'_2 + \alpha'_3 - \cdots \pm \alpha'_n = \varepsilon_1, \\ &\alpha'^2_1 - \alpha'^2_2 + \alpha'^2_3 - \cdots \pm \alpha'^2_n = \varepsilon_2, \\ &\dots\dots\dots\dots\dots\dots\dots\dots\dots, \\ &\alpha'^n_1 - \alpha'^n_2 + \alpha'^n_3 - \cdots \pm \alpha'^n_n = \varepsilon_n; \end{aligned}$$

donc il viendra

$$(4)\qquad \begin{cases} \alpha_1 + \alpha'_2 + \alpha_3 + \alpha'_4 + \cdots = \alpha'_1 + \alpha_2 + \alpha'_3 + \alpha_4 + \cdots, \\ \alpha_1^2 + \alpha'^2_2 + \alpha_3^2 + \alpha'^2_4 + \cdots = \alpha'^2_1 + \alpha_2^2 + \alpha'^2_3 + \alpha_4^2 + \cdots, \\ \dots\dots\dots\dots\dots\dots\dots\dots\dots\dots\dots\dots; \\ \alpha_1^n + \alpha'^n_2 + \alpha_3^n + \alpha'^n_4 + \cdots = \alpha'^n_1 + \alpha_2^n + \alpha'^n_3 + \alpha_4^n + \cdots. \end{cases}$$

Il en résulte que les deux suites

$$\begin{aligned} &\alpha_1, \ \alpha_2', \ \alpha_3, \ \alpha_4', \dots, \\ &\alpha_1', \ \alpha_2, \ \alpha_3', \ \alpha_4, \dots \end{aligned}$$

sont composées des mêmes quantités.

Cela devient évident en remarquant que chacune de ces suites contient les n racines d'une seule et même équation du degré n, ce qui résulte immédiatement des équations (4).

Cela admis, on voit sans difficulté que, en vertu des inégalités (3), on aura

$$\alpha_1 = \alpha_1', \quad \alpha_2 = \alpha_2', \ldots,$$

et les deux systèmes (3) sont identiques.

5. Nous ferons voir maintenant que la fonction $f(x)$ contient les seuls degrés pairs de x, lorsque n est pair, et les seuls degrés impairs, si n est impair.

En effet, le polynôme

$$(-1)^n f(-x),$$

étant de la forme

$$x^n + \ldots,$$

donne encore une solution de la question proposée, car on a

$$\int_{-1}^{+1} [f(x)]\, dx = \int_{-1}^{+1} [(-1)^n f(-x)]\, dx.$$

Donc les racines

$$-a_1, \quad -\alpha_2, \ldots, \quad -\alpha_n$$

de l'équation

$$f(-x) = 0$$

satisfont aux équations (2), et, d'après ce qui a été dit dans le n° 4, elles ne diffèrent que par l'ordre des quantités

$$\alpha_1, \ \alpha_2, \ldots, \ \alpha_n.$$

Comme on a

$$\alpha_1 < \alpha_2 < \cdots < \alpha_n,$$

il viendra

$$-\alpha_n < -\alpha_{n-1} < \cdots < -\alpha_1.$$

Il s'ensuit

$$\alpha_1 = -\alpha_n, \quad \alpha_2 = -\alpha_{n-1}, \ldots.$$

22

Ainsi on aura

$$f(x) = (-1)^n f(-x),$$

quel que soit x, et la proposition énoncée est démontrée.

6. Avant de chercher la solution des équations générales (2), considérons quelques cas particuliers.

Pour $n = 1$, on aura évidemment

$$f(x) = x.$$

Pour $n = 2$, on aura

$$\alpha_1 = -\alpha_2, \quad 2\alpha_1 = -1, \quad \alpha_1^2 - \alpha_2^2 = 0,$$

$$f(x) = x^2 - \frac{1}{4}.$$

Pour $n = 3$, on aura

$$\alpha_1 = -\alpha_3, \quad \alpha_2 = 0, \quad 2\alpha_1^2 = 1,$$

$$f(x) = x^3 - \frac{1}{2}x.$$

Pour $n = 4$, on obtient

$$\alpha_1 = -\alpha_4, \; \alpha_2 = -\alpha_3, \; 2(\alpha_1 - \alpha_2) = -1, \; 2(\alpha_1^3 - \alpha_2^3) = -1.$$

On trouve aisément une fonction

$$(x - \alpha_1)(x + \alpha_2),$$

quand les deux sommes

$$\alpha_1 - \alpha_2, \quad \alpha_1^3 - \alpha_2^3$$

sont données. En effet, il vient

$$(x - \alpha_1)(x + \alpha_2) = x^2 + \frac{1}{2}x - \frac{1}{4}$$

et, par suite,

$$(x + \alpha_1)(x - \alpha_2) = x^2 - \frac{1}{2}x - \frac{1}{4}.$$

Donc

$$f(x) = \left(x^2 + \frac{1}{2}x - \frac{1}{4}\right)\left(x^2 - \frac{1}{2}x - \frac{1}{4}\right) = x^4 - \frac{3}{4}x^2 + \frac{1}{16}.$$

Les résultats trouvés sont contenus dans cette formule générale

$$f(x) = \frac{1}{2^n} \frac{\sin\{(n+1)\arccos x\}}{\sqrt{1-x^2}},$$

que nous allons vérifier.

7. Soit u une fonction de x, qui, étant développée suivant les puissances descendantes de x, commence par le terme

$$\frac{A}{x},$$

où A est une constante différente de zéro. Soit encore $\varphi(x)$ une fonction entière du degré $n+1$, telle que, dans le produit

$$u\varphi(x)$$

développé suivant le puissances descendantes de x, les termes en

$$x^{-1}, \quad x^{-2}, \ldots, \quad x^{-(n+1)}$$

manquent. On aura

$$u\varphi(x) = \psi(x)(1+\varepsilon), \tag{5}$$

$\psi(x)$ étant une fonction entière du degré n et ε une fonction de la forme

$$\frac{B}{x^{2n+2}} + \frac{C}{x^{2n+3}} + \cdots.$$

Désignons par

$$c_1, \; c_2, \ldots, \; c_n$$

les n racines de l'équation

$$\psi(x) = 0.$$

Il viendra

$$\frac{\varphi(x)}{x-c_i} = \text{fonction entière} + \frac{\varphi(c_i)}{x} + \frac{c_i\varphi(c_i)}{x^2} + \frac{c_i^2\varphi(c_i)}{x^3} + \cdots,$$

et de là

$$\sum_{i=1}^{i=n} \frac{\varphi(x)}{x-c_i} = \varphi(x)\frac{\psi'(x)}{\psi(x)} = \text{fonction entière} \tag{6}$$

$$+ \frac{\Sigma\varphi(c_i)}{x} + \frac{\Sigma c_i\varphi(c_i)}{x^2} + \frac{\Sigma c_i^2\varphi(c_i)}{x^3} + \cdots.$$

Or de l'équation (5) on déduit

$$\frac{\varphi'(x)}{\varphi(x)} + \frac{u'}{u} = \frac{\psi'(x)}{\psi(x)} + \frac{\varepsilon'}{1+\varepsilon},$$

ou, ce qui revient au même,

$$\varphi'(x) + \varphi(x)\frac{u'}{u} = \varphi(x)\frac{\psi'(x)}{\psi(x)} + \frac{\varphi(x)\,\varepsilon'}{1+\varepsilon}.$$

La fonction

$$\frac{\varphi(x)\,\varepsilon'}{1+\varepsilon}$$

étant de la forme

$$\frac{k}{x^{n+2}} + \frac{l}{x^{n+3}} + \ldots,$$

il s'ensuit que les termes avec les puissances

$$x^{-1},\ x^{-2}, \ldots,\ x^{-(n+1)},$$

dans les développements des deux fonctions

$$\varphi(x)\frac{u'}{u}, \quad \varphi(x)\frac{\psi'(x)}{\psi(x)},$$

suivant les puissances descendantes de x, sont les mêmes.

Ainsi, en ayant égard à l'équation (6), on voit que les sommes

$$\Sigma\varphi(c_i), \quad \Sigma c_i\,\varphi(c_i), \quad \Sigma c_i^2\,\varphi(c_i), \ldots, \quad \Sigma c_i^n\,\varphi(c_i)$$

sont les coefficients des termes en

$$\frac{1}{x},\quad \frac{1}{x^2}, \ldots,\quad \frac{1}{x^{n+1}}$$

dans le développement de la fonction

$$\varphi(x)\frac{u'}{u}.$$

8. En faisant maintenant

$$u = \frac{1}{\sqrt{x^2-1}},$$

on aura

$$\varphi(x) = \frac{1}{2^n}\cos\{(n+1)\arc\cos x\},$$

$$\psi(x) = \frac{1}{2^n}\frac{\sin\{(n+1)\arc\cos x\}}{\sqrt{1-x^2}},$$

$$\varphi(x)\frac{u'}{u} = -x\frac{\varphi(x)}{x^2-1}.$$

En divisant $\varphi(x)$ par $x^2 - 1$, on aura une équation de la forme

$$\varphi(x) = (x^2-1)F(x) + Ax + B,$$

$F(x)$ étant une fonction entière.

On déterminera A et B en faisant dans cette équation

$$x = -1 \text{ et } x = +1;$$

il viendra

$$B - A = \frac{(-1)^{n+1}}{2^n}, \quad B + A = \frac{1}{2^n},$$

et, par suite,

$$B = \frac{1+(-1)^{n+1}}{2^{n+1}}, \quad A = \frac{1-(-1)^{n+1}}{2^{n+1}}.$$

On aura de plus

$$(7) \qquad \varphi(x)\frac{u'}{u} = -x\frac{\varphi(x)}{x^2-1} = -xF(x) - A - \frac{Bx+A}{x^2-1}$$

$$= -\left\{A + xF(x) + \frac{B}{x} + \frac{A}{x^2} + \frac{B}{x^3} + \frac{A}{x^4} + \frac{B}{x^5} + \frac{A}{x^6} + \ldots\right\}.$$

Les racines de l'équation

$$\psi(x) = 0$$

étant

$$\cos\frac{\pi}{n+1}, \quad \cos\frac{2\pi}{n+1}, \quad \cos\frac{3\pi}{n+1}, \ldots, \quad \cos\frac{n\pi}{n+1},$$

faisons

$$\alpha_i = \cos\frac{(n-i+1)\pi}{n+1},$$

et nous aurons

$$\alpha_1 < \alpha_2 < \alpha_3 < \cdots < \alpha_n,$$

$$\varphi(\alpha_i) = \frac{1}{2^n}(-1)^{n-i+1} = \frac{1}{2^n}(-1)^{n+i+1}.$$

En vertu de la proposition du n° 7, en ayant égard à l'équation (7), on voit que la somme

$$\Sigma\alpha_i^\lambda \varphi(\alpha_i) = -\frac{1}{2^n}(-1)^{n+1}\Sigma(-1)^{i-1}\alpha_i^\lambda$$

est égale à — B si le nombre entier λ est pair, et à — A si λ est impair.

On aura donc

$$-\frac{1}{2^n}(-1)^{n+1}\Sigma(-1)^{i-1}\alpha_i^\lambda = -\frac{1+(-1)^{n+1+\lambda}}{2^{n+1}},$$

car le second terme de cette équation se réduit à — B lorsque λ est pair, et à — A dans le cas contraire.

On déduit de là

$$\Sigma(-1)^{i-1}\alpha_i^\lambda = \frac{(-1)^\lambda + (-1)^{n+1}}{2} = \varepsilon_\lambda.$$

En faisant ici

$$\lambda = 1,\ 2,\ 3, \ldots,\ n,$$

on obtient les équations (2), et la formule

$$f(x) = \frac{1}{2^n}\,\frac{\sin\{(n+1)\arccos x\}}{\sqrt{1-x^2}}$$

est vérifiée.

9. Dans ce qui précède, nous avons donné la solution complète de la question que nous nous étions proposée. Comme elle a été trouvée par induction, il ne sera pas sans intérêt de la vérifier d'une manière plus directe.

En reprenant les équations

$$\mathrm{S}dx = 0,\quad \mathrm{S}x\,dx = 0,\quad \mathrm{S}x^2\,dx = 0, \ldots,\quad \mathrm{S}x^{n-1}\,dx = 0$$

du n° 3, dont la solution comprend celle de la question proposée, on voit facilement que le développement de l'intégrale

$$\mathrm{S}\frac{dz}{x-z}=\frac{\mathrm{S}dz}{x}+\frac{\mathrm{S}z\,dz}{x^2}+\frac{\mathrm{S}z^2\,dz}{x^3}+\ldots$$

doit commencer, en vertu de ces équations, par le terme

$$\frac{\mathrm{S}z^n\,dz}{x^{n+1}}.$$

Supposons, en premier lieu, n impair. En faisant, pour abréger,

$$\mathrm{U}=(x-\alpha_2)(x-\alpha_4)\ldots(x-\alpha_{n-1}),$$
$$\mathrm{V}=(x-\alpha_1)(x-\alpha_3)\ldots(x-\alpha_n),$$

on aura facilement, en effectuant l'intégration,

$$\mathrm{S}\frac{dz}{x-z}=\log\frac{\mathrm{U}^2(x^2-1)}{\mathrm{V}^2}=\log\left\{1+\frac{(x^2-1)\,\mathrm{U}^2-\mathrm{V}^2}{\mathrm{V}^2}\right\}.$$

Pour que le développement de

$$\mathrm{S}\frac{dz}{x-z}$$

commence par le terme

$$\frac{\mathrm{S}z^n\,dz}{x^{n+1}},$$

il faut que celui de la fonction

$$\frac{(x^2-1)\,\mathrm{U}^2-\mathrm{V}^2}{\mathrm{V}^2}$$

soit de la forme

$$\frac{\mathrm{A}}{x^{n+1}}+\frac{\mathrm{B}}{x^{n+2}}+\ldots$$

Or, V^2 étant un polynôme du degré $n+1$, il faut que la différence

$$(x^2-1)\,\mathrm{U}^2-\mathrm{V}^2$$

ait une valeur constante.

On aura ainsi l'équation indéterminée

$$(x^2-1)U^2-V^2=\text{const.}$$

En faisant $x=\cos\varphi$, on tire de là, par des méthodes connues,

$$U=\pm C\frac{\sin\left(\frac{n+1}{2}\varphi\right)}{\sin\varphi},$$

$$V=\pm C\cos\left(\frac{n+1}{2}\varphi\right),$$

$$f(x)=UV=\pm\frac{1}{2}C^2\frac{\sin(n+1)\varphi}{\sin\varphi},$$

C'étant une constante. Comme la fonction $f(x)$ est de la forme

$$x^n+a_1x^{n-1}+\cdots,$$

il viendra

$$\pm\frac{1}{2}C^2=\frac{1}{2^n}.$$

Ainsi, pour n impair, on a

$$f(x)=\frac{1}{2^n}\frac{\sin\{(n+1)\arccos x\}}{\cos x},$$

Soit, en second lieu, n pair. En faisant maintenant

$$U=(x-\alpha_2)(x-\alpha_4)\ldots.(x-\alpha_n),$$

$$V=(x-\alpha_1)(x-\alpha_3)\ldots.(x-\alpha_{n-1}),$$

on aura

$$S\frac{dz}{x-z}=\log\frac{(x+1)U^2}{(x-1)V^2}=\log\left\{1+\frac{(x+1)U^2-(x-1)V^2}{(x-1)V^2}\right\}.$$

En remarquant, comme précédemment, que le développement de

$$S\frac{dz}{x-z}$$

doit commencer par le terme

$$\frac{Sz^n\,dz}{x^{n+1}},$$

et que le polynôme $(x-1)V^2$ est du degré $n+1$, on conclura que la différence

$$(x+1)U^2-(x-1)V^2$$

est une constante.

On aura de la sorte

$$(x+1)U^2-(x-1)V^2=\text{const.}$$

En faisant $x=\cos\varphi$, on tire de là, sans difficulté,

$$U=\pm C\frac{\cos\left(\frac{n+1}{2}\varphi\right)}{\cos\frac{\varphi}{2}},\quad V=\pm C\frac{\sin\left(\frac{n+1}{2}\varphi\right)}{\sin\frac{\varphi}{2}},$$

$$f(x)=UV=\pm C^2\frac{\sin(n+1)\varphi}{\sin\varphi},$$

où C est une constante.

On trouve encore

$$\pm C^2=\frac{1}{2^n},$$

et l'on aura, comme dans le cas précédent,

$$f(x)=\frac{1}{2^n}\frac{\sin\{(n+1)\arccos x\}}{\sqrt{1-x^2}}.$$

10. Notre fonction $f(x)$ appartient à une classe de polynômes qu'on peut définir comme il suit:

Considérons l'intégrale

$$u=\int_{-1}^{+1}\frac{F(z)\,dz}{x-z},$$

où $F(z)$ est une fonction réelle et positive entre les limites $z=-1$ et $z=+1$, et soient $\psi(x)$ et $\varphi(x)$ deux fonctions entières, dont la dernière du degré m, telles que la différence

$$u\varphi(x)-\psi(x),$$

développée suivant les puissances descendantes de x, soit de la forme

$$\frac{A}{x^{m+1}} + \frac{B}{x^{m+2}} + \cdots$$

Les fonctions $\varphi(x)$ et $\psi(x)$ constituent deux classe de polynômes, et $f(x)$ appartient à la seconde. En effet, si l'on suppose

$$F(z) = \frac{1}{\sqrt{1-z^2}}, \quad m = n + 1,$$

le polynôme $\psi(x)$ correspondant ne diffère de $f(x)$ que par un facteur constant. Les propriétés des fonctions $\varphi(x)$ ont été étudiées par plusieurs géomètres; celles des polynômes $\psi(x)$ sont jusqu'à présent très-peu connues.

Nous allons démontrer la propriété fondamentale des fonctions $\psi(x)$, qui consiste en ce que *les racines de l'équation*

$$\psi(x) = 0$$

sont réelles, inégales et comprises entre -1 et $+1$. On sait, par la théorie de l'intégrale u, que les racines de l'équation

$$\varphi(x) = 0$$

ont également cette propriété.

Nous empruntons à cette théorie les équations

$$(8) \quad \left\{ \begin{array}{l} \int_{-1}^{+1} \varphi(z) F(z) \, dz = 0, \\ \int_{-1}^{+1} z\varphi(z) F(z) \, dz = 0, \\ \dots\dots\dots\dots\dots, \\ \int_{-1}^{+1} z^{m-1} \varphi(z) F(z) \, dz = 0, \end{array} \right.$$

$$\psi(x) = \int_{-1}^{+1} \frac{\varphi(x) - \varphi(z)}{x - z} F(z)\, dz, \tag{9}$$

sur lesquelles sera fondée notre démonstration.

Désignons par $\nu(x)$ la fonction entière

$$\frac{\varphi(x)}{x - \alpha} = A_0 x^{m-1} + A_1 x^{m-2} + \cdots + A_{m-1},$$

$x - \alpha$ étant un des facteurs de $\varphi(x)$.

Soient encore

$$C_0 = \int_{-1}^{+1} \nu(z) F(z)\, dz,$$

$$C_1 = \int_{-1}^{+1} z\nu(z) F(z)\, dz,$$

. . . .

$$C_m = \int_{-1}^{+1} z^m \nu(z) F(z)\, dz.$$

On a entre les C_i des relations simples exprimées par les équations

$$C_i = \alpha C_{i-1} \; (i = 1, 2, 3, \ldots, m),$$

car il est évident que la différence

$$C_i - \alpha C_{i-1} = \int_{-1}^{+1} z^{i-1} (z - \alpha) \nu(z) F(z)\, dz = \int_{-1}^{+1} z^{i-1} \varphi(z) F(z)\, dz$$

s'annule en vertu des équations (8). On obtient de la sorte

$$C_1 = \alpha C_0, \quad C_2 = \alpha C_1 = \alpha^2 C_0, \ldots, \quad C_m = \alpha^m C_0,$$

En multipliant les équations

$$C_{m-1} = \alpha^{m-1} C_0 = \int_{-1}^{+1} z^{m-1} \nu(z) F(z) dz,$$

$$C_{m-2} = a^{m-2} C_0 = \int_{-1}^{+1} z^{m-2} \nu(z) F(z) dz,$$

$$\ldots\ldots\ldots\ldots\ldots\ldots\ldots\ldots\ldots,$$

$$C_1 = \alpha C_0 \qquad = \int_{-1}^{+1} z\nu(z) F(z) dz,$$

$$C_0 = \ C_0 \qquad = \int_{-1}^{+1} \nu(z) F(z) dz$$

respectivement par les coefficients

$$A_0, \quad A_1, \ldots, \quad A_{m-2}, \quad A_{m-1}$$

de la fonction $\nu(z)$, on aura

$$C_0 \nu(\alpha) = C_0 \varphi'(\alpha) = \int_{-1}^{+1} \{\nu(z)\}^2 F(z) dz = \psi(\alpha) \varphi'(\alpha);$$

car on a évidemment, d'après (9),

$$C_0 = \int_{-1}^{+1} \nu(z) F(z) dz = \int_{-1}^{+1} \frac{\varphi(z)}{z - x} F(z) dz = \psi(\alpha).$$

L'intégrale

$$\int_{-1}^{+1} \{\nu(z)\}^2 F(z) dz$$

étant positive, on en conclut que $\psi(\alpha)$ et $\varphi'(\alpha)$ sont des quantités de même signe.

Il s'ensuit, en vertu du théorème connu de Rolle, que les racines de l'équation

$$\psi(x) = 0$$

sont réelles, inégales et comprises entre -1 et $+1$, chaque racine en particulier étant comprise entre deux racines consécutives de l'équation $\varphi(x) = 0$.

9.

SUR LES FORMES

QUADRATIQUES POSITIVES.

(PAR A. KORKINE ET G. ZOLOTAREFF; MATHEMATISCHE ANNALEN.

BAND XI, 1877).

Dans nos recherches sur les formes quadratiques, nous avons rencontré et défini les formes que nous nommons *extrêmes*. La question sur la détermination précise de la limite des minima des formes quadratiques se réduit à la recherche d'une forme extrême au plus grand minimum. Or il est facile de voir que d'autres questions fondamentales de la théorie des formes quadratiques dépendent aussi de l'étude de telles formes.

A cet effet, et pour compléter les recherches que nous avons déjà publiées, nous nous sommes proposé de donner dans ce Mémoire, avec quelques propriétés fondamentales de ces formes, toutes les formes extrêmes binaires, ternaires, quaternaires et à cinq variables.

Notre Mémoire est divisé en deux chapitres:

Dans le premier, nous considérons principalement les formes à un nombre quelconque de variables.

Le second est consacré aux formes à cinq variables.

Chapitre premier.

1. Rappelons d'abord la définition des formes extrêmes.

Nous nommons *extrême* une forme quadratique positive si son minimum est diminué, lorsqu'on attribue aux coefficients des accroissements infiniment petits, tels que la valeur du déterminant de la forme reste invariable. Il est clair que toutes les formes équivalentes à une forme extrême sont aussi des formes extrêmes. Nous considérons, dans ce qui suit, toute la classe de formes — équivalentes comme une seule forme.

Quoique la définition que nous venons de donner exprime la propriété caractéristique des formes extrêmes par laquelle elles sont complétement déterminées, toutefois la recherche de ces formes pour un nombre donné de variables présente de grandes difficultés.

Elle demande, en effet, une étude étendue des propriétés des valeurs entières des variables pour lesquelles la forme reçoit la valeur minimum.

Quelles que soient, d'ailleurs, les difficultés de la recherche, la question des formes extrêmes est cependant la première qu'on puisse se proposer dans la théorie des formes quadratiques.

Les formes binaires et ternaires qui ont été étudiées sont si peu compliquées en comparaison avec les autres, où le nombre de variables est plus grand, que la recherche des formes extrêmes ne s'est point présentée dans leur théorie comme une question séparée; mais elle entrait implicitement dans la réduction de ces formes. Or, si l'on suivait la même voie dans l'étude des formes avec un nombre de variables un peu considérable, il faudrait établir des tables avec un nombre énorme d'inégalités, qui déterminent la forme réduite dans des cas donnés.

Si même on n'avait aucune peine à former ces inégalités, il faudrait néanmoins abandonner tout espoir d'en tirer des conclusions semblables à celles qui ont été déduites pour les formes binaires et ternaires. Or la composition même de ces inégalités demande la connaissance des propriétés des valeurs entières des variables pour lesquelles la forme est la plus petite possible, ce qui constitue la partie la plus essentielle dans la recherche des formes extrêmes. Quand une forme est donnée, on peut facilement reconnaître si elle est extrême ou non, par une méthode que nous allons appliquer à trois formes:

$$U_n = 2\sqrt[n]{\frac{D}{n+1}}\,[x_1^2 + x_2^2 + \cdots + x_n^2 + x_1 x_2 + x_1 x_3 + \cdots + x_{n-1} x_n],$$

$$V_n = \sqrt[n]{2^{n-2}D}\ [x_1^2 + x_2^2 + \cdots + x_n^2 + x_1 x_3 + x_1 x_4 + \cdots$$
$$+ x_2 x_3 + \cdots + x_{n-1} x_n],$$

$$Z = \sqrt[5]{\frac{2^9}{3^4}D}\left[x_1^2 + x_2^2 + x_3^2 + x_4^2 + x_5^2 - \frac{1}{2}x_1 x_2 - \frac{1}{2}x_1 x_3\right.$$
$$- \frac{1}{2}x_1 x_4 - \frac{1}{2}x_1 x_5 + \frac{1}{2}x_2 x_3 + \frac{1}{2}x_2 x_4 - x_2 x_5$$
$$\left. + \frac{1}{2}x_3 x_4 - x_3 x_5 - x_4 x_5\right].$$

Ce sont les seules formes extrêmes dont nous aurons à nous occuper dans ce Mémoire.

2. Considérons d'abord la forme U_n. Son minimum s'obtient,

1°. Lorsque $x_i = 1$, $x_1 = x_2 = \cdots = x_{i-1} = x_{i+1} = \cdots = x_n = 0$. Cela nous donne n représentations, i étant un des nombres $1, 2, 3, \ldots, n$.

2°. Lorsque $x_i = 1$, $x_k = -1$, les autres x étant égaux à zéro. Nous obtenons de cette manière $\frac{n(n-1)}{2}$ représentations, les nombres i et k étant différents entre eux et compris dans la suite $1, 2, 3, \ldots, n$ *).

Considérons avec U_n une forme f de même déterminant $-D$ telle que la différence $f - U_n$ soit une forme quadratique à coefficients infiniment petits. Une telle forme f peut être écrite comme il suit:

$$f = 2\sqrt[n]{\frac{D}{n+1}}\ [(1+\alpha_{11})x_1^2 + (1+\alpha_{22})x_2^2 + \cdots + (1+\alpha_{n,n})x_n^2$$
$$+ (1+\alpha_{12})x_1 x_2 + (1+\alpha_{13})x_1 x_3 + \cdots$$
$$+ (1+\alpha_{n-1,n})x_{n-1} x_n].$$

Ici les quantités α_{ii} et $\alpha_{ik} = \alpha_{ki}$ sont infiniment petites ou zéros.

*) Les autres représentations en nombre $\frac{n(n+1)}{2}$, qui s'obtiennent de celles que nous donnons ici par le changement des signes de toutes les variables, ne nous étant point nécessaires, nous en faisons abstraction.

Nous exceptons le cas dans lequel tous les α sont égaux à zéro, car on aura alors identiquement $f = U_n$.

En égalant le déterminant de f à $-D$, on aura, après les réductions,

$$(1)\quad n(\alpha_{11}+\alpha_{22}+\cdots+\alpha_{nn})-(\alpha_{12}+\alpha_{13}+\alpha_{23}+\cdots+\alpha_{n-1,n})+\Omega=0,$$

Ω étant la somme des termes dont chacun est infiniment petit en comparaison avec quelques-unes des quantités α. Donnons maintenant une autre forme à l'équation (1).

Supposons d'abord que, pour

$$x_i = 1,\ x_1 = x_2 = \cdots = x_{i-1} = x_{i+1} = \cdots = x_n = 0,$$

la forme f devienne égale à

$$(2)\qquad 2\sqrt[n]{\frac{D}{n+1}}\,(1+\omega_{ii}),$$

de sorte que $\omega_{ii} = \alpha_{ii}$.

Supposons ensuite que, pour $x_i = 1$, $x_k = -1$, les autres x égaux à zéro, la forme f devienne

$$(3)\qquad 2\sqrt[n]{\frac{D}{n+1}}\,(1+\omega_{ik}),$$

de sorte que $\omega_{ik} = \omega_{ki} = \alpha_{ii} + \alpha_{kk} - \alpha_{ik}$.

En désignant maintenant par $\Sigma\omega$ la somme de toutes les quantités ω_{ii} et ω_{ik} en nombre $\frac{n(n+1)}{2}$, nous aurons facilement

$$\Sigma\omega = n(\alpha_{11}+\alpha_{22}+\cdots+\alpha_{nn})-(\alpha_{12}+\alpha_{13}+\alpha_{23}+\cdots+\alpha_{n-1,n}).$$

Cela nous conduit à cette forme de l'équation (1)

$$(4)\qquad \Sigma\omega + \Omega = 0.$$

Les quantités ω ne peuvent pas être égales à zéro toutes ensemble, car il s'ensuivrait que tous les α seraient égaux à zéro et nous avons fait abstraction de ce cas. Il est évident, de ce que nous avons dit de Ω, que, parmi les quantités ω, quelques-unes sont négatives et les autres positives, car il serait impossible de satisfaire à l'équation (4) dans une autre supposition.

Supposons que ω_{ii} soit négatif. Alors la valeur (2) de la forme f sera moindre que $2\sqrt[n]{\frac{D}{n+1}}$.

Si maintenant ω_{ik} est négatif, alors la valeur (3) de f sera moindre que $2\sqrt[n]{\frac{D}{n+1}}$. Ainsi, dans tous les cas, il y a une valeur de f plus petite que le minimum de U_n. Il s'ensuit que le minimum de f est, *à fortiori*, inférieur à celui de U_n.

Donc le minimum de toute forme de déterminant $-D$, obtenue de U_n par des variations infiniment petites des coefficients est moindre que celui de U_n, et par conséquent U_n est une forme extrême.

3. Passons maintenant à la forme V_n. Son minimum s'obtient:

1°. Lorsque $x_i = 1$, les autres x sont égaux à zéro

$$i = 1, 2, \ldots n.$$

2°. Lorsque $x_i = 1$, $x_k = -1$; les autres x sont égaux à zéro, i et k étant deux nombres différents pris de la suite $1, 2, 3, \ldots, n$, la combinaison $i = 1$, $k = 2$ exceptée.

3°. Lorsque $x_1 = -1$, $x_2 = -1$, $x_i = 1$, $i = 3, 4, \ldots, n$; les autres x sont égaux à zéro.

4°. Lorsque $x_1 = -1$, $x_2 = -1$, $x_i = 1$, $x_k = 1$; les autres x sont nuls, i et k étant deux nombres différents de la suite $3, 4, \ldots, n$.

Considérons avec V_n une autre forme f du même déterminant $-D$ et telle que la différence $f - V_n$ soit une forme dont tous les coefficients soient infiniment petits. La forme f peut être représentée comme il suit:

$$f = \sqrt[n]{2^{n-2}D}\,[(1+\alpha_{11})x_1^2 + (1+\alpha_{22})x_2^2 + \cdots + (1+\alpha_{nn})x_n^2 + \alpha_{12}x_1x_2 \\ + (1+\alpha_{13})x_1x_3 + (1+\alpha_{23})x_2x_3 + \cdots + (1+\alpha_{n-1,n})x_{n-1}x_n];$$

les quantités α_{ii} et α_{ik} sont des infiniment petits ou zéros.

En exprimant que le déterminant de f est égal à $-D$, il viendra, après quelques réductions,

$$(1)\quad n(\alpha_{11}+\alpha_{22})+4(\alpha_{33}+\alpha_{44}+\cdots+\alpha_{nn})+(n-2)\alpha_{12}$$
$$-2(\alpha_{13}+\alpha_{14}+\cdots+\alpha_{1n})$$
$$-2(\alpha_{23}+\alpha_{24}+\cdots+\alpha_{2n})+\Omega=0,$$

Ω étant la somme des termes qui sont infiniment petits par rapport à *quelques-unes* des quantités α.

Maintenant nous allons donner une autre forme à l'équation (1) et, dans ce but, nous supposerons que:

1°. x_i étant égal à l'unité et les autres x à zéro, la valeur de f soit

$$\sqrt[n]{2^{n-2}D}(1+\omega_{ii}),$$

de sorte que $\omega_{ii}=\alpha_{ii}$;

2°. x_i étant égal à -1, x_k à $+1$ et les autres x à zéro, la valeur de f soit

$$\sqrt[n]{2^{n-2}D}(1+\omega_{ik}),$$

de sorte que $\omega_{ik}=\alpha_{ii}+\alpha_{kk}-\alpha_{ik}$, la combinaison $i=1$, $k=2$ étant exceptée;

3°. x_1 et x_2 étant égaux à -1, x_i à $+1$ et les autres x à zéro, la valeur de f soit

$$\sqrt[n]{2^{n-2}D}(1+\varepsilon_i)$$
$$(i=3,\ 4,\ldots,\ n),$$

de manière que $\varepsilon_i=\alpha_{11}+\alpha_{22}+\alpha_{ii}+\alpha_{12}-\alpha_{1i}-\alpha_{2i}$;

4°. x_1 et x_2 étant égaux à -1, x_i et x_k à $+1$ et les autres x à zéro, la valeur de f soit

$$\sqrt[n]{2^{n-2}D}(1+\varepsilon_{ik}),$$

de sorte que $\varepsilon_{ik}=\alpha_{11}+\alpha_{22}+\alpha_{ii}+\alpha_{kk}+\alpha_{12}-\alpha_{1i}-\alpha_{1k}-\alpha_{2i}-\alpha_{2k}+\alpha_{ik}$.

Maintenant, en ajoutant toutes les équations,

$$\omega_{ii} = \alpha_{ii},$$

$$\omega_{ik} = \alpha_{ii} + \alpha_{kk} - \alpha_{ik},$$

$$\varepsilon_i = \alpha_{11} + \alpha_{22} + \alpha_{ii} + \alpha_{12} - \alpha_{1i} - \alpha_{2i},$$

$$\varepsilon_{ik} = \alpha_{11} + \alpha_{22} + \alpha_{ii} + \alpha_{kk} + \alpha_{12} - \alpha_{1i} - \alpha_{1k} - \alpha_{2i} - \alpha_{2k} + \alpha_{ik},$$

on aura

$$\begin{aligned}\Sigma\omega_{ii} + \Sigma\omega_{ik} + \Sigma\varepsilon_i + \Sigma\varepsilon_{ik} \\ = \frac{n-1}{2}\Big(n(\alpha_{11}+\alpha_{22}) + 4(\alpha_{33}+\alpha_{44}+\cdots+\alpha_{nn}) + (n-2)\alpha_{12} \\ - 2(\alpha_{13}+\alpha_{14}+\cdots+\alpha_{1n}) \\ - 2(\alpha_{23}+\alpha_{24}+\cdots+\alpha_{2n})\Big).\end{aligned}$$

Par conséquent l'équation (1) prend la forme

$$\Sigma\omega_{ii} + \Sigma\omega_{ik} + \Sigma\varepsilon_i + \Sigma\varepsilon_{ik} + \frac{n-1}{2}\,\Omega = 0.$$

Il résulte de là, comme précédemment pour la forme U_n, que la forme V_n est extrême.

4. Discutons de la même manière la forme

$$\begin{aligned}Z = \sqrt[5]{\frac{2^9 D}{3^4}}\Big[x_1^2 + x_2^2 + x_3^2 + x_4^2 + x_5^2 - \frac{1}{2}x_1x_2 - \frac{1}{2}x_1x_3 - \frac{1}{2}x_1x_4 \\ - \frac{1}{2}x_1x_5 + \frac{1}{2}x_2x_3 + \frac{1}{2}x_2x_4 - x_2x_5 + \frac{1}{2}x_3x_4 - x_3x_5 - x_4x_5\Big] \\ = \sqrt[5]{\frac{2^9 D}{3^4}}\Big[\Big(x_5 - \frac{x_2+x_3+x_4}{2} - \frac{x_1}{4}\Big)^2 + \frac{3}{4}\Big(x_2 - \frac{x_1}{2}\Big)^2 + \frac{3}{4}\Big(x_3 - \frac{x_1}{2}\Big)^2 \\ + \frac{3}{4}\Big(x_4 - \frac{x_1}{2}\Big)^2 + \frac{3}{8}x_1^2\Big].\end{aligned}$$

Ayant Z en forme d'une somme de carrés, il est facile de trouver les représentations de son minimum. Elles sont contenues dans la table suivante:

x_1	x_2	x_3	x_4	x_5
1	0	0	0	0
0	1	0	0	0
0	0	1	0	0
0	0	0	1	0
0	0	0	0	1
0	1	0	0	1
0	0	1	0	1
0	0	0	1	1
1	1	0	0	1
1	0	1	0	1
1	0	0	1	1
1	1	1	0	1
1	1	0	1	1
1	0	1	1	1
1	1	1	1	2

Chaque ligne contient une représentation du minimum de Z; par exemple, dans la dernière ligne, figure la représentation

$$x_1 = 1, \quad x_2 = 1, \quad x_3 = 1, \quad x_4 = 1, \quad x_5 = 2.$$

Pour démontrer que Z est une forme extrême, considérons la forme

$$f = \sqrt[5]{\frac{2^9 D}{3^4}} \Big[(1 + \alpha_{11}) x_1^2 + (1 + \alpha_{22}) x_2^2 + (1 + \alpha_{33}) x_3^2 + (1 + \alpha_{44}) x_4^2$$
$$+ (1 + \alpha_{55}) x_5^2 + \left(-\frac{1}{2} + \alpha_{12}\right) x_1 x_2 + \left(-\frac{1}{2} + \alpha_{13}\right) x_1 x_3$$
$$+ \left(-\frac{1}{2} + \alpha_{14}\right) x_1 x_4 + \left(-\frac{1}{2} + \alpha_{15}\right) x_1 x_5 + \left(\frac{1}{2} + \alpha_{23}\right) x_2 x_3$$
$$+ \left(\frac{1}{2} + \alpha_{24}\right) x_2 x_4 + (-1 + \alpha_{25}) x_2 x_5 + \left(\frac{1}{2} + \alpha_{34}\right) x_3 x_4$$
$$+ (-1 + \alpha_{35}) x_3 x_5 + (-1 + \alpha_{45}) x_4 x_5 \Big],$$

toutes les quantités α étant infiniment petites.

Désignons maintenant par

$$\sqrt[5]{\frac{2^9 D}{3^4}}(1+\omega_1), \quad \sqrt[5]{\frac{2^9 D}{3^4}}(1+\omega_2), \ldots, \quad \sqrt[5]{\frac{2^9 D}{3^4}}(1+\omega_{15})$$

les valeurs de f qui s'obtiennent en attribuant aux variables successivement les quinze systèmes de valeurs contenues dans la table qui précède.

En exprimant que le déterminant de f est égal à celui de Z, on aura, après quelques réductions,

$$(1) \quad 7\alpha_{55}+3\alpha_{22}+3\alpha_{33}+3\alpha_{44}+4\alpha_{11}+3\alpha_{25}+3\alpha_{35}+3\alpha_{45}+4\alpha_{15}$$
$$+\alpha_{23}+\alpha_{24}+\alpha_{34}+2\alpha_{12}+2\alpha_{13}+2\alpha_{14}+\Omega=0,$$

Ω désignant la somme des termes dont chacun est infiniment petit par rapport à quelques-unes des quantités $\alpha_{11}, \alpha_{22}, \ldots, \alpha_{15}$. D'après la définition des quantités $\omega_1, \omega_2, \ldots, \omega_{15}$, il viendra

$$\frac{1}{2}\Sigma\omega = 7\alpha_{55}+3\alpha_{22}+3\alpha_{33}+3\alpha_{44}+4\alpha_{11}+3\alpha_{25}+3\alpha_{35}+3\alpha_{45}$$
$$+4\alpha_{15}+\alpha_{23}+\alpha_{24}+\alpha_{34}+2\alpha_{12}+2\alpha_{13}+2\alpha_{14},$$

de sorte que l'équation (1) prendra la forme

$$\Sigma\omega+2\Omega=0.$$

Donc, etc.

5. La méthode que nous avons appliquée aux formes U_n, V_n et Z peut être employée toutes les fois qu'on demande si une forme donnée est extrême ou non. Mais il faut recourir à d'autres moyens si l'on a à trouver toutes les formes extrêmes pour un nombre donné de variables.

Dans notre Mémoire *Sur les formes quadratiques* *), nous avons énoncé un théorème concernant le nombre de représentations du minimum d'une forme extrême. Ce nombre ne peut être inférieur à $\frac{n(n+1)}{2}$. On peut facilement vérifier cette proposition

*) *Mathematische Annalen* VI. Band, S. 366.

pour toutes les formes extrêmes que nous y avons données. Comme elle est fondamentale pour nous, nous en donnerons la démonstration. Soit

$$f = \Sigma a_{ik} x_i x_k$$

une forme de déterminant $-D$.

Désignons les différentes représentations du minimum M de f comme il suit:

$$(1)\qquad \begin{cases} \dfrac{x_1 \; x_2 \; \ldots\ldots \; x_n}{p_1 \; p_2 \; \ldots\ldots \; p_n} \\ q_1 \; q_2 \; \ldots\ldots \; q_n \\ \ldots\ldots\ldots\ldots \\ r_1 \; r_2 \; \ldots\ldots \; r_n. \end{cases}$$

Supposons que cette table ne renferme pas au moins $\frac{n(n+1)}{2}$ représentations, qui déterminent complétement la forme f, son minimum étant donné.

Cela posé, nous allons démontrer qu'en faisant varier infiniment peu les coefficients de f, on obtient une forme de même déterminant et dont le minimum surpasse celui de f.

En exprimant que la table (1) contient les représentations du nombre M, on aura les équations

$$(2)\qquad \Sigma p_i p_k a_{ik} = M, \quad \Sigma q_i q_k a_{ik} = M, \ldots\ldots$$

La supposition que ces représentations ne déterminent pas la forme f consiste en ce que les équations (2) avec inconnues a_{ik} ont un nombre infini de solutions.

Il suit de là que les équations

$$\Sigma p_i p_k \lambda_{ik} = 0, \ldots\ldots$$

peuvent être satisfaites par les valeurs λ_{ik} qui ne s'annulent pas toutes à la fois. De telles valeurs λ_{ik} étant trouvées, considérons la forme

$$f + \varepsilon\varphi,$$

ε désignant une quantité infiniment petite et φ la forme

$$\Sigma\lambda_{ik} x_i x_k.$$

La forme

$$f + \varepsilon\varphi$$

devient minimum pour les mêmes valeurs (1) des variables que f; mais, pour ces valeurs, la forme φ s'annule; par conséquent le minimum de $f + \varepsilon\varphi$ sera aussi égal à M, comme celui de f.

Faisons voir que le déterminant de $f + \varepsilon\varphi$, pour la valeur convenable de ε, devient inférieur à D en valeur absolue. Désignons-le par $-D'$; on a

$$D' = D + \varepsilon\left(\frac{dD}{da_{11}}\lambda_{11} + \frac{dD}{da_{22}}\lambda_{22} + \cdots + \frac{dD}{da_{nn}}\lambda_{nn} + \frac{dD}{da_{12}}\lambda_{12} + \frac{dD}{da_{13}}\lambda_{13} + \cdots + \frac{dD}{da_{n-1,n}}\lambda_{n-1,n}\right) + \Omega,$$

Ω étant la somme de termes des ordres supérieurs au premier par rapport à ε.

Il y a ici deux cas à distinguer:

1°. Lorsque l'expression

$$P = \frac{dD}{da_{11}}\lambda_{11} + \frac{dD}{da_{22}}\lambda_{22} + \cdots + \frac{dD}{da_{n-1,n}}\lambda_{n-1,n}$$

diffère de zéro;

2°. Lorsque

$$P = 0.$$

Dans le premier cas, ε étant pris avec le signe contraire à celui de P, on voit immédiatement que

$$D' = D + \varepsilon P + \Omega < D.$$

Dans le second cas, lorsque $P = 0$, représentons Ω sous la forme

$$\Omega = K\frac{\varepsilon^2}{2} + \Omega_1,$$

K étant indépendant de ε et Ω_1 une quantité infiniment petite par rapport à ε^2.

Cela posé, nous faisons voir que le coefficient

$$K = \frac{d^2 D}{da_{11}^2} \lambda_{11}^2 + 2 \frac{d^2 D}{da_{12} da_{13}} \lambda_{12} \lambda_{13} + \cdots$$

est négatif.

A cet effet, considérons l'expression

$$P^2 - DK,$$

qui est, comme on sait, l'invariant simultané des deux formes f et φ. Transformons dans f et φ les variables par une même transformation linéaire dont le déterminant est égal à l'unité. Soient $z_1, z_2, \ldots, z_n$ les nouvelles variables.

La transformation mentionnée peut être choisie de sorte que f devienne

$$f = \alpha_{11} z_1^2 + \alpha_{22} z_2^2 + \cdots + \alpha_{nn} z_n^2.$$

Supposons que φ prenne la forme

$$\varphi = \Sigma \mu_{ik} z_i z_k.$$

Composons maintenant, pour la nouvelle forme de f et φ, l'expression $P^2 - DK$. Nous aurons facilement

$$P^2 - DK = D^2 \left[\left(\frac{\mu_{11}}{\alpha_{11}}\right)^2 + \left(\frac{\mu_{22}}{\alpha_{22}}\right)^2 + \cdots + \left(\frac{\mu_{nn}}{\alpha_{nn}}\right)^2 + 2 \frac{\mu_{12}^2}{\alpha_{11}\alpha_{22}} + 2 \frac{\mu_{13}^2}{\alpha_{11}\alpha_{33}} + \cdots + 2 \frac{\mu_{n-1,n}^2}{\alpha_{n-1,n-1}\alpha_{n,n}} \right].$$

On voit de là que $P^2 - DK$ est positif, car a_{ii} sont tous positifs. Or de l'inégalité

$$P^2 - DK > 0,$$

à cause de l'équation

$$P = 0,$$

on déduit que K est négatif. Dans le cas considéré, on a

$$D' = D + K \frac{\varepsilon^2}{2} + \Omega,$$

et il suit de là que $D' < D$.

Ainsi on peut supposer, dans l'un et l'autre cas,

$$D' = D(1-\eta), \quad \eta > 0.$$

Alors la forme

$$\frac{f+\varepsilon\varphi}{\sqrt[n]{1-\eta}}$$

aura le déterminant $-D$ et le minimum $\frac{M}{\sqrt[n]{1-\eta}} > M.$

Donc le minimum de la forme f peut être augmenté par des variations infiniment petites des coefficients qui laissent la valeur du déterminant invariable.

Par conséquent, si une forme est telle que son minimum ne puisse être augmenté de cette manière, il aura au moins $\frac{n(n+1)}{2}$ représentations qui déterminent complétement la forme.

6. Soit

$$f = \Sigma a_{ik} x_i x_k$$

une forme dont le minimum ne puisse être augmenté par des variations infiniment petites de ses coefficients, en laissant la valeur du déterminant invariable.

Il est facile de démontrer que par ces variations le minimum de f variera et, par conséquent, sera nécessairement *diminué.*

En effet, considérons la forme

$$f + \Sigma\alpha_{ik} x_i x_k = f + \psi,$$

de même déterminant que f, $\psi = \Sigma\alpha_{ik} x_i x_k$ étant une forme à coefficients infiniment petits, et supposons que le minimum de $(f+\psi)$ soit le même que celui de f. Il ne peut donc être augmenté comme celui de f et la forme

$$f+\psi$$

aura au moins $\frac{n(n+1)}{2}$ représentations de ce minimum (n^0 5.), qui seront évidemment contenues parmi celles du minimum de f. Supposons qu'elles soient

$$\begin{array}{cccc} p_1 & p_2 & \ldots & p_n \\ q_1 & q_2 & \ldots & q_n \\ \ldots & \ldots & \ldots & \ldots \\ s_1 & s_2 & \ldots & s_n . \end{array}$$

D'après le nº 5., les équations

$$\Sigma p_i p_k a_{ik} = M, \quad \Sigma q_i q_k a_{ik} = M, \ldots,$$

ainsi que les équations

$$\Sigma p_i p_k (a_{ik} + \alpha_{ik}) = M, \quad \Sigma q_i q_k (a_{ik} + \alpha_{ik}) = M, \ldots$$

admettent une solution déterminée.

Il résulte de là que tous les α_{ik} s'annulent, et la forme $f + \psi$ est la même que f, ce qui est contraire à la supposition.

7. De ce que nous avons dit dans les numéros précédents il résulte les conséquences suivantes:

1º. Une forme dont le minimum ne peut être augmenté, si l'on fait varier infiniment peu ses coefficients, en laissant la valeur du déterminant invariable, est une forme extrême (nº 6.).

2º. Toute forme extrême a au moins $\frac{n(n+1)}{2}$ représentations de son minimum qui déterminent complétement cette forme, en supposant que son minimum soit donné.

3º. Les formes avec le plus grand minimum, choisies dans l'ensemble de toutes les formes de même déterminant et avec les mêmes variables, sont nécessairement extrêmes.

4º. La détermination précise de la limite des minima se réduit évidemment à la recherche des formes extrêmes avec le plus grand minimum. Par conséquent cette détermination sera accomplie si l'on a composé toutes les formes extrêmes, le déterminant et le nombre des variables étant donnés.

5º. Le rapport d'une forme extrême à son minimum est une forme dont tous les coefficients sont des nombres rationnels.

Cela résulte de ce que, en vertu du nº 5., les coefficients de toute forme extrême sont déterminés par les équations linéaires semblables aux équations (2).

8. Nous allons nous occuper maintenant des déterminants formés avec des nombres qui représentent le minimum de la forme. Nous les nommerons *déterminants caractéristiques.* Un tel déterminant sera, par exemple,

$$\begin{vmatrix} p_1 \, p_2 \ldots . \, p_n \\ q_1 \, q_2 \ldots . \, q_n \\ \ldots \ldots \ldots \\ r_1 \, r_2 \ldots . \, r_n \end{vmatrix},$$

les lignes

$$\begin{array}{l} p_1 \, p_2 \ldots . \, p_n \\ q_1 \, q_2 \ldots . \, q_n \\ \ldots \ldots \ldots . \\ r_1 \, r_2 \ldots . \, r_n \end{array}$$

désignant les représentations du minimum de la forme, comme dans Nr. 5. la table (1); leur nombre est n.

Ces déterminants constituent un élément essentiel dans notre méthode de composer des formes extrêmes; c'est pourquoi nous allons démontrer quelques-unes de leurs propriétés.

Pour toute forme extrême, il existe au moins un déterminant caractéristique qui ne soit pas égal à zéro.

Supposons le contraire et soient, comme dans la table (1),

$$\begin{array}{l} p_1 \, p_2 \ldots . \, p_n \\ q_1 \, q_2 \ldots . \, q_n \\ \ldots \ldots \ldots . \end{array}$$

toutes les représentations du minimum de f.

Il suit de notre supposition qu'il existe des nombres

$$\xi_1, \xi_2, \ldots . \, \xi_n$$

qui ne sont pas zéro tous ensemble et tels qu'on ait

$$p_1 \xi_1 + p_2 \xi_2 + \cdots + p_n \xi_n = 0,$$

$$q_1 \xi_1 + q_2 \xi_2 + \cdots + q_n \xi_n = 0,$$

$$\cdots\cdots\cdots\cdots\cdots$$

Soit maintenant ε une quantité infiniment petite positive. La forme

$$f' = f - \varepsilon(\xi_1 x_1 + \xi_2 x_2 + \cdots + \xi_n x_n)^2$$

a évidemment le même minimum que f et les mêmes représentations de ce minimum.

Le déterminant de la forme f' est

$$-D + \varepsilon F(\xi_1, \xi_2, \ldots, \xi_n),$$

$F(\xi_1, \xi_2 \ldots, \xi_n)$ étant la forme adjointe à f.

Ce déterminant sera par conséquent inférieur à D en valeur absolue.

D'où il résulte facilement, comme dans le n° 5., que f n'est pas une forme extrême, et le théorème est démontré.

9. *Pour une forme positive quelconque à n variables, dont le nombre de représentations du minimum n'est pas inférieur à n, les valeurs absolues des déterminants caractéristiques ne surpassent pas une certaine limite, qui ne dépend que du nombre n de variables.*

Pour les formes binaires, ce théorème résultera de la formule

$$(1) \qquad (u^2 + v^2)(u'^2 + v'^2) = (uv' - vu')^2 + (uu' + vv')^2.$$

En effet, soit $f(x, y)$ la forme binaire du déterminant $-D$, représentée par la somme de carrés

$$(ax + by)^2 + (a'x + b'y)^2.$$

En posant, dans la formule (1)

$$u = ap_1 + bp_2, \quad v = a'p_1 + b'p_2,$$

$$u' = aq_1 + bq_2, \quad v' = a'q_1 + b'q_2,$$

nous aurons

$$f(p_1,p_2)f(q_1,q_2) = (ab' - ba')^2(p_1q_2 - p_2q_1)^2 + (uu' + vv')^2.$$

En désignant par Δ la quantité

$$p_1q_2 - p_2q_1,$$

il vient

$$f(p_1,p_2)f(q_1,q_2) \geqq D\Delta^2.$$

Supposons maintenant que les valeurs

$$f(p_1,p_2), \quad f(q_1,q_2)$$

soient égales au minimum M de F. Il viendra

$$M^2 \geqq D\Delta^2.$$

Or on sait que

$$M \leqq \sqrt{\frac{4}{3}D};$$

donc

$$(\Delta) \leqq \sqrt{\frac{4}{3}},$$

(Δ) désignant la valeur absolue de Δ.

En supposant que les nombres p_1, p_2, q_1, q_2 soient des entiers, on aura

$$(\Delta) = 0, \text{ ou } (\Delta) = 1.$$

Or on ne peut pas supposer $\Delta = 0$, car il viendrait

$$\frac{p_1}{p_2} = \frac{q_1}{q_2},$$

et comme p_1 est un nombre premier à p_2 et q_1 à q_2, on aurait nécessairement

$$p_1 = \pm q_1, \quad p_2 = \pm q_2,$$

et les deux représentations (p_1p_2) et (q_1q_2) ne seront point différentes entre elles.

De la même manière pour les formes ternaires dans la formule connue d'Euler

$$(p^2 + q^2 + r^2 + s^2)(p'^2 + q'^2 + r'^2 + s'^2)$$
$$= (pp' - qq' + rr' - ss')^2 + (pq' + qp' - rs' - sr')^2$$
$$+ (pr' + sq' - qs' - rp')^2 + (ps' + qr' + rq' + sp')^2$$

supposons

$$p = uu' + vv' + ww', \quad q = vw' - wv',$$
$$r = wu' - uw', \quad s = uv' - vu',$$
$$r' = u'', \quad q' = v'', \quad p' = w'', \quad s' = 0,$$

et, en ayant égard à l'identité

$$(uu' + vv' + ww')^2 + (vw' - wu')^2 + (wu' - uw')^2 + (uv' - vu')^2$$
$$= (u^2 + v^2 + w^2)(u'^2 + v'^2 + w'^2),$$

nous aurons

$$(2) \qquad (u^2 + v^2 + w^2)(u'^2 + v'^2 + w'^2)(u''^2 + v''^2 + w''^2)$$
$$= [(vw' - wv')u'' + (wu' - uw')v'' + (uv' - vu')w'']^2$$
$$+ \text{ une somme de carrés.}$$

Soit maintenant $f(x, y, z)$ une forme positive ternaire du déterminant $-D$. Représentons-la sous la forme d'une somme de carrés

$$f(x, y, z) = (ax + by + cz)^2 + (a'x + b'y + c'z)^2 + (a''x + b''y + c''z)^2.$$

Faisons maintenant, dans la formule (2),

$$u = ap_1 + bp_2 + cp_3, \quad v = a'p_1 + b'p_2 + c'p_3,$$
$$u' = aq_1 + bq_2 + cq_3, \quad v' = a'q_1 + b'q_2 + c'q_3,$$
$$u'' = ar_1 + br_2 + cr_3, \quad v'' = a'r_1 + b'r_2 + c'r_3,$$
$$w = a''p_1 + b''p_2 + c''p_3,$$
$$w' = a''q_1 + b''q_2 + c''q_3,$$
$$w'' = a''r_1 + b''r_2 + c''r_3.$$

Alors on aura

$$f(p_1, p_2, p_3) f(q_1, q_2, q_3) f(r_1, r_2, r_3)$$
$$= D \begin{vmatrix} p_1 & p_2 & p_3 \\ q_1 & q_2 & q_3 \\ r_1 & r_2 & r_3 \end{vmatrix}^2 + \text{une somme de carrés.}$$

Par conséquent

$$f(p_1, p_2, p_3) f(q_1, q_2, q_3) f(r_1, r_2, r_3) \geqq D\Delta^2,$$

Δ désignant le déterminant

$$\begin{vmatrix} p_1 & p_2 & p_3 \\ q_1 & q_2 & q_3 \\ r_1 & r_2 & r_3 \end{vmatrix}.$$

Supposons maintenant qu'on ait

$$f(p_1, p_2, p_3) = f(q_1, q_2, q_3) = f(r_1, r_2, r_3) = M,$$

M étant le minimum de f.

Il viendra

$$M^3 \geqq D\Delta^2.$$

Or

$$M \leqq \sqrt[3]{2D};$$

donc

$$(\Delta) \leqq \sqrt{2}.$$

Ainsi

$$(\Delta) = 0 \text{ ou } (\Delta) = 1.$$

10. Voici une démonstration générale de notre théorème:

Soit $f(x_1, x_2, \ldots. x_n)$ une forme positive à n variables $x_1, x_2, \ldots, x_n$. Faisons la transformation

$$x_1 = p_1 z_1 + q_1 z_2 + \cdots + r_1 z_n,$$
$$x_2 = p_2 z_1 + q_2 z_2 + \cdots + r_2 z_n,$$
$$\cdots\cdots\cdots\cdots\cdots\cdots$$
$$x_n = p_n z_1 + q_n z_2 + \cdots + r_n z_n,$$

$z_1, z_2, \ldots, z_n$ étant de nouvelles variables.

Soit encore

$$\varphi = \Sigma a_{ik} z_i z_k$$

la forme transformée. On aura

$$a_{11} = f(p_1, p_2, \ldots, p_n), \quad a_{22} = f(q_1, q_2, \ldots, q_n).$$

Représentons φ par la somme de carrés

$$\varphi = a_{11}\left(z^2 + \frac{a_{12} z_2 + a_{13} z_3 + \cdots + a_{1n} z_n}{a_{11}}\right)^2 + K(z_2 + \lambda z_3 + \cdots)^2$$
$$+ L(z_3 + \cdots)^2 + \cdots + N z_n^2,$$

où, pour abréger, nous avons désigné par K, λ, $L, \ldots N$ les quantités suivantes:

$$K = \frac{a_{22} a_{11} - a_{12}^2}{a_{11}}, \quad \lambda = \frac{a_{23} a_{11} - a_{12} a_{13}}{a_{22} a_{11} - a_{12}^2};$$

$$L = \begin{vmatrix} a_{11} & a_{12} & a_{13} \\ a_{12} & a_{22} & a_{23} \\ a_{13} & a_{23} & a_{33} \end{vmatrix} : (a_{22} a_{11} - a_{12}^2),$$

$$N = \begin{vmatrix} a_{11} & a_{12} & \ldots & a_{1n} \\ a_{12} & a_{22} & \ldots & a_{2n} \\ \cdots & \cdots & \cdots & \cdots \\ a_{1n} & a_{2n} & \ldots & a_{nn} \end{vmatrix} : \begin{vmatrix} a_{11} & a_{12} & \ldots & a_{1,n-1} \\ a_{12} & a_{22} & \ldots & a_{2,n-1} \\ \cdots & \cdots & \cdots & \cdots \\ a_{1,n-1} & a_{2,n-1} & \ldots & a_{n-1,n-1} \end{vmatrix}.$$

On a, en premier lieu,

$$a_{11} K . L \ldots N = D \Delta^2,$$

Δ désignant le déterminant

$$\begin{vmatrix} p_1 & p_2 & \ldots & p_n \\ q_1 & q_2 & \ldots & q_n \\ \cdots & \cdots & \cdots & \cdots \end{vmatrix}.$$

En second lieu, il est évident que

$$K \leqq a_{22} = f(q_1, q_2 \ldots, q_n), \ldots, \quad N \leqq a_{nn} = f(r_1, r_2 \ldots, r_n).$$

Donc

$$f(p_1,p_2,\ldots,p_n)f(q_1,q_2,\ldots,q_n)\ldots f(r_1,r_2,\ldots,r_n) \geqq D\Delta^2.$$

Si maintenant nous supposons

$$f(p_1,p_2,\ldots,p_n)=f(q_1,q_2,\ldots,q_n)=\cdots=M,$$

M étant le minimum de f, il viendra

$$M^n \geqq D\Delta^2.$$

Or

$$M < \sqrt[n]{\mu D},$$

μ ne dépendant que de n.

Il résulte de là

$$(\Delta) \leqq \sqrt{\mu}.$$

Donc le théorème est démontré.

On déduit de là les conséquences qui suivent:

1°. Pour les formes binaires, $\mu = \frac{4}{3}$, $(\Delta) \leqq \sqrt{\frac{4}{3}}$; Δ ne pouvant être nul (n° 9), on aura $(\Delta) = 1$.

2°. Pour les formes ternaires, $\mu = \left(\frac{4}{3}\right)^3$; $(\Delta) \leqq \left(\frac{4}{3}\right)^{\frac{3}{2}}$; par conséquent (Δ) est un des nombres 0, 1.

3°. Pour les formes quaternaires, d'après le théorème de M. Hermite, $\mu = \left(\frac{4}{3}\right)^6$. Par conséquent $(\Delta) \leqq \left(\frac{4}{3}\right)^3$. Donc (Δ) ne peut être qu'un des nombres 0, 1, 2.

Il résulte de notre Mémoire*) que (Δ) ne peut être égal à 2 que pour la forme V_4.

En effet, afin que (Δ) soit égal à 2, il faut qu'on ait $\mu = 4$, et que par conséquent le minimum de la forme soit $\sqrt[4]{4D}$. Or un tel minimum ne peut avoir lieu que pour la forme V_4.

---

*) Mathematische Annalen, VI. Band, S. 366.

4°. Pour les formes à cinq variables, nous profiterons de la limite $\mu = 9$ donnée dans le Mémoire cité.

D'où il résulte $(\Delta) \leqq 3$.

Remarquant que (Δ) ne peut être égal à 3, car dans ce cas on aurait

$$M = \sqrt[5]{9D},$$

ce qui est impossible (nº 10 du Mémoire), on voit que (Δ) est un des nombres 0, 1, 2.

11. En nous fondant sur les propositions établies dans les numéros précédents, nous pouvons établir les formes extrêmes directement.

A cet effet, nous allons chercher pour chacune d'elles les représentations de son minimum en nombre $\frac{n(n+1)}{2}$, qui la déterminent complétement. Nous rangerons ces systèmes de nombres en tables, comme nous avons fait dans le nº 4 pour la forme Z. Soit

$$\text{(I)} \qquad \begin{cases} \alpha, & \beta, & \gamma, & \ldots, \lambda \\ \alpha', & \beta', & \gamma', & \ldots, \lambda' \\ \ldots & \ldots & \ldots & \ldots \\ \alpha^{(\mu-1)}, & \beta^{(\mu-1)}, & \gamma^{(\mu-1)}, & \ldots, \lambda^{(\mu-1)} \end{cases}$$

une table contenant μ systèmes de nombres.

Deux lignes

$$\alpha, \beta, \gamma, \ldots, \lambda$$

$$\alpha', \beta', \gamma', \ldots, \lambda'$$

sont considérées comme distinctes si les égalités

$$\alpha' = \alpha, \quad \beta' = \beta, \ldots, \lambda' = \lambda,$$

ou ces autres

$$\alpha' = -\alpha, \quad \beta' = -\beta, \ldots, \lambda' = -\lambda$$

n'ont pas lieu toutes ensemble. Dans le cas contraire nous compterons ces deux lignes

$$\alpha, \beta, \gamma, \ldots . \lambda$$
$$\alpha', \beta', \gamma', \ldots . \lambda'$$

comme une seule.

De plus, nous faisons abstraction du système dont tous les nombres sont égaux à zéro, et nous désignons par n le nombre de colonnes dans la table (I).

Soient

$$x_1, x_2, \ldots, x_n$$

n variables, et supposons que chaque ligne de la table (I) comprenne leurs valeurs simultanées, de sorte qu'on ait successivement

$$x_1 = \alpha, \quad x_2 = \beta, \ldots, x_n = \lambda,$$
$$x_1 = \alpha', x_2 = \beta', \ldots, x_n = \lambda',$$
$$\cdots\cdots\cdots\cdots\cdots\cdots$$

Nous exprimerons cela en écrivant la table (I) comme il suit:

$$\text{(I')} \qquad \begin{array}{l} \underline{x_1 \; x_2 \ldots . x_n} \\ \alpha \;\; \beta \;\ldots . \lambda \\ \alpha' \; \beta' \ldots . \lambda' \\ \ldots\ldots\ldots \end{array}$$

En remplaçant les variables

$$x_1, x_2, \ldots, x_n$$

par les suivantes:

$$y_1, y_2, \ldots, y_n,$$

au moyen des équations

$$x_1 = g_1 y_1 + g_2 y_2 + \cdots + g_n y_n,$$
$$\cdots\cdots\cdots\cdots\cdots\cdots$$
$$x_n = g_1^{(n-1)} y_1 + g_2^{(n-1)} y_2 + \cdots + g_n^{(n-1)} y_n,$$

les nombres $g_i^{(k)}$ étant des entiers et le déterminant $\Sigma \pm g_1 g'_2 \ldots g_n^{(n-1)}$

étant égal à ± 1, nous déduirons de la table (I) une nouvelle table qui se rapporte aux variables

$$y_1, y_2, \ldots, y_n.$$

Soit

$$\text{(II)} \qquad \begin{array}{llll} y_1 & y_2 & \ldots & y_n \\ \hline a & b & \ldots & l \\ a' & b' & \ldots & l' \\ \ldots & \ldots & \ldots & \ldots \\ a^{(\mu-1)} & b^{(\mu-1)} & \ldots & l^{(\mu-1)} \end{array}$$

cette table. Nous dirons qu'elle est équivalente à la table (I).

Remarque I. — Si nous changons l'ordre des colonnes dans une table quelconque ou les signes de tous les nombres d'une même colonne, nous formerons une nouvelle table à elle équivalente.

De plus, nous laissons l'ordre des lignes tout à fait arbitraire; par conséquent on pourra mettre les lignes de la table dans tel ordre que l'on voudra.

Remarque II. — Si l'un des déterminants formés avec n lignes d'une table est égal à ± 1, on peut toujours transformer cette table en une autre table équivalente où se trouveront les lignes suivantes:

$$\begin{array}{llll} y_1 & y_2 & \ldots & y_n \\ \hline 1 & 0 & \ldots & 0 \\ 0 & 1 & \ldots & 0 \\ \ldots & \ldots & \ldots & \ldots \\ 0 & 0 & \ldots & 1. \end{array}$$

En effet, soit

$$\begin{vmatrix} \alpha & \beta & \gamma & \ldots & \lambda \\ \alpha' & \beta' & \gamma' & \ldots & \lambda' \\ \ldots & \ldots & \ldots & \ldots & \ldots \\ \alpha^{(n-1)} & \beta^{(n-1)} & \gamma^{(n-1)} & \ldots & \lambda^{(n-1)} \end{vmatrix}$$

ce déterminant.

En faisant la transformation de la table (I) au moyen des formules

$$x_1 = \alpha y_1 + \alpha' y_2 + \cdots + \alpha^{(n-1)} y_n,$$
$$x_2 = \beta y_1 + \beta' y_2 + \cdots + \beta^{(n-1)} y_n,$$
$$\cdots\cdots\cdots\cdots\cdots\cdots$$
$$x_n = \lambda y_1 + \lambda' y_2 + \cdots + \lambda^{(n-1)} y_n,$$

nous aurons la table

$$(2) \qquad \begin{array}{cccc} y_1 & y_2 & \ldots & y_n \\ \hline 1 & 0 & \ldots & 0 \\ 0 & 1 & \ldots & 0 \\ \ldots & \ldots & \ldots & \ldots \\ 0 & 0 & \ldots & 1 \\ a & b & \ldots & l \\ a' & b' & \ldots & l' \\ \ldots & \ldots & \ldots & \ldots \end{array}$$

équivalente à la table (I).

Cette table contient n lignes formée chacune avec l'unité et $n-1$ zéros qui correspondent aux lignes

$$\begin{array}{l} \alpha, \ \beta, \ \ldots \ \lambda \\ \alpha', \ \beta', \ \ldots \ \lambda' \\ \ldots\ldots\ldots \end{array}$$

de la table (I).

Ajoutons encore que tous les nombres $a, b, c, \ldots, a', b', c', \ldots$, ainsi que les déterminants comme

$$\begin{vmatrix} a, & b \\ a', & b' \end{vmatrix}, \quad \begin{vmatrix} a, & b, & c, \\ a', & b', & c', \\ a'', & b'', & c'' \end{vmatrix}, \text{ etc.,}$$

sont égaux aux déterminants formés avec n lignes de la table (2). Par exemple:

$$a = \begin{vmatrix} a\ b\ c \dots\dots l \\ 0\ 1\ 0 \dots\dots 0 \\ 0\ 0\ 1 \dots\dots 0 \\ 0\ 0\ 0 \dots\dots 1 \end{vmatrix}, \quad \begin{vmatrix} a & b \\ a' & b' \end{vmatrix} = \begin{vmatrix} a\ b\ c \dots\dots l \\ a'\ b'\ c' \dots\dots l' \\ 0\ 0\ 1 \dots\dots 0 \\ \dots\dots\dots\dots \\ 0\ 0\ 0 \dots\dots 1 \end{vmatrix}, \text{ etc.}$$

12. Passons maintenant à la recherche des formes extrêmes dont les déterminants caractéristiques ne surpassent pas l'unité en valeur absolue. Cette question se réduit à la recherche d'un type auquel peuvent être ramenées toutes les tables

$$(1) \qquad \begin{array}{c} x_1\ x_2 \dots\dots x_n \\ \hline \alpha\ \beta \dots\dots \lambda \\ \alpha'\ \beta' \dots\dots \lambda' \\ \dots\dots\dots\dots \end{array}$$

pour lesquelles les déterminants formés avec n lignes quelconques sont égaux à zéro ou à ± 1.

Relativement à la table (1) nous allons démontrer le théorème qui suit:

Soit donnée une table (1) *à* $\mu \geqq \frac{n(n+1)}{2}$ *lignes distinctes.*

Supposons que, parmi les déterminants formés avec n *de ces lignes, il y en ait au moins un qui soit égal à* ± 1 *et que tous les autres ne surpassent pas l'unité en valeur absolue.*

Cela posé, on va voir que la table donnée contient précisément $\frac{n(n+1)}{2}$ *lignes et qu'elle peut être transformée en l'équivalente*

$$\begin{array}{llll} 1, & 0, & 0, \dots\dots & 0 \\ 0, & 1, & 0, \dots\dots & 0 \\ 0, & 0, & 0, \dots\dots & 1 \\ 1, & -1, & 0, \dots\dots & 0 \\ 1, & 0, & -1, \dots\dots & 0 \\ \dots & \dots & \dots & \dots \end{array}$$

Cette dernière table contient, en premier lieu, les n lignes

$$\begin{array}{c} 1\ 0 \ldots\ldots 0 \\ 0\ 1 \ldots\ldots 0 \\ \ldots\ldots\ldots \\ 0\ 0 \ldots\ldots 1 \end{array}$$

et encore $\frac{n(n-1)}{2}$ *lignes formées chacune de deux unités* $+1$ *et* -1, *et* $n-2$ *zéros.*

Avant de démontrer le théorème général, nous allons indiquer une propriété de la table (1).

D'après la supposition, au moins un des déterminants formés avec n lignes de la table (1) est égal à ± 1. Donc, d'après le nº 11, elle peut être transformée dans une équivalente

$$(2)\qquad \begin{array}{ccccc} 1 & 0 & 0 & \ldots\ldots & 0 \\ 0 & 1 & 0 & \ldots\ldots & 0 \\ \ldots & \ldots & \ldots & \ldots\ldots & \ldots \\ 0 & 0 & 0 & \ldots\ldots & 1 \\ a & b & c & \ldots\ldots & l \\ a' & b' & c' & \ldots\ldots & l' \\ \ldots & \ldots & \ldots & \ldots\ldots & \ldots \\ \ldots & \ldots & \ldots & \ldots\ldots & \ldots \end{array}$$

Tous les nombres

$$\begin{array}{cccc} a & b & c & \ldots\ldots \\ a' & b' & c' & \ldots\ldots \\ \ldots & \ldots & \ldots & \ldots \end{array}$$

ainsi que les déterminants

$$\begin{vmatrix} a & b \\ a' & b' \end{vmatrix}, \quad \begin{vmatrix} a & b & c \\ a' & b' & c' \\ a'' & b'' & c'' \end{vmatrix}, \text{ etc.,}$$

sont nuls ou ± 1.

Maintenant on voit facilement que le théorème énoncé a lieu pour $n = 2$.

En effet, il existe dans ce cas quatre systèmes différents formés de zéros, de $+1$ et de -1. Ce sont

$$
\begin{array}{lcc}
1^0 & 1 & 0 \\
2^0 & 0 & 1 \\
3^0 & 1 & -1 \\
4^0 & 1 & 1.
\end{array}
$$

Les systèmes (3) et (4) donnent le déterminant

$$
\begin{vmatrix} 1 & -1 \\ 1 & 1 \end{vmatrix}
$$

égal à 2.

Par conséquent ils ne peuvent pas se trouver ensemble dans la table (1). Ainsi la table cherchée pour $n = 2$ ne peut être formée que de deux manières

$$
\begin{array}{cc}
1 & 0 \\
0 & 1 \\
1 & -1
\end{array}
\quad \text{et} \quad
\begin{array}{cc}
1 & 0 \\
0 & 1 \\
1 & 1.
\end{array}
$$

Il est évident que la seconde de ces tables est équivalente à la première et le théorème est démontré pour $n = 2$.

Nous allons démontrer maintenant que la table

$$
(3) \qquad
\begin{array}{ccccc}
1 & 0 & 0 & 0 \ldots\ldots & 0 \\
0 & 1 & 0 & 0 \ldots\ldots & 0 \\
0 & 0 & 1 & 0 \ldots\ldots & 0 \\
\multicolumn{5}{c}{\ldots\ldots\ldots\ldots\ldots\ldots} \\
b & c & d & \ldots\ldots & l \\
b' & c' & d' & \ldots\ldots & l' \\
\multicolumn{5}{c}{\ldots\ldots\ldots\ldots\ldots\ldots}
\end{array}
$$

résultant de la table (2), si l'on supprime la première ligne et la première colonne, a au moins $\frac{n(n-1)}{2}$ lignes distinctes.

Soient

$$B\ C\ \ldots.\ L$$
$$B'\ C'\ldots.\ L'$$

deux systèmes non différents entre eux, savoir

$$B = \pm B', \quad C = \pm C', \ldots., \quad L = \pm L'.$$

Echangeant alors, s'il est nécessaire, dans les tables (2) et (3) les signes de tous les termes de la ligne où se trouve le système $B'\,C', \ldots. L'$, nous la ferons identique au système $B, C, \ldots., L$.

Ainsi deux lignes de la table (2), dans lesquelles se trouvent les systèmes $B, C, \ldots., L$ et $B', C', \ldots., L'$ seront

$$A\ B\ C\ldots.\ L$$
$$A'\ B\ C\ldots.\ L.$$

Donc ils ne sont distingués l'un de l'autre que par l'élément A.

Chacun des nombres distincts A et A' est égal à zéro ou à ± 1.

Remarquons maintenant que les nombres A et A' ne peuvent être égaux à l'unité avec des signes différents.

En effet, si tous les nombres $B, C, \ldots. L$ étaient égaux à zéro, les systèmes

$$A\ B\ C\ldots.\ L$$
$$A'\ B\ C\ldots.\ L$$

ne seraient pas distincts, ce qui est contraire à la supposition.

Donc l'un au moins des nombres B, C,...., L est égal à ± 1. Soit, par exemple, $B = \pm 1$.

En supposant A et A' égaux à l'unité avec des signes différents, on aura le déterminant

$$\begin{vmatrix} A & B \\ A' & B \end{vmatrix}$$

égal à ± 2, ce qui ne peut être.

Ainsi l'un des éléments A et A' est zéro et l'autre l'unité avec un signe déterminé. On peut toujours supposer ce signe positif, car dans le cas contraire on pourrait changer le signe de tous les termes de la ligne à laquelle appartient A.

Nous désignerons l'ensemble de deux systèmes

$$\begin{matrix} A\ B\ C \dots L \\ A'\ B\ C \dots L \end{matrix}$$

par une seule ligne

$$(\alpha) \qquad A\ B\ C \dots L$$

l'élément A ayant deux valeurs 0 et 1.

Les systèmes semblables à (α) seront dits les *systèmes doubles*.

Pour savoir le nombre des systèmes distincts de la table (3), il faut chercher combien il y a des systèmes doubles dans la table (2).

Quant à celui-ci nous aurons la proposition suivante:

Le nombre de systèmes doubles de la table (2) *ne surpasse pas* $n-1$.

Supposons, au contraire, que les systèmes doubles s'y trouvent en nombre au moins égal à n.

Soient

$$(4) \qquad \begin{matrix} A & B & C & \dots L \\ A_1 & B_1 & C_1 & \dots L_1 \\ \dots & \dots & \dots & \dots \\ A_{n-1} & B_{n-1} & C_{n-1} & \dots L_{n-1} \end{matrix}$$

ces systèmes.

Remarquons que dans la même colonne de cette table ne peuvent se trouver deux unités de signes différents.

En effet, soient, par exemple, B et B_1 de tels éléments. Alors supposant

$$A=1, \quad A_1=1,$$

nous aurons le déterminant

$$\begin{vmatrix} A & B \\ A_1 & B_1 \end{vmatrix}$$

égal à ± 2, ce qui ne peut avoir lieu. Il suit de là que, en changeant, s'il est nécessaire, les signes de tous les termes des colonnes, nous pouvons faire positifs tous les termes de la table (4).

Cela posé, nous allons voir si cette table est possible.

Parmi les systèmes

$$\begin{matrix} B & C & \dots L \\ B_1 & C_1 & \dots L_1 \\ \dots & \dots & \dots \\ B_{n-1} & C_{n-1} & \dots L_{n-1} \end{matrix}$$

il en existe au moins un qui contient deux ou un plus grand nombre d'unités, car le nombre de systèmes distincts formés avec l'unité et $n-2$ zéros est égal à $n-1$.

D'après cela, il est permis de supposer

$$B=1, \quad C=1.$$

En outre, il est facile à voir que les couples des nombres

$$(B_1, C_1), \ (B_2, C_2), \dots, \ (B_{n-1}, C_{n-1})$$

peuvent se réduire à ceux-ci: (0, 0), (1, 1), et encore à l'un des deux couples (0, 1) et (1, 0).

En effet, supposons, quant à ces derniers, que parmi les couples (B_1, C_1), $(B_2, C_2), \dots$, (B_n, C_n) il y ait l'un et l'autre.

Soient, par exemple, $B_1=0$, $C_1=1$, $B_2=1$, $C_2=0$. Nous aurons alors le déterminant

$$\begin{vmatrix} A & B & C \\ A_1 & B_1 & C_1 \\ A_2 & B_2 & C_2 \end{vmatrix},$$

dont les éléments sont pris à la table (4). Si nous faisons $A=0$, $A_1=A_2=1$, le déterminant sera égal à 2, ce qui est impossible.

Ainsi, parmi les couples (B_1, C_1), (B_2, C_2),...., il ne peut se trouver qu'un des couples (0, 1) et (1, 0), par exemple (0, 1).

Maintenant, en retranchant les éléments de la deuxième colonne de ceux de la troisième, nous transformons la table (4) en une nouvelle qui lui est équivalente. Les éléments de cette nouvelle table seront encore égaux à zéro ou à l'unité positive, car, d'après la supposition, les éléments de la troisième colonne ne sont pas inférieurs à ceux de la deuxième.

Dans la nouvelle table, le système A, B, C,...., L sera remplacé par celui-ci: A, B, $C - B$,.... L, contenant moins d'unités que le précédent, car $C - B = 0$.

Quant aux autres lignes de la nouvelle table qui remplaceront les lignes A_1, B_1,...., L_1, A_2, B_2,...., L_2, chacun d'elles contiendra un même nombre d'unités ou ce nombre moins un.

On conçoit maintenant qu'en faisant plusieurs transformations analogues aux précédentes on réduit toutes les lignes

$$\begin{matrix} B & C & \dots & L \\ B_1 & C_1 & \dots & L_1 \\ \dots & \dots & \dots & \dots \\ B_{n-1} & C_{n-1} & \dots & L_{n-1} \end{matrix}$$

aux autres, dont chacune contiendra une unité et $n - 2$ zéros.

D'où l'on voit que la table (4) est impossible, car le nombre de telles lignes distinctes est égal à $n - 1$. Donc le nombre de systèmes doubles ne surpasse pas $n - 1$ ou, en d'autres termes, le nombre de lignes distinctes de la table (3) n'est pas inférieur à $\frac{n(n-1)}{2}$. Maintenant passons à la démonstration de notre proposition.

Supposons qu'elle ait lieu pour le nombre $n - 1$ et faisons voir qu'elle subsiste encore pour le nombre n.

Le théorème ayant lieu, par hypothèse, pour le nombre $n - 1$, on voit que le nombre de systèmes distincts de la table (3) ne surpasse pas $\frac{n(n-1)}{2}$. Mais on vient de voir que ce nombre n'est pas inférieur à $\frac{n(n-1)}{2}$; par conséquent il est égal à $\frac{n(n-1)}{2}$. Il en résulte encore que le nombre de systèmes doubles de la table (2) est égal à $(n-1)$. Donc les systèmes dans la table (2) sont en nombre $\frac{n(n+1)}{2}$.

Nous avons vu que les systèmes doubles peuvent être toujours présentés ainsi:

$$\begin{array}{llllll} A_1 & 1 & 0 & 0 & \ldots & 0 \\ A_2 & 0 & 1 & 0 & \ldots & 0 \\ \ldots & \ldots & \ldots & \ldots & \ldots & \ldots \\ A_{n-1} & 0 & 0 & 0 & \ldots & 1, \end{array}$$

les nombres $A_1, A_2, \ldots, A_{n-1}$ étant égaux à zéro ou à l'unité.

Donc étant donnés ces $n-1$ systèmes doubles, ainsi que le système $1, 0, 0, \ldots, 0$, nous ferons connaître qu'il se trouve $\frac{(n-1)(n-2)}{2}$ autres systèmes qui forment avec les systèmes mentionnés plus haut la table que nous cherchons.

Remarquons, en premier lieu, que si, dans le système quelconque

$$a, b, c, \ldots, l,$$

le premier élément a est égal à zéro, deux des éléments $b, c, \ldots, l$ sont égaux à l'unité avec des signes différents et les autres sont nuls.

En effet, si, parmi les éléments

$$b, c, \ldots, l$$

il y en avait au moins trois égaux à l'unité, on en pourrait trouver deux égaux à l'unitè avec un même signe. Soient, par exemple, $b = c = \pm 1$. En supposant, dans le déterminant

$$\begin{vmatrix} A_1 & 1 & 0 \\ A_2 & 0 & 1 \\ 0 & b & c \end{vmatrix},$$

$A_1 = A_2 = 1$, il vient

$$\begin{vmatrix} 1 & 1 & 0 \\ 1 & 0 & 1 \\ 0 & \pm 1 & \pm 1 \end{vmatrix} = \mp 2,$$

ce qui est impossible.

Donc l'élément a étant nul, deux des éléments $b, c, \ldots, l$ sont égaux à l'unité avec des signes contraires et les autres sont des zéros.

Supposons, en second lieu, $a = \pm 1$. On peut toujours prendre $a = 1$, en changeant, dans le cas contraire, les signes de tous les termes de la ligne $a, b, c, \ldots, l$.

Alors aucun des nombres $b, c, \ldots, l$ ne sera égal à l'unité négative. En effet, en supposant, par exemple, $b = -1$ et $A_1 = 1$, on aurait le déterminant

$$\begin{vmatrix} A_1 & 1 \\ a & b \end{vmatrix}$$

égal à -2.

Remarquons encore que parmi les nombres $b, c, \ldots, l$, il n'y en a plus de deux égaux à l'unité. Supposant, en effet, qu'il y en ait k qui soient égaux à l'unité, nous aurons le déterminant

$$\begin{vmatrix} A_1 & 1 & 0 & \ldots & 0 \\ A_2 & 0 & 1 & \ldots & 0 \\ \cdots & \cdots & \cdots & \cdots & \cdots \\ A_{n-1} & 0 & 0 & \ldots & 1 \\ a & b & c & \ldots & l \end{vmatrix}.$$

En supposant

$$A_1 = A_2 = \cdots = A_{n-1} = 1$$

il est facile de voir que ce déterminant est égal à $\pm (k-1)$, ce qui est encore impossible, k étant supérieur à 2.

Donc les systèmes en nombre $\frac{(n-1)(n-2)}{2}$ qu'il nous reste à chercher ne peuvent appartenir qu'à deux groupes

(I) $$0, b, c, \ldots\ldots, l,$$

où les deux nombres parmi $b, c, \ldots\ldots, l$ sont égaux à l'unité avec des signes contraires et les autres sont zéros; et

(II) $$1, b, c, \ldots\ldots, l,$$

deux des nombres $b, c, \ldots\ldots, l$ étant égaux à l'unité positive et les autres à zéro.

Maintenant nous allons démontrer que, pour tous les $\frac{(n-1)(n-2)}{2}$ système cherchés, on peut prendre $\frac{(n-1)(n-2)}{2}$ systèmes du premier groupe.

En effet, on va voir que, si la table contient les systèmes du second groupe, elle peut être transformée en une équivalente de telle manière, que les systèmes du second groupe disparaissent. Nous commencons par un cas particulier $n = 3$. Alors on a les systèmes

$$\begin{matrix} 1 & 0 & 0 \\ A_1 & 1 & 0 \\ A_2 & 0 & 1, \end{matrix}$$

savoir cinq systèmes.

Il nous faut encore chercher un système. Ce dernier système est un des deux suivants:

$0 \quad 1 \quad -1$ système du 1er groupe

$1 \quad 1 \quad\ \ \ 1$ système du 2e groupe.

Considérons la table

$$\begin{matrix} 1 & 0 & 0 \\ A_1 & 1 & 0 \\ A_2 & 0 & 1 \\ 1 & 1 & 1 \end{matrix}$$

ou, ce qui est le même, la table

$$\begin{matrix} 1 & 0 & 0 \\ 0 & 1 & 0 \\ 1 & 1 & 0 \\ 0 & 0 & 1 \\ 1 & 0 & 1 \\ 1 & 1 & 1. \end{matrix}$$

En retranchant les éléments de la 3e colonne de ceux de la 1e colonne, on aura la table

$$\begin{matrix} 1 & 0 & 0 \\ 0 & 1 & 0 \\ 1 & 1 & 0 \\ -1 & 0 & 1 \\ 0 & 0 & 1 \\ 0 & 1 & 1. \end{matrix}$$

Après le changement de signe de tous les termes de quelques lignes et colonnes, cette table se transformera dans la suivante:

$$\begin{matrix} 1 & 0 & 0 \\ 0 & 1 & 0 \\ 1 & 1 & 0 \\ 1 & 0 & 1 \\ 0 & 0 & 1 \\ 0 & 1 & -1. \end{matrix}$$

D'où il suit:

Si dans le cas de $n=3$, *la* 6e *ligne appartient au second groupe, la table peut être transformée dans une équivalente qui ne contient aucun système de ce groupe.*

Au moyen de cette transformation, les systèmes

$$\begin{matrix} A_1 & 1 & 0 \\ A_2 & 0 & 1 \end{matrix}$$

se transforment en eux mêmes.

De plus, dans les 2e et 3e colonnes, rien n'est changé aux signes de quelques termes près.

Pour passer maintenant au cas général, nous supposons que la même propriété subsiste pour un nombre quelconque $n-1$ et nous faisons voir qu'elle aura encore lieu pour un nombre n. Ainsi nous supposons que la table correspondante au nombre $n-1$, dans laquelle existent les systèmes 1, 0,...., 0; A_1, 1, 0, 0,....; A_{n-2}, 0, 0,...., 1 peut être transformée dans l'équivalente

$$\begin{matrix} 1 & 0 & 0 \dots & 0 & 0 \\ A_1 & 1 & 0 \dots & 0 & 0 \\ A_2 & 0 & 1 \dots & 0 & 0 \\ \dots & \dots & \dots & \dots & \dots \\ A_{n-2} & 0 & 0 \dots & 1 & 0 \\ 0 & -1 & +1 \dots & 0 & 0 \\ \dots & \dots & \dots & \dots & \dots \\ 0 & 0 & 0 \dots & -1, & 1 \end{matrix}$$

et qu'au moyen de cette transformation les systèmes 1, 0, 0,...., 0; A_1, 1, 0, 0, 0;....; A_{n-2}, 0, 0,.... 1 se transforment en eux-mêmes et dans les 2e, 3e,...., $n-1$^ième^ colonnes rien n'est changé aux signes de quelques termes près.

Cela posé, nous considérons la table correspondante au nombre n, dans laquelle existent les systèmes

$$\begin{matrix} 1 & 0 & 0 \dots & 0 \\ A_1 & 1 & 0 \dots & 0 \\ \dots & \dots & \dots & \dots \\ A_{n-1} & 0 & 0 \dots & 1 \end{matrix}$$

et encore $\frac{(n-1)(n-2)}{2}$ systèmes appartenant aux groupes I et II.

En effaçant la dernière colonne et ne considérant que les lignes distinctes, on aura la table correspondante à $n-1$.

Cette table, d'après ce qu'on a admis, peut être transformée dans la suivante:

$$\begin{array}{llllll}
1 & 0 & 0 \ldots & 0 & 0 \\
A_1 & 1 & 0 \ldots & 0 & 0 \\
\ldots & \ldots & \ldots & \ldots & \ldots \\
A_{n-2} & 0 & 0 \ldots & 1 & 0 \\
0 & -1 & 1 \ldots & 0 & 0 \\
\ldots & \ldots & \ldots & \ldots & \ldots \\
0 & 0 & 0 \ldots & -1, & 1.
\end{array}$$

D'après cela, la table qui se rapporte au nombre n peut être écrite comme il suit:

$$\begin{array}{llllll}
1 & 0 & 0 & 0 & \ldots & 0 \\
A_1 & 1 & 0 & 0 & \ldots & 0 \\
\ldots & \ldots & \ldots & \ldots & \ldots & \ldots \\
A_{n-1} & 0 & 0 & 0 & \ldots & 1 \\
0 & -1 & 1 & 0 & \ldots & \alpha_1 \\
0 & -1 & 0 & 1 & \ldots & \alpha_2 \\
\ldots & \ldots & \ldots & \ldots & \ldots & \ldots \\
\lambda_1 & \mu_1 & \nu_1 & \rho_1 & \ldots & \tau_1 \\
\lambda_2 & \mu_2 & \nu_2 & \rho_2 & \ldots & \tau_2 \\
\ldots & \ldots & \ldots & \ldots & \ldots & \ldots \\
\lambda_{n-2} & \mu_{n-2} & \nu_{n-2} & \rho_{n-2} & \ldots & \tau_{n-2}.
\end{array}$$

Les systèmes

$$\begin{array}{l}
0 - 1\ 1\ 0 \ldots \alpha_1 \\
0 - 1\ 0\ 1 \ldots \alpha_2 \\
\ldots\ldots\ldots\ldots
\end{array}$$

doivent appartenir au premier groupe et par conséquent on aura

$$\alpha_1 = \alpha_2 = \cdots = 0.$$

En outre, tous les nombres $\tau_1, \tau_2, \ldots, \tau_{n-2}$ sont égaux à $+1$, car le nombre de lignes distinctes ayant zéro en dernière colonne ne peut surpasser $\frac{n(n-1)}{2}$ et nous avons déjà toutes ces lignes.

Il est à remarquer encore que tous les nombres $\lambda_1, \lambda_2, \ldots, \lambda_n$ sont nuls, ou tous sont égaux à $+1$ (-1 peut être converti en $+1$).

En effet, soit au contraire le nombre λ égal à zéro dans l'une des lignes et dans l'autre à l'unité; savoir, supposons une des lignes appartenant au premier groupe et l'autre au second. Soient, par exemple,

$$\lambda_1 = 0, \quad \mu_1 = -1, \quad \nu_1 = 0, \ldots, \quad \tau_1 = 1$$

$$\lambda_2 = 1, \quad \mu_2 = \quad 0, \quad \nu_2 = 1, \ldots, \quad \tau_2 = 1.$$

En ajoutant à ces deux systèmes celui-ci:

$$0, \quad -1, \quad +1, \ldots, \quad 0,$$

on aura ce déterminant

$$\begin{vmatrix} \mu_1 & \nu_1 & \tau_1 \\ \mu_2 & \nu_2 & \tau_2 \\ -1 & +1 & 0 \end{vmatrix} = 2,$$

ce qui est impossible. Donc les nombres

$$\lambda_1, \mu_1, \nu_1, \ldots, \tau_1; \quad \lambda_2, \mu_2, \nu_2, \ldots, \tau_2$$

ne peuvent être assignés que de deux manières, ce qui nous conduit aux deux tables suivantes:

$$
(\gamma)\left\{\begin{array}{llll}
1 & 0 & 0 \ldots. & 0 \\
A_1 & 1 & 0 \ldots. & 0 \\
\ldots & \ldots & \ldots & \ldots \\
A_{n-1} & 0 & 0 \ldots. & 1 \\
0 & -1 & 1 \ldots. & 0 \\
\ldots & \ldots & \ldots & \ldots \\
0 & -1 & 0 \ldots. & 1 \\
0 & 0 & -1 \ldots. & 1 \\
\ldots & \ldots & \ldots & \ldots \\
0 & 0 & 0 \ldots -1 & 1
\end{array}\right. \quad \text{et} \quad (\delta)\left\{\begin{array}{llll}
1 & 0 & 0 \ldots. & 0 \\
A_1 & 0 & 0 \ldots. & 0 \\
\ldots & \ldots & \ldots & \ldots \\
A_{n-1} & 0 & 0 \ldots. & 1 \\
0 & -1 & 1 \ldots. & 0 \\
\ldots & \ldots & \ldots & \ldots \\
1 & 1 & 0 \ldots. & 1 \\
1 & 0 & 1 \ldots. & 1 \\
\ldots & \ldots & \ldots & \ldots \\
1 & 0 & 0 \ldots. 1 & 1.
\end{array}\right.
$$

On transforme facilement la table (δ) en table (γ) et au moyen de cette transformation les systèmes

$$
\begin{array}{llll}
1 & 0 & 0 \ldots. & 0 \\
A_1 & 1 & 0 \ldots. & 0 \\
A_2 & 0 & 1 \ldots. & 0 \\
\ldots & \ldots & \ldots & \ldots \\
A_{n-1} & 0 & 0 \ldots. & 1
\end{array}
$$

se transforment en eux-mêmes et dans les 2e, 3e,...., $n^{\text{ièmes}}$ colonnes rien ne change aux signes de quelques termes près.

Il est évident encore que tous les déterminants formés avec n lignes de la table (γ) sont égaux à zéro ou à ± 1.

Enfin nous remarquons que, dans la table (γ), les éléments $A_1, A_2, \ldots., A_{n-1}$, au lieu de leurs valeurs 0 et $+1$, peuvent avoir les valeurs 0 et -1; cela revient à changer les signes de tous les termes de la 1re colonne.

Donc le théorème est démontré.

13. On déduit de ce théorème la conséquence suivante:

Toutes les formes extrêmes à n variables dont les déterminants caractéristiques sont égaux à zéro ou à ± 1 sont équivalents à la forme

$$U_n = 2\sqrt[n]{\frac{D}{n+1}}\,[x_1^2 + x_2^2 + \cdots + x_n^2 + x_1 x_2 + \cdots].$$

Nous avons vu, en effet, que les tables correspondantes à telles formes se transforment dans la table qui correspond à U_n.

Pour abréger, nous dirons qu'il n'existe qu'une seule forme extrême U_n dont les déterminants caractéristiques sont de 0 ou ± 1.

En ayant égard aux limites des déterminants caractéristiques pour les formes binaires et ternaires (nº 9.), on voit qu'il existe une seule forme binaire extrême

$$\sqrt{\frac{4}{3}D}\,(x_1^2 + x_2^2 + x_1 x_2),$$

ainsi qu'une seule forme extrême ternaire

$$\sqrt[3]{2D}\,(x_1^2 + x_2^2 + x_3^2 + x_1 x_2 + x_1 x_3 + x_2 x_3).$$

Deuxième Chapitre.

14. En passant à la recherche des formes extrêmes à 5 variables, remarquons d'abord qu'en vertu du nº 10 leurs déterminants caractéristiques ne surpassent pas 2 en valeur absolue.

D'abord il faut démontrer que chacune d'elles en a au moins un égal à ± 1. Cela deviendra évident si nous faisons voir que les formes extrêmes à cinq variables dont tous les déterminants caractéristiques sont égaux à zéro ou à ± 2 sont impossibles.

En effet, supposons que $f(x_1, x_2, x_3, x_4, x_5)$ est une de ces formes et que la table

$$(1)\qquad \left\{\begin{array}{ccccc} x_1 & x_2 & x_3 & x_4 & x_5 \\ \hline p_1 & p_2 & p_3 & p_4 & p_5 \\ q_1 & q_2 & q_3 & q_4 & q_5 \\ \cdots & \cdots & \cdots & \cdots & \cdots \\ r_1 & r_2 & r_3 & r_4 & r_5 \\ \cdots & \cdots & \cdots & \cdots & \cdots \\ s_1 & s_2 & s_3 & s_4 & s_5 \end{array}\right.$$

contient toutes les représentations du minimum M de f.

D'après le n° 7, cette table contiendra au moins $\frac{5 \cdot 6}{2} = 15$ lignes.

Comme tous les déterminants caractéristiques de f ne sont pas égaux à zéro (n° 8.), il en existera au moins un égal à ± 2.

Supposons que ce soit le déterminant

$$\begin{vmatrix} p_1 & p_2 & p_3 & p_4 & p_5 \\ q_1 & q_2 & q_3 & q_4 & q_5 \\ \cdots & \cdots & \cdots & \cdots & \cdots \\ r_1 & r_2 & r_3 & r_4 & r_5 \end{vmatrix}$$

et, désignant par

$$z_1, \; z_2, \; z_3, \; z_4, \; z_5$$

les nouvelles variables, faisons la transformation

$$\begin{aligned} x_1 &= p_1 z_1 + q_1 z_2 + \cdots + r_1 z_5, \\ x_2 &= p_2 z_1 + q_2 z_2 + \cdots + r_2 z_5, \\ &\cdots\cdots\cdots\cdots\cdots\cdots \\ x_5 &= p_5 z_1 + q_5 z_2 + \cdots + r_5 z_5. \end{aligned}$$

Soit

$$\varphi(z_1, z_2, z_3, z_4, z_5)$$

la forme f transformée.

En vertu de ce que tous les déterminants caractéristiques de f sont égaux à zéro ou à ± 2, il est évident qu'à toute ligne, comme

$$x_1 = s_1, \quad x_2 = s_2, \ldots, \quad x_5 = s_5$$

de la table (1) correspondent les valeurs de $z_1, z_2, \ldots, z_5$ égales aux nombres entiers. Il est évident de plus que φ étant comme f une forme extrême tous les déterminants caractéristiques de φ sont égaux à zéro ou à ± 1 et que le minimum de φ est égal à M.

En désignant par D le déterminant de f, $4D$ sera celui de φ.

En vertu du n° 13, le minimum M de φ sera égal à la quantité

$$\sqrt[5]{\frac{64\,D}{3}} > \sqrt[5]{9D}.$$

Or cela est impossible, car on doit avoir

$$M < \sqrt[5]{9D}.$$

Donc la forme telle que f est impossible.

Remarque. — Par le même raisonnement on s'assure que la proposition démontrée dans ce numéro a encore lieu pour les formes quaternaires; savoir que parmi les déterminants caractéristiques des formes extrêmes quaternaires, il en est au moins un qui soit égal à l'unité.

A cet effet, il suffit de savoir que, pour les formes quaternaires,

$$M > \left(\frac{4}{3}\right)^{\frac{3}{2}} \sqrt[4]{D}.$$

15. Nous nous servirons dans ce qui suit d'une proposition relative aux formes quaternaires que nous allons maintenant démontrer.

Soit $f(x_1, x_2, x_3, x_4)$ une forme quaternaire qui reçoit la valeur minimum M, lorsqu'une des variables, par exemple x_4, est égale à 2, les autres variables ayant des valeurs convenables.

Supposons de plus que f devienne égal à M pour les trois systèmes de la valeurs des variables que voici:

$$(1)\qquad \begin{cases} x_1 = 1, & x_2 = 0, \quad x_3 = 0, \quad x_4 = 0, \\ x_1 = 0, & x_2 = 1, \quad x_3 = 0, \quad x_4 = 0, \\ x_1 = 0, & x_2 = 0, \quad x_3 = 1, \quad x_4 = 0. \end{cases}$$

En d'autres termes supposons que la table de f contienne les lignes

x_1	x_2	x_3	x_4
1	0	0	0
0	1	0	0
0	0	1	0
a_1	a_2	a_3	2

a_1, a_2, a_3 étant des entiers. Cela posé, nous allons démontrer que f est l'une des huit formes équivalentes à V_4 qu'on obtient de l'expression

$$M\left[\left(x_1 \pm \frac{x_4}{2}\right)^2 + \left(x_2 \pm \frac{x_4}{2}\right)^2 + \left(x_3 \pm \frac{x_4}{2}\right)^2 + \frac{x_4^2}{4}\right],$$

en combinant les signes $\pm$ de toutes les manières possibles.

Comme le minimum M de f a les trois représentations (1), les coefficients de x_1^2, x_2^2, x_3^2 dans f sont égaux à M; ainsi l'on aura

$$f = Mx_1^2 + Mx_2^2 + Mx_3^2 + \cdots.$$

Représentons f sous la forme d'une somme de carrés:

$$f = M[(x_1 + \alpha x_2 + \beta x_3 + \gamma x_4)^2 + N(x_2 + \delta x_3 + \varepsilon x_4)^2 + P(x_3 + \zeta x_4)^2 + Qx_4^2].$$

Remarquons d'abord que le coefficient Q ne peut surpasser $\frac{1}{4}$, car, si l'on avait

$$Q > \frac{1}{4},$$

on aurait

$$f(a_1, a_2, a_3, 2) > 4QM > M,$$

ce qui est impossible.

Ensuite faisons voir que le coefficient Q ne peut pas être non plus inférieur à $\frac{1}{4}$. En effet, dans le cas contraire, après avoir supposé $x_4 = 1$ et attribué aux variables x_3, x_2, x_1 des valeurs telles, que chacun des carrés

$$(x_3 + \zeta x_4)^2, \quad (x_2 + \delta x_3 + \varepsilon x_4)^2, \quad (x_1 + \alpha x_2 + \beta x_3 + \gamma x_4)^2$$

ne surpasse pas $\frac{1}{4}$, la forme f deviendrait inférieure à M, ce qui ne peut avoir lieu. Donc Q doit être égal à $\frac{1}{4}$.

En outre, on aura

$$N = P = 1.$$

En effet, il est évident d'abord que chacune de ces quantités N et P ne surpasse pas l'unité. D'un autre côté, aucune d'elles ne peut être inférieure à l'unité, car dans ce cas, en prenant $x_4 = 1$ et attribuant aux nombres x_1, x_2, x_3 des valeurs telles que les trois carrés mentionnés ne soient pas supérieurs à $\frac{1}{4}$, on aurait la valeur de f moindre que M. Donc on aura

$$\begin{aligned} f &= Mx_1^2 + Mx_2^2 + Mx_3^2 + \cdots \\ &= M\Big[(x_1 + \alpha x_2 + \beta x_3 + \gamma x_4)^2 + (x_2 + \delta x_3 + \varepsilon x_4)^2 \\ &\qquad + (x_3 + \zeta x_4)^2 + \frac{1}{4} x_4^2\Big]. \end{aligned}$$

En égalant les coefficients des x_2^2 et x_3^2 dans l'une et l'autre expression de f, et en remarquant que le coefficient de x_4^2 ne peut être moindre que M, il vient

$$\alpha = 0, \quad \beta = 0, \quad \delta = 0,$$

$$\gamma^2 + \varepsilon^2 + \zeta^2 \geqq \frac{3}{4}.$$

Comme les quantités γ, ε, ζ ne surpassent pas $\frac{1}{2}$, en valeur absolue, on doit avoir

$$\gamma = \pm \frac{1}{2}, \quad \varepsilon = \pm \frac{1}{2}, \quad \zeta = \pm \frac{1}{2}.$$

Le théorème est démontré.

16. En ayant égard aux limitations des déterminants caractéristiques pour les formes quaternaires (n⁰ 10), ainsi qu'à la proposition du n⁰ 13, on voit qu'il existe seulement deux formes extrêmes quaternaires

$$2\sqrt[4]{\frac{D}{5}}(x_1^2+x_2^2+x_3^2+x_4^2+x_1x_2+x_1x_3+x_1x_4+x_2x_3+x_2x_4+x_3x_4),$$

$$\sqrt[4]{4D}(x_1^2+x_2^2+x_3^2+x_4^2\pm x_1x_4\pm x_2x_4\pm x_3x_4).$$

Il en résulte que $\sqrt[4]{4D}$ est la limite précise des minima des formes quaternaires.

Nous avons ainsi une nouvelle démonstration de ce théorème.

17. Il suit de ce qui précède que toutes les formes extrêmes à cinq variables se distribuent en deux groupes:

dans le premier sont contenues les formes dont les déterminants caractéristiques ne surpassent pas l'unité, en valeur absolue; ces formes sont équivalentes à U_5 en vertu du n⁰ 13;

dans le second se trouvent les formes pour chacune desquelles il existe des déterminants caractéristiques égaux à ± 2.

En considérant le dernier groupe de formes nous avons à distinguer deux cas:

1⁰. Lorsque toutes les valeurs des variables qui donnent le minimum de la forme sont égaux à zéro et à ± 1.

2⁰. Lorsque parmi ces valeurs se trouvent égales à ± 2.

Le premier de ces cas se réduit toujours au second, en vertu de la proposition que nous allons démontrer.

Soit $f(x_1, x_2, \ldots, x_n)$ une forme extrême à n variables, et supposons que son minimum soit donné par les valeurs 0 et ± 1 de $x_1, x_2, \ldots, x_n$.

Supposons de plus que ces déterminants caractéristiques ne surpassent pas 2 en valeur absolue et qu'il en existe qui soient égaux à ± 1 et à ± 2.

Cela posé, on trouvera dans la table de f les n lignes

$$(1) \qquad \begin{vmatrix} m_1 & m_2 \dots & m_n \\ q_1 & q_2 \dots & q_n \\ \dots & \dots & \dots \\ r_1 & r_2 \dots & r_n \end{vmatrix},$$

qui composent le déterminant égal à ± 2.

Nous allons démontrer que dans cette table on trouvera une certaine ligne qui, avec $n - 1$ lignes du déterminant (1), composera un nouveau déterminant égal à ± 1.

Supposons le contraire et, en désignant par

$$x_1', \quad x_2', \dots, \quad x_n'$$

les nouvelles variables, faisons la transformation

$$(2) \qquad \begin{cases} x_1 = m_1 x_1' + q_1 x_2' + \dots + r_1 x_n', \\ x_2 = m_2 x_1' + q_2 x_2' + \dots + r_2 x_n', \\ \dots\dots\dots\dots\dots\dots \\ x_n = m_n x_1' + q_n x_2' + \dots + r_n x_n'. \end{cases}$$

Désignons par

$$F(x_1', x_2', \dots, x_n)$$

la forme f transformée.

Il est évident que, en vertu de notre supposition pour toute ligne

$$x_1 = k_1, \quad x_2 = k_2, \dots, \quad x_n = k_n$$

de la table de f, on obtiendra, par les équations (2), des valeurs entières de $x_1', x_2', \dots, x_n'$ qui sont égaux à zéro et à ± 1.

En désignant maintenant par Δ un déterminant caractéristique de f et par δ son correspondant de la forme F, on aura

$$\Delta = \pm 2\delta,$$

Δ et δ étant des entiers.

Or nous avons supposé qu'il y a un certain $\Delta = \pm 1$; par conséquent on obtiendra

$$\delta = \pm \frac{1}{2},$$

ce qui est impossible.

On ne peut donc supposer que les $n-1$ lignes quelconques du déterminant (1) composent avec toute ligne de la table de f un déterminant égal à zéro ou à ± 2.

Il existe, par conséquent, dans cette table une certaine ligne

$$p_1, p_2, \ldots, p_n$$

qui, avec $n-1$ lignes, comme

$$\begin{matrix} q_1, & q_2, \ldots, & q_n \\ \ldots & \ldots & \ldots \\ r_1, & r_2, \ldots, & q_n \end{matrix}$$

compose le déterminant

$$(3) \qquad \left\{ \begin{matrix} p_1, & p_2, \ldots, & p_n, \\ q_1, & q_2, \ldots, & q_n, \\ r_1, & r_2, \ldots, & r_n, \end{matrix} \right.$$

égal à ± 1.

Faisons maintenant la transformation

$$\begin{aligned} x_1 &= p_1 y_1 + q_1 y_2 + \cdots + r_1 y_n, \\ x_2 &= p_2 y_1 + q_2 y_2 + \cdots + r_2 y_n, \\ &\ldots\ldots\ldots\ldots\ldots\ldots \\ x_n &= p_n y_1 + q_n y_2 + \cdots + r_n y_n, \end{aligned}$$

et soit

$$\varphi(y_1, y_2, \ldots, y_n)$$

la forme f transformée.

Les formes f et φ sont équivalentes, et aux valeurs

$$x_1 = m_1, \quad x_2 = m_2, \ldots, \quad x_n = m_n$$

correspond la valeur $y_1 = \pm 2$.

Dans la table de φ on trouvera par conséquent les n lignes

$$(4) \qquad \left\{ \begin{array}{cccc} y_1 & y_2 & \cdots & y_n \\ \hline 1 & 0 & \ldots & 0 \\ 0 & 1 & \ldots & 0 \\ \ldots & \ldots & \ldots & \ldots \\ 0 & 0 & \ldots & 1 \end{array} \right.$$

qui correspondent aux lignes (3) de la table de f et la ligne correspondante à $m_1, m_2, \ldots, m_n$ commencera par le nombre ± 2.

Ainsi la forme f peut être transformée dans une équivalente φ, dont la table contiendra les n lignes (4) et dans les autres lignes on trouvera les nombres égaux à ± 2.

18. Désignons maintenant par f une forme extrême à cinq variables et telle, que parmi les déterminants caractéristiques correspondants à cette forme il y en a au moins un égal à ± 2.

On a vu (n° 17) que la table correspondante à f peut être transformée dans une autre à elle équivalente et telle, qu'elle contienne les lignes

x_1	x_2	x_3	x_4	x_5
1	0	0	0	0
0	1	0	0	0
0	0	1	0	0
0	0	0	1	0
0	0	0	0	1.

En outre, cette table contiendra nécessairement une ligne ayant au moins un terme égal à ± 2. On peut évidemment supposer que ce terme est égal à $+2$ et se trouve dans la 5e colonne. Donc on aura la ligne

$$a_1 \ a_2 \ a_3 \ a_4 \ 2.$$

Les nombres a_1, a_2, a_3, a_4 peuvent être supposés positifs et leurs valeurs, comme on sait, ne surpassent pas 2.

Nous remarquons d'abord que deux des nombres a_1, a_2, a_3, a_4 ne peuvent être nuls. En effet, soit, par exemple,

$$a_1 = a_2 = 0.$$

Cela étant, si l'on pose dans la forme f

$$x_1 = x_2 = 0,$$

on aura la forme ternaire, dont le minimum sera évidemment égal à celui de f. Parmi les valeurs des variables x_3, x_4, x_5, pour lesquelles la forme ternaire prendra son minimum, il y a les suivantes:

x_3	x_4	x_5
1	0	0
0	1	0
a_3	a_4	2.

Ces trois lignes nous donnent le déterminant caractéristique égal à 2, ce qui est impossible par rapport aux formes ternaires (n° 9).

On voit de la même manière que deux des nombres a_1, a_2, a_3, a_4 ne peuvent être égaux à 2.

En effet, soient, par exemple,

$$a_1 = a_2 = 2.$$

Posant dans la forme f

$$x_1 = x_5, \quad x_2 = x_5,$$

nous aurons la forme ternaire à variables x_3, x_4, x_5. Le minimum de cette forme est égal au minimum de f; car les coefficients de x_3^2 et x_4^2 sont égaux à ce minimum. Comme dans la table de la forme f nous avons les lignes

$$\begin{matrix} 0 & 0 & 1 & 0 & 0 \\ 0 & 0 & 0 & 1 & 0 \\ 2 & 2 & a_3 & a_4 & 2, \end{matrix}$$

la forme ternaire aura les représentations suivantes de son minimum:

x_3	x_4	x_5
1	0	0
0	1	0
a_3	a_4	2.

Ces lignes donnent encore un déterminant caractéristique égal à 2, ce qui est impossible.

Remarquons enfin que deux des nombres

$$a_1, \; a_2, \; a_3, \; a_4$$

ne peuvent être égaux, l'un à 2 et l'autre à zéro.

En effet, soient, par exemple,

$$a_1 = 0, \quad a_2 = 2.$$

Cela étant, posons, dans la forme f, $x_1 = 0$, $x_2 = x_5$. On aura une forme ternaire à variables x_3, x_4, x_5.

Les représentations du minimum de f

x_1	x_2	x_3	x_4	x_5
0	0	1	0	0
0	0	0	1	0
0	2	a_3	a_4	2

donnent pour le minimum de la forme ternaire les représentations suivantes:

x_3	x_4	x_5
1	0	0
0	1	0
a_3	a_4	2,

ce qui est impossible.

Il suit, de tout ce que nous avons dit, que toutes les lignes contenant le terme ± 2, comme

$$a_1 \; a_2 \; a_3 \; a_4 \; 2,$$

ne peuvent être que de trois espèces:

1°. Un des nombres a_1, a_2, a_3, a_4 est nul et les trois autres sont des unités. En posant, par exemple $a_1 = 0$, on aura la ligne

$$0, \; 1, \; 1, \; 1, \; 2.$$

2°. Un des nombres a_1, a_2, a_3, a_4, par exemple, a_1 est 2, et les trois autres sont des unités. Ainsi on aura la ligne

$$2, \; 1, \; 1, \; 1, \; 2.$$

3°. Tous les nombres a_1, a_2, a_3, a_4 sont des unités. Alors la table de la forme f contiendra la ligne

$$1, \; 1, \; 1, \; 1, \; 2.$$

19. Examinons maintenant le cas dans lequel la forme a une représentation

$$0, \; 1, \; 1, \; 1, \; 2.$$

Nous allons démontrer que les formes extrêmes qui admettent outre cette représentation encore ces trois-ci:

$$\begin{matrix} 0 & 1 & 0 & 0 & 0 \\ 0 & 0 & 1 & 0 & 0 \\ 0 & 0 & 0 & 1 & 0 \end{matrix}$$

sont équivalentes à V_5.

On voit que, dans le cas actuel, en supposant dans la forme $x_1 = 0$, on aura la forme (n° 15)

$$M\left[\left(x_2 - \frac{1}{2}x_5\right)^2 + \left(x_3 - \frac{1}{2}x_5\right)^2 + \left(x_4 - \frac{1}{2}x_5\right)^2 + \frac{1}{4}x_5^2\right],$$

M étant le minimum de la forme cherchée à 5 variables. Par conséquent, cette forme peut être écrite comme il suit:

$$(1) \quad M\Big[\Big(x_2 - \frac{1}{2}x_5 + \lambda x_1\Big)^2 + \Big(x_3 - \frac{1}{2}x_5 + \mu x_1\Big)^2 + \Big(x_4 - \frac{1}{2}x_5 + \nu x_1\Big)^2 + \frac{1}{4}(x_5 + \sigma x_1)^2 + Kx_1^2\Big].$$

Remarquant, en premier lieu, que tous les coefficients d'une forme extrême se trouvent déterminés complétement au moyen des équations linéaires qui expriment que la forme prend son minimum, les variables étant égales aux nombres donnés, on voit que la forme (1) doit avoir au moins 5 représentations de son minimum servant à déterminer les quantités

$$\lambda, \ \mu, \ \nu, \ \sigma, \ K.$$

Il est évident que, dans aucune de ces représentations, x_1 ne peut être nul; en second lieu, en ayant égard à ce que le déterminant de la forme (1) doit surpasser $\frac{1}{9}M^5$, on voit que la quantité K surpasse $\frac{4}{9}$. Donc la forme (1) ne peut avoir la valeur minimum qu'en supposant $x_1 = \pm 1$, si x_1 est distinct de zéro.

En faisant, s'il est nécessaire, la transformation

$$\begin{aligned} x_5 &= x_5' + px_1', \\ x_2 &= x_2' + qx_1', \\ x_3 &= x_3' + rx_1', \\ x_4 &= x_4' + sx_1', \\ x_1 &= x_1', \end{aligned}$$

p, q, r, s étant des nombres entiers, on peut toujours arriver à la forme dans laquelle les quantités λ, μ, ν, σ ne seront pas supérieures à $\frac{1}{2}$. De plus, toutes ces quantités peuvent être supposées positives. En effet, si σ est négatif, il suffit de changer le signe de x_1 pour avoir, au lieu de σ, $-\sigma$, savoir une quantité positive, et si l'une des quantités λ, μ, ν, par exemple λ, est négative, il suffit de substituer $-x_2' + x_5$ à x_2 pour transformer le carré $\left(x_2 - \frac{1}{2}x_5 + \lambda x_1\right)^2$ en un autre $\left(x_2' - \frac{1}{2}x_5 - \lambda x_1\right)^2$, $-\lambda$ étant positif.

Cherchons maintenant quelles valeurs doivent avoir les variables x_2, x_3, x_4, x_5 pour que la forme (1) soit minimum en supposant $x_1 = \pm 1$. On peut toujours prendre, bien entendu, $x_1 = 1$.

Nous avons ici deux cas à distinguer:

1°. x_5 étant un nombre pair ou zéro, les valeurs minima des carrés

$$\left(x_2 - \frac{1}{2}x_5 + \lambda x_1\right)^2, \quad \left(x_3 - \frac{1}{2}x_5 + \mu x_1\right)^2, \quad \left(x_4 - \frac{1}{2}x_5 + \nu x_1\right)^2$$

sont respectivement égales à λ^2, μ^2, ν^2. Le minimum de la forme, en supposant x_5 donné, sera

$$(2) \qquad M\left[\lambda^2 + \mu^2 + \nu^2 + \frac{1}{4}(x_5 + \sigma)^2 + K\right].$$

De toutes les valeurs (2), correspondantes aux différentes valeurs de x_5, celle qui correspond à $x_5 = 0$ est évidemment la moindre. Cette valeur est

$$(3) \qquad M\left[\lambda^2 + \mu^2 + \nu^2 + \frac{1}{4}\sigma^2 + K\right].$$

On l'obtient en supposant dans la forme (1)

$$x_2 = x_3 = x_4 = 0, \quad x_1 = 1, \quad x_5 = 0.$$

Pour les autres valeurs des variables x_2, x_3, x_4 la forme (1) ne peut avoir une valeur égale à (3) que dans le cas où l'un au moins des nombres λ, μ, ν est égal à $\frac{1}{2}$. Si, par exemple, $\lambda = \frac{1}{2}$, on peut supposer $x_2 = -1$, $x_3 = x_4 = 0$, $x_5 = 0$, pour que la forme prenne la valeur (3).

2°. x_5 étant un nombre impair, les valeurs minima des carrés

$$\left(x_2 - \frac{1}{2}x_5 + \lambda x_1\right)^2, \quad \left(x_3 - \frac{1}{2}x_5 + \mu x_1\right)^2, \quad \left(x_4 - \frac{1}{2}x_5 + \nu x_1\right)^2,$$

sont respectivement

$$\left(\frac{1}{2}-\lambda\right)^2, \left(\frac{1}{2}-\mu\right)^2, \left(\frac{1}{2}-\nu\right)^2,$$

x_2, x_3, x_4 étant, bien entendu, des nombres entiers, et la valeur minimum de la forme (1), lorsque x_5 a la valeur assignée d'avance, sera

$$(4)\quad M\left[\left(\frac{1}{2}-\lambda\right)^2+\left(\frac{1}{2}-\mu\right)^2+\left(\frac{1}{2}-\nu\right)^2+\frac{1}{4}(x_5+\sigma)^2+K\right].$$

De toutes les valeurs (4), correspondantes aux différentes valeurs de x_5, celle qui correspondra à $x_5=-1$ sera la moindre. Cette valeur est

$$(5)\quad M\left[\left(\frac{1}{2}-\lambda\right)^2+\left(\frac{1}{2}-\mu\right)^2+\left(\frac{1}{2}-\nu\right)^2+\frac{1}{4}(1-\sigma)^2+K\right],$$

et on l'aura, en supposant dans la forme (1)

$$x_2=x_3=x_4=-1,\quad x_5=-1,\quad x_1=1.$$

Pour les autres valeurs des variables x_2, x_3, x_4, la forme (1) ne peut avoir une valeur égale à (5) que dans le cas où l'une au moins des quantités λ, μ, ν est égale à zéro. Si, par exemple, $\lambda=0$, la forme (1) prend la valeur (5) pour $x_5=-1$, $x_2=0$, $x_3=x_4=-1$, $x_1=1$.

Cela posé, M étant le minimum de la forme (1), on aura

$$(6)\quad \begin{cases} \lambda^2+\mu^2+\nu^2+\frac{1}{4}\sigma^2+K\geqq 1, \\ \left(\frac{1}{2}-\lambda\right)^2+\left(\frac{1}{2}-\mu\right)^2+\left(\frac{1}{2}-\nu\right)^2+\frac{1}{4}(1-\sigma)^2+K\geqq 1. \end{cases}$$

De plus

$$(7)\qquad \frac{1}{2}\geqq\lambda\geqq 0,\quad \frac{1}{2}\geqq\mu\geqq 0,\quad \frac{1}{2}\geqq\nu\geqq 0,$$

comme nous avons dit plus haut.

De ce qui précède il suit que toutes les équations entre les coefficients λ, μ, ν, σ, K qui résultent des représentations du minimum de la forme (1), pour lesquelles $x_1=1$, équivalent à celles qu'on obtient, en convertissant quelques inégalités (6) et (7) en équations.

Au moins cinq de ces inégalités doivent être converties en équations pour qu'on puisse déterminer λ, μ, ν, σ, K. Il suit de là que les équations

$$(8)\quad \begin{cases} \lambda^2 + \mu^2 + \nu^2 + \frac{1}{4}\sigma^2 + K = 1, \\ \left(\frac{1}{2} - \lambda\right)^2 + \left(\frac{1}{2} - \mu\right)^2 + \left(\frac{1}{2} - \nu\right)^2 + \frac{1}{4}(1-\sigma)^2 + K = 1 \end{cases}$$

doivent être satisfaites, car autrement les quantités σ et K ne peuvent être déterminées.

De plus, trois au moins des inégalités (7) doivent être converties en équations. Supposons $\lambda \leqq \mu \leqq \nu$, ce qui est évidemment permis.

Remarquons maintenant qu'on ne peut faire

$$\lambda = \mu = \nu = 0,$$

car il en résulterait $K = 0$, $\sigma = 2$, ce qui est impossible.

On ne peut faire non plus

$$\lambda = \mu = \nu = \frac{1}{2},$$

car il s'ensuivrait $K = 0$, $\sigma = -1$.

On voit donc que λ doit être égal à zéro et $\nu = \frac{1}{2}$.

Cela posé, μ ne peut pas être égal à zéro, car, dans le cas contraire, les équations (8) nous donneraient

$$\sigma = 1, \quad K = \frac{1}{2},$$

à cause de $\lambda = 0$, $\mu = 0$, $\nu = \frac{1}{2}$.

Mais, σ ne surpassant pas $\frac{1}{2}$, cette supposition est impossible.

Donc $\mu = \frac{1}{2}$. Il résulte des équations (8) que $K = \frac{1}{2}$, $\sigma = 0$.

Ainsi nous aurons la forme extrême

$$M\left[\left(x_2-\frac{1}{2}x_5\right)^2+\left(x_3-\frac{1}{2}x_5+\frac{1}{2}x_1\right)^2\right.$$
$$\left.+\left(x_4-\frac{1}{2}x_5+\frac{1}{2}x_1\right)^2+\frac{1}{4}x_5^2+\frac{1}{2}x_1^2\right],$$

équivalente à V_5.

20. Maintenant nous passons au cas où la table de la forme f contient la ligne

(1) $\qquad\qquad 2,\ 1,\ 1,\ 1,\ 2.$

En transformant la forme f au moyen de la substitution

$$x_1 = x_1' + x_5',$$
$$x_2 = x_2',$$
$$x_3 = x_3',$$
$$x_4 = x_4',$$
$$x_5 = x_5',$$

on voit que les lignes

$$0,\ 1,\ 0,\ 0,\ 0,$$
$$0,\ 0,\ 1,\ 0,\ 0,$$
$$0,\ 0,\ 0,\ 1,\ 0,$$

et la ligne (1) se transforment respectivement dans les suivantes:

$$0,\ 1,\ 0,\ 0,\ 0,$$
$$0,\ 0,\ 1,\ 0,\ 0,$$
$$0,\ 0,\ 0,\ 1,\ 0,$$
$$0,\ 1,\ 1,\ 1,\ 2.$$

Mais nous avons vu que toutes les formes extrêmes dont la table contient ces quatre lignes sont équivalentes à V_5.

21. Il nous reste à examiner le cas où on a la représentation

$$1,\ 1,\ 1,\ 1,\ 2.$$

Nous avons les 6 lignes suivantes:

	x_1	x_2	x_3	x_4	x_5
(1)	1	0	0	0	0
(2)	0	1	0	0	0
(3)	0	0	1	0	0
(4)	0	0	0	1	0
(5)	0	0	0	0	1
(6)	1	1	1	1	2.

Supposons maintenant que l'une quelconque des autres lignes soit

(B) $\quad x_1 = b_1, \quad x_2 = b_2, \quad x_3 = b_3, \quad x_4 = b_4, \quad x_5 = b_5.$

Il est facile de démontrer qu'aucun de ses termes n'est égal à ± 2. En effet, soit d'abord

$$b_5 = \pm 2.$$

En changeant, s'il est nécessaire, les signes de tous les termes de la ligne (B), on peut faire $b_5 = + 2$. Alors aucun des nombres b_1, b_2, b_3, b_4 ne sera ni zéro, ni ± 2, car dans cette supposition on aurait le cas qui a été déjà discuté dans les n°s 19 et 20.

Aucun de ces nombres ne sera non plus égal à -1, car dans ce cas nous aurions le déterminant caractéristique

$$\begin{vmatrix} 1 & 2 \\ -1 & b_5 \end{vmatrix} = \begin{vmatrix} 1 & 2 \\ -1 & 2 \end{vmatrix} = 4,$$

qui est impossible (voir le n^0 10).

Il reste à supposer

$$b_1 = b_2 = b_3 = b_4 = + 1;$$

or cela est également impossible, car alors la ligne (B) devient identique avec la ligne (6).

La supposition

$$b_5 = \pm 2$$

est par conséquent à rejeter.

Supposons ensuite que, parmi les nombres

$$b_1,\ b_2,\ b_3,\ b_4$$

on en trouvera un égal à ± 2.

Soit, par exemple,

$$b_4 = \pm 2;$$

comme précédemment, on peut faire

$$b_4 = +2,$$

car il est permis de changer les signes de tous les termes de la ligne (B).

Alors aucun des nombres b_1, b_2, b_3, b_5 ne sera ni zéro, ni ± 2 et, par conséquent, ils sont égaux à l'unité en valeur absolue.

Or on aura dans ce cas le déterminant caractéristique.

$$\begin{vmatrix} 1 & 2 \\ 2 & b_5 \end{vmatrix} = -4 + b_5,$$

supérieur à 2 en valeur absolue, ce qui est impossible (n° 10).

Aucun des termes de la ligne (B) ne peut donc être supposé égal à ± 2.

Nous allons maintenant démontrer que b_5 est égal à ± 1.

En effet, supposons le contraire. Le cas $b_5 = \pm 2$ étant inadmissible, il reste à supposer

$$b_5 = 0.$$

Alors au moins deux des nombres b_1, b_2, b_3, b_4 sont égaux à ± 1, car, si un seul d'entre eux était ± 1 et les autres des zéros, la ligne (B) coinciderait avec une des suivantes:

(1), (2), (3), (4).

Par conséquent au moins deux des nombres b_1, b_2, b_3, b_4 sont égaux à ± 1.

En changeant, s'il est nécessaire, l'ordre des quatres premières colonnes et les signes de tous les termes de la ligne (B), ce qui ne change pas l'ensemble des lignes

$$(1),\ (2),\ (3),\ (4),\ (5),\ (6),$$

on peut faire

$$b_1 = +1.$$

En supposant donc $b_1 = +1$, faisons dans la table de f la transformation

$$x_1 = x_1',\ x_2 = -x_2' + b_2 x_1',\ x_3 = -x_3' + b_3 x_1',\ x_4 = -x_4' + b_4 x_1',$$
$$x_5 = -x_5';$$

les sept lignes (1), (2), (3), (4), (5), (6), (B) seront transformées respectivement dans les suivantes:

	x_1'	x_2'	x_3'	x_4'	x_5'
(1)′	1	b_2	b_3	b_4	0
(2)′	0	-1	0	0	0
(3)′	0	0	-1	0	0
(4)′	0	0	0	-1	0
(5)′	0	0	0	0	-1
(6)′	1	b_2-1	b_3-1	b_4-1	-2
(B)′	1	0	0	0	0.

Comme au moins un des nombres b_2, b_3, b_4 est ± 1, la ligne (6)′ contiendra deux fois le nombre ± 2, ou zéro et -2, et nous aurons le cas déjà discuté. Ainsi il faut poser

$$b_5 = \pm 1.$$

Or on peut faire

$$b_5 = +1,$$

en changeant au besoin les signes de tous les termes de la ligne (B).

Maintenant aucun des nombres b_1, b_2, b_3, b_4 ne sera -1, car, si l'on avait, par exemple,

$$b_2 = -1,$$

on obtiendrait le déterminant caractéristique impossible

$$\begin{vmatrix} 1 & 2 \\ b_2 & b_5 \end{vmatrix} = \begin{vmatrix} 1 & 2 \\ -1 & 1 \end{vmatrix} = 3.$$

Ainsi, dans la ligne (B), le terme b_5 est $+1$; parmi les autres

$$b_1,\ b_2,\ b_3,\ b_4,$$

quelques-uns sont des zéros et au moins un seul est égal à $+1$. Il est possible aussi que tous les nombres b_1, b_2, b_3, b_4 soient égaux à $+1$.

22. Dans le cas que nous discutons avec les lignes

		x_1	x_2	x_3	x_4	x_5
(I)	(1)	1	0	0	0	0
	(2)	0	1	0	0	0
	(3)	0	0	1	0	0
	(4)	0	0	0	1	0
	(5)	0	0	0	0	1
	(6)	1	1	1	1	2

on ne peut donc combiner que les suivantes:

(II)	(7)	1	0	0	0	1
	(8)	0	1	0	0	1
	(9)	0	0	1	0	1
	(10)	0	0	0	1	1
(III)	(11)	1	1	0	0	1
	(12)	1	0	1	0	1
	(13)	1	0	0	1	1
	(14)	0	1	1	0	1
	(15)	0	1	0	1	1
	(16)	0	0	1	1	1

$$
\text{(IV)}\quad\begin{cases}
(17) & 1\ 1\ 1\ 0\ 1\\
(18) & 1\ 1\ 0\ 1\ 1\\
(19) & 1\ 0\ 1\ 1\ 1\\
(20) & 0\ 1\ 1\ 1\ 1
\end{cases}
$$

$$(21)\quad 1\ 1\ 1\ 1\ 1.$$

Des 6 premières lignes nous composons le premier groupe, (7), (8), (9), (10) le deuxième, de six (11), (12), (13), (14), (15), (16) le troisième, et de quatre (17), (18), (19), (20) le quatrième. La ligne (21) n'entre dans aucun de ces groupes.

En nous proposant maintenant de trouver toutes les formes extrêmes f non équivalentes à V_5 et qui admettent les six représentations de leur minimum contenues dans les lignes du premier groupe, nous avons à résoudre le problème suivant:

Choisir, de toutes les manières possibles, parmi les 19 lignes

$$(7),\ (8),\ (9), \ldots,\ (21)$$

au moins neuf telles, que l'ensemble de ces lignes avec les six du premier groupe détermine complétement une forme extrême non équivalente à V_5, en supposant que son minimum M soit donné.

Faisons d'abord quelques remarques qui nous permettront de diminuer le nombre de différentes combinaisons possibles.

Remarque I. — Les quatre lignes du 4e groupe ne peuvent toutes se trouver parmi les lignes cherchées, car elles composent le déterminant caractéristique impossible

$$\begin{vmatrix} 1 & 1 & 1 & 0\\ 1 & 1 & 0 & 1\\ 1 & 0 & 1 & 1\\ 0 & 1 & 1 & 1 \end{vmatrix} = -3.$$

Donc on ne peut prendre plus de trois lignes du 4e groupe.

Remarque II. — On ne peut prendre non plus les 4 lignes du

2e groupe avec la ligne (21), car on aura, comme précédemment, le déterminant caractéristique impossible

$$\begin{vmatrix} 1 & 0 & 0 & 0 & 1 \\ 0 & 1 & 0 & 0 & 1 \\ 0 & 0 & 1 & 0 & 1 \\ 0 & 0 & 0 & 1 & 1 \\ 1 & 1 & 1 & 1 & 1 \end{vmatrix} = -3.$$

Remarque III.— Toute combinaison de 3 lignes du 2e groupe avec la ligne (21) équivaut à l'ensemble de toutes les 4 lignes de ce groupe.

En effet, quelle que soit cette combinaison, elle sera transformée dans l'ensemble de lignes du 2e groupe par l'une des transformations

(A) $x_1 = x_1'$, $x_2 = -x_2' + x_1'$, $x_3 = -x_3' + x_1'$, $x_4 = -x_4' + x_1'$,
$x_5 = -x_5' + 2x_1'$,

(B) $x_1 = -x_1' + x_2'$, $x_2 = x_2'$, $x_3 = -x_3' + x_2'$, $x_4 = -x_4' + x_2'$,
$x_5 = -x_5' + 2x_2'$,

(C) $x_1 = -x_1' + x_3'$, $x_2 = -x_2' + x_3'$, $x_3 = x_3'$, $x_4 = -x_4' + x_3'$,
$x_5 = -x_5' + 2x_3'$,

(D) $x_1 = -x_1' + x_4'$, $x_2 = -x_2' + x_4'$, $x_3 = -x_3' + x_4'$, $x_4 = x_4'$,
$x_5 = -x_5' + 2x_4'$.

Par exemple, les lignes (7), (8), (9), (21) seront transformées, par la transformation (D), respectivement dans les suivantes:

x_1'	x_2'	x_3'	x_4'	x_5'
—1	0	0	0	—1
0	—1	0	0	—1
0	0	—1	0	—1
0	0	0	1	1.

Or ce sont précisément les 4 lignes du 2e groupe par rapport aux variables

$$x_1', \ x_2', \ x_3', \ x_4', \ x_5'.$$

Remarquons encore que l'ensemble des groupes (I), (III) et (IV) ne sera changé par aucune des 4 transformations

(A), (B), (C), (D).

Remarque IV. — Si l'on prend toutes les 4 lignes du 2e groupe pour composer les lignes cherchées, on ne pourra prendre avec elles aucune ligne du 4e groupe.

En effet la transformation

$$x_1 = x_1', \quad x_2 = x_2', \quad x_3 = x_3', \quad x_4 = x_4', \quad x_5 = x_1' + x_2' + x_3' + x_4' - x_5'$$

ne changera pas l'ensemble des lignes du 1er et du 2e groupe, tandis que les lignes (17), (18), (19) et (20) seront transformées respectivement dans les suivantes:

x_1'	x_2'	x_3'	x_4'	x_5'
1	1	1	0	2
1	1	0	1	2
1	0	1	1	2
0	1	1	1	2.

Or chacune de ces lignes contient les termes 0 et 2 et conduira par conséquent au cas du n° 19.

Par la même raison, et en vertu de la remarque III, on ne peut prendre avec 3 lignes du 2e groupe et la ligne (21) aucune ligne du 4e.

Remarque V. — Si l'on prend les 4 lignes du 2e groupe, on doit en prendre au moins 5 du 3e. En effet, en vertu de la remarque II, la ligne (21) est à rejeter et, en vertu de le remarque IV, on ne peut non plus prendre aucune ligne du 4e groupe.

Donc, pour composer au moins 9 lignes, on est obligé de prendre, avec les 4 lignes (7), (8), (9), (10) au moins 5 du 3e groupe.

Or il ne faut point prendre plus de 5 lignes de ce groupe, car la forme sera complétement déterminée par les 6 lignes du 1er groupe, les 4 du 2e et les 5 quelconques du 3e.

Il est évident qu'en choisissant ces dernières 5 lignes de toutes les manières possibles, on aura 5 formes équivalentes entre elles qui se réduisent l'une à l'autre par les transpositions de 2 lettres prises dans la suite

$$x_1,\ x_2,\ x_3,\ x_4,$$

par exemple, par le changement de x_1 en x_2 et réciproquement.

Il suffira donc de prendre les 5 lignes quelconques des 3e groupe, par exemple

$$(11),\ (12),\ (13),\ (14),\ (15).$$

Soit

$$f = M(x_1^2 + x_2^2 + x_3^2 + x_4^2 + x_5^2) + 2\alpha x_1 x_2 + 2\beta x_1 x_3 + 2\gamma x_1 x_4$$
$$+ 2\delta x_1 x_5 + 2\varepsilon x_2 x_3 + 2\zeta x_2 x_4 + 2\eta x_2 x_5 + 2\theta x_3 x_4 + 2 i x_3 x_5 + 2 k x_4 x_5$$

la forme cherchée.

En exprimant que son minimum M a les représentations contenues dans les lignes

$$(6),\ (7),\ (8),\ (9),\ (10),\ (11),\ (12),\ (13),\ (14) \text{ et } (15),$$

on aura les équations

$$\alpha + \beta + \gamma + \varepsilon + \zeta + \theta + 2(\delta + \eta + i + k) = -\frac{7}{2}M,$$

$$\delta = -\frac{M}{2},\quad \eta = -\frac{M}{2},\quad i = -\frac{M}{2},\quad k = -\frac{M}{2},$$

$$\alpha + \delta + \eta = -M,\quad \beta + \delta + i = -M,\quad \gamma + \delta + k = -M,$$

$$\varepsilon + \eta + i = -M,\quad \zeta + \eta + k = -M.$$

On déduit de là

$$\alpha = \beta = \gamma = \varepsilon = \zeta = 0,\quad \delta = \eta = i = k = -\theta = -\frac{M}{2}.$$

On aura alors

$$f = M(x_1^2 + x_2^2 + x_3^2 + x_4^2 + x_5^2 - x_1x_5 - x_2x_5 - x_3x_5 - x_4x_5 + x_3x_4).$$

Cette forme est équivalente à V_5 et se transforme dans V_5 par la transformation

$$x_1 = x_1', \quad x_2 = x_2', \quad x_3 = -x_4', \quad x_4 = -x_5', \quad x_5 = x_1' + x_2' + x_3'.$$

De la même manière on obtiendra les formes équivalentes à V_5 si l'on prend 3 lignes du 2e groupe avec la ligne (21) en vertu de la remarque III.

Ainsi, pour avoir des formes extrêmes non équivalentes à V_5, on ne doit pas prendre plus de 3 lignes de l'ensemble

(7), (8), (9), (10), (21).

Remarque VI. — Comme, pour composer les lignes cherchées (au moins 9 en nombre), on ne peut prendre du 4e groupe que 3 lignes au plus (remarque I) et de l'ensemble

(7), (8), (9), (10), (21)

aussi au plus 3 lignes (remarque V), il s'ensuit qu'il faut prendre au moins 3 lignes du 3e groupe.

Remarque VII. — Si l'on prend 3 lignes du 4e groupe, par exemple

(17), (18), (19),

on ne doit prendre avec elles que 3 lignes déterminées du 3e groupe. Pour les trouver il faut, parmi les 4 premières colonnes dans l'ensemble des lignes données du 4e groupe, remarquer celle qui contient 3 unités.

Dans le 3e groupe il faut chercher trois lignes telles, que dans leur ensemble la même colonne contienne 3 unités.

Ces 3 lignes du 3e groupe sont celles qu'on doit prendre avec les 3 lignes données du 4e.

Par exemple, si l'on donne les lignes

(17)	1	1	1	0	1
(18)	1	1	0	1	1
(19)	1	0	1	1	1

on remarque d'abord que, des 4 premières colonnes, celle qui contient 3 unités est la première.

Dans le 3ᵉ groupe on trouve 3 lignes déterminées

(11)	1	1	0	0	1
(12)	1	0	1	0	1
(13)	1	0	0	1	1

dont l'ensemble contient 3 unités dans la première colonne.

Ainsi, avec les lignes

(17), (18), (19)

il faut prendre

(11), (12), (13).

Pour démontrer la proposition énoncée, considérons le cas où l'on donne les lignes (17), (18), (19), car il est évident que les autres cas se réduisent à celui-ci par de simples transpositions des lettres

$$x_1, x_2, x_3, x_4.$$

Or, si nous faisons la transformation

$$\begin{aligned} x_1 &= x_1' - x_2' - x_3' + x_5', \\ x_2 &= - x_2' - x_3' + x_5', \\ x_3 &= - x_2' + x_5', \\ x_4 &= - x_3' + x_5', \\ x_5 &= - x_2' - x_3' + 2x_5' - x_4', \end{aligned}$$

les lignes (1), (5), (6), (17), (18), (19) et celles du 3ᵉ groupe seront transformées respectivement dans les suivantes:

		x_1'	x_2'	x_3'	x_4'	x_5'	
(1)	dans....	1	0	0	0	0	
(5)	»	0	0	0	1	0	
(6)	»	0	0	0	0	1	
(17)	»	0	1	0	0	0	
(18)	»	0	0	1	0	0	
(19)	»	1	1	1	1	2	
(11)	»	0	1	1	1	1	IIIe groupe.
(12)	»	1	0	1	0	1	
(13)	»	1	1	0	0	1	
(14)	»	1	1	0	0	0	
(15)	»	1	0	1	0	0	
(16)	»	0	1	1	1	2	

On voit d'abord que les 6 lignes du 1er groupe figureront après la transformation. Ensuite on remarque que la ligne (16) est à rejeter, car après la transformation elle contiendra les termes 0 et 2 (le cas du n° 19).

Les lignes (14) et (15) sont également impossibles, car chacune d'elles étant transformée contient le terme 0 dans la même colonne où se trouve le terme 2 de la ligne

$$1 \quad 1 \quad 1 \quad 1 \quad 2$$

(voir le n° 21).

Restent du 3e groupe comme possibles et obligatoires (remarque VI) les lignes

(11), (12), (13). C. q. f. d.

Ayant fait ces remarques, nous passons à la recherche des formes non équivalentes à V_5 et qui ont les 6 représentations de leur minimum contenues dans les lignes du 1er groupe. Comme il est nécessaire de prendre 3 lignes du 3e groupe (remarque VI), nous distinguerons deux cas:

1°. Lorsqu'on n'en prend que 3 seulement;

2°. Si l'on prend plus de 3 lignes du 3e groupe.

Dans le premier cas, pour composer les lignes cherchées, il nous en faut choisir encore au moins 6. Or on n'en peut prendre du 4e groupe plus de 3, ainsi que de l'ensemble

(7), (8), (9), (10), (21)

(remarque V). Par conséquent, il faut nécessairement choisir 3 lignes du 4e groupe et 3 de cet ensemble.

Comme il est indifférent quelle réunion de 3 lignes du 4e groupe nous choisissons, on peut prendre (17), (18), (19). Avec elles seulement sont compatibles les 3 lignes du 3e groupe

(11), (12), (13)

(remarque VII).

Nous avons encore à assigner 3 lignes de l'ensemble

(7), (8), (9), (10), (21).

Or, quel que soit notre choix, une des transformations

(A), (B), (C) (D)

(remarque III) changera les lignes choisies en 3 lignes du 2e groupe.

Après cela on prendra, parmi les lignes transformées du 3e et du 4e groupe celles qui sont identiques avec les suivantes:

$$\begin{matrix} 1 & 1 & 0 & 0 & 1 \\ 1 & 0 & 1 & 0 & 1 \\ 1 & 0 & 0 & 1 & 1 \\ 1 & 1 & 1 & 0 & 1 \\ 1 & 1 & 0 & 1 & 1 \\ 1 & 0 & 1 & 1 & 1. \end{matrix}$$

De cette manière on peut faire abstraction de la ligne (21)

et choisir avec les lignes

$$(11),\ (12),\ (13),\ (17),\ (18),\ (19)$$

3 lignes du 2e groupe.

Or ce choix peut être fait de deux manières différentes:

1°. On peut prendre les lignes

$$(8),\ (9),\ (10);$$

2°. Ou les lignes

$$(7),\ (8),\ (9).$$

Les autres combinaisons se réduisent à ces deux-là.

La réunion

$$(8),\ (9),\ (10),\ (11),\ (12),\ (13),\ (17),\ (18),\ (19)$$

détermine (comme dans la remarque V) la forme

$$Z = M\Big(x_1^2 + x_2^2 + x_3^2 + x_4^2 + x_5^2 - \frac{1}{2}x_1x_2 - \frac{1}{2}x_1x_3 - \frac{1}{2}x_1x_4 - \frac{1}{2}x_1x_5 + \frac{1}{2}x_2x_3 + \frac{1}{2}x_2x_4 + \frac{1}{2}x_3x_4 - x_2x_5 - x_3x_5 - x_4x_5\Big),$$

qui est extrême (n° 4) et non équivalente à V_5.

La réunion

$$(7),\ (8),\ (9),\ (11),\ (12),\ (13),\ (17),\ (18),\ (19)$$

donne la forme

$$M(x_1^2 + x_2^2 + x_3^2 + x_4^2 + x_5^2 - x_1x_5 - x_2x_5 - x_3x_5 - x_1x_4)$$

équivalente à V_5 et qui se transforme dans V_5 par la transformation

$$x_1 = -x_4' - x_5',\quad x_2 = x_2',\quad x_3 = x_1',\quad x_4 = -x_5',\quad x_5 = x_1' + x_2' + x_3'.$$

Cette forme est par conséquent à rejeter.

Ainsi, dans le cas que nous étudions, on obtient une seule forme Z, qui répond à la question.

Considérons maintenant le cas où l'on prend plus de 3 lignes du 3e groupe.

Comme de l'ensemble

(7), (8), (9), (10), (21)

on ne peut choisir plus de 3 lignes, il en faut prendre au moins 6 du 3e et du 4e groupe.

Ainsi, avec 4 du 3e, il faut en prendre au moins 2 du 4e et, avec 5 du 3e au moins 1 du 4e.

Or on peut prendre 4 lignes du 3e groupe de deux manières différentes:

La première est représentée par la combinaison

(g) (11), (12), (13), (14);

la seconde par la combinaison

(h) (11), (12), (15), (16).

Toutes les autres se réduisent à ces deux.

Si l'on prend 5 lignes du 3e groupe, on aura la combinaison

(k) (11), (12), (13), (14), (15),

les autres se réduisant à celle-ci.

Les 6 lignes du 3e groupe donnent, bien entendu, la combinaison

(l) (11), (12), (13), (14), (15), (16).

Il est facile de faire voir maintenant que chacune de ces quatres combinaisons

(g), (h), (k), (l),

prise avec un nombre nécessaire des lignes du 4e groupe, après l'une des transformations

(A), (B), (C), (D)

(remarque III), contiendra 3 lignes de ce groupe.

Remarquons encore que les transformations

$$(A),\ (B),\ (C),\ (D)$$

ne changent pas le premier groupe, ainsi que l'ensemble

(7), (8), (9), (10), (21).

Quant aux lignes du 3e et du 4e groupe, elles sont transformées dans les suivantés:

	(A)					(B)					(C)					(D)				
	x_1'	x_2'	x_3'	x_4'	x_5'	x_1'	x_2'	x_3'	x_4'	x_5'	x_1'	x_2'	x_3'	x_4'	x_5'	x_1'	x_2'	x_3'	x_4'	x_5'
(11) se change en	1	0	1	1	1	0	1	1	1	1	1	1	0	0	1	1	1	0	0	1
(12) » » »	1	1	0	1	1	1	0	1	0	1	0	1	1	1	1	1	0	1	0	1
(13) » » »	1	1	1	0	1	1	0	0	1	1	1	0	0	1	1	0	1	1	1	1
(14) » » »	0	1	1	0	1	1	1	0	1	1	1	0	1	1	1	0	1	1	0	1
(15) » » »	0	1	0	1	1	1	1	1	0	1	0	1	0	1	1	1	0	1	1	1
(16) » » »	0	0	1	1	1	0	0	1	1	1	1	1	1	0	1	1	1	0	1	1
(17) » » »	1	0	0	1	1	0	1	0	1	1	0	0	1	1	1	1	1	1	0	1
(18) » » »	1	0	1	0	1	0	1	1	0	1	1	1	0	1	1	0	0	1	1	1
(19) » » »	1	1	0	0	1	1	0	1	1	1	0	1	1	0	1	0	1	0	1	1
(20) » » »	0	1	1	1	1	1	1	0	0	1	1	0	1	0	1	1	0	0	1	1

La combinaison (g) après la transformation (A) contiendra 3 lignes à 4 unités (du 4e groupe).

La combinaison (h) avec une quelconque des lignes

(17), (18), (19), (20)

(et il faut en prendre au moins deux) donnera, après l'une des transformations

(A), (B), (C), (D),

3 lignes à 4 unités.

Les combinaisons (k) et (l) contiendront, après la transformation (A), 3 lignes avec ce nombre d'unités. Ainsi on aura toujours 3 lignes du 4e groupe.

Or, avec elles, il est nécessaire de prendre 3 lignes déterminées du 3e groupe et l'on sera conduit au cas précédent. On obtient donc toujours la forme Z comme le résultat de cette recherche.

23. De tout ce que nous avons dit des formes à cinq variables, il suit que, pour le déterminant donné $-D$, il existe 3 formes extrêmes à cinq variables

$$U_5 = 2\sqrt[5]{\frac{D}{6}}\,(x_1^2 + x_2^2 + x_3^2 + x_4^2 + x_5^2 + x_1 x_2 + x_1 x_3 + x_1 x_4 + x_1 x_5$$
$$+ x_2 x_3 + x_2 x_4 + x_2 x_5 + x_3 x_4 + x_3 x_5 + x_4 x_5),$$

$$Z = \sqrt[5]{\frac{2^9 D}{3^4}}\,(x_1^2 + x_2^2 + x_3^2 + x_4^2 + x_5^2 - \tfrac{1}{2} x_1 x_2 - \tfrac{1}{2} x_1 x_3 - \tfrac{1}{2} x_1 x_4$$
$$- \tfrac{1}{2} x_1 x_5 + \tfrac{1}{2} x_2 x_3 + \tfrac{1}{2} x_2 x_4 - x_2 x_5 + \tfrac{1}{2} x_3 x_4 - x_3 x_5 - x_4 x_5),$$

$$V_5 = \sqrt[5]{2^3 D}\,(x_1^2 + x_2^2 + x_3^2 + x_4^2 + x_5^2 + x_1 x_3 + x_1 x_4 + x_1 x_5 + x_2 x_3$$
$$+ x_2 x_4 + x_2 x_5 + x_3 x_4 + x_3 x_5 + x_4 x_5).$$

Comme V_5 a le minimum $\sqrt[5]{8D}$, plus grand que celui de U_5 et de Z, il suit du n° 7 que la quantité

$$\sqrt[5]{8D}$$

est la limite précise des minima des formes à cinq variables du déterminant $-D$.

10.

О ЧАСТНЫХЪ ДИФФЕРЕНЦІАЛЬНЫХЪ УРАВНЕНІЯХЪ ВТОРОГО ПОРЯДКА.

(ЗАПИСКА, СОСТАВЛЕННАЯ ПО ПОВОДУ УНИВЕРСИТЕТСКАГО АКТА 8 ФЕВРАЛЯ 1878 ГОДА).

Многіе вопросы геометріи, механики и физики ведутъ къ частнымъ дифференціальнымъ уравненіямъ. Изъ нихъ уравненія перваго порядка болѣе другихъ изслѣдованы.

Если, тѣмъ не менѣе, интегрированіе ихъ удается въ рѣдкихъ случаяхъ, то, по крайней мѣрѣ, извѣстны многія свойства ихъ общихъ интеграловъ, изъ коихъ главное состоитъ въ томъ, что они получаются при помощи интегрированія обыкновенныхъ уравненій.

Кромѣ того извѣстно, что удовлетвореніе начальнымъ условіямъ, которыя обыкновенно предлагаются, не требуетъ другихъ средствъ кромѣ исключенія неизвѣстныхъ изъ конечныхъ уравненій, если извѣстенъ такъ называемый полный интегралъ.

Далеко не столь полонъ отдѣлъ интегральнаго исчисленія, относящійся къ уравненіямъ высшихъ порядковъ. Тѣмъ большаго вниманія заслуживаютъ немногіе извѣстные способы ихъ интегрированія.

Между этими способами тотъ, который былъ предложенъ Монжемъ и дополненъ Амперомъ, относится къ наиболѣе простымъ уравненіямъ и по своей простотѣ и общности есть одинъ изъ главнѣйшихъ въ упомянутомъ отдѣлѣ.

Извѣстно, что въ томъ видѣ, какъ его представляютъ Монжъ и Амперъ, онъ даетъ возможность найти общій интегралъ предложеннаго уравненія, въ тѣхъ случаяхъ, гдѣ примѣненіе его удается; но это только одна часть задачи, представляющейся обыкновенно при интегрированіи.

Другая часть состоитъ въ способахъ удовлетворить начальнымъ условіямъ. Она оставляется совершенно въ сторонѣ при изложеніи способа Монжа, что составляетъ въ немъ пробѣлъ, который желательно пополнить.

Съ этою цѣлью я покажу въ настоящей замѣткѣ, что во всѣхъ тѣхъ случаяхъ, гдѣ способъ Монжа примѣняется удачно, можно удовлетворить и начальнымъ условіямъ, если ихъ выбрать надлежащимъ образомъ.

При этомъ я ограничусь уравненіями, которыя разсматриваетъ Амперъ въ своемъ мемуарѣ[1]), хотя излагаемая мною метода можетъ быть обобщена и на другія уравненія, точно также, какъ и способъ Монжа.

При рѣшеніи вопросовъ, относящихся къ интегрированію уравненій, она, кромѣ опредѣленія произвольныхъ функцій, имѣетъ еще преимущество давать общія выраженія неизвѣстныхъ прямо въ данныхъ величинахъ.

Между различными примѣрами, которые ее поясняютъ, мы разсмотримъ приложеніе ея къ интегрированію уравненія наименьшихъ поверхностей, при томъ условіи, чтобы искомая поверхность проходила черезъ заданную напередъ кривую и чтобы въ каждой точкѣ этой послѣдней направленіе нормали къ поверхности было также напередъ заданное.

Эта задача была рѣшена Бонне[2]); но его способъ не даетъ общихъ конечныхъ уравненій такихъ поверхностей и можетъ быть примѣняемъ только въ опредѣленныхъ случаяхъ.

Другое рѣшеніе, которое дано здѣсь въ n⁰ 6 доставляетъ эти уравненія и притомъ въ особенно простомъ видѣ.

1. Пусть будутъ x и y перемѣнныя независимыя и z ихъ функція, удовлетворяющая частному дифференціальному урав-

---

1) Journal de l'école polytechnique, XVIII cahier.

2) Mémoire sur l'emploi d'un nouveau système de variables dans l'étude des propriétés des surfaces courbes. Journal de Liouville, tome V, deuxième série, 1860.

нению второго порядка

(1) $$\Phi\left(x, y, z, \frac{dz}{dx}, \frac{dz}{dy}, \frac{d^2z}{dx^2}, \frac{d^2z}{dxdy}, \frac{d^2z}{dy^2}\right) = 0.$$

Для сокращенія письма обыкновенно обозначають величины

$$\frac{dz}{dx}, \frac{dz}{dy}, \frac{d^2z}{dx^2}, \frac{d^2z}{dxdy}, \frac{d^2z}{dy^2}$$

соотвѣтственно буквами

$$p, q, r, s, t;$$

тогда уравненіе (1) напишется короче такъ

$$\Phi(x, y, z, p, q, r, s, t) = 0.$$

Задача объ интегрированіи его состоитъ въ нахожденіи такой функціи z, которая ему удовлетворяетъ для всѣхъ возможныхъ величинъ перемѣнныхъ x и y и кромѣ того выполняетъ особенныя условія для нѣкоторыхъ напередъ заданныхъ значеній этихъ перемѣнныхъ.

Такія условія называются начальными.

Различныя задачи ведутъ, конечно, и къ разнообразнымъ начальнымъ условіямъ.

Мы выберемъ простѣйшія между ними, которыя состоятъ въ слѣдующемъ: неизвѣстная z должна обратиться въ заданную напередъ функцію $\omega(u)$ перемѣнной u, если сдѣлаемъ

$$x = \varphi(u), \quad y = \psi(u),$$

гдѣ $\varphi(u)$ и $\psi(u)$ двѣ также данныя функціи отъ u; кромѣ того величины z, p и q для

$$x = \varphi(u), \quad y = \psi(u)$$

должны удовлетворять напередъ заданному уравненію

$$\sigma(x, y, z, p, q) = 0.$$

Мы назвали высказанныя сейчасъ условія простѣйшими вопервыхъ потому, что они вполнѣ аналогичны съ тѣми, которыя ставятся для неизвѣстныхъ функцій въ обыкновенныхъ дифференціальныхъ уравненіяхъ; во-вторыхъ потому, что они даютъ возможность получить z въ видѣ ряда при помощи теоремы Тейлора, если нѣтъ другихъ способовъ найти эту функцію.

Въ самомъ дѣлѣ, уравненія

$$dz = pdx + qdy,$$
$$\sigma(x, y, z, p, q) = 0$$

дадутъ величины p и q для

$$x = \varphi(u), \quad y = \psi(u),$$

такъ какъ соотвѣтствующая величина z извѣстна и есть $\omega(u)$.

Для опредѣленія начальныхъ величинъ слѣдующихъ производныхъ z, то есть величинъ, которыя онѣ получаютъ при

$$x = \varphi(u), \quad y = \psi(u),$$

имѣется съ одной стороны уравненіе

$$\Phi(x, y, z, p, q, r, s, t) = 0$$

и всѣ происходящія изъ него дифференцированіемъ; съ другой стороны мы имѣемъ уравненія

$$dp = rdx + sdy$$
$$dq = sdx + tdy$$
$$dr = \frac{d^3 z}{dx^3}dx + \frac{d^3 z}{dx^2\, dy}dy$$
$$\cdots\cdots\cdots\cdots\cdots\cdots$$

Такимъ образомъ могутъ быть опредѣлены начальныя величины всѣхъ производныхъ z, а поэтому можетъ быть составлено и разложеніе z по степенямъ разностей

$$x - \varphi(u), \quad y - \psi(u).$$

Нужно замѣтить однако, что начальныя условія, иначе сказать, функціи

$$\varphi(u),\ \psi(u),\ \omega(u)$$

и уравненіе

$$\sigma(x, y, z, p, q) = 0,$$

могутъ быть заданы такъ, что рѣшеніе нашей задачи сдѣлается невозможнымъ, или неопредѣленнымъ.

Подобные случаи встрѣчаются, какъ извѣстно, и при интегрированіи уравненій перваго порядка.

Что касается уравненій, которыя мы здѣсь будемъ разсматривать, изъ нашего рѣшенія вопроса легко уже будетъ видно, когда оно возможно.

Геометрическое истолкованіе вопроса объ интегрированіи уравненія

$$\Phi(x, y, z, p, q, r, s, t) = 0,$$

въ томъ видѣ, какъ онъ былъ сейчасъ поставленъ, весьма просто.

Пусть x, y, z означаютъ обыкновенныя прямоугольныя координаты точки на поверхности. Тогда задача наша приводится къ нахожденію поверхности, координата которой z, будучи разсматриваема какъ функція отъ x и y, удовлетворяетъ уравненію

$$\Phi(x, y, z, p, q, r, s, t) = 0.$$

При этомъ требуется, чтобы искомая поверхность проходила черезъ кривую, заданную уравненіями

$$x = \varphi(u),\ y = \psi(u),\ z = \omega(u),$$

и чтобы направленіе нормали къ поверхности въ каждой точкѣ этой кривой было также напередъ заданное.

Такая нормаль и касательная къ данной кривой, проведенная съ нею черезъ одну и ту же точку послѣдней, должны быть взаимно перпендикулярны.

Это выражается уравненіемъ

$$dz = pdx + qdy,$$

или, что одно и тоже, слѣдующимъ

$$\omega'(u) = p\varphi'(u) + q\psi'(u).$$

Прибавивъ сюда уравненіе

$$\sigma(\varphi(u), \psi(u), \omega(u), p, q) = 0$$

мы опредѣлимъ начальныя величины функцій p и q, которыя мы будемъ обозначать соотвѣтственно черезъ $f(u)$ и $F(u)$.

Одна изъ этихъ функцій произвольна, другая же выражается черезъ нее и функціи $\varphi'(u)$, $\psi'(u)$, $\omega'(u)$ изъ уравненія

$$\omega'(u) = \varphi'(u) f(u) + \psi'(u) F(u),$$

имѣющаго мѣсто для всѣхъ значеній u.

Такимъ образомъ въ послѣдующемъ изложеніи мы будемъ считать функціи

$$\varphi(u),\ \psi(u),\ \omega(u)$$

произвольными, точно также какъ и одну изъ функцій

$$f(u),\ F(u).$$

2. Мы ограничимся здѣсь тѣми уравненіями второго порядка, которыя разсматриваются въ упомянутомъ мемуарѣ Ампера, то-есть, уравненіями вида

$$Hr + 2Ks + Lt + N(rt - s^2) + M = 0,$$

гдѣ

$$H,\ K,\ L,\ M,\ N$$

суть нѣкоторыя данныя функціи отъ

$$x,\ y,\ z,\ p,\ q.$$

Для интегрированія его Амперъ разсматриваетъ двѣ системы уравненій, а именно, систему

$$\text{(I)}\quad \begin{cases} dz - pdx - qdy = 0, \\ Hdy + Ndq - \left(K + \sqrt{K^2 - HL + MN}\right) dx = 0, \\ Hdp + \left(K - \sqrt{K^2 - HL + MN}\right) dq + Mdx = 0, \end{cases}$$

и систему

$$
(\mathrm{II})\quad \begin{cases} dz - pdx - qdy = 0, \\ Hdy + Ndq - \left(K - \sqrt{K^2 - HL + MN}\right) dx = 0, \\ Hdp + \left(K + \sqrt{K^2 - HL + MN}\right) dq + Mdx = 0. \end{cases}
$$

Въ этихъ уравненіяхъ величины

$$x,\ y,\ z,\ p,\ q$$

удобнѣе всего разсматривать какъ функціи нѣкоторыхъ перемѣнныхъ ξ и η и дифференціалы ихъ въ системѣ (I) какъ частные, взятые по измѣняемости η, причемъ ξ считается постояннымъ, а въ системѣ (II) какъ частные, взятые по измѣняемости ξ.

Для того, чтобы могло быть произведено интегрированіе по способу Монжа, необходимо, чтобы по крайней мѣрѣ одна изъ системъ допускала двѣ, такъ называемыя, интегрируемыя комбинаціи.

Въ самомъ дѣлѣ можетъ случиться, что умножая первыя части уравненій одной изъ системъ на нѣкоторыя функціи отъ

$$x,\ y,\ z,\ p,\ q$$

и потомъ складывая результаты, мы получимъ въ суммѣ дифференціалъ какой нибудь функціи V этихъ же величинъ, независимо отъ уравненій, которыя связываютъ x, y, z, p, q.

Подобную сумму Амперъ называетъ интегрируемою комбинаціею.

Если такая комбинація получается изъ уравненій системы (I), то равенство

$$dV = 0$$

даетъ

$$V = \Pi(\xi),$$

гдѣ $\Pi(\xi)$ есть функція отъ ξ.

Нетрудно убѣдиться, какъ замѣтилъ Буръ, въ существованіи или отсутствіи интегрируемыхъ комбинацій для каждой изъ двухъ упомянутыхъ системъ.

Если мы умножимъ первыя части уравненій (I) на нѣкоторые множители λ, μ, ν, затѣмъ сложимъ результаты и сумму уравняемъ выраженію

$$\frac{dV}{dx}dx + \frac{dV}{dy}dy + \frac{dV}{dz}dz + \frac{dV}{dp}dp + \frac{dV}{dq}dq,$$

то сравнивъ въ обѣихъ частяхъ полученнаго равенства коэффиціенты при

$$dx,\ dy,\ dz,\ dp,\ dq$$

мы будемъ имѣть пять уравненій.

Исключивъ изъ нихъ λ, μ и ν, мы выведемъ два соотношенія

$$H\frac{dV}{dx} + \left(K + \sqrt{K^2 - HL + MN}\right)\frac{dV}{dy}$$
$$+ \left[Hp + \left(K + \sqrt{K^2 - HL + MN}\right)q\right]\frac{dV}{dz} - M\frac{dV}{dp} = 0,$$

$$N\frac{dV}{dy} + Nq\frac{dV}{dz} + \left(K - \sqrt{K^2 - HL + MN}\right)\frac{dV}{dp} - H\frac{dV}{dq} = 0.$$

Изъ нихъ, при помощи интегрированія обыкновенныхъ уравненій, найдутся всѣ величины V, и, слѣдовательно, всѣ интегрируемыя комбинаціи dV.

Для системы (II) найдутся подобныя же два уравненія, разнящіяся отъ предыдущихъ знакомъ при корнѣ $\sqrt{K^2 - HL + MN}$.

Имѣя въ виду показать какъ можно опредѣлить произвольныя функціи въ общихъ интегралахъ уравненій, интегрирующихся по способу Монжа, сообразно съ начальными условіями, изложенными въ n^0 1, мы отдѣльно разсмотримъ слѣдующіе случаи:

1) Когда обѣ системы (I) и (II) доставляютъ по двѣ независимыхъ интегрируемыхъ комбинаціи.

2) Когда одна изъ нихъ даетъ двѣ такихъ комбинаціи, другая же одну.

3) Когда одна система даетъ двѣ независимыхъ комбинаціи, другая ни одной.

Мы называемъ независимыми комбинаціями такія двѣ dV и dW, что между V и W нѣтъ соотношенія вида

$$\Pi(V, W) = 0,$$

или, что одно и тоже, V не есть функція отъ одного W.

Упомянутые сейчасъ случаи суть тѣ, въ которыхъ метода Монжа прилагается съ успѣхомъ. Въ другихъ, хотя разсматриваніе системъ (I) и (II) можетъ быть иногда полезно, всегда для интегрированія требуются особенные пріемы, не входящіе въ эту методу, которая, слѣдовательно, и ограничивается въ примѣненіи къ уравненію

$$Hr + 2Ks + Lt + N(rt - s^2) + M = 0$$

тремя изложенными случаями.

Мы пояснимъ приложеніе уравненій (I) и (II) въ случаяхъ, не подлежащихъ способу Монжа, интегрированіемъ уравненія наименьшихъ поверхностей, причемъ опредѣлимъ произвольныя функціи въ общемъ его интегралѣ по условіямъ, поставленнымъ въ № 1.

3. Приступая къ разсматриванію случаевъ, исчисленныхъ въ предыдущемъ №, мы начнемъ съ перваго.

Пусть, слѣдовательно, система (I) доставляетъ двѣ независимыхъ комбинаціи $dV(x, y, z, p, q)$ и $dW(x, y, z, p, q)$ и система (II) двѣ такихъ же $dV_1(x, y, z, p, q)$, $dW_1(x, y, z, p, q)$.

Составляемъ уравненія

$$(1) \quad \begin{cases} V\ (x, y, z, p, q) = V\ (\varphi(\xi), \psi(\xi), \omega(\xi), f(\xi), F(\xi)), \\ W(x, y, z, p, q) = W(\varphi(\xi), \psi(\xi), \omega(\xi), f(\xi), F(\xi)), \\ V_1(x, y, z, p, q) = V_1(\varphi(\eta), \psi(\eta), \omega(\eta), f(\eta), F(\eta)), \\ W_1(x, y, z, p, q) = W_1(\varphi(\eta), \psi(\eta), \omega(\eta), f(\eta), F(\eta)). \end{cases}$$

Здѣсь вторыя части уравненій составляются изъ первыхъ,

замѣняя въ выраженіяхъ

$$V(x, y, z, p, q), \text{ и } W(x, y, z, p, q)$$

буквы

$$x,\ y,\ z,\ p,\ q$$

соотвѣтственно функціями

$$\varphi(\xi),\ \psi(\xi),\ \omega(\xi),\ f(\xi),\ F(\xi),$$

а въ выраженіяхъ

$$V_1(x, y, z, p, q) \text{ и } W_1(x, y, z, p, q)$$

тѣ же буквы соотвѣтственно функціями

$$\varphi(\eta),\ \psi(\eta),\ \omega(\eta),\ f(\eta),\ F(\eta).$$

Если мы разсматриваемъ опредѣленный случай, то есть, если функціи

$$\varphi(u),\ \psi(u),\ \omega(u),\ f(u),\ F(u)$$

заданы на самомъ дѣлѣ, то четыре уравненія (I), по исключеніи изъ нихъ буквъ ξ и η, дадутъ два уравненія между

$$x,\ y,\ z,\ p,\ q.$$

Найдемъ изъ послѣднихъ p и q какъ функціи отъ x, y, z и пусть будетъ

$$p = \Lambda(x, y, z), \quad q = M(x, y, z);$$

тогда въ этихъ двухъ уравненіяхъ, или, что одно и то-же, въ слѣдующемъ

$$dz = \Lambda(x, y, z)\,dx + M(x, y, z)\,dy$$

условія интегрируемости будутъ выполнены.

Отысканіе z какъ функціи отъ x и y изъ уравненій

$$p = \Lambda(x, y, z), \quad q = M(x, y, z)$$

приводится, какъ извѣстно, къ интегрированію обыкновенныхъ уравненій 1-го порядка.

Постоянная произвольная въ величинѣ z опредѣлится по тому условію, что при

$$x = \varphi(u), \quad y = \psi(u)$$

должно быть

$$z = \omega(u).$$

Найденная величина z удовлетворитъ какъ предложенному уравненію, такъ и различнымъ условіямъ, изложеннымъ въ № 1.

Такъ можно поступать, если функціи

$$\varphi(u), \ \psi(u), \ \omega(u), \ f(u), \ F(u)$$

заданы на самомъ дѣлѣ; но если

(2) $$\varphi(u), \ \psi(u), \ \omega(u) \text{ и } f(u)$$

считаются произвольными, то показаннаго исключенія буквъ ξ и η изъ уравненій (I) сдѣлать нельзя.

Тогда вмѣсто того, чтобы выражать z какъ функцію отъ x и y, нужно найти x, y и z какъ функціи отъ ξ и η.

Это значитъ вмѣсто того, чтобы опредѣлять искомую поверхность (№ 1) однимъ уравненіемъ между x, y, z, нужно ее опредѣлить тремя, которыя даютъ координаты ея x, y и z, какъ функціи отъ двухъ перемѣнныхъ независимыхъ ξ и η.

Замѣненіе перемѣнныхъ x и y новыми ξ и η можно производить различно. Въ общемъ случаѣ можно, напримѣръ, поступить такъ: изъ четырехъ уравненій (I) можно получить p, q, x и y какъ функціи отъ z, ξ и η, причемъ ξ и η будутъ входить подъ знаками произвольныхъ функцій.

Такъ какъ функціи

$$V(x,y,z,p,q), \quad W(x,y,z,p,q), \quad V_1(x,y,z,p,q), \quad W_1(x,y,z,p,q)$$

извѣстны и совершенно опредѣленныя [а не произвольныя какъ (2)] для всякаго уравненія, которое предложено интегрировать и которое подходитъ подъ разсматриваемый нами случай, то рѣшеніе уравненій (I) относительно p, q, x и y возможно.

Положимъ, что оно намъ даетъ

$$p = \lambda(z, \xi, \eta),\quad q = \mu(z, \xi, \eta),\quad x = \pi(z, \xi, \eta),\quad y = \rho(z, \xi, \eta).$$

Дифференцируя два послѣднія уравненія по x и по y, мы получимъ четыре уравненія

$$1 = \frac{d\pi}{dz}\lambda(z, \xi, \eta) + \frac{d\pi}{d\xi}\frac{d\xi}{dx} + \frac{d\pi}{d\eta}\frac{d\eta}{dx},$$

$$0 = \frac{d\rho}{dz}\lambda(z, \xi, \eta) + \frac{d\rho}{d\xi}\frac{d\xi}{dx} + \frac{d\rho}{d\eta}\frac{d\eta}{dx},$$

$$0 = \frac{d\pi}{dz}\mu(z, \xi, \eta) + \frac{d\pi}{d\xi}\frac{d\xi}{dy} + \frac{d\pi}{d\eta}\frac{d\eta}{dy},$$

$$1 = \frac{d\rho}{dz}\mu(z, \xi, \eta) + \frac{d\rho}{d\xi}\frac{d\xi}{dy} + \frac{d\rho}{d\eta}\frac{d\eta}{dy}.$$

Отсюда найдемъ

$$\frac{d\xi}{dx},\ \frac{d\eta}{dx},\ \frac{d\xi}{dy},\ \frac{d\eta}{dy}$$

въ функціяхъ отъ z, ξ и η.

Затѣмъ подставимъ найденныя величины въ уравненія

$$\lambda(z, \xi, \eta) = \frac{dz}{d\xi}\frac{d\xi}{dx} + \frac{dz}{d\eta}\frac{d\eta}{dx},$$

$$\mu(z, \xi, \eta) = \frac{dz}{d\xi}\frac{d\xi}{dy} + \frac{dz}{d\eta}\frac{d\eta}{dy}.$$

Послѣ подстановки они будутъ содержать только

$$\xi,\ \eta,\ z,\ \frac{dz}{d\xi}\ \text{и}\ \frac{dz}{d\eta}.$$

Такимъ образомъ мы получимъ два уравненія между этими величинами.

Мы будемъ знать, слѣдовательно, $\frac{dz}{d\xi}$ и $\frac{dz}{d\eta}$ какъ функціи отъ ξ, η и z, и условія интегрируемости будутъ выполнены. Тогда нахожденіе z приведется къ интегрированію обыкновенныхъ уравненій перваго порядка.

Постоянная произвольная въ величинѣ z опредѣлится опять по условію, что при $\xi = \eta = u$ должно быть $z = \omega(u)$.

Въ обыкновенно встрѣчающихся случаяхъ замѣненіе перемѣнныхъ x и y новыми ξ и η дѣлается проще, какъ будетъ видно изъ слѣдующаго примѣра.

Пусть будетъ предложено для интегрированія уравненіе

$$r - a^2 t - b(p + aq) = 0,$$

гдѣ a и b суть постоянныя.

Система (I) будетъ состоять изъ уравненій

$$dz - pdx - qdy = 0,$$

$$dy - adx = 0,$$

$$dp - adq - b(p + aq)dx = 0,$$

а система (II) изъ уравненій

$$dz - pdx - qdy = 0,$$

$$dy + adx = 0,$$

$$dp + adq - b(p + aq)dx = 0.$$

Такъ какъ система (I) даетъ двѣ интегрируемыхъ комбинаціи

$$d(y - ax) \text{ и } d(p - aq - bz),$$

и система (II) также двѣ

$$d(y + ax) \text{ и } d[e^{-bx}(p + aq)],$$

то поступая по правиламъ, изложеннымъ въ этомъ №, мы получаемъ четыре уравненія:

$$(3)\begin{cases} y-ax=\psi(\xi)-a\varphi(\xi), & p-aq-bz=f(\xi)-aF(\xi)-b\omega(\xi), \\ y+ax=\psi(\eta)+a\varphi(\eta), & e^{-bx}(p+aq)=e^{-b\varphi(\eta)}\big(f(\eta)+aF(\eta)\big). \end{cases}$$

Уравненія

$$y-ax=\psi(\xi)-a\varphi(\xi)$$

$$y+ax=\psi(\eta)+a\varphi(\eta)$$

легко даютъ

$$\frac{d\xi}{dx}=-a\frac{d\xi}{dy}=-\frac{a}{\psi'(\xi)-a\varphi'(\xi)},\quad \frac{d\eta}{dx}=a\frac{d\eta}{dy}=\frac{a}{\psi'(\eta)+a\varphi'(\eta)}.$$

Затѣмъ, въ силу этихъ величинъ, мы изъ уравненій

$$p=\frac{dz}{d\xi}\frac{d\xi}{dx}+\frac{dz}{d\eta}\frac{d\eta}{dx},$$

$$q=\frac{dz}{d\xi}\frac{d\xi}{dy}+\frac{dz}{d\eta}\frac{d\eta}{dy},$$

безъ затрудненія выведемъ

$$\frac{dz}{d\xi}=-\frac{1}{2a}\big(\psi'(\xi)-a\varphi'(\xi)\big)(p-aq),$$

$$\frac{dz}{d\eta}=\frac{1}{2a}\big(\psi'(\eta)+a\varphi'(\eta)\big)(p+aq).$$

Но уравненія (3) даютъ

$$p-aq=f(\xi)-aF(\xi)+b\big(z-\omega(\xi)\big),$$

$$p+aq=e^{b(x-\varphi(\eta))}\big(f(\eta)+aF(\eta)\big)$$

$$=e^{\frac{b}{2a}(\psi(\eta)-\psi(\xi)+a\varphi(\xi)-a\varphi(\eta))}\big(f(\eta)+aF(\eta)\big);$$

слѣдовательно,

$$\frac{dz}{d\xi}=-\frac{1}{2a}\big(\psi'(\xi)-a\varphi'(\xi)\big)\big[f(\xi)-aF(\xi)+b\big(z-\omega(\xi)\big)\big],$$

$$\frac{dz}{d\eta}=\frac{1}{2a}e^{\frac{b}{2a}(\psi(\eta)-\psi(\xi)+a\varphi(\xi)-a\varphi(\eta))}\big(\psi'(\eta)+a\varphi'(\eta)\big)\big(f(\eta)+aF(\eta)\big).$$

Въ силу тождествъ

$$\omega'(\xi) = \varphi'(\xi) f(\xi) + \psi'(\xi) F(\xi),$$

$$\omega'(\eta) = \varphi'(\eta) f(\eta) + \psi'(\eta) F(\eta)$$

предыдущія величины $\frac{dz}{d\xi}$ и $\frac{dz}{d\eta}$ примутъ видъ

$$(4) \quad \begin{cases} \dfrac{dz}{d\xi} = \dfrac{1}{2a}[a\omega'(\xi) - \theta(\xi)] - \dfrac{b}{2a}(\psi'(\xi) - a\varphi'(\xi))(z - \omega(\xi)), \\[2ex] \dfrac{dz}{d\eta} = \dfrac{1}{2a} e^{-\frac{b}{2a}(\psi(\xi) - a\varphi(\xi))} e^{\frac{b}{2a}(\psi(\eta) - a\varphi(\eta))} [a\omega'(\eta) + \theta(\eta)], \end{cases}$$

гдѣ, вообще,

$$\theta(u) = \psi'(u) f(u) + a^2 \varphi'(u) F(u).$$

Изъ этихъ двухъ уравненій весьма легко найти z.

Въ самомъ дѣлѣ, обозначая черезъ $\Phi(\xi)$ нѣкоторую функцію отъ одного ξ, мы изъ послѣдняго имѣемъ

$$(5) \quad z = \frac{1}{2a} e^{-\frac{b}{2a}(\psi(\xi) - a\varphi(\xi))} \int e^{\frac{b}{2a}(\psi(\eta) - a\varphi(\eta))} [a\omega'(\eta) + \theta(\eta)] \, d\eta + \Phi(\xi).$$

Отсюда находимъ

$$\frac{dz}{d\xi} - \Phi'(\xi) = -\frac{b}{4a^2} e^{-\frac{b}{2a}(\psi(\xi) - a\varphi(\xi))} (\psi'(\xi) - a\varphi'(\xi)) \int e^{\frac{b}{2a}(\psi(\eta) - a\varphi(\eta))} [a\omega'(\eta) + \theta(\eta)] \, d\eta.$$

Сравнивая эту величину $\frac{dz}{d\xi}$ съ предыдущею (4), гдѣ z слѣдуетъ замѣнить его величиною (5), мы, для опредѣленія функціи $\Phi(\xi)$, выводимъ слѣдующее обыкновенное уравненіе перваго порядка

$$\Phi'(\xi) + \frac{b}{2a}(\psi'(\xi) - a\varphi'(\xi)) \Phi(\xi)$$

$$= \frac{1}{2a}(a\omega'(\xi) - \psi'(\xi) f(\xi) - a^2 \varphi'(\xi) F(\xi)) + \frac{b}{2a} \omega(\xi)(\psi'(\xi) - a\varphi'(\xi));$$

интегрируя его и означая черезъ C постоянное, мы найдемъ

$$\Phi(\xi)e^{\frac{b}{2a}(\psi(\xi)-a\varphi(\xi))}=C+\frac{1}{2a}\int e^{\frac{b}{2a}(\psi(\xi)-a\varphi(\xi))}\left[a\omega'(\xi)-\theta(\xi)+b\omega(\xi)\left(\psi'(\xi)-a\varphi'(\xi)\right)\right]d\xi$$

$$=C+\omega(\xi)\,e^{\frac{b}{2a}(\psi(\xi)-a\varphi(\xi))}-\frac{1}{2a}\int e^{\frac{b}{2a}(\psi)\xi)-a\varphi(\xi))}\left[a\omega'(\xi)+\theta(\xi)\right]d\xi.$$

Такимъ образомъ, замѣчая, что при $\xi=\eta=u$, должно быть

$$z=\omega(u),$$

и, слѣдовательно, что

$$C=0,$$

мы изъ уравненій (3) и (5) получимъ слѣдующій общій интегралъ предложеннаго уравненія

$$x=\frac{\psi(\eta)+a\varphi(\eta)-\psi(\xi)+a\varphi(\xi)}{2a},$$

$$y=\frac{\psi(\eta)+a\varphi(\eta)+\psi(\xi)-a\varphi(\xi)}{2},$$

$$z=\omega(\xi)+\frac{1}{2a}c^{-\frac{b}{2a}(\psi(\xi)-a\varphi(\xi))}\int_{\xi}^{\eta}e^{\frac{b}{2a}(\psi(u)-a\varphi(u))}\left[a\omega'(u)+\theta(u)\right]du.$$

Найденная величина z удовлетворяетъ всѣмъ условіямъ № 1; три предыдущія уравненія принадлежатъ искомой поверхности, проходящей черезъ кривую

$$x=\varphi(u),\quad y=\psi(u),\quad z=\omega(u),$$

и въ каждой точкѣ этой кривой направленіе нормали опредѣляется напередъ заданными угловыми коэффиціентами $f(u)$ и $F(u)$.

Сдѣлавъ $b=0$, мы получимъ для извѣстнаго уравненія

$$r - a^2 t = 0$$

слѣдующій общій интегралъ:

$$x = \frac{\psi(\eta) + a\varphi(\eta) - \psi(\xi) + a\varphi(\xi)}{2a},$$

$$y = \frac{\psi(\eta) + a\varphi(\eta) + \psi(\xi) - a\varphi(\xi)}{2},$$

$$z = \frac{\omega(\xi) + \omega(\eta)}{2} + \frac{1}{2a}\int_{\xi}^{\eta} [\psi'(u) f(u) + a^2 \varphi'(u) F(u)]\, du,$$

удовлетворяющій всѣмъ условіямъ № 1.

Если мы сдѣлаемъ теперь

$$a = \sqrt{-1},$$

то предыдущія три уравненія дадутъ подобный же интегралъ для уравненія

$$r + t = 0.$$

Въ этомъ случаѣ величины функцій

$$\varphi(u),\ \psi(u),\ \omega(u),\ f(u)$$

должны быть извѣстны какъ для дѣйствительныхъ, такъ и для мнимыхъ значеній (u).

Тогда ξ и η будутъ сопряженными мнимыми. Сдѣлаемъ

$$\xi = v - w\sqrt{-1}, \quad \eta = v + w\sqrt{-1},$$

гдѣ v и w новыя перемѣнныя.

Тогда интегралъ уравненія

$$r + t = 0,$$

удовлетворяющій условіямъ № 1, представится слѣдующими тремя уравненіями:

$$x=\frac{\psi(v+w\sqrt{-1})-\psi(v-w\sqrt{-1})}{2\sqrt{-1}}+\frac{\varphi(v+w\sqrt{-1})+\varphi(v-w\sqrt{-1})}{2},$$

$$y=\frac{\psi(v+w\sqrt{-1})+\psi(v-w\sqrt{-1})}{2}-\frac{\varphi(v+w\sqrt{-1})-\varphi(v-w\sqrt{-1})}{2\sqrt{-1}},$$

$$z=\frac{\omega(v+w\sqrt{-1})+\omega(v-w\sqrt{-1})}{2}$$

$$+\frac{1}{2\sqrt{-1}}\int\limits_{v-w\sqrt{-1}}^{v+w\sqrt{-1}}\big(\psi'(u)\,f(u)-\varphi'(u)\,F(u)\big)\,du.$$

Путь интегрированія въ послѣднемъ уравненіи долженъ быть выбранъ такой, чтобы интегралъ уничтожился при $w=0$.

4. Разберемъ теперь случай, когда одна изъ системъ, напримѣръ (I), доставляетъ двѣ независимыхъ комбинаціи $dV(x,y,z,p,q)$, $dW(x,y,z,p,q)$, система же (II) одну $dV_1(x,y,z,p,q)$.

Тогда точно также какъ и въ предыдущемъ № мы составимъ три уравненія

$$(1)\qquad\begin{cases}V\ (x,y,z,p,q)=V\ \big(\varphi(\xi),\psi(\xi),\ \omega(\xi),\ f(\xi),\ F(\xi)\big)\\ W(x,y,z,p,q)=W\big(\varphi(\xi),\psi(\xi),\ \omega(\xi),\ f(\xi),\ F(\xi)\big)\\ V_1\,(x,y,z,p,q)=V_1\big(\varphi(\eta),\psi(\eta),\omega(\eta),f(\eta),F(\eta)\big).\end{cases}$$

Когда функціи

$$\varphi(u),\ \psi(u),\ \omega(u),\ f(u),\ F(u)$$

заданы на самомъ дѣлѣ, то можно отбросить послѣднее изъ уравненій (1) и исключеніемъ ξ изъ двухъ первыхъ получить уравненіе вида

$$(2)\qquad\qquad \Pi(x,y,z,p,q)=0.$$

Чтобы найти z, удовлетворяющій условіямъ № 1, нужно интегрировать это частное дифференціальное уравненіе перваго порядка, при условіи, чтобы при $x = \varphi(u)$, $y = \psi(u)$ искомое z обратилось въ $\omega(u)$.

Рѣшеніе этой задачи сводится, какъ извѣстно, къ интегрированію обыкновенныхъ уравненій и къ исключеніямъ.

Дѣйствительно, нужно сначала интегрировать систему обыкновенныхъ уравненій.

$$\frac{dx}{\frac{d\Pi}{dp}} = \frac{dy}{\frac{d\Pi}{dq}} = \frac{dz}{p\frac{d\Pi}{dp} + q\frac{d\Pi}{dq}} = -\frac{dp}{\frac{d\Pi}{dx} + p\frac{d\Pi}{dz}} = -\frac{dq}{\frac{d\Pi}{dy} + q\frac{d\Pi}{dz}}.$$

Пусть четыре независимыхъ интеграла этой системы будутъ

$$\Pi(x, y, z, p, q) = \text{Пост.}, \quad \Lambda(x, y, z, p, q) = \text{Пост.}$$

$$\Lambda_1(x, y, z, p, q) = \text{Пост.}, \quad \Lambda_2(x, y, z, p, q) = \text{Пост.}$$

Изъ нихъ первый $\Pi(x, y, z, p, q)$ есть первая часть уравненія (2), которое интегрируемъ.

Составимъ теперь три уравненія

$$\Lambda(x, y, z, p, q) = \Lambda\big(\varphi(u), \psi(u), \omega(u), f(u), F(u)\big),$$

$$\Lambda_1(x, y, z, p, q) = \Lambda_1\big(\varphi(u), \psi(u), \omega(u), f(u), F(u)\big),$$

$$\Lambda_2(x, y, z, p, q) = \Lambda_2\big(\varphi(u), \psi(u), \omega(u), f(u), F(u)\big),$$

и прибавимъ сюда четвертое

$$\Pi(x, y, z, p, q) = 0.$$

Исключивъ изъ этихъ четырехъ уравненій буквы

$$u, \ p, \ q,$$

мы получимъ одно уравненіе между

$$x, \ y, \ z,$$

изъ котораго и найдемъ z, удовлетворяющій всѣмъ условіямъ № 1.

Если функціи

$$\varphi(u), \ \psi(u), \ \omega(u), \ f(u)$$

разсматриваются какъ произвольныя, то иногда выгодно принять во вниманіе и третье изъ уравненій (1), взявъ ξ и η за новыя перемѣнныя независимыя вмѣсто прежнихъ x и y.

Тогда изъ трехъ уравненій (1) можно получить уравненіе между

$$\xi,\ \eta,\ z,\ \frac{dz}{d\xi},\ \frac{dz}{d\eta},$$

причемъ ξ и η войдутъ подъ знаками произвольныхъ функцій, а $z, \frac{dz}{d\xi}, \frac{dz}{d\eta}$ внѣ этихъ функцій.

Интегрируя это уравненіе, какъ всякое перваго порядка, при условіи, чтобы для $\eta=\xi=u$ было $z=\omega(u)$, мы найдемъ z, какъ функцію отъ ξ и η.

Что касается составленія самого уравненія, то оно можетъ производиться различно, смотря по уравненіямъ (1).

Въ общемъ случаѣ, когда эти послѣднія могутъ быть рѣшены относительно z, p и q, можно поступать, напримѣръ, слѣдующимъ образомъ:

Выразимъ изъ уравненій (1), p, q и z въ функціяхъ отъ x, y, ξ, η и пусть будетъ

$$p=\lambda(x,y,\xi,\eta),\quad q=\mu(x,y,\xi,\eta),\quad z=\rho(x,y,\xi,\eta).$$

Разсматривая здѣсь ξ и η какъ функціи отъ x и y, мы будемъ имѣть

$$\frac{d\rho}{dx}+\frac{d\rho}{d\xi}\frac{d\xi}{dx}+\frac{d\rho}{d\eta}\frac{d\eta}{dx}=\lambda,$$

$$\frac{d\rho}{dy}+\frac{d\rho}{d\xi}\frac{d\xi}{dy}+\frac{d\rho}{d\eta}\frac{d\eta}{dy}=\mu,$$

$$\frac{dz}{d\xi}\frac{d\xi}{dx}+\frac{dz}{d\eta}\frac{d\eta}{dx}=\lambda,$$

$$\frac{dz}{d\xi}\frac{d\xi}{dy}+\frac{dz}{d\eta}\frac{d\eta}{dy}=\mu.$$

Изъ этихъ четырехъ уравненій мы получимъ

$$\frac{d\xi}{dx},\ \frac{d\xi}{dy},\ \frac{d\eta}{dx},\ \frac{d\eta}{dy}$$

въ функціяхъ отъ величинъ

$$(3)\qquad x,\ y,\ \xi,\ \eta,\ \frac{dz}{d\xi},\ \frac{dz}{d\eta}.$$

Пусть будетъ, слѣдовательно,

$$(4)\qquad \frac{d\xi}{dx}=\xi_1,\ \frac{d\xi}{dy}=\xi_2,\ \frac{d\eta}{dx}=\eta_1,\ \frac{d\eta}{dy}=\eta_2,$$

гдѣ ξ_1, ξ_2, η_1, η_2 будутъ извѣстными функціями величинъ (3).

Составляя уравненіе $\frac{dp}{dy}=\frac{dq}{dx}$, мы получимъ на основаніи найденныхъ величинъ (4)

$$(5)\qquad \frac{d\lambda}{dy}+\frac{d\lambda}{d\xi}\xi_2+\frac{d\lambda}{d\eta}\eta_2=\frac{d\mu}{dx}+\frac{d\mu}{d\xi}\xi_1+\frac{d\mu}{d\eta}\eta_1.$$

Это уравненіе будетъ содержать только величины (3). Дифференцируемъ его по x и по y, причемъ нужно разсматривать

$$\xi,\ \eta,\ \frac{dz}{d\xi}\ \text{и}\ \frac{dz}{d\eta}$$

какъ функціи отъ x и y и производныя ξ и η замѣнить ихъ величинами (4), а производныя отъ $\frac{dz}{d\xi}$ и $\frac{dz}{d\eta}$ слѣдующими выраженіями:

$$\frac{d\left(\frac{dz}{d\xi}\right)}{dx}=\frac{d^2z}{d\xi^2}\xi_1+\frac{d^2z}{d\xi d\eta}\eta_1,\quad \frac{d\left(\frac{dz}{d\eta}\right)}{dx}=\frac{d^2z}{d\xi d\eta}\xi_1+\frac{d^2z}{d\eta^2}\eta_1$$

$$\frac{d\left(\frac{dz}{d\xi}\right)}{dy}=\frac{d^2z}{d\xi^2}\xi_2+\frac{d^2z}{d\xi d\eta}\eta_2,\quad \frac{d\left(\frac{dz}{d\eta}\right)}{dy}=\frac{d^2z}{d\xi d\eta}\xi_2+\frac{d^2z}{d\eta^2}\eta_2.$$

Мы получимъ такимъ образомъ два уравненія между

$$(6)\qquad x,\ y,\ \xi,\ \eta,\ \frac{dz}{d\xi},\ \frac{dz}{d\eta},\ \frac{d^2z}{d\xi^2},\ \frac{d^2z}{d\xi d\eta},\ \frac{d^2z}{d\eta^2}.$$

Другія два уравненія между тѣми же величинами получатся, развивая слѣдующія два:

$$\frac{d\xi_2}{dx}=\frac{d\xi_1}{dy},\quad \frac{d\eta_2}{dx}=\frac{d\eta_1}{dy},$$

причемъ производныя, отъ

$$\xi,\ \eta,\ \frac{dz}{d\xi},\ \frac{dz}{d\eta}$$

по x и по y нужно замѣнить указанными сейчасъ величинами.

Мы будемъ имѣть всего четыре уравненія между величинами (6). Присоединимъ къ нимъ (5) и еще

$$z = \rho(x, y, \xi, \eta),$$

и изъ шести уравненій исключимъ

$$x,\ y,\ \frac{d^2z}{d\xi^2},\ \frac{d^2z}{d\xi d\eta},\ \frac{d^2z}{d\eta^2};$$

у насъ останется одно уравненіе между

$$\xi,\ \eta,\ z,\ \frac{dz}{d\xi},\ \frac{dz}{d\eta}$$

Оно и будетъ требуемое.

Интегрируя его, какъ сказано выше, мы получимъ искомый z, какъ функцію отъ ξ и η.

Что касается величинъ x и y въ функціяхъ отъ ξ и η, то послѣ того какъ будетъ найденъ z, а, слѣдовательно, извѣстны также и его производныя $\frac{dz}{d\xi}$, $\frac{dz}{d\eta}$ какъ функціи отъ ξ и η, мы можемъ получить x и y, напримѣръ, изъ уравненія (5) и слѣдующаго

$$z = \rho(x, y, \xi, \eta).$$

Въ обыкновенныхъ случаяхъ измѣненіе перемѣнныхъ x и y на ξ и η производится гораздо проще.

Напримѣръ, если бы было дано для интегрированія уравненіе

$$r - a^2 t - \Omega'(z)(p + aq) = 0,$$

гдѣ $\Omega'(z)$ есть производная отъ нѣкоторой функціи $\Omega(z)$, то системы (I) и (II) были бы такія же, какъ и для уравненія предыдущаго №, только въ настоящемъ случаѣ вмѣсто b будетъ $\Omega'(z)$.

Мы изъ уравненій системы (I) получимъ двѣ комбинаціи:

$$d(y - ax), \quad d\left(p - aq - \Omega(z)\right),$$

а изъ уравненій (II) одну

$$d(y + ax).$$

Поступая, какъ сказано выше, мы получимъ три уравненія:

$$(7) \qquad \begin{cases} y - ax = \psi(\xi) - a\varphi(\xi) \\ y + ax = \psi(\eta) + a\varphi(\eta) \\ p - aq - \Omega(z) = f(\xi) - aF(\xi) - \Omega\left(\omega(\xi)\right). \end{cases}$$

Такъ какъ здѣсь x и y связываются съ ξ и η такими же уравненіями, какъ и въ предыдущемъ №, то мы можемъ воспользоваться его формулами; изъ нихъ имѣемъ

$$p - aq = -\frac{2a}{\psi'(\xi) - a\varphi'(\xi)}\frac{dz}{d\xi}.$$

Подставляя эту величину $p - aq$ въ послѣднее изъ уравненій (7), мы получимъ слѣдующее уравненіе для опредѣленія z:

$$\frac{2a}{\psi'(\xi) - a\varphi'(\xi)}\frac{dz}{d\xi} + \Omega(z) = \Omega\left(\omega(\xi)\right) + aF(\xi) - f(\xi).$$

Его нужно интегрировать какъ обыкновенное уравненіе, причемъ постоянную произвольную замѣнить функціею отъ η и опредѣлить послѣднюю, выражая, что при $\xi = \eta = u$ будетъ $z = \omega(u)$.

Такъ, напримѣръ, если бы было

$$\Omega(z) = e^{-cz},$$

гдѣ c постоянное, то черезъ интегрированіе предыдущаго уравненія мы получили бы

$$e^{cz + \frac{c}{2a}\int_\alpha^\xi \left(f(\xi) - aF(\xi) - e^{-c\omega(\xi)}\right)\left(\psi'(\xi) - a\varphi'(\xi)\right)d\xi}$$

$$= \Pi(\eta) - \frac{c}{2a}\int_\beta^\xi e^{\frac{c}{2a}\int_\alpha^\xi \left(f(\xi) - aF(\xi) - e^{-c\omega(\xi)}\right)\left(\psi'(\xi) - a\varphi'(\xi)\right)d\xi}\left(\psi'(\xi) - a\varphi'(\xi)\right)d\xi,$$

гдѣ α и β постоянныя и $\Pi(\eta)$ функція отъ η, прибавленная вмѣсто постоянной произвольной.

Выражая, что при $\xi = \eta$ будетъ $z = \omega(\eta)$, мы изъ этого уравненія выведемъ

$$\Pi(\eta) = e^{c\omega(\eta) + \frac{c}{2a}\int_\alpha^\eta (f(u) - aF(u) - e^{-c\omega(u)})(\psi'(u) - a\varphi'(u))\,du}$$

$$+ \frac{c}{2a}\int_\beta^\eta e^{\frac{c}{2a}\int_\alpha^u (f(u) - aF(u) - e^{-c\omega(u)})(\psi'(u) - a\varphi'(u))\,du} (\psi'(u) - a\varphi'(u))\,du.$$

Подставивъ эту величину въ предыдущее уравненіе и взявъ Неперовы логариѳмы обѣихъ частей, мы легко найдемъ

$$z = \frac{1}{c}\log\left\{ e^{c\omega(\eta) + \frac{c}{2a}\int_\alpha^\eta (f(u) - aF(u) - e^{-c\omega(u)})(\psi'(u) - a\varphi'(u))\,du}\right.$$

$$\left. + \frac{c}{2a}\int_\xi^\eta e^{\frac{c}{2a}\int_\alpha^u (f(u) - aF(u) - e^{-c\omega(u)})(\psi'(u) - a\varphi'(u))\,du} (\psi'(u) - a\varphi'(u))\,du \right\}$$

$$- \frac{1}{2a}\int_\alpha^\xi (f(u) - aF(u) - e^{-c\omega(u)})(\psi'(u) - a\varphi'(u))\,du.$$

Въ этой величинѣ z хотя и фигурируетъ неопредѣленное постоянное α, но, очевидно, величина z отъ α не зависитъ.

Что касается величинъ x и y въ функціяхъ отъ ξ и η, то онѣ получаются изъ уравненій (7); а именно будетъ:

$$x = \frac{\psi(\eta) + a\varphi(\eta) - \psi(\xi) + a\varphi(\xi)}{2a}$$

$$y = \frac{\psi(\eta) + a\varphi(\eta) + \psi(\xi) - a\varphi(\xi)}{2}.$$

Эти два уравненія и предыдущее опредѣляютъ искомую поверхность (№ 1), удовлетворяющую всѣмъ условіямъ.

5. Когда одна изъ системъ (I), (II), напримѣръ, (I) допускаетъ двѣ независимыя комбинаціи

$$dV(x, y, z, p, q), \qquad dW(x, y, z, p, q)$$

другая же ни одной, то, составивъ уравненіе

$$V\ (x, y, z, p, q) = V\ (\varphi(\xi), \psi(\xi), \omega(\xi), f(\xi), F(\xi)),$$
$$W(x, y, z, p, q) = W(\varphi(\xi), \psi(\xi), \omega(\xi), f(\xi), F(\xi)),$$

мы должны поступать такъ, какъ сказано въ началѣ предыдущаго №, когда мы принимали во вниманіе только два первыхъ изъ уравненій (I), и отбрасывали третье.

Настоящій случай встрѣтится, напримѣръ, когда обѣ системы обращаются въ одну, то есть, когда

$$K^2 - HL + MN = 0,$$

и когда эта одна доставляетъ двѣ комбинаціи. Интегрированіе въ этомъ случаѣ мы поясним нѣкоторыми примѣрами.

Пусть будетъ предложена слѣдующая задача:

Провести черезъ кривую заданную уравненіями

$$x = \varphi(u), \quad y = \psi(u), \quad z = \omega(u)$$

развертывающуюся поверхность, при томъ условіи, чтобы для каждой точки $(\varphi(u), \psi(u), \omega(u))$ этой кривой направленіе нормали къ искомой поверхности опредѣлялось напередъ заданными угловыми коэффиціентами $f(u)$ и $F(u)$.

Для рѣшенія этой задачи нужно интегрировать уравненіе

$$rt - s^2 = 0$$

при условіяхъ № 1.

Въ этомъ случаѣ $K^2 - HL + MN = 0$ и обѣ системы обращаются въ одну, которую для уравненія $rt - s^2 = 0$ слѣдуетъ видоизмѣнить, такъ какъ послѣднее уравненіе системы (I), или, что одно и то-же теперь, системы (II) дѣлается тождествомъ.

Мы легко найдемъ уравненія

$$dz - pdx - qdy = 0, \quad dp = 0, \quad dq = 0,$$

гдѣ дифференціалы нужно принимать за частные взятые, напримѣръ, по измѣняемости y, причемъ x, z, p, q разсматриваются какъ функціи отъ y и нѣкоторой перемѣнной ξ.

Мы имѣемъ теперь двѣ комбинаціи dp и dq; поступая, какъ было сказано въ № 4, мы сначала получимъ два уравненія

$$(1) \qquad p = f(\xi), \quad q = F(\xi)$$

потомъ черезъ исключеніе ξ найдемъ уравненіе вида

$$\Pi(p, q) = 0,$$

которое и слѣдуетъ интегрировать подъ условіемъ, чтобы искомая поверхность проходила черезъ заданную кривую.

Каковы бы ни были функціи $f(\xi)$ и $F(\xi)$ мы всегда можемъ найти функцію $\Omega(x)$ такую, что будетъ тождественно

$$(2) \qquad F(\xi) = \Omega(f(\xi)).$$

Введемъ на время въ вычисленіе эту послѣднюю; она, какъ мы увидимъ, исключится изъ результата.

Изъ уравненій (I), мы получимъ

$$q = \Omega(p).$$

Для интегрированія этого уравненія перваго порядка составляемъ систему обыкновенныхъ уравненій

$$\frac{dx}{-\Omega'(p)} = \frac{dy}{1} = -\frac{dp}{0} = -\frac{dq}{0}.$$

Три независимые интеграла ихъ будутъ:

$$p = \text{Пост.}, \quad q = \text{Пост.}, \quad x + \Omega'(p) \cdot y = \text{Пост.}$$

Изъ нихъ мы составляемъ уравненія

$$(3) \quad p = f(\xi), \; q = F(\xi), \; x + \Omega'(p) y = \varphi(\xi) + \Omega'(f(\xi)) \psi(\xi).$$

Но, изъ уравненія (2) мы получаемъ

$$\Omega'(f(\xi)) = \frac{F'(\xi)}{f'(\xi)},$$

и, кромѣ того, на основаніи уравненія $p = f(\xi)$ будетъ

$$\Omega'(p) = \Omega'(f(\xi));$$

слѣдовательно, уравненія (3) могутъ быть представлены въ видѣ

$$(4)\quad p = f(\xi),\ q = F(\xi),\ xf'(\xi) + yF'(\xi) = \varphi(\xi)\cdot f'(\xi) + \psi(\xi)\cdot F'(\xi).$$

Если бы функціи

$$(5)\qquad f(\xi),\ F(\xi),\ \varphi(\xi),\ \psi(\xi),\ \omega(\xi)$$

были заданы на самомъ дѣлѣ, то, исключивъ изъ уравненій (4) ξ, мы получили бы два уравненія, изъ коихъ нашли бы p и q какъ функціи отъ x и y, а затѣмъ и z по уравненію

$$dz = pdx + qdy.$$

Но такъ какъ исключенія этого сдѣлать нельзя, пока упомянутыя функціи не даны, то выгодно будетъ взять ξ за перемѣнную независимую вмѣстѣ съ одною изъ старыхъ перемѣнныхъ, напримѣръ, y.

Условимся, для сокращенія письма, не ставить ξ подъ знаками функцій (5) и ихъ производныхъ, а только подразумѣвать, что не поведетъ за собою никакого недоразумѣнія.

На основаніи уравненія

$$\omega' = \varphi' f + \psi' F$$

мы можемъ представить третье изъ уравненій (4) въ видѣ

$$(6)\qquad xf' + yF' = (\varphi f + \psi F - \omega)'.$$

Далѣе изъ уравненія (6) получаемъ

$$\frac{d\xi}{dx} = \frac{f'}{(\varphi f + \psi F - \omega)'' - xf'' - yF''},$$

$$\frac{d\xi}{dy} = \frac{F'}{(\varphi f + \psi F - \omega)'' - xf'' - yF''}.$$

Потомъ найдемъ $\frac{dz}{d\xi}$ и $\frac{dz}{dy}$ изъ уравненій

$$p = f = \frac{dz}{d\xi}\cdot\frac{d\xi}{dx} = \frac{dz}{d\xi}\cdot\frac{f'}{(\varphi f + \psi F - \omega)'' - xf'' - yF''},$$

$$q = F = \frac{dz}{dy} + \frac{dz}{d\xi}\frac{d\xi}{dy} = \frac{dz}{dy} + \frac{dz}{d\xi}\cdot\frac{F'}{(\varphi f + \psi F - \omega)'' - xf'' - yF''}.$$

Отсюда выводимъ, исключая x при помощи уравненія (6),

$$\frac{dz}{dy} = F - \frac{fF'}{f'},$$

$$\frac{dz}{d\xi} = \frac{f}{f'}[(\varphi f + \psi F - \omega)'' - xf'' - yF''] = f\left[\frac{(\varphi f + \psi F - \omega)'}{f'}\right]' - yf\cdot\left(\frac{F'}{f'}\right)'.$$

Условіе интегрируемости

$$\frac{d\left(\frac{dz}{d\xi}\right)}{dy} = -f\cdot\left(\frac{F'}{f'}\right)' = \frac{d\left(\frac{dz}{dy}\right)}{d\xi}$$

удовлетворено.

Зная $\frac{dz}{dy}$ и $\frac{dz}{d\xi}$ какъ функціи отъ y и ξ, мы легко найдемъ z.

Въ самомъ дѣлѣ уравненіе

$$\frac{dz}{dy} = F - \frac{fF'}{f'}$$

намъ даетъ

$$z = y\left(F - \frac{fF'}{f'}\right) + \Phi(\xi),$$

гдѣ $\Phi(\xi)$ есть нѣкоторая функція отъ ξ.

Составляя отсюда $\frac{dz}{d\xi}$ и уравнивая составленную величину вышенаписанной величинѣ этой производной, мы получимъ

$$\Phi'(\xi) = f\left[\frac{(\varphi f + \psi F - \omega)'}{f'}\right]';$$

слѣдовательно, будетъ

$$\Phi(\xi)=\int f d\left[\frac{(\varphi f+\psi F-\omega)'}{f'}\right]=\frac{f}{f'}(\varphi f+\psi F-\omega)'-\int d(\varphi f+\psi F-\omega)$$

$$=\frac{f}{f'}(\varphi f+\psi F-\omega)'-(\varphi f+\psi F-\omega)+C$$

$$=\frac{f}{f'}(\varphi f'+\psi F')-(\varphi f+\psi F-\omega)+C=\psi\frac{fF'}{f'}-\psi F+\omega+C.$$

Такимъ образомъ, величина z будетъ слѣдующая:

$$z=(y-\psi)\left(F-\frac{fF'}{f'}\right)+C+\omega.$$

Постоянное C есть нуль, ибо при $y=\psi(\xi)$ должно быть $z=\omega(\xi)$.

Уравненія (6) и (8), то-есть,

$$[x-\varphi(\xi)]f'(\xi)+[y-\psi(\xi)]F'(\xi)=0,$$

$$z-\omega(\xi)=[y-\psi(\xi)]\left[F(\xi)-\frac{f(\xi)\cdot F'(\xi)}{f'(\xi)}\right],$$

опредѣляютъ искомую поверхность.

Если мы въ нихъ припишемъ ξ постоянное значеніе, то они опредѣлятъ прямолинейную производящую этой поверхности. Если же разсматриваемъ ξ какъ функцію отъ x и y, опредѣляемую первымъ изъ нихъ, то второе будетъ принадлежать нашей развертывающейся поверхности.

Для другого примѣра на интегрированіе въ разсматриваемомъ нами случаѣ, мы возьмемъ уравненіе

$$r+2s-(rt-s^2)+1=0.$$

Обѣ системы (I) и (II) обращаются въ одну слѣдующую:

$$dz=pdx+qdy,$$

$$dy-dq-dx=0,$$

$$dp+dq+dx=0.$$

Она доставляетъ двѣ комбинаціи $d(y-q-x)$ и $d(p+q+x)$, или, что одно и то-же, такія двѣ $d(q+x-y)$ и $d(p+y)$.

Поступая, какъ было сказано въ № 4, мы составляемъ два уравненія

$$q+x-y=F(\xi)+\varphi(\xi)-\psi(\xi),$$
$$p+y \qquad =f(\xi)+\psi(\xi).$$

Пусть будетъ опять $\Omega(x)$ такая функція, что для произвольнаго ξ имѣемъ именно равенство

$$F(\xi)+\varphi(\xi)-\psi(\xi)=\Omega\bigl(f(\xi)+\psi(\xi)\bigr) \tag{6}$$

тогда намъ нужно интегрировать уравненіе перваго порядка

$$q+x-y-\Omega(p+y)=0$$

при условіи, чтобы при $x=\varphi(u)$, $y=\psi(u)$ искомое z обратилось въ $\omega(u)$.

Для этой цѣли интегрируемъ систему обыкновенныхъ уравненій

$$\frac{dx}{-\Omega'(p+y)}=\frac{dy}{1}=\frac{-dp}{1}=\frac{-dq}{-1-\Omega'(p+y)}.$$

Мы находимъ три независимыхъ интеграла

$$p+y=\text{Пост.},\quad q+x-y=\text{Пост.},\quad x+y\Omega'(p+y)=\text{Пост.},$$

и изъ нихъ составляемъ уравненія

$$p+y=f(\xi)+\psi(\xi),\quad q+x-y=F(\xi)+\varphi(\xi)-\psi(\xi),$$
$$x+y\Omega'(p+y)=\varphi(\xi)+\psi(\xi)\Omega'\bigl(f(\xi)+\psi(\xi)\bigr).$$

На основаніи перваго изъ нихъ, третье можетъ быть написано такъ:

$$x+y\Omega'\bigl(f(\xi)+\psi(\xi)\bigr)=\varphi(\xi)+\psi(\xi)\Omega'\bigl(f(\xi)+\psi(\xi)\bigr). \tag{7}$$

Но изъ тождества (6) мы получаемъ:

$$\Omega'\bigl(f(\xi)+\psi(\xi)\bigr)=\frac{F'(\xi)+\varphi'(\xi)-\psi'(\xi)}{f'(\xi)+\psi'(\xi)};$$

слѣдовательно, уравненіе (7) можетъ быть представлено въ видѣ

$$(f'+\psi')x+(F'+\varphi'-\psi')y=(f'+\psi')\varphi+(F'+\varphi'-\psi')\psi$$
$$=(f'+\psi')\varphi+(F'+\varphi'-\psi')\psi+\varphi'f+\psi'F-\omega'$$
$$=\left(\varphi f+\psi F+\varphi\psi-\frac{\psi^2}{2}-\omega\right)'.$$

Мы опять, какъ въ предыдущемъ примѣрѣ, не пишемъ для краткости буквы ξ подъ знаками функцій φ, ψ, ω, f, F, и ихъ производныхъ.

Такимъ образомъ три уравненія между

$$x,\ y,\ p,\ q,\ \xi$$

могутъ быть написаны такъ:

$$(8)\quad\begin{cases} p+y=f+\psi \\ q+x-y=F+\varphi-\psi \\ (f+\psi)'x+(F+\varphi-\psi)'y=\left(\varphi f+\psi F+\varphi\psi-\dfrac{\psi^2}{2}-\omega\right)'. \end{cases}$$

Еслибы функціи φ, ψ, ω, f, F были заданы на самомъ дѣлѣ, то, исключивъ изъ этихъ уравненій ξ, мы получили бы два уравненія между x, y, p и q, откуда и нашли бы p и q въ функціяхъ отъ x и y. Затѣмъ получили бы z, интегрируя уравненіе

$$dz=pdx+qdy$$

и опредѣляя постоянную по условію, чтобы при $x=\varphi(u)$, $y=\psi(u)$ было $z=\omega(u)$.

Но, если упомянутыя функціи не даны, то удобно, какъ въ предыдущемъ примѣрѣ, взять ξ за перемѣнную независимую съ одною изъ прежнихъ перемѣнныхъ, напримѣръ, y.

Послѣднее изъ уравненій (8) даетъ

$$\frac{d\xi}{dx}=\frac{(f+\psi)'}{\left(\varphi f+\psi F+\varphi\psi-\frac{\psi^2}{2}-\omega\right)''-(f+\psi)''x-(F+\varphi-\psi)''y},$$

$$\frac{d\xi}{dy}=\frac{(F+\varphi-\psi)'}{\left(\varphi f+\psi F+\varphi\psi-\frac{\psi^2}{2}-\omega\right)''-(f+\psi)''x-(F+\varphi-\psi)''y}.$$

Для краткости письма мы означимъ функцію

$$\varphi f + \psi F + \varphi\psi - \frac{\psi^2}{2} - \omega$$

одною буквою λ.

Общій знаменатель предыдущихъ двухъ дробей по исключеніи изъ него x при помощи послѣдняго изъ уравненій (8) можетъ быть написанъ въ видѣ

$$\lambda'' - (f+\psi)'' x - (F+\varphi-\psi)'' y$$
$$= (f+\psi)'\left[\frac{\lambda'}{(f+\psi)'}\right]' - (f+\psi)'\left[\frac{(F+\varphi-\psi)'}{(f+\psi)'}\right]' y,$$

такъ что предыдущія величины $\frac{d\xi}{dx}$, $\frac{d\xi}{dy}$ будутъ слѣдующими функціями отъ y и ξ

$$\frac{d\xi}{dx} = \frac{1}{\left[\frac{\lambda'}{(f+\psi)'}\right]' - \left[\frac{(F+\varphi-\psi)'}{(f+\psi)'}\right]' y},$$

$$\frac{d\xi}{dy} = \frac{(F+\varphi-\psi)'}{(f+\psi)'} \frac{1}{\left[\frac{\lambda'}{(f+\psi)'}\right]' - \left[\frac{(F+\varphi-\psi)'}{(f+\psi)'}\right]' y}.$$

Первыя два изъ уравненій (8) дадутъ:

$$p = \frac{dz}{d\xi}\frac{d\xi}{dx} = f + \psi - y$$

$$q = \frac{dz}{dy} + \frac{dz}{d\xi}\frac{d\xi}{dy} = F + \varphi - \psi - x + y$$
$$= F + \varphi - \psi - \frac{\lambda'}{(f+\psi)'} + \left[\frac{(F+\varphi-\psi)'}{(f+\psi)'} + 1\right] y.$$

Отсюда, въ силу написанныхъ выше величинъ $\frac{d\xi}{dx}$ и $\frac{d\xi}{dy}$, мы найдемъ $\frac{dz}{d\xi}$ и $\frac{dz}{dy}$ въ функціяхъ отъ ξ и y.

Дѣйствительно, мы получаемъ

$$\frac{dz}{d\xi} = (f+\psi-y)\left\{\left[\frac{\lambda'}{(f+\psi)'}\right]' - \left[\frac{(F+\varphi-\psi)'}{(f+\psi)'}\right]' y\right\},$$

$$\frac{dz}{dy}=F+\varphi-\psi-\frac{\lambda'}{(f+\psi)'}-(f+\psi)\frac{(F+\varphi-\psi)'}{(f+\psi)'}$$
$$+\left[2\,\frac{(F+\varphi-\psi)'}{(f+\psi)'}+1\right]y.$$

Условіе интегрируемости

$$\frac{d\left(\frac{dz}{d\xi}\right)}{dy}=\frac{d\left(\frac{dz}{dy}\right)}{d\xi}$$

соблюдено.

Величина $\frac{dz}{d\xi}$, будучи интегрирована по ξ, намъ даетъ

$$z=-\lambda+(f+\psi)\frac{\lambda'}{(f+\psi)'}+y\left[F+\varphi-\psi-(f+\psi)\frac{(F+\varphi-\psi)'}{(f+\psi)'}-\frac{\lambda'}{(f+\psi)'}\right]$$
$$+\frac{(F+\varphi-\psi)'}{(f+\psi)'}y^2+\Pi(y).$$

Составляя отсюда $\frac{dz}{dy}$ и уравнивая составленную величину написанной выше, мы получимъ

$$\Pi'(y)=y,$$

слѣдовательно,

$$\Pi(y)=\frac{y^2}{2}+C,$$

гдѣ C есть постоянное.

Выражая же, что при $y=\psi(\xi)$, будетъ $z=\omega(\xi)$, мы получимъ $C=0$.

Такимъ образомъ интегралъ предложеннаго уравненія, удовлетворяющій всѣмъ условіямъ, опредѣлится слѣдующими уравненіями:

$$z=-\lambda+(f+\psi)\frac{\lambda'}{(f+\psi)'}+y\left[F+\varphi-\psi-(f+\psi)\frac{(F+\varphi-\psi)'}{(f+\psi)'}-\frac{\lambda'}{(f+\psi)'}\right]$$
$$+\frac{(F+\varphi-\psi)'}{(f+\psi)'}y^2+\frac{y^2}{2},$$

$$(f+\psi)'(x-\varphi)+(F+\varphi-\psi)'(y-\psi)=0,$$

изъ которыхъ послѣднее есть ничто иное, какъ третье изъ (8) и гдѣ

$$\lambda = \varphi f + \psi F + \varphi\psi - \frac{\psi^2}{2} - \omega.$$

6. Случай, въ которомъ обѣ системы (I) и (II) доставляютъ по одной комбинаціи, не подлежатъ, какъ мы уже замѣтили, способу Монжа.

Тѣмъ не менѣе иногда выгодно разсматривать уравненія (I) и (II) (№ 2), что мы пояснимъ интегрированіемъ уравненія наименьшихъ поверхностей при условіяхъ № 1.

Оно, какъ извѣстно, есть слѣдующее

$$(1 + q^2) r - 2pqs + (1 + p^2) t = 0$$

и выражаетъ, что въ каждой точкѣ такой поверхности главные радіусы кривизны равны по абсолютной величинѣ и противныхъ знаковъ.

Обозначая черезъ i выраженіе $\mp\sqrt{-1}$, мы можемъ для этого уравненія написать систему (I) въ видѣ:

$$dz = pdx + qdy,$$

$$dy = \frac{-pq + i\sqrt{1 + p^2 + q^2}}{1 + q^2} dx,$$

$$dp - \frac{pq + i\sqrt{1 + p^2 + q^2}}{1 + q^2} dq = 0,$$

и она доставитъ намъ комбинацію

$$d\left(\frac{pq + i\sqrt{1 + p^2 + q^2}}{1 + q^2}\right).$$

Подобнымъ образомъ система (II) будетъ

$$dz = pdx + qdy,$$

$$dy = \frac{-pq - i\sqrt{1 + p^2 + q^2}}{1 + q^2} dx,$$

$$dp - \frac{pq - i\sqrt{1 + p^2 + q^2}}{1 + q^2} dq = 0,$$

и доставляетъ комбинацію

$$d\left(\frac{pq - i\sqrt{1+p^2+q^2}}{1+q^2}\right).$$

Сдѣлаемъ для сокращенія

$$(2)\qquad \begin{cases} \dfrac{f(\xi)F(\xi)+i\sqrt{1+(f(\xi))^2+(F(\xi))^2}}{1+(F(\xi))^2}=\lambda(\xi), \\[2ex] \dfrac{f(\xi)F(\xi)-i\sqrt{1+(f(\xi))^2+(F(\xi))^2}}{1+(F(\xi))^2}=\mu(\xi), \end{cases}$$

и введемъ вмѣсто x и y новыя перемѣнныя ξ и η уравненіями

$$(3)\qquad \begin{cases} \dfrac{pq+i\sqrt{1+p^2+q^2}}{1+q^2}=\lambda(\xi), \\[2ex] \dfrac{pq-i\sqrt{1+p^2+q^2}}{1+q^2}=\mu(\eta). \end{cases}$$

Мы постараемся выразить x, y и z въ ξ и η такъ, чтобы z, будучи разсматриваемъ какъ функція отъ x и y удовлетворялъ предложенному уравненію (1) и, чтобы при

$$\xi=\eta=u$$

было

$$x=\varphi(u), \quad y=\psi(u), \quad z=\omega(u).$$

Уравненія (3) показываютъ, что для $\xi=\eta=u$ будетъ также

$$p=f(u), \quad q=F(u).$$

Условимся для сокращенія обозначать функціи

$$\varphi(\xi),\ \psi(\xi),\ \omega(\xi),\ f(\xi),\ F(\xi),\ \lambda(\xi),\ \mu(\xi)$$

соотвѣтственно буквами

$$\varphi,\ \psi,\ \omega,\ f,\ F,\ \lambda,\ \mu$$

а функціи

$$\varphi(\eta),\ \psi(\eta),\ \omega(\eta),\ f(\eta),\ F(\eta),\ \lambda(\eta),\ \mu(\eta)$$

соотвѣтственно такъ

$$\varphi_1,\ \psi_1,\ \omega_1,\ f_1,\ F_1,\ \lambda_1,\ \mu_1;$$

тогда, дѣлая

$$\alpha = \mp 1, \quad \alpha' = \mp 1,$$

мы можемъ представить уравненія (2) въ видѣ

$$(4) \qquad \begin{cases} f - \lambda F = \alpha i \sqrt{1 + \lambda^2}, \\ f - \mu F = \alpha' i \sqrt{1 + \mu^2}, \end{cases}$$

а уравненія (3) такъ

$$(5) \qquad \begin{cases} p - \lambda q = \alpha i \sqrt{1 + \lambda^2}, \\ p - \mu_1 q = \alpha' i \sqrt{1 + \mu_1^2}. \end{cases}$$

Изъ (4) выводимъ

$$(6) \qquad \begin{cases} \alpha i \sqrt{1 + \lambda^2} = \dfrac{f - iF\sqrt{1 + f^2 + F^2}}{1 + F^2}, \\[2ex] \alpha' i \sqrt{1 + \mu^2} = \dfrac{f + iF\sqrt{1 + f^2 + F^2}}{1 + F^2}. \end{cases}$$

Второе уравненіе системы (I) и второе (II), на основаніи уравненій (3), могутъ быть написаны такъ

$$(7) \qquad \frac{dy}{d\eta} = -\mu_1 \frac{dx}{d\eta}, \quad \frac{dy}{d\xi} = -\lambda \frac{dx}{d\xi}.$$

Въ силу же этихъ уравненій и (5) первыя уравненія обѣихъ системъ представятся въ видѣ

$$(8) \qquad \begin{cases} \dfrac{dz}{d\eta} = (p - \mu_1 q)\dfrac{dx}{d\eta} = \alpha' i \sqrt{1 + \mu_1^2}\dfrac{dx}{d\eta} \\[2ex] \dfrac{dz}{d\xi} = (p - \lambda q)\dfrac{dx}{d\xi} = \alpha i \sqrt{1 + \lambda^2}\dfrac{dx}{d\xi}. \end{cases}$$

Изъ уравненій (7) слѣдуетъ

$$\frac{d\left(\mu_1\frac{dx}{d\eta}\right)}{d\xi}=\frac{d\left(\lambda\frac{dx}{d\xi}\right)}{d\eta},$$

или проще

$$\frac{d^2x}{d\xi d\eta}=0.$$

Отсюда черезъ интегрированіе выводимъ

(9) $$x=\sigma(\xi)+\rho(\eta).$$

Условимся по аналогіи съ предыдущимъ обозначеніемъ писать функціи $\sigma(\xi)$ и $\rho(\xi)$ соотвѣтственно такъ:

$$\sigma,\ \rho,$$

а функціи $\sigma(\eta)$ и $\rho(\eta)$ соотвѣтственно такъ

$$\sigma_1,\ \rho_1.$$

Изъ послѣдняго уравненія мы находимъ

$$\frac{dx}{d\eta}=\rho_1',\quad \frac{dx}{d\xi}=\sigma',$$

а, слѣдовательно, въ силу уравненій (7) и (8) будемъ имѣть

$$\frac{dy}{d\eta}=-\mu_1\rho_1',\qquad \frac{dy}{d\xi}=-\lambda\sigma',$$

$$\frac{dz}{d\eta}=\alpha' i\sqrt{1+\mu_1^2}\,\rho_1',\qquad \frac{dz}{d\xi}=\alpha i\sqrt{1+\lambda^2}\,\sigma'.$$

Эти величины производныхъ отъ y и z, дадутъ намъ y и z въ функціяхъ отъ ξ и η, которые суть двѣ сопряженныхъ мнимыхъ величины, ибо мы предполагаемъ x, y, z, p и q дѣйствительными.

Выбравъ, слѣдовательно, путь интегрированія такой, чтобы нижеслѣдующіе интегралы уничтожились при $\xi=\eta$, и выражая, что при $\xi=\eta=u$, будетъ

$$y=\psi(u),\quad z=\omega(u),$$

мы изъ послѣднихъ уравненій выводимъ

$$(10)\quad \begin{cases} y = \psi - \int_\xi^\eta \mu_1 \rho_1' d\eta = \psi_1 + \int_\xi^\eta \lambda\sigma' d\xi, \\ z = \omega + \alpha' i \int_\xi^\eta \rho_1' \sqrt{1+\mu_1^2}\, d\eta = \omega_1 - \alpha i \int_\xi^\eta \sigma' \sqrt{1+\lambda^2}\, d\xi. \end{cases}$$

Дифференцируя по ξ оба эти уравненія, мы выводимъ слѣдующія два

$$\lambda\sigma' + \mu\rho' = -\psi',$$

$$\alpha i \sigma' \sqrt{1+\lambda^2} + \alpha' i \rho' \sqrt{1+\mu^2} = \omega'.$$

Они опредѣлятъ σ и ρ въ извѣстныхъ намъ функціяхъ. Дѣйствительно, выводя отсюда σ' и ρ' и замѣняя

$$\lambda,\ \mu,\ \alpha i \sqrt{1+\lambda^2},\quad \alpha' i \sqrt{1+\mu^2},$$

ихъ величинами изъ уравненій (2) и (6), мы найдемъ

$$\sigma' = \frac{1}{2}\varphi' + \frac{i}{2}\frac{\psi' + F\omega'}{\sqrt{1+f^2+F^2}},$$

$$\rho' = \frac{1}{2}\varphi' - \frac{i}{2}\frac{\psi' + F\omega'}{\sqrt{1+f^2+F^2}}.$$

На основаніи этихъ величинъ σ' и ρ', а также уравненій (2) и (6), мы выведемъ

$$\lambda\sigma' = -\frac{1}{2}\psi' + \frac{i}{2}\frac{(1+f^2)\,\omega' - F\psi'}{f\sqrt{1+f^2+F^2}},$$

$$\mu\rho' = -\frac{1}{2}\psi' + \frac{i}{2}\frac{(1+f^2)\,\omega' - F\psi'}{f\sqrt{1+f^2+F^2}},$$

$$\alpha i \sigma' \sqrt{1+\lambda^2} = \frac{1}{2}\omega' + \frac{i}{2}\frac{(f^2+F^2)\,\psi' - F\omega'}{f\sqrt{1+f^2+F^2}},$$

$$\alpha' i \rho' \sqrt{1+\mu^2} = \frac{1}{2}\omega' - \frac{i}{2}\frac{(f^2+F^2)\,\psi' - F\omega'}{f\sqrt{1+f^2+F^2}}.$$

Замѣтимъ, что въ этихъ выраженіяхъ въ силу тождества

$$\omega' = \varphi' f + \psi' F$$

мы можемъ сдѣлать

$$(1+f^2)\,\omega' - F\psi' = f(\varphi' + f\omega'),$$
$$(f^2+F^2)\,\psi' - F\omega' = f(f\psi' - F\varphi'),$$

такъ что подставляя составленныя нами величины функцій σ', ρ', $\lambda\sigma'$, $\mu\rho'$, $\alpha i\sigma'\sqrt{1+\lambda^2}$, $\alpha' i\rho'\sqrt{1+\mu^2}$ въ уравненія (9) и (10), мы получимъ слѣдующія величины x, y и z въ функціяхъ ξ и η, удовлетворяющія всѣмъ условіямъ

$$(11)\quad\begin{cases} x = \dfrac{\varphi(\xi)+\varphi(\eta)}{2} - \dfrac{i}{2}\displaystyle\int_\xi^\eta \frac{\psi'(u)+F(u)\,\omega'(u)}{\sqrt{1+(f(u))^2+(F(u))^2}}\,du, \\[2ex] y = \dfrac{\psi(\xi)+\psi(\eta)}{2} + \dfrac{i}{2}\displaystyle\int_\xi^\eta \frac{\varphi'(u)+f(u)\,\omega'(u)}{\sqrt{1+(f(u))^2+(F(u))^2}}\,du, \\[2ex] z = \dfrac{\omega(\xi)+\omega(\eta)}{2} - \dfrac{i}{2}\displaystyle\int_\xi^\eta \frac{f(u)\,\psi'(u)-F(u)\,\varphi'(u)}{\sqrt{1+(f(u))^2+(F(u))^2}}\,du. \end{cases}$$

Эти уравненія и принадлежатъ искомой наименьшей поверхности, координаты которой x, y и z прямо выражены въ данныхъ величинахъ.

Особенно простой видъ принимаютъ уравненія (11), если мы вмѣсто угловыхъ коэффиціентовъ нормали къ поверхности въ каждой точкѣ $(\varphi(u), \psi(u), \omega(u))$, данной кривой, зададимъ косинусы угловъ, составляемыхъ съ осями координатъ, прямою перпендикулярною къ этой нормали и къ касательной, которая проведена къ кривой въ той же точкѣ $(\omega(u), \psi(u), \omega(u))$.

Возьмемъ за u дугу нашей кривой, считаемую отъ какой нибудь постоянной точки до точки $(\varphi(u), \psi(u), \omega(u))$, такъ что будетъ

$$(\varphi'(u))^2 + (\psi'(u))^2 + (\omega'(u))^2 = 1;$$

тогда, если сейчасъ упомянутые косинусы суть

$$\cos\alpha,\ \cos\beta,\ \cos\gamma,$$

то мы легко найдемъ

$$\cos\alpha = -\frac{\psi'(u) + F(u)\,\omega'(u)}{\sqrt{1+(f(u))^2+(F(u))^2}}$$

$$\cos\beta = \frac{\varphi'(u) + f(u)\,\omega'(u)}{\sqrt{1+(f(u))^2+(F(u))^2}}$$

$$\cos\gamma = -\frac{f(u)\,\psi'(u) - F(u)\,\varphi'(u)}{\sqrt{1+(f(u))^2+(F(u))^2}}.$$

При корнѣ можно разумѣть знакъ (+) или знакъ (—) безразлично.

Уравненія (11) нашей поверхности примутъ замѣчательно простой видъ

$$(12)\qquad \begin{cases} x = \dfrac{\varphi(\xi)+\varphi(\eta)}{2} + \dfrac{i}{2}\displaystyle\int_{\xi}^{\eta}\cos\alpha\,du \\ y = \dfrac{\psi(\xi)+\psi(\eta)}{2} + \dfrac{i}{2}\displaystyle\int_{\xi}^{\eta}\cos\beta\,du \\ z = \dfrac{\omega(\xi)+\omega(\eta)}{2} + \dfrac{i}{2}\displaystyle\int_{\xi}^{\eta}\cos\gamma\,du \end{cases}$$

и даютъ общій интегралъ уравненія наименьшихъ поверхностей, гдѣ произвольныя функціи выражены непосредственно въ данныхъ величинахъ.

Такъ какъ ξ и η сопряженныя мнимыя, то здѣсь слѣдуетъ положить

$$\xi = v - w\sqrt{-1},$$

$$\eta = v + w\sqrt{-1},$$

гдѣ v и w дѣйствительныя величины.

Въ частномъ случаѣ, когда

$$\cos\alpha = 0,\quad \cos\beta = 0,\quad \cos\gamma = 1,\quad \omega(u) = 0,$$

уравненія (12) принимаютъ видъ

$$x = \frac{\varphi(v + w\sqrt{-1}) + \varphi(v - w\sqrt{-1})}{2},$$

$$y = \frac{\psi(v + w\sqrt{-1}) + \psi(v - w\sqrt{-1})}{2},$$

$$z = w,$$

или проще

$$x = \frac{\varphi(v + z\sqrt{-1}) + \varphi(v - z\sqrt{-1})}{2}$$

$$y = \frac{\psi(v + z\sqrt{-1}) + \psi(v - z\sqrt{-1})}{2}.$$

Если исключимъ отсюда v, то получимъ въ прямоугольныхъ координатахъ уравненіе наименьшей поверхности, проходящей черезъ кривую $x = \varphi(u)$, $y = \psi(u)$ заданную произвольно на плоскости xy-овъ причемъ нормаль къ поверхности проведенная черезъ каждую точку этой кривой лежитъ также въ плоскости xy-овъ. Нужно имѣть въ виду что будетъ

$$(\varphi'(u))^2 + (\psi'(u))^2 = 1,$$

такъ какъ x и y для каждой точки кривой выражены въ функціи ея дуги u.

Взявъ, напримѣръ, кругъ на плоскости xy-овъ, опредѣляемый уравненіями

$$x = \cos u, \quad y = \sin u$$

мы получимъ извѣстную наименьшую поверхность вращенія, меридіанъ которой есть цѣпная линія.